高等学校数字媒体专业规划教材

虚拟现实技术基础教程
（第3版）

喻晓和　编著

清华大学出版社
北　京

内 容 简 介

本书是一本学习虚拟现实技术的教材,较全面地介绍了虚拟现实的基本概念、软硬件技术的发展及应用情况,同时对虚拟现实开发中常用的工具软件进行了讲解。学习者通过阅读本书,可以达到事半功倍的效果,成为一名虚拟现实软件项目的开发者和设计者。

本教材以培养虚拟现实技术的软件人才为目标进行编写,层次清晰、结构合理、难易适中、实例丰富,可作为高等院校信息、媒体等专业学生的教材,也可作为从事虚拟现实技术行业的工程技术人员以及虚拟现实爱好者阅读自学的参考书籍。

图书在版编目(CIP)数据

虚拟现实技术基础教程/喻晓和编著.—3 版.—北京:清华大学出版社,2021.5(2025.8重印)
高等学校数字媒体专业规划教材
ISBN 978-7-302-58015-7

Ⅰ.①虚…　Ⅱ.①喻…　Ⅲ.①虚拟现实—高等学校—教材　Ⅳ.①TP391.98

中国版本图书馆 CIP 数据核字(2021)第 070842 号

责任编辑:张　玥　薛　阳
封面设计:常雪影
责任校对:焦丽丽
责任印制:杨　艳

出版发行:清华大学出版社
　　　　网　　　址:https://www.tup.com.cn, https://www.wqxuetang.com
　　　　地　　　址:北京清华大学学研大厦 A 座　　　　邮　　编:100084
　　　　社 总 机:010-83470000　　　　邮　　购:010-62786544
　　　　投稿与读者服务:010-62776969, c-service@tup.tsinghua.edu.cn
　　　　质量反馈:010-62772015, zhiliang@tup.tsinghua.edu.cn
　　　　课件下载:https://www.tup.com.cn,010-83470236
印 装 者:三河市铭诚印务有限公司
经　　销:全国新华书店
开　　本:185mm×260mm　　　　印　张:25.75　　　　字　数:614 千字
版　　次:2015 年 6 月第 1 版　　2021 年 7 月第 3 版　　印　次:2025 年 8 月第 5 次印刷
定　　价:79.80 元

产品编号:090499-01

第 3 版
前言

　　21 世纪注定是一个科技兴旺发达、改天换地的新世纪。从人类进入 2000 年的那一刻开始,计算机互联网的异军突起,直接就把拥有四大洲、五大洋的蓝色星球变成了一个小小的信息村。2010 年之后,移动通信、大数据、云计算、互联网金融、物联网等技术不断地遍地开花,让人们阅尽了互联网平台上魔幻创新的累累硕果。而 2020 年之后,虚拟现实的又一次风生水起,把人们引入到了一个新的领域和一个新的高度。未来已来,虚拟体验与虚拟感知将成为下一个十年甚至更长时期的科技创新的主题,它们所带来的内涵之丰富、技术之广泛、影响之深远将是过往的科技创新所难以比拟的。从近几年的虚拟现实的实践成果来看,它不仅极大地促进了社会生产力的发展,还是人们解放思想、更新观念、全面提升生活质量、改善工作环境、提高学习效率的加速器。

　　虚拟现实带给人们的世界不是真实的世界,它是一个集众多芯片、传感器以及其他电子元器件搭建的世界,是对真实的、物理世界的仿真。当人们沉浸在虚拟的环境之中时,可以自然地体验和感知到许多物理世界所难以直接给予的特定信息。

　　感知是人类用心念来诠释自己特定器官所接收的外部信号。感知可以是直接获取,也可以是间接获取。直接获取是有条件的,需要认知主体亲临环境现场进行体验,而间接获取则有多种形式。实际上,人类感知的信息大多是通过文字、先人教导以及借助于工具获取等。近现代社会中,特别是对科技发展中的许多未知问题,根本无法进行直接的体验感受。例如,航天员登月问题、时空隧道问题、时间原点问题、分子结构问题、宇宙黑洞问题、宇宙引力波问题、量子纠缠问题、量子意识的探索问题等太多的问题都是人类无法能够直接体验、感知获取信息的。也许过去面对那么多问题的时候,人类还没有更好的方法和工具去破解或论证这些排列在前进方向上的问题高墙,只是到了 21 世纪以后,VR 技术的兴起,人们才真正发现,虚拟体验与虚拟感知作为人类探索未来一个重要的环节日益变得高大上,也促使人们重新看待感知的技术问题。

　　在人类社会历史发展的长河中,感知既是人类天生的生理功能之一,也是人类自然进

化的重要特征之一;是人类不断学习的基本形态之一,也是人们情感信息交流的要素之一。然而人类的感知系统仍存在着生理的局限,如何通过技术的力量来增强、扩展、突破自身的感知局限,虚拟现实技术的快速发展无疑指明了一个正确的方向。

需要着重强调的是,虚拟现实技术是一个正在快速发展的新技术,一些理论和一些技术并非成熟和固定不变的,而是曲折前进的,因而在学习虚拟现实技术的时候,应该保持一种动态的思维来认知。总的来说,虚拟现实技术仍处于萌芽阶段,它对人类社会的巨大冲击很可能将在不久后的下一次科技革命中大放异彩。

虚拟现实技术的华丽亮相,促使我国政府对虚拟现实技术的高度关注和重视,为了更多更好更快地培养虚拟现实技术的应用与研究方面的创新人才,我国政府面对快速增长的人才需求,于 2020 年 4 月批准了高校设立虚拟现实专业,充分表明虚拟现实技术的发展问题,关键是人才的培养。

本教材立足于虚拟现实的基本原理与应用,以通俗多样的形式表达了虚拟现实的概念及意义,虚拟现实系统有哪些基本的形态,以及虚拟现实技术的产生和发展过程及未来的趋势;详细而全面地讲述了有关虚拟现实技术的主要内容,包括如何使用虚拟现实技术构建虚拟的三维世界、虚拟现实技术将如何深刻改变国家军事部门的指挥系统、训练系统和武器的研发系统,以及对航空航天、城市规划、文化、艺术、娱乐、教育、商业和虚拟制造等多个方面的影响。同时,通过大量的实例来介绍虚拟现实技术与人们的生活、工作和学习紧密相连,以促进读者更好地对虚拟现实技术的理解。

本教材是在第 2 版的基础上进行的修订,弥补了第 2 版教材中的一些疏漏之处,也对第 2 版教材中的不足进行了补充。同时本教材也延续了原书的框架体系,编写中力求做到科学性与实用性、先进性与针对性相统一;做到循序渐进、由浅入深、深入浅出、简明易懂;在正确阐述重要技术理论的同时,既着重于基本概念、基本方法的介绍,也强调学生实战能力的培养。

在本教材第 3 版的修订中,参考了有关国内多位专家、学者在虚拟现实技术方面的文章和专著,也参考了同行的相关教材和课件案例资料,在此对他们表示崇高的敬意和衷心的感谢! 由于作者的水平有限,加上时间仓促,书中疏漏和不妥之处在所难免,恳请专家、同行和读者批评指正。

作 者

2020 年 11 月于武汉

第 2 版
前言

科技发展一日千里。作为全世界新科技革命的先锋,现代虚拟现实技术领域不断涌现出令人眼花缭乱的新概念产品、新思维装备,冲击着人们原有的社会工作和生活方式,改变着人们的认知方法和传统观念。放眼虚拟现实技术领域,昨天的许多概念还是梦想,今天也许就成为了现实,明天则快速地走向了市场。如此快速的变化节奏,给我们每一个人都带来了新的挑战,更带来了新的机遇。

科技发展,教育先行。如果没有源源不断的广大后继研发人才,没有强有力的教育理论和技术作支撑,科技的发展就会后劲乏力。面对虚拟现实技术的强大发展势头,我们深感第 1 版《虚拟现实技术基础教程》中早期成熟的技术理论需要进一步发展,新技术带来的新思维、新方法、新理论观念又时时召唤着我们每个人的责任感。我们要与时俱进,把虚拟现实技术的最新成果都记录下来,介绍给每一个学习者,并从理论到技术实践方面进行探究,促使学习者能够更好地了解虚拟现实技术的发展现状、技术原理,以便更深入地掌握其技术要点和问题重点。

考虑到原书接地气、通俗性的特色,第 2 版仍然保留了原书的框架结构体系,并力求做到以下几点:

新:以最新的虚拟现实技术发展的成果为实例,进行分析和探究。

前:虚拟现实技术本身是一门正在快速发展的新科技,许多技术并不成熟,但人们不放弃,仍不断努力,有些技术的概念也是刚刚起步研究。为此,我们依然介绍技术的研究情况。

全:三维逼真的环境与人机自然交互是虚拟现实技术的两大研究方向,本教程做了重要的讲解并弥补了第 1 版教程的不足。例如,在人机交互技术方面,对脑机接口技术、嗅觉交互技术以及多通道交互技术等都进行了有效介绍。

简:通俗易懂,无须高深的其他学科的专业知识,阅读该教程就能够较好地了解虚拟

现实技术的基本概念、基本特征、系统组成以及对社会生活的影响现状、软硬件技术的发展方向等。

作为一门形式多样、内容综合和快速成长的课程，本教程的内容体系体现了虚拟现实技术的基础性，并具有技术发展的前沿性和现代技术的时代性。可见，虚拟现实技术的"教"与"学"在强调内容与时俱进的同时，也更应该强调虚拟现实技术知识内容的实践操作和实战应用，更加注重虚拟现实技术思维观念和实战技能的训练。

在本书第 2 版的修订编写过程中，我们参阅了国内多位专家、学者的虚拟现实技术方面的著作或译著，也参考了同行的相关教材和课件案例资料，在此表示崇高的敬意和衷心的感谢！由于作者的水平有限，加上时间仓促，书中错漏和不妥之处仍在所难免，恳请专家、同行和读者批评指正。如果各位读者有对本书内容改进的建议，可直接发邮件至 yuxh6061@163.com。

作 者

2017 年 1 月于武汉

第1版
前言

虚拟现实(Virtual Reality,VR)技术,是 20 世纪末发展起来的一门综合性的信息技术。它提供了一种基于可计算信息的、沉浸式交互环境,具体地说,就是采用了以计算机技术为核心的、现代多种高科技设备协同生成的,具有逼真效果的视、听、触觉一体化的并在特定范围内的一个模拟的虚拟环境。在该虚拟环境中,用户借助必要的辅助设备就能够以自然的方式与虚拟环境内的其他各种对象进行交互作用、相互影响,从而使用户产生身临其境的感受和体验。

虚拟现实技术又是一门非常接地气的新技术,随着多种软、硬件技术的突破,虚拟现实技术的应用出现了飞速发展的局面,它突破了传统的军事和空间开发等方面研究时的障碍,并在科学计算可视化、建筑设计漫游、产品设计以及教育、培训、工业、医疗和娱乐等方面都起着越来越广泛的重要作用。充分展示了虚拟现实技术在物体造型性、现实世界模拟性、系统可操作性、通信及娱乐性等方面所拥有的优势与特点,可以预测,虚拟现实技术未来必将给人们的生活、学习和工作带来更多的新概念、新内容、新方式和新方法。

本书内容在介绍虚拟现实技术相关知识的基础上,着重从应用技术的角度出发,主要介绍在虚拟现实的开发和应用中常用的 5 种工具软件的使用方法,全书共 8 章。

第 1 章　介绍虚拟现实的基本概念、基本特征、系统组成、分类以及应用领域的现状等。

第 2 章　对虚拟现实应用中常用的各种硬件设备进行了简单的介绍,包括它们的种类和发展情况,主要内容有立体显示设备、跟踪定位设备、虚拟声音输出设备、人机交互设备和 3D 建模设备等。

第 3 章　介绍目前软硬件构建的虚拟现实系统中所采用的一些高科技原理、技术和发展情况,特别是人机自然交互技术、虚拟现实引擎等。

第 4 章　主要介绍基于互联网的 VRML 的发展、功能、语法概念以及开发三维交互建模的基本方法。

第 5 章　介绍三维全景图技术的概念、特点、分类以及应用范围、制作全景图所需的常用软硬件设备和制作过程等。

第 6 章　主要介绍目前应用最为广泛的三维建模工具软件 3ds Max，通过多个实例较完整地表述了 3ds Max 的建模、材质与贴图、动画设计和灯光、reacter 动画等。

第 7 章　着重介绍 Cult3D 的组成，给 3D 模型添加交互元素的过程，使读者可以体会到 Cult3D 软件的性能和使用方法。

第 8 章　以中视典数字科技有限公司开发的 VR-Platform 12 为对象进行介绍，较完整地介绍该 VR 集成平台的应用方法，包括界面、功能模块、材质设置、角色与锚点设置以及脚本的函数应用等。

本书编写过程中，参阅了大量书籍、文献资料和网络资源，在此向所有资源的作者表示感谢，同时，本书的出版也得到了清华大学出版社的大力支持。在此也表示衷心感谢。由于现代社会虚拟现实技术发展速度非常快，尽管编者尽了努力，但限于编者的水平，不当之处在所难免，恳请读者批评指正。

编　者

2015 年于武汉

目 录

第1章 虚拟现实技术概述

虚拟现实(Virtual Reality,VR)又称灵境技术,其概念最早是由美国 VPL 公司的创建人拉尼尔(Jaron Lanier)于 20 世纪 80 年代提出的。作为一项综合性的信息技术,虚拟现实融合了数字图像处理、计算机图形学、多媒体技术、计算机仿真技术、传感器技术、显示技术和网络并行处理等多个信息技术分支,其技术目的是由计算机模拟生成一个三维虚拟环境,用户可以通过一些专业传感设备,感触和融入该虚拟环境。在虚拟现实环境中,用户看到的视觉环境是三维的,听到的音效是立体的,人机交互是自然的,从而产生身临其境的虚幻感。由于该技术改变了人与计算机之间枯燥、生硬和被动地通过鼠标、键盘进行交互的现状,大大地促进了计算机科技的发展。因此,目前虚拟现实技术已经成为计算机相关领域中继多媒体技术、网络技术及人工智能之后备受人们关注及研究、开发与应用的热点,也是目前发展最快的一项多学科综合技术。

1.1 虚拟现实的基本概念

1.1.1 虚拟现实的概念

虚拟,有假的、构造的内涵。现实,有真实的、存在的意义。两个概念基本对立的词汇联合起来,则表达了这样一种技术,即如何从真实存在的现实社会环境中采集必要的数据,经过计算机的计算处理,模拟生成符合人们心智认知的、具有逼真性的、新的现实环境。这种从现实到现实的一个周期性的变化,使得第二个现实具有超越自然的属性,它可能是真实的现实的改变,也可能是并不存在的、纯构想的现实环境。在这样一个从现实到现实的演变中,系统还通过先进的传感器技术等辅助手段,让用户置身于虚拟空间中时,具有身临其境之感,人能够与虚拟世界的对象进行相互作用且得到自然的反馈,使人产生联想。概括地说,虚拟现实是人们通过计算机对复杂数据进行可视化操作与交互的一种全新的方式。与传统的人机界面以及流行的视图操作相比,虚拟现实在技术思想上有了质的飞跃。

虚拟现实中的“现实”,可以理解为自然社会物质构成的任何事物和环境,物质对象符合物理动力学的原理。而该“现实”又具有不确定性,即现实可能是真实世界的反映,也可能是世界上根本不存在的,而由技术手段来“虚拟”的。虚拟现实中的“虚拟”就是指由计算机技术来生成一个特殊的仿真环境,人们在这个特殊的虚拟环境里,可以通过多

种特殊装置，将自己"融入"到这个环境中，并操作、控制环境，实现人们的某种特殊目的，在这里，人总是这种环境的主宰。

从本质上说，虚拟现实就是一种先进的计算机用户接口，它通过给用户同时提供诸如视觉、听觉、触觉等各种直观而又自然的实时交互手段，最大限度地方便用户的操作。根据虚拟现实技术所应用的对象不同、目的不同，其作用可表现为不同的形式，或者是侧重点不同。例如，将宇航员在航天过程的行为概念设计或构思成可视化的和可操作化的环境模式，实现逼真的遥控现场效果，达到任意复杂环境下的廉价模拟训练的目的。

具体来看，虚拟现实中应用模拟形式主要有以下三种。

（1）对真实世界的模拟与仿真，如小区环境、建筑物等。

（2）人类主观构想的环境世界，如美国大片《2012 世界末日》中构想的未来世界上某一天可能发生的恐怖景象。

（3）表现真实世界中客观存在但人眼无法直接观看的环境对象，如物质世界中微观的细菌、病毒、分子结构等。如图 1.1 所示为某冠状病毒的模拟结构图。

图 1.1　某冠状病毒的模拟结构图

为此，通过以上对虚拟现实的论述，如果对虚拟现实的概念和意义做个简单的概括，应该按照不同的视角来分析和归纳它。

科学方面的意义：由人主导，计算机管控下的一种模拟环境、感知并提供人与物质世界进行自然交互的系统。

工程与应用方面的意义：一种用于教育培训、环境模拟、系统仿真的高级人机接口。

1.1.2　虚拟现实的基本特征

在虚拟现实系统中，人永远起着主导作用，从技术的角度看，具有以下特征：由过去人只能从计算机系统的外部去观测的结果，到人能够沉浸到计算机系统所创造的环境中；由过去人只能通过键盘、鼠标与计算机环境中的一维数字信息发生作用，到人能够用多种传感器与多维信息的环境发生交互作用；由过去人只能以定量计算为主的结果中受到启发从而加深对客观事物的认知，到人有可能从定性和定量的综合环境中得到感性和理性的认识从而深化概念和萌发新意。概括地表示，虚拟现实系统的基本特性如下。

1. 多感知性

多感知性（Multi-Sensory）是指除了一般计算机技术所具有的视觉感知之外，还有听觉感知、力觉感知、触觉感知、运动感知，甚至还包括味觉感知、嗅觉感知等。理想的虚拟现实技术应该能够模拟一切人所具有的感知功能。由于相关技术特别是传感器技术的限制，目前虚拟现实技术所具有的感知功能还仅限于视觉、听觉、力觉、触觉、运动等，其余的仍有待继续研究和完善。

2. 沉浸感

沉浸感（Immersion）又称临场感，是虚拟现实最重要的技术特征，是指用户借助交互

设备和自身感知觉系统,置身于虚拟环境中的真实程度。理想的虚拟环境应该使用户难以分辨真假,使用户全身心地投入到计算机创建的三维虚拟环境中,该环境中的一切看上去是真的,听上去是真的,动起来是真的,甚至闻起来、尝起来等一切感觉都是真的,如同在现实世界中一样。

在现实世界中,人们通过眼睛、耳朵、手指等器官来感知外部世界。所以,在理想的状态下,虚拟现实技术应该具有一切人所具有的感知功能。即虚拟的沉浸感不仅通过人的视觉和听觉感知,还可以通过嗅觉和触觉等多维地去感受。相应地提出了视觉沉浸、听觉沉浸、触觉沉浸和嗅觉沉浸等,也就对相关设备提出了更高的要求。例如,视觉显示设备需具备分辨力高、画面刷新频率快的特点,并提供具有双目视差,覆盖人眼可视的整个视场的立体图像;听觉设备能够模拟自然声、碰撞声,并能根据人耳的机理提供判别声音方位的立体声;触觉设备能够让用户体验抓、握等操作的感觉,并能够提供力反馈,让用户感受到力的大小、方向等。

3. 交互性

交互性(Interactivity)是指用户通过使用专门的输入和输出设备,用人类的自然感知对虚拟环境内物体的可操作程度和从环境得到反馈的自然程度。虚拟现实系统强调人与虚拟世界之间以近乎自然的方式进行交互,即用户不仅通过传统设备(键盘和鼠标等)和传感设备(特殊头盔、数据手套等),使用自身的语言、身体的运动等自然技能也能对虚拟环境中的对象进行操作,而且计算机能够根据用户的头、手、眼、语言及身体的运动来调整系统呈现的图像及声音。例如,用户可以用手直接抓取虚拟环境中虚拟的物体,不仅有握着东西的感觉,并能感觉物体的重量,视场中被抓的物体也能立刻随着手的移动而移动。

4. 构想性

构想性(Imagination)又称创造性,是虚拟世界的起点。想象力使设计者构思和设计虚拟世界,并体现出设计者的创造思想。所以,虚拟现实系统是设计者借助虚拟现实技术,发挥其想象力和创造性而设计的。例如,建造一座现代化的桥梁之前,设计师要对其结构做细致的构思。传统的方法是极少数内行人花费大量的时间和精力去设计许多量化的图纸。而现在采用虚拟现实技术进行仿真,设计者的思想以完整的桥梁呈现出来,简明生动,一目了然。所以有些学者称虚拟现实为放大或夸大人们心灵的工具,或人工现实(Artificial Reality),即虚拟现实的想象性。

由于沉浸感、交互性、构想性这三个特性的英文单词的第一个字母均以 I 开头,所以这三个特性也被习惯称为虚拟现实的 3I 特征。

一般说来,一个理想的虚拟现实系统由虚拟环境,以高性能计算机为核心的虚拟环境处理器,以头盔显示器为核心的视觉系统,以语音识别、声音合成与声音定位为核心的听觉系统,以方位跟踪器、数据手套和数据衣服为主体的身体方位姿态跟踪设备,以及味觉、嗅觉、触觉与力觉反馈系统等功能单元所构成。

1.1.3 虚拟现实系统的组成

根据虚拟现实的基本概念及相关特征可知,虚拟现实技术是融合计算机图形学、智

能接口技术、传感器技术和网络技术等综合性的技术。虚拟现实系统应具备与用户交互、实时反映所交互的结果等功能。所以,一般的虚拟现实系统主要由专业图形处理计算机、应用软件系统、输入输出设备和数据库组成,如图 1.2 所示。

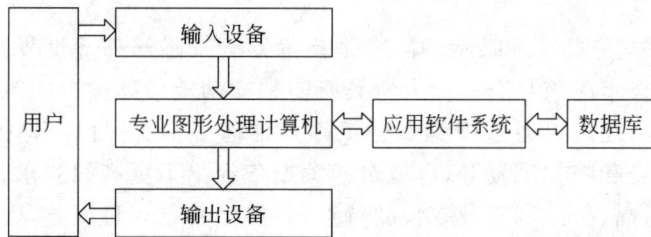

```
         ┌───────────────┐
    ┌───→│    输入设备     │
    │    └───────────────┘
    │            ↓
┌──────┐  ┌──────────────┐  ┌────────────┐  ┌──────┐
│ 用户 │  │专业图形处理计算机│←→│  应用软件系统  │←→│ 数据库│
└──────┘  └──────────────┘  └────────────┘  └──────┘
    │            ↓
    │    ┌───────────────┐
    └───←│    输出设备     │
         └───────────────┘
```

图 1.2　虚拟现实系统的组成图

1. 专业图形处理计算机

计算机在虚拟现实系统中处于核心的地位,是系统的心脏,是 VR 的引擎,主要负责从输入设备中读取数据、访问与任务相关的数据库、执行任务要求的实时计算,从而实时更新虚拟世界的状态,并把结果反馈给输出显示设备。由于虚拟世界是一个复杂的场景,系统很难预测所有用户的动作,也就很难在内存中存储所有相应状态,因此虚拟世界需要实时绘制和删除,以至于大大地增加了计算量,这对计算机的配置提出了极高的要求。

2. 应用软件系统

虚拟现实的应用软件系统是实现 VR 技术应用的关键,提供了工具包和场景图,主要完成虚拟世界中对象的几何模型、物理模型、行为模型的建立和管理;三维立体声的生成、三维场景的实时绘制;虚拟世界数据库的建立与管理等。目前这方面国外的软件相对成熟一些,如 Multigen Creator、Vega、EON Studio 和 Virtool 等。国内的软件中比较有名的当属中视典公司的 VRP 软件等。

3. 数据库

数据库用来存放整个虚拟世界中所有对象模型的相关信息。在虚拟世界中,场景需要实时绘制,大量的虚拟对象需要保存、调用和更新,所以需要数据库对对象模型进行分类管理。

4. 输入设备

输入设备是虚拟现实系统的输入接口,其功能是检测用户的输入信号,并通过传感器输入计算机。基于不同的功能和目的,输入设备除了包括传统的鼠标、键盘外,还包括用于手姿输入的数据手套、身体姿态的数据衣、语音交互的麦克风等,以解决多个感觉通道的交互。

5. 输出设备

输出设备是虚拟现实系统的输出接口,是对输入的反馈,其功能是由计算机生成的信息通过传感器传给输出设备,输出设备以不同的感觉通道(视觉、听觉、触觉)反馈给用户。输出设备除了包括屏幕外,还包括声音反馈的立体声耳机、力反馈的数据手套以及大屏幕立体显示系统等。

1.2 虚拟现实的分类

虚拟现实系统的目标就是要达到真实体验和自然的人机交互。因此以系统能够达到或部分达到这样目标的系统就可以被认为是虚拟现实系统。根据交互性和沉浸感的程度,以及技术特点和虚拟体验环境范围的大小,虚拟现实系统可分成五大类:桌面虚拟现实系统、沉浸式虚拟现实系统、增强现实系统、混合现实系统和分布式虚拟现实系统。

1.2.1 桌面虚拟现实系统

桌面虚拟现实系统(Desktop VR)是一套基于普通 PC 平台的小型虚拟现实系统。它利用中低端的图形工作站及立体显示器,产生虚拟场景。用户使用位置跟踪传感器、数据手套、力反馈器、三维鼠标或其他手控输入设备,实现虚拟现实技术的重要技术特征:多感知性、沉浸感、交互性、真实性的体验。

在桌面虚拟现实系统中,计算机的屏幕是用户观察虚拟境界的一个窗口,在一些专业软件的帮助下,参与者可以在仿真过程中设计各种环境。立体显示器用来观看计算机虚拟三维场景的立体效果,它所带来的立体视觉能使用户产生一定程度的沉浸感。交互设备用来驾驭虚拟境界。有时为了增强桌面虚拟现实系统的投入效果,如果需要,在桌面虚拟现实系统中还会借助专业单通道立体投影显示系统,达到增大屏幕范围和团体观看的目的。桌面虚拟现实系统体验过程如图 1.3 所示。桌面虚拟现实系统的体系结构如图 1.4 所示。

图 1.3 桌面虚拟现实系统体验示意图　　图 1.4 桌面虚拟现实系统体系结构图

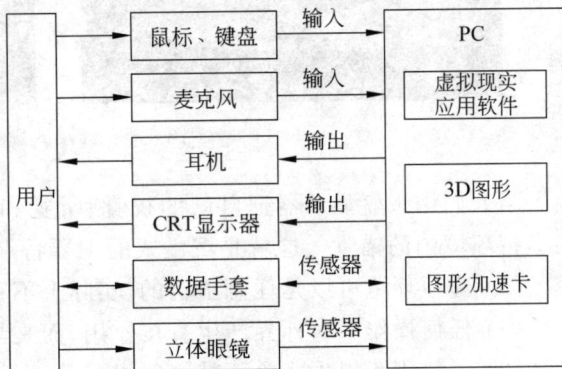

桌面虚拟现实系统虽然缺乏完全沉浸式效果,但是其应用仍然比较广泛,因为它的成本相对要低得多,而且它也具备了投入型虚拟现实系统的技术要求。作为开发者来说,从经费使用最小化的角度考虑,桌面虚拟现实往往被认为是初级的、刚刚从事虚拟现实研究工作的必经阶段。所以桌面虚拟现实系统比较适合于刚刚介入虚拟现实研究的单位和个人。

系统主要包括虚拟现实软硬件两部分。其中,硬件部分可分为虚拟现实立体图形显

示、效果观察、人机交互等几部分;软件部分可分为虚拟现实环境开发平台(Virtools)、建模平台(3d Max)等和行业应用程序实例(源代码及 SDK 开发包)等。

归纳起来,桌面虚拟现实系统的主要特点有以下三个。

(1) 用户处于开放的环境下,缺乏沉浸感,容易受到周围环境的干扰。

(2) 硬件配置简单,基本上只是在台式计算机的基础上增加了数据手套、空间跟踪设备等。

(3) 成本低,技术要求不高,易于广泛应用。

1.2.2 沉浸式虚拟现实系统

沉浸式虚拟现实(Immersive VR)提供参与者完全沉浸的体验,使用户有一种置身于虚拟世界之中的感觉。其明显的特点是:利用头盔显示器把用户的视觉、听觉封闭起来,产生虚拟视觉,同时,它利用数据手套把用户的手感通道封闭起来,产生虚拟触动感。系统采用语音识别器让参与者对系统主机下达操作命令,与此同时,头、手、眼均有相应的头部跟踪传感器、手部跟踪传感器、眼睛视向跟踪传感器的追踪,使系统达到尽可能高的实时性。临境系统是真实环境替代的理想模型,它具有最新交互手段的虚拟环境。常见的沉浸式系统有基于头盔式显示器的系统、投影式虚拟现实系统,如图 1.5 所示。

图 1.5　沉浸式虚拟现实图

当人们用头盔显示器把自己的视觉、听觉和其他感觉封闭起来时,就会产生一种身在虚拟环境中的错觉。这就是沉浸式的主要特点:

(1) 虚拟环境可以是任意虚构的、实际上不存在的空间世界。

(2) 任何操作不对外界产生直接作用,而是与设备交互。

(3) 一般用于娱乐或验证某一猜想假设、训练、模拟、预演、检验、体验等。

如果将桌面虚拟现实系统和沉浸式虚拟现实系统进行比较,有以下几点不同。

(1) 沉浸度差异。桌面虚拟现实系统采用智能显示器和三维立体眼镜增加身临其境的感觉;而沉浸式虚拟现实系统则采用头盔显示器(HMD)增强身临其境的感觉。

(2) 交互装置差异。桌面虚拟现实系统采用的交互装置是六自由度鼠标器或三维操纵杆;而沉浸式虚拟现实系统采用的是数据手套和头盔。

(3) 显示效果不同。桌面虚拟现实系统一般利用 PC 显示器;而沉浸式虚拟现实常采用全封闭的投影,使人自然感觉身在其中。

目前,人们喜闻乐见的电影也在不断从技术上追求沉浸感效果,并充分利用了虚拟现实技术的成果。电影从传统的 2D 进入了 3D,由于有了物体对象的深度感,给人们留下了深刻的印象,然而技术并没有止步,现在又有了 4D、5D 甚至 7D 电影。

4D 电影又称四维电影,是由三维立体电影和周围的环境模拟组成的四维空间,它是在 3D 立体电影的基础上加环境特效、模拟仿真座椅而组成的新型影视产品,通过给观众以电影内容联动的物理刺激,来增强临境感的效果。当观众在看立体电影时,顺着影视内容的变化,可实时感受到风暴、雷电、下雨、撞击、喷洒水雾、拍腿等身边所发生与立体影像对应的事件,4D 电影院的座椅是具有喷水、喷气、振动等功能的。它是以气动为动力的。影院内安装有下雪、下雨、闪电、烟雾等特效设备,营造一种与影片内容相一致的环境。更有甚者,影院建造为球形,放映

图 1.6 球形 4D 电影

屏幕以半球面的光影效果包围住观众,临境感非常强,如图 1.6 所示。

5D 电影在 4D 的基础上,又增加了座椅摇摆、刮风、气味等效果,而 7D 电影则更是增加了互动效果,也就是"一边看电影一边还可以打怪兽"。可以说完全就是沉浸式虚拟现实的最佳实例。

1.2.3 增强现实系统

增强现实系统(Augmented Reality,AR)是一种将真实世界信息和虚拟世界信息"无缝"集成的新技术,它源于虚拟现实技术,又是虚拟现实技术的升级版。增强现实技术把原本在现实世界的一定时间、空间范围内很难体验到的实体信息(如视觉信息、声音、味道、触觉等),通过计算机的信息处理后,将虚拟的信息叠加、投射到真实世界中,提供给人类的感官所感知,从而达到超越现实的感官体验。

传统的虚拟现实技术常常为了追求沉浸感而把用户与真实世界隔离开来,这时用户是无法观看到现实世界的面貌的,而增强现实系统则是一种全新的人机交互技术,利用摄像头、传感器、实时计算和匹配技术,将真实的环境和虚拟的物体对象实时地叠加到同一个画面或空间中,使用户看到的是一个重叠的二维世界。也就是说,增强现实系统是使用信息技术对现实世界的一种补充和增强,而不是用虚拟化技术制造出一个完全虚拟的世界来取代现实世界。因此,增强现实系统更多地强调逼真性和交互性。

由于增强现实技术具有虚实互补、真实感强、互动效果好的特点,因而它成为近年来国内外众多知名学府和研究机构开发、研究的大热点,并广泛地应用于人们社会生活的各个方面,如图 1.7 所示为增强现实应用图。

增强现实技术有以下三个要素。

(1) 真实世界和虚拟世界的信息集成。

(2) 具有实时交互性。

(3) 是在三维尺度空间中增添和定位虚拟物体。

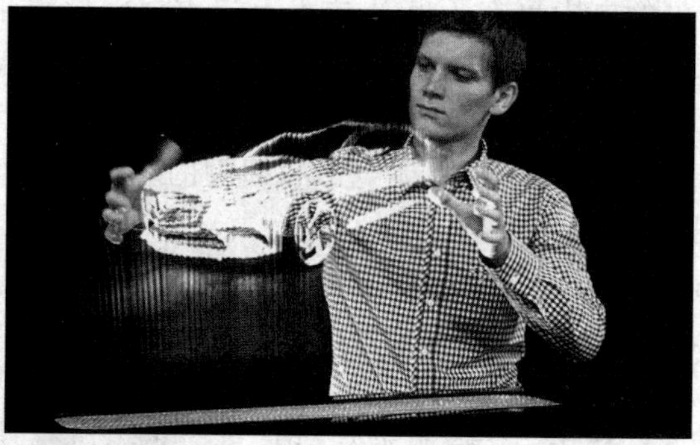

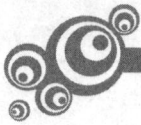

图 1.7 增强现实应用图

基于增强现实技术的三个要素,可以看到,增强现实技术在方法、应用模式、发展方向上与沉浸式虚拟现实技术相比,已经有了很大的不同和改变。

1. 增强现实系统的总体结构

对于一个完整的增强现实系统而言,通常由场景采集系统、跟踪注册系统、虚拟场景发生器、虚实合成系统、显示系统和人机交互界面等多个子系统构成。其中,场景采集系统负责获取真实环境中的数据信息。如外界环境图像或视频;跟踪注册系统用于跟踪观察用户的头部方位和视线方向等;虚拟场景发生器负责生成要加入的虚拟图形对象;虚实合成系统是指虚拟场景与真实场景对准的定位设备和算法。如图 1.8 所示为增强现实系统基本功能结构图。

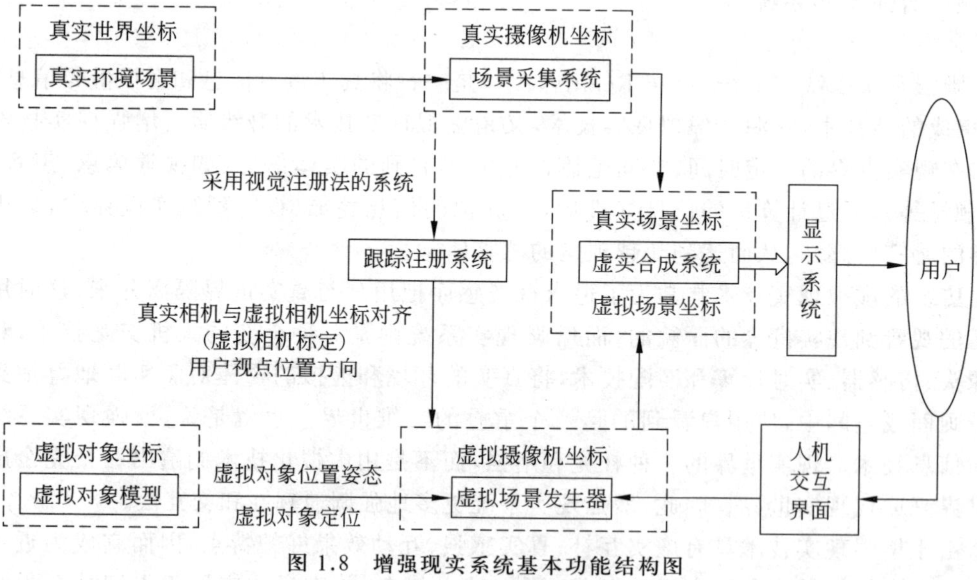

图 1.8 增强现实系统基本功能结构图

在增强现实系统中,当输入的图像经过计算机处理、组织、建立起实景空间,并生成虚拟对象依几何一致性嵌入到实景空间中时,就形成了虚实融合的增强现实环境;这个环境再输入到显示系统呈现给用户;最后用户可通过交互设备与场景环境进行互动。在该过程中,保证虚实准确结合的注册步骤尤为关键,最后由显示输出端输出,从而可以使用户得到最终感知的环境效果。

2. 增强现实系统的关键技术

增强现实技术作为一门新兴领域,结合了计算机图形学(Computer Graphics)、图像处理(Image Processing)、机器视觉(Machine Vision)、人工智能(Artificial Intelligence)等诸多学科的技术成就。同时,它也依赖于多种人机交互设备的发展,如显示设备、图形加速设备、传感器(Sensor)、跟踪器(Tracker),及其他交互工具等。

增强现实系统在融合虚拟对象与现实环境的过程中,有四项基本关键技术作支撑,分别是显示技术、注册跟踪技术、虚实融合技术和用户交互技术。

1) 显示技术

显示技术主要采用视频透视式或光学透视式,以及投影成像模式。表现为具体的显示设备目前主要有三类:可穿戴式、手持式、空间展示类。

(1) 可穿戴式:如头盔显示器、谷歌眼镜。该类设备将虚拟光线直接投射到用户的视网膜上,从而达到以假乱真的效果。优点在于视角广、亮度高、画面好、沉浸感强等。

(2) 手持式:如手机、平板电脑。该类设备携带轻便、移动自由,可直接投射显示,也可以透视 3D 模型,效果好,场面不大。

(3) 空间展示类:如投影式设备、台式显示器等。该类设备可制作大场景的效果,可多人共享,使用性能稳定、寿命较长,并免除了使用者由于佩戴头盔显示设备而造成的不适与疲劳感。

2) 注册跟踪技术

增强现实系统需要建立虚拟空间坐标系与真实空间坐标系的转换关系,使得虚拟物体能够合并到真实世界的正确位置上,这个过程就是注册(Registration)。由于观察者的位置会不断变化,系统要实时地根据观察者的视场重建坐标系的关系,这个过程就是跟踪注册(Tracking)。

在增强现实系统中,跟踪注册包含使用者头部(摄像机)的空间定位跟踪和虚拟物体在真实空间中的定位两个方面的内容。该技术关系到虚拟和真实对象的配准、排列。对用户头部相对位置和视线方向的获取一般可分为两种:一种是采用跟踪传感器进行注册,简称跟踪器法;一种是采用计算机视觉系统结合特定算法来实时得到,简称视觉法。在实际应用中,由于这两种方法各有其优缺点,为了得到更广泛的适应性和更好的性能,许多系统则采用将两者相结合的复合方法。此外,还有基于认知(Knowledge Based)的方法,该方法通过在用户头部和相关对象关键部位安装三维跟踪器来实现。

(1) 基于跟踪器的注册。该注册方法普遍采用惯性、超声波、电磁、光学、无线电波或机械装置等进行跟踪。值得注意的是,对于一个实际的增强现实系统,仅根据头部跟踪系统提供的信息,系统获取的反馈数据难以取得最佳匹配;而且跟踪器法的精度和使用范围也不能完全满足增强现实的需要,且容易受到外界干扰,因而很少单独使用,通常与其他的注册方法结合起来实现稳定的跟踪。

(2) 视觉跟踪注册。视觉跟踪注册主要有基准点法、模板匹配法、仿射变换法和基于运动图像序列的方法等。基于视觉的跟踪注册可使测量误差局限在以像素为单位的图像空间范围内,因而它是解决增强现实中三维注册问题最有前途的方法。但有研究表明,视觉跟踪注册在室内环境中有精确外部参考点的情况下,可以快速

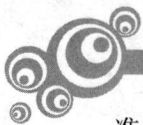

准确定位,但在复杂的户外的真实世界情况下,则需要使用结合基于跟踪器方法的复合注册法。

（3）复合注册法。结合视觉法和基于跟踪器的方法可以取长补短。通常是先由跟踪传感器估计大概位置姿态,再通过视觉法来精确调整定位。一般采用的复合法有视觉与电磁跟踪结合、视觉与惯导跟踪结合、视觉与GPS跟踪结合等。

3）虚实融合技术

在增强现实系统中,为了能够构建有机融合的虚实场景,增强现实系统还需要保证增强现实环境中的视觉一致性,包括:

（1）几何一致性。指无论在虚拟环境中静止或漫游,实体对象都应与集成的图像保持透视关系一致性。

（2）运动一致性。指当虚拟环境中的对象做出诸如平移或旋转等运动时,3D模型的尺寸和视角都应随时与静止图像建立的虚拟环境保持一致。

（3）光学效果一致性。指虚拟对象的阴影、高光等光学效果应与环境保持一致,也就是首先计算出真实场景的光照模型,然后再计算出光照对虚拟对象的影响,如明暗、阴影、反射等。

（4）渲染细节的分配。指图像间、模型对象间,以及图像与模型对象之间渲染精度的合理分配,或者说是动态规划时绘制细节水平的问题。在实际AR系统中,该需求并没有很高要求。

4）用户交互技术

增强现实系统需要实现用户与真实环境中虚拟物体自然直观的三维交互,这就需要系统设计针对增强现实系统的交互工具,并能够跟踪定位到交互工具的位置信息,执行用户对空间物体实施的指令。增强现实系统的交互方式主要有两种:基于硬件设备的方式,如数据手套;基于视频处理的方式,如在标识物上生成按钮、菜单、笔等;也有采用手势识别的方式输入命令。

据媒体报道,隶属于日本产业技术综合研究所的Miraisens公司,在筑波市举办的一场媒体预展中公布了一款能"摸"到的虚拟3D成像产品。该技术使人们能够亲手"触摸"到计算机中本不存在的虚拟物品。其基本方法是,用户通过头戴的原型显示设备及其他配套设备,系统通过视觉图像和外戴于指尖的振动装置协同作用,"欺骗"人脑的感觉系统,使人产生切实触摸到虚拟物体的错觉。例如,当用户看到的是一块布料时,手指触摸该对象时会有光滑、柔软的感觉。而当用户看到的是石块时,手指触摸到的则是粗糙、冷硬的感觉。该技术改变了3D虚拟物体对象可视不可摸的现状。

3. 增强现实系统的应用

增强现实系统在虚拟对象与真实环境之间的沟壑上架起了一座桥梁,它既允许用户看到真实世界,同时也可以看到叠加在真实世界上的虚拟对象,这种系统既可减少对构成复杂真实环境的计算,又可对虚拟物体对象进行操作,由此决定了增强现实的应用潜力相当巨大,如AR教育、AR娱乐、AR建筑、AR医疗、AR艺术等。

（1）AR教育。教育或学习给人们的印象总是抽象、问题不解或复杂多变,如何实时地将难以理解的概念、公式、解算结果可视化,AR技术提供了最有效的手段和方法。例如,当学生翻开书籍,学习世界地理时,此时借助移动显示设备就可透视看到漂浮的3D

地球仪模型,如图1.9所示。

(2) AR娱乐。游戏和娱乐是AR技术最早的应用范围,且产品众多,技术表现日益成熟,其中代表产品有:"二次元"类型的AR闪卡、教育卡片类的《魔法百科》等AR早教卡。目前最为常见的是面对一张普通的图片,通过显示设备应用AR技术,立刻就变得魔幻起来。表现瞬间立体化了,文字变得详细具体,人物形象生动

图1.9　AR 3D地球仪模型图

了,内容不再受限静态模式,同时有伴音和动画效果,无疑增强现实技术在类似这些场景应用中,将有巨大的市场空间并有待更进一步的挖掘和拓展。

(3) AR建筑。在建筑领域,建筑师可以通过特定的眼镜在一张特定的白纸上生成虚拟的计划要建的楼房,以及楼房和周围其他的楼群的虚拟图像,并可以对将要建设的该栋楼房进行移动、旋转、放大、缩小、改变楼层高度、楼的形状等一系列的操作。并可以从远处观察建好后楼房与周边环境的整体效果。然后用计算机将要建的楼房数据进行处理转换成实体的3D模型。

(4) AR广告。增强现实技术为广告商带来了更多的增值服务。在一次广告技术研讨会上,平面广告商邀请参会代表使用手机拍摄,然后根据画面特征联网检索并下载相对应的3D虚拟模型,从而展现出栩栩如生的动画效果,使得人们对产品性能有了更深的印象。

(5) AR医疗。医生可以利用增强现实技术,通过在医生眼前的直观虚拟成像,协助医生在可视化环境下精确完成手术,赋予医生"透视功能",使医生可以清晰地看到患者病灶位置的全景情况,从而保证医生手术时可以精确地确定位置。

(6) AR艺术。魔术大师、表演艺术家均可以利用亦真亦假的视觉效果营造出出神入化、美仑美幻的艺术创新,如图1.10所示。

图1.10　李宇春春晚艺术表演

1.2.4　混合现实系统

混合现实系统(Mixed Reality,MR)最早由"智能硬件之父"——多伦多大学教授Steve Mann提出的所谓介导现实(Mediated Reality)演变而来。

MR 通过在现实场景上面叠加呈现虚拟场景信息,在现实世界、虚拟世界和用户之间搭起一个交互反馈的信息回路,以增强用户体验的真实感受。该技术是虚拟现实技术的进一步发展,其特征是合并现实和虚拟世界而产生的新的可视化环境。在新的可视化环境里物理和数字对象共存,并实时互动。VR 是纯虚拟数字画面,而 AR 是虚拟数字画面加上裸眼现实,混合现实是数字化现实加上虚拟数字画面。从概念上来说,MR 与 AR 更为接近,都是一半现实一半虚拟影像,但 MR 和 AR 的区别在于 MR 通过一个摄像头让人们看到裸眼所看不到的现实,而 AR 只是叠加虚拟环境而不管现实本身。

混合现实是将物理世界与数字世界相混合的结果。它是人类、计算机和环境交互方面的又一次演进,释放了此前受限于人们想象力的可能性。按照 Steve Mann 的理论,智能硬件最后都会从 AR 技术逐步朝 MR 技术的方向进行过渡。

相对于增强现实而言,混合现实对虚实融合要求更高,虚拟物体在真实环境中所占的比例也更多,具体区别如下。

(1) 增强现实是把虚拟物体直接叠加于真实环境之中,并不能正确处理虚拟物体与真实物体之间的遮挡关系,而混合现实则要求系统能正确处理虚拟物体与真实物体之间的遮挡关系。

(2) 混合现实是把真实的东西叠加到虚拟世界。即要首先把现实的东西虚拟化,也就是先得用摄像头捕捉画面,其次要把二维的图像通过计算机形成三维的虚拟图像,即 3D 建模,只有如此虚拟化之后,第三步才是把"现实的 3D 模型"融合进虚拟的 3D 世界里面。

也有学者给出了三者关系的表达式:

$$MR=VR+AR=真实世界+虚拟世界+数字化信息$$

1.2.5　分布式虚拟现实系统

分布式虚拟现实系统(Distributed VR,DVR)是一个基于网络的可供异地多用户同时参与的分布式虚拟环境。在这个环境中,位于不同物理环境位置的多个用户或多个虚拟环境通过网络相连接,或者多个用户同时参加一个虚拟现实环境,通过计算机与其他用户进行交互,并共享信息。在分布式虚拟现实系统中,多个用户可通过网络对同一虚拟世界进行观察和操作,以达到协同工作的目的。

1. 分布式虚拟现实系统的特征

(1) 共享的虚拟工作空间。

(2) 伪实体的行为真实感。

(3) 支持实时交互,共享时钟。

(4) 多个用户以多种方式相互通信。

(5) 资源信息共享以及允许用户自然操作环境中的对象。

2. 分布式虚拟现实系统的模型

多用户、多世界、多应用并发的存在构成了未来虚拟现实系统的发展趋势,为适应大规模应用的要求,虚拟现实系统由单机到多机,由单用户到多用户,已成为虚拟现实发展方向。而分布式系统丰富的资源及强大的计算能力使之成为建立大规模虚拟现实系统

的一种较好选择。目前,以美国为首的国际上已经成功地研制了 SIMNET、MR、DIVE、AVIARY、NPSNETIV 等多个大规模分布式虚拟现实系统。由于 DVR 系统功能强大,可应用于许多的特殊环境和特殊任务,因而备受研究人员重视。英国 Nottingham(诺丁汉)大学的 Dave Snodon 等人结合前人所做的研究,提出了一个 DVR 系统的通用参考结构模型,如图 1.11 所示。

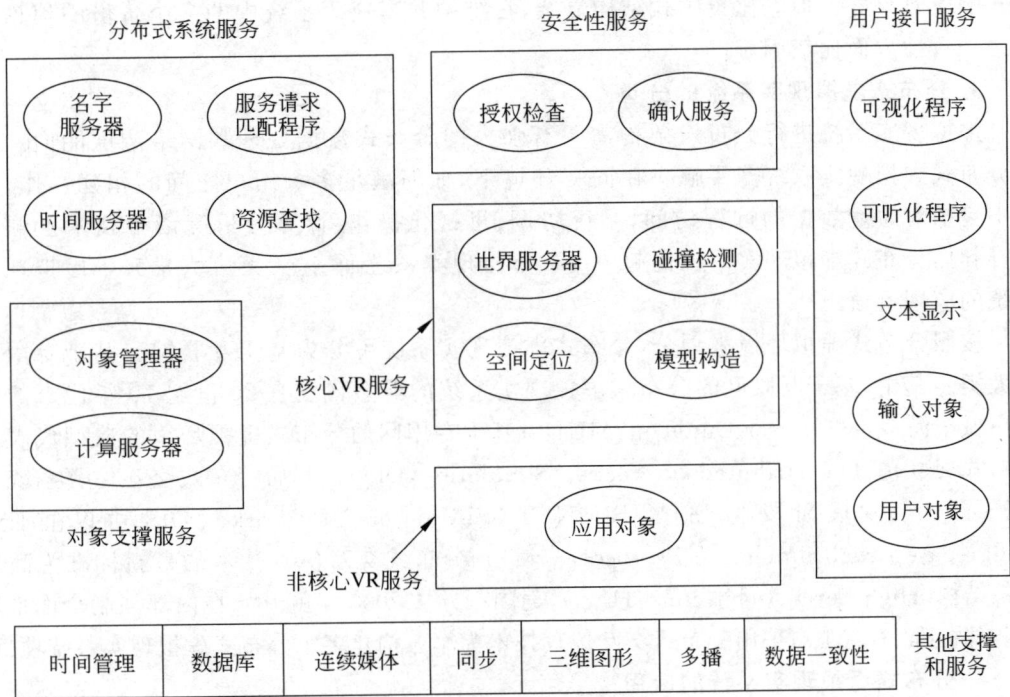

图 1.11 通用参考结构模型

在该通用参考结构模型中,包括以下七个部分。

(1) 分布式系统服务。包括:名字服务器、服务请求匹配程序、时间服务器、资源查找。

(2) 安全性服务。包括授权检查和确认服务。

(3) 对象支撑服务。包括对象管理器和计算服务器。对象管理器提供对面向对象数据的管理;计算服务器对对象管理器存储的轻载对象提供运行环境。

(4) 核心 VR 服务。包括碰撞检测、空间定位、世界服务器和模型构造。

(5) 非核心 VR 服务。

(6) 用户接口服务。包括可视化程序、可听化程序和用户对象等。

(7) 其他支撑和服务。包括时间管理、数据库和三维图形等。

应该说,目前大多数的分布式虚拟现实系统基本实现了该模型中的某些功能。

同时,又有学者根据分布式系统环境下所运行的共享应用系统的个数进行划分,把 DVR 系统分为集中式结构和复制式结构。

集中式结构是只在中心服务器上运行一份共享应用系统。该系统可以是会议代理或对话管理进程。中心服务器的作用是对多个参加者的输入/输出操纵进行管理,允许多个参加者信息共享。它的特点是结构简单,容易实现,但对网络通信带宽有较高的要

求，并且高度依赖中心服务器。

复制式结构是在每个参加者所在的机器上复制中心服务器，这样每个参加者进程都有一份共享应用系统。服务器接收来自于其他工作站的输入信息，并把信息传送到运行在本地机上的应用系统中，由应用系统进行所需的计算并产生必要的输出。它的优点是所需网络带宽较小。另外，由于每个参加者只与应用系统的局部备份进行交互，所以，交互式响应效果好。但它比集中式结构复杂，在维护共享应用系统中的多个备份的信息或状态一致性方面比较困难。

3. 分布式虚拟现实系统的分类

虚拟现实系统进行分布式架构需要有强大的分布式数据处理和网络调度能力。因为分布式虚拟现实系统需要解决在同一环境下，如何满足多个用户之间的相互操作，这其中包括对海量数据的远程访问，系统协调、可视化操作、计算分析等诸多技术上的完善，同时，分布式虚拟现实系统比起单用户虚拟现实系统而言，无疑大大推升了虚拟现实系统的应用价值。

按照分布式虚拟环境来划分，分布式虚拟现实系统可分为基于互联网和基于专用网两大类。其中，基于互联网的分布式虚拟现实系统的典型代表有 20 世纪 70 年代末的多用户城堡游戏(Multiuser Dungeon，MUD)；基于专用网的分布式虚拟环境的典型代表是分布式交互仿真(Distributed Interactive Simulation，DIS)。其后分布式交互仿真系统又历经了三个发展阶段，分别是 SIMNET (SIMulator NETwork)、DIS 协议、ALSP (Aggregate Level Simulation Protocol)。目前，分布式交互仿真技术的最新标准为高层体系结构(High Level Architecture，HLA)，美国军方从 2000 年就开始在内部强制全面推广国防部标准 HLA 1.3，采用分布式交互仿真技术为军方构建多个分布式虚拟现实系统项目。

4. 分布式虚拟现实系统的应用

分布式虚拟现实系统在远程教育、工程技术、建筑、电子商务、交互式娱乐、远程医疗、大规模军事训练等领域都有着极其广泛的应用前景。利用它可以创建多媒体通信、设计协作系统、实境式电子商务、网络游戏、虚拟社区等全新的应用系统。

典型的应用领域如下。

(1) 教育应用。把分布式虚拟现实系统用于建造人体模型、计算机太空旅游、化合物分子结构显示等领域，由于数据更加逼真，大大提高了人们的想象力，激发了受教育者的学习兴趣，学习效果十分显著。同时，随着计算机技术、心理学、教育学等多种学科的相互结合、促进和发展，系统因此能够提供更加协调的人机对话方式。

(2) 工程应用。当前的工程很大程度上依赖于图形工具，以便直观地显示各种产品，目前，CAD/CAM 已经成为机械、建筑等领域必不可少的软件工具。分布式虚拟现实系统的应用将使工程人员能通过全球网或局域网按协作方式进行三维模型的设计、交流和发布，从而进一步提高生产效率并削减成本。

(3) 商业应用。对于那些期望与顾客建立直接联系的公司，尤其是那些在他们的主页上向客户发送电子广告的公司，Internet 具有特别的吸引力。分布式虚拟系统的应用有可能大幅度改善顾客购买商品的经历。例如，顾客可以访问虚拟世界中的商店，在那里挑选商品，然后通过 Internet 办理付款手续，商店则及时把商品送到顾客手中。

(4) 娱乐应用。娱乐领域是分布式虚拟现实系统的一个重要应用领域。它能够提供

更为逼真的虚拟环境,从而使人们能够享受其中的乐趣,带来更好的娱乐感觉。

1.2.6 其他虚拟现实系统

在虚拟现实系统的发展过程中,早期人们仅将虚拟现实系统分为桌面虚拟现实系统、沉浸式虚拟现实系统、增强现实系统和分布式虚拟现实系统,后来随着不同技术特点的虚拟现实系统的出现,人们又提出了混合现实系统、影像现实(Cinematic Reality,CR)、扩展现实(Extended Reality,XR)的新概念。其中,影像现实的喻意表达是虚拟场景跟电影特效一样逼真。其概念最早由美国的 Magic Leap 公司提出,Magic Leap 是一个非常年轻的增强现实公司,成立于 2011 年,该公司在 2015 年 9 月发布了一段"直接利用 Magic Leap 技术"实现的视频,没有添加任何特效,如图 1.12 所示。

图 1.12　Magic Leap 视频

当初提出 CR 概念是为了强调该技术与 VR、AR 技术的不同。其后人们发现该视频所完成的任务、所应用的场景、所提供的内容,与 MR 产品是如此相似,以至于后来人们也把 CR 归作 MR 了。

扩展现实到目前实际上还是一个术语,谈论该概念的人还不是很多。扩展现实是指通过计算机技术和可穿戴设备产生的一个真实与虚拟组合的、可人机交互的环境。扩展现实包括增强现实、虚拟现实、混合现实等多种形式。换句话说,为了避免概念混淆,扩展现实其实是一个总称,包括 AR、VR、MR 等。由于 XR 定义为可涵盖所有这些不同的技术,因而它们之间的关系可用图 1.13 表示。

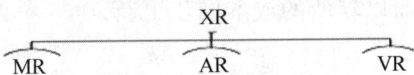

图 1.13　XR 定义图

1.3 虚拟现实的应用领域

虚拟现实技术给人提供了一种特殊的自然交互环境。基于该功能,它几乎可以支持人类的任何社会活动,适用于任何领域。由于虚拟现实技术具有成本低、安全性能高、形象逼真、可重复使用等特点,虚拟现实技术在人类社会活动方面迅速普及,目前已广泛深入航空航天、军事训练、指挥系统、医疗卫生、教育培训、文化娱乐、城市建筑、商业展示、

广告宣传等领域。预计21世纪虚拟现实技术将进入家庭，直接与人们的生活、学习、工作密切相关。

1.3.1 航空航天领域

在航空航天领域，虚拟现实技术可以说是发挥着决定性的作用，仅从航天员的培养方面看，由于太空环境极为复杂，普通人员很难直接到达太空进行游览，要培养宇航员，就必须借助虚拟现实技术进行。因为在航空航天过程中，宇航员需要事前在地面上进行适应性训练，模拟失重过程下如何操控宇宙飞船，以及宇宙飞船与太空站的对接，宇航员乘坐太空车登陆月球等。由于这些操作训练具有极大的风险，并且又无法直接在太空中进行训练，所以只能是在地面上依靠虚拟现实技术来进行模拟，如图1.14所示。所以没有好的虚拟现实太空模拟系统，就没有好的宇航员，宇航事业必然难以取得大的成功。归纳虚拟现实技术在航天方面的应用主要有以下几点。

图1.14 宇航员训练图

（1）可以最低的成本模拟太空环境和宇宙飞船太空舱的三维布局，人可融入环境系统，并可自由交互操控设备，具有身临其境的感知。

（2）继承了现有计算机仿真技术的优点，具有高度的灵活性。因为它仅需通过修改软件中视景图像的有关参数，就可模拟现实世界中一些突发事件产生后的环境改变情况，这样可以更好地训练人员应对意外事故的处理能力。

（3）突破环境限制。现有人员的培训都是在地面进行的，人们不能直接体验太空的失重感受，而通过虚拟现实系统，借助一定的辅助设备，可使得系统中的人员感受到失重感。

（4）虚拟现实系统可重复使用，当实体技术更新换代了，虚拟系统可以通过软件的升级而以较低的成本同步更新。

1.3.2 军事领域

军事领域研究是推动虚拟现实技术发展的原动力，目前依然是主要的应用领域。虚拟现实技术主要在辅助军事指挥决策、军事训练和演习、军事武器的研究开发等方面有所应用。

1. 军事指挥决策

军事指挥决策一般是指由一国的军事高级将领做出的具有影响战争胜负的指导性决定。传统战争中成长起来的军事指挥员通常都拥有丰富的实战经验，而和平时期提拔起来的军事指挥官更多的是军事理论方面的专家。军事理论的建立不可能是一成不变

的、静态的,而是应该随着军事武器的技术发展与时俱进。中国古时候,军事指挥者采用石子辅助分析军事战略问题发明了围棋,近现代战争指挥官则通过实体的沙盘进行推演研究,而随着信息化时代的来临,战争模式与形态都发生了根本性的大变革,传统的空战场、陆战场和海战场在过去可能是一个个独立的分战场,而在信息化时代条件下,各个局部的分战场都在信息技术的支撑下连成了一个整体,形成了一个体系对体系的军事大对决,在这个大体系的环境下,多维度的军事对决非常复杂,不仅有太空战、空战场,地面、地下构成的陆战场,还有海面、海下构成的海战场,但这只是大体系对抗的显战场部分,如图1.15所示。还有隐战场方面的电子电磁战、网络信息战、舆情心理战等,它们互相交织呈现着立体化的犬牙交错面貌。传统的任何指挥辅助工具都不能正确表现战场上的万千变化,而虚拟现实技术则可以非常清晰地通过仿真方式完美地再现战场上的瞬时动态,指挥决策者通过三维可视化的全景方式沉浸在虚拟的战场上,亲身体验战场上两军对决时那种炮火纷飞、枪林弹雨的环境。再结合身边计算机的军事辅助决策系统,可以快速果断地做出决策,合理分配兵员,布局火力,还可以结合通信技术,将指挥员的决定快速传送到前线作战人员的手持式设备上,最终可以最小的代价获得战争胜利。

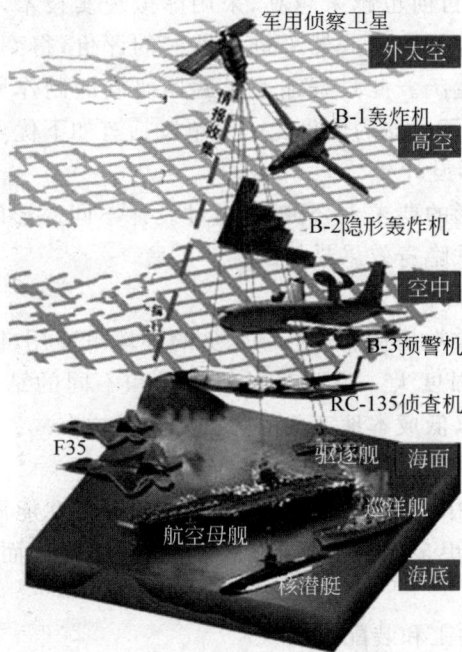

图 1.15 多维度军情示意图

2. 军事训练和演习

在传统的军事实战演习中,特别是大规模的军事演习,不但耗资巨大,安全性较差,而且很难在实战演习条件下改变战斗状况来反复进行各种战场势态下的战术和决策研究。现在,使用计算机,应用 VR 技术进行现代化的实验室作战模拟,它能够像物理学、化学等学科一样,在实验室里操作,模拟实际战斗过程和战斗过程中出现的各种现象,增加人们对战斗的认识和理解,为有关决策部门提供定量的信息。在实验室中进行战斗模拟,首先要确定目的,然后设计各种实验方案和各种控制因素的变化,最后

士兵再选择不同的角色控制进行各种样式的作战模拟实验。例如,研究导弹舰艇和航空兵攻击敌机动作战舰艇编队的最佳攻击顺序、兵力数量和编队时,实兵演习和图上推演不可能得到多种环境下的结果和可靠的结论,但可以通过方案和各种因素的变化建立数学模型,在计算机上模拟各种作战方案和对抗过程,研究对比不同的攻击顺序,以及双方兵力编成和数量,可以迅速得到双方损失情况、武器作战效果、弹药消耗等一系列有用的数据。

虚拟军事训练和演习不仅不动用实际装备而使受训人员具有身临其境之感,而且可以任意设置战斗环境背景,对作战人员进行不同作战环境、不同作战预案的多次重复训练,使作战人员迅速积累丰富的作战经验,同时不承担任何风险,大大提高了部队训练效果。

3. 武器高端设备研制

目前高端的装备制造在国外(特别是美国)早就已经采用了虚拟现实技术,在我国的运20大飞机制造过程中,也首次采用了虚拟现实技术,无疑今后会更多地采用该技术来研发各种高端设备。

武器设计研制的成本目前也越来越高,采用虚拟现实技术,可提供具有先进设计思想的设计方案,并使用计算机仿真武器来进行性能的评价,得到最佳性价比的仿真武器后,再投入武器的大批量生产。此过程缩短了武器研制的制作周期,节约了不必要的开支,降低了成本,大幅提高了武器的性价比。简单概括有如下优点。

1)模拟大装备的外形设计

例如,隐身飞机对外形的要求十分讲究,通过设计不同外形的飞机虚拟模型,可以比较隐身效果,从而选中一款隐身效果最佳的。

2)模拟产品的受力结构

对于武器装备而言,常常是在非常极端恶劣的环境下使用,因此对性能要求非常高,如耐高温、严寒;质量轻、强度大。因此对材料选择和不同的结构受力分析变得非常重要,采用虚拟现实技术可以低成本地完成受力分析到结构布局。

3)模拟武器装备的性能

武器装备能否在实战中经受考验,通常需要事前进行性能测试,而采用虚拟模拟测试比实际性能测试要节省更多的经费,如飞机发射先进导弹,而一枚实体导弹的成本通常是很高的。

4)模拟武器装备的加工和装配

武器装备的生产包括产品设计的合理性、可加工性、加工方法和加工设备的选用以及加工者的技术等多个方面,加工过程中的微小差异都有可能造成武器装备的缺陷和质量问题。一般情况下,生产流程都要经过计算机仿真分析后实施,通过虚拟现实技术,可以快速解决上述难题,从而确保武器装备的制造和应用质量。

1.3.3 医学领域

VR在医学方面的应用具有十分重要的现实意义。在虚拟环境中,可以建立虚拟的人体模型,借助于三维显示设备、数据手套,学生可以很容易了解人体内部各器官结构,

这比现有的采用教科书的方式要有效得多。Pieper 及 Satara 等研究者在 20 世纪 90 年代初基于两个 SGI 工作站建立了两个虚拟外科手术训练器,用于腿部及腹部外科手术模拟。这个虚拟的环境包括虚拟的手术台与手术灯,虚拟的外科工具(如手术刀、注射器、手术钳等),虚拟的人体模型与器官等。但该系统有待进一步改进,如需提高环境的真实感,增加网络功能,使其能同时培训多个使用者,或可在外地专家的指导下工作等。

虚拟人体可逼真地重现人体解剖画面,并可选择任意器官结构将其从虚拟人体中独立出来,进行更细的观察和分析,更关键的是对虚拟人体可任意使用,而不用担心医学、经济和伦理方面的问题。所以对虚拟人体的研究各国都非常重视。德国汉堡 Eppendorf 大学医学院医用数学和计算机研究所就建立了一个名为 VOXEL-MAN 的虚拟人体系统,它包括人体每一种解剖结构的三维模型,肌肉、骨骼、血管及神经等任一部分都是三维可视的,使用者戴上头盔显示器就可以模拟解剖过程。该系统的主要功能如下。

(1) 任意选择观察视点,可以做内窥镜观察,也可以做立体观察。

(2) 任意模拟解剖、手术和穿刺。

(3) 模拟放射成像。

(4) 可以得到任意器官和组织的名称、类型、描述以及结构等解剖信息。

(5) 可以测量器官或组织间的距离。

另一方面,VR 技术在医学培训方面更是具有非常大的优越性,对传统的教学模式、教学手段和教学方法都产生了深刻影响。例如,虚拟医学实验室的建立,彻底打破了空间、时间的限制,为学生提供了生动、逼真的实验学习环境,学生成为虚拟环境的一名参与者,可以极大地调动学生的学习积极性,突破实验教学的重点、难点,在培养学生的实际操作技能方面起到积极的作用。学生通过在虚拟实验室的学习,可以了解到医学发展中的一些最新内容。

另外,在远距离遥控外科手术、复杂手术的计划安排、手术过程的信息指导、手术后果预测及改善残疾人生活状况,乃至新型药物的研制等方面,VR 技术都有十分重要的意义。

如图 1.16 所示为人身体的胸部结构,包括肋骨、肺和心脏三部分。这三张图显示了三个器官的拆分过程。学生可以通过鼠标操作对胸部结构进行拆分和组装,并进行 360° 旋转立体图形,详细浏览和了解每一部分内容。除此之外,学生可以在虚拟的病人身上反复操作,提高技能,有利于学生对复杂的人体三维结构本质进行较好的理解。

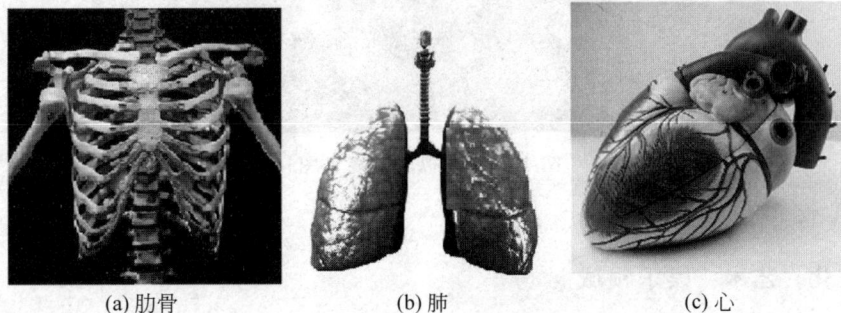

(a) 肋骨　　　　　　　　(b) 肺　　　　　　　　(c) 心

图 1.16　虚拟的人体胸部结构

1.3.4　城市规划

　　城市规划一直是对全新的可视化技术需求最为迫切的领域之一，虚拟现实技术可以广泛地应用在城市规划的各个方面，并带来切实可观的利益；采用虚拟现实系统来展现城市的规划方案，利用 VR 系统的沉浸感和互动性不但能够给用户带来强烈、逼真的感官冲击，获得身临其境的体验，还可以通过其数据接口在实时的虚拟环境中随时获取项目的数据资料，方便大型复杂工程项目的规划、设计、投标、报批、管理，有利于设计与管理人员对各种规划设计方案进行修正、补充设计以及对多方案评审，规避设计风险。虚拟现实所建立的虚拟环境是由基于真实数据建立的数字模型组合而成，严格遵循工程项目设计的标准和要求建立逼真的三维场景，对规划项目进行真实的"再现"。用户在三维场景中任意漫游，人机交互，这样很多不易察觉的设计缺陷能够轻易地被发现，减少由于事先规划不周全而造成的无可挽回的损失与遗憾，大大提高了项目的评估质量，加快设计速度。运用虚拟现实系统，人们可以很轻松随意地进行变更修改，如改变建筑高度，改变建筑外立面的材质、颜色，改变绿化密度，全过程实际上只要修改系统中的参数即可，从而大大加快了方案设计的速度和质量，提高了方案设计的效率，也节省了大量的资金，并提供了有效的合作平台。

　　虚拟现实技术能够使政府规划部门、项目开发商、工程人员及公众可从任意角度、实时互动真实地看到规划效果，更好地掌握城市的形态和理解规划师的设计意图。有效的合作是保证城市规划最终成功的前提，虚拟现实技术为这种合作提供了理想的桥梁，这是传统手段如平面图、效果图、沙盘乃至动画等所不能达到的。为了给公众关心的大型规划项目加强宣传效果，在项目方案设计过程中，虚拟现实系统可以将现有的方案导出为视频文件用来制作多媒体资料予以一定程度的公示，让公众真正地参与到项目中。当项目方案最终确定后，也可以通过视频输出制作多媒体宣传片，进一步提高项目的宣传展示效果，如图 1.17 所示。

图 1.17　虚拟城市规划图

1.3.5　文化、艺术、娱乐领域

　　虚拟现实是一种以最为逼真的效果进行传播艺术家思想的新媒介，其沉浸与交互可

以将静态的艺术转变为观察者可以探索的动态艺术,在文化艺术领域中扮演着重要角色。虚拟博物馆、虚拟文化遗产、虚拟画廊、虚拟演员和虚拟电影等都是当前虚拟现实成果。虚拟现实在文化艺术领域主要包括名胜古迹、娱乐游戏以及影视三个方面。

1. 名胜古迹

名胜古迹在保护、修缮、对外教育、开放旅游及文化延续方面给管理者带来了较大技术难度和要求。因为名胜古迹具有稀缺性,同时又有非常强的文化历史教育意义,既要保护它的完整性,又要对外展示宣传。而采用虚拟现实技术就可以解决这一现实难题。通过虚拟的古迹模型,展现名胜古迹的景观,不仅形象逼真,而且结合网络技术,还可以将艺术创作、文物展示和保护提高到一个崭新的阶段。使得那些由于身体条件限制的人不必长途跋涉就可以在家中通过 Internet 很舒适地选择任意路径遨游各个景点,乐趣无穷。例如,人们可以通过网络浏览虚拟的故宫、长城及其他我国著名的名胜文化古迹,可以大大增强普通百姓的爱国精神,以及对我国历史文化的了解。

2010 年在上海举行的世博会的亮点之一就是网上世博会。它运用三维虚拟现实、多媒体等技术设计世博会的虚拟平台,将上海世博会园区以及园区内的展馆空间数字化,用三维方式再现到 Internet 上,全球网民足不出户就可以获得前所未有的 360°空间游历和 3D 互动体验。不仅向全球亿万观众展示了各国的生活与文化,同时也展现了上海世博会的创新理念。例如,网上世博,法国馆将“感性城市”的主题在虚拟空间中展现无遗。参观者只需单击鼠标就能在虚拟展馆中 360°漫游参观。沿着华丽的法国馆走廊行进,既可以欣赏奥赛博物馆的经典名画和馆中美丽的法式园林,同时还能享受到不可思议的3D 互动体验,甚至“走近”高更的《餐点》等名家画作,穿梭其中并聆听作品介绍。由此,上海世博会也被称为“永不落幕”的世博会。

2. 影视

三维立体电影对人的视觉产生了巨大的冲击力,是电影界划时代的进步。在 2010年年初上映的电影《阿凡达》,场景气势恢宏,波澜壮阔,展现了一个原始生态星球上的美妙仙境,到处是绿树、鲜花、流水潺潺。欣赏之后使人久久难以忘怀。它的成功充分展现了美国大片创新地使用了虚拟现实技术,不仅完美地表现了自然界的生态美,还在于将电影艺术再一次地将平面推向了立体,整个拍摄过程使用新一代 3D 摄影机拍出了立体感。如图 1.18 所示为《阿凡达》场景。

图 1.18 《阿凡达》场景

三维立体电影是虚拟现实技术的应用之一,是结合虚拟现实技术拍摄的电影。拍摄时,首先在拍摄前期,立体摄影师结合故事情节创作一个"深度脚本"。深度脚本是立体电影创作意图的展示手段,是拍摄的依据,它决定了每个场景的立体景深,对于制作舒适、清晰的立体画面、镜头和帧序列起到了很重要的作用。拍摄时,通常使用用于拍摄立体图像的3D摄像机和用于虚实结合的虚拟摄像机,不仅实现了动作和表情实时捕捉,为场景增加整体动感,而且降低了拍摄成本。其拍摄原理广泛采用偏光眼镜法。它以人眼观察景物的方法,利用两台并列安置的电影摄影机,分别代表人的左、右眼,同步拍摄出两条略带水平视差的电影画面。放映时,将两条电影影片分别装入左、右电影放映机,并在放映镜头前分别装置两个偏振轴互成90°的偏振镜。两台放映机须同步运转,同时将画面投放在金属银幕上,形成双影图像。当观众戴上特制的偏光眼镜时,观众的左眼只能看到左像,右眼只能看到右像。通过双眼会聚功能将左、右像叠合在视网膜上,由大脑神经产生三维立体的视觉效果,展现出一幅幅连贯的立体画面,使观众感到景物扑面而来,产生强烈的"身临其境"感。虚拟现实在三维立体电影中的应用主要是制造栩栩如生的人物、引人入胜的宏大场景,以及添加各种撼人心魄的特技效果。

3. 娱乐游戏

娱乐游戏能够调节工作、生活中的各种精神压力,放飞心情,活跃创新思维。该观点的确立促使娱乐游戏成为今天西方发达国家人们眼中的香饽饽。尽管娱乐方式多种多样,最大众化的仍当属游乐园与电子游戏,随着虚拟现实技术与游乐园和电子游戏的不断相互融合,一场新型革命也在悄然发生。

1)游乐园

在美国,迪士尼公司在过去数年的时间里,一直在秘密地设计一个新版的欢乐游公园。迪士尼公司的计划是,要把未来的乐园打造成一个背后隐藏着众多智能设备的人机交互接口,在公园里面内嵌大量的传感器以及配套的软件,通过软、硬件的深度融合,使游客在公园里看到的是一个惟妙惟肖、其乐无穷的虚拟现实世界。当游客流连于公园里的美妙景色的同时,游客可以与虚拟的对象互动,拿起或放下某个虚拟用品,触摸美丽的鲜花从而体验到人间仙境的感觉。其中,人机交互技术就是通过隐藏着的智能设备实时地解读游客们的潜在意图,并按照游客们的意图进行执行以及反馈。也许可以形象地将这种技术比喻为,它们就像最了解游客们的亲密家人或者朋友一样,心有灵犀一点通。

也许当新版的游乐公园实现后的某一天,人们带着家人、陪伴朋友重返迪士尼乐园游玩的时候,可能就会是如下情景:首先不用为了买票再去排长长的队伍了,只要佩戴一款 Magic Band 智能魔力手环,通过它人们就可以快速地实现网上订票;然后进门只需用 Magic Band 往专门的仪器上刷一下就可以了;接着进到游乐场内,人们会看见能和自己讲话的白雪公主、会卖萌的米老鼠,还有唱着生日歌向人们走来的小熊维尼,以及远处正躺着睡觉还梦游仙境的爱丽丝。

2)电子游戏

三维游戏既是虚拟现实技术最先应用的领域,也是重要的发展方向之一,为虚拟现实技术的快速发展起到了巨大的需求牵引作用。计算机游戏从最初的文字 MUD 游戏,到二维游戏、三维游戏,再到网络三维游戏,在保持其实时性和交互性的同时,逼真度和沉浸感正在一步步地提高和加强。所以,虚拟现实技术已经成为三维游戏工作者的崇高

追求者。例如,当前极为火爆的网络三维游戏《魔兽世界》是著名的游戏公司暴雪娱乐 (Blizzard Entertainment)制作的一款大型多人在线角色扮演游戏(MMORPG)。它具有上百个场景,豪华的大场面制作,写实风格的地形地貌。整个游戏画面精致,在玩游戏的同时还可以欣赏到瑰丽的景色,景色会随着时间而变化,让玩家在不同的时间欣赏到不同的景色。除此之外,制作人员非常注重细节的雕琢,如牛头人在静止不动时会自己瘙痒、路边的怪物狼见到旁边的兔子会自己奔过去猎食。完美的设计让游戏者完全沉浸于游戏的乐趣之中。在《魔兽世界》的游戏画面中,除了精致的画面外,游戏也注重丰富的感知能力与 3D 显示,因此 VR 的硬件设备也成为理想的视频游戏工具。例如,英国开发的称为 Virtuality 的 VR 游戏系统,配有 HMD,大大地增强了真实感等。

目前,VR 游戏不仅是带给玩家开心的笑,它们当中有的还有减肥的功效、有的具有寓教于乐的功能,更有的据说可以防治老年痴呆。例如,*Paulo's Wing* 游戏就是一款据说可以减肥的游戏,该 VR 游戏画面精美,充满童趣,玩法主要以杀怪为主,玩家需要不停地挥动两只手对视景中的怪物造成伤害,如果挥动的幅度越大、频率越快,对怪物造成的伤害就会越高,玩家的得分也会更多。因此对玩家来说,游戏过程中一方面锻炼了手的灵活性,另一方面也消耗了大量的卡路里,因此该游戏也深受许多玩家们的喜爱。另一个值得尝试的游戏就是 *Mars Odyssey*,该 VR 游戏是一款单纯的 VR 体验游戏,只要借助一副 VR 眼镜,玩家就可进入该 VR 游戏而仿佛一步实现了人类登陆火星的梦想。虽然其游戏情节比较单调,但寓乐于教也给人留下了深刻印象。

实际上,虚拟现实游戏正在一步一步改变人们的生活和认知,也帮助人们实现了很多梦想。在虚拟现实技术的发展应用上,虚拟现实游戏一直占有重要的地位,并能冲破一些伦理纲常,使人们能够完成很多未知的体验,特别是对人类的意识潜能开发具有难以估量的效能。

1.3.6 虚拟现实教学

虚拟现实技术应用于教育,是教育技术发展的一个飞跃。它实现了建构主义、情景学习的思想,营造了"自主学习"的环境,由传统的"以教促学"的学习方式代之为学习者通过自身与信息环境的相互作用来得到知识、技能的新型学习方式。简单概括,采用虚拟现实技术进行教学,能够在以下 6 个方面获得较好的效果。

(1) 轻松、快乐的学习环境。真实、互动的特点是虚拟现实技术独特的魅力。虚拟现实技术可提供基于教学、教务、校园生活的三维可视化的生动、逼真的学习环境,促使学生在学习的过程中,没有外部的生活压力,一心一意地投入学习。在课堂上,教师可以结合学习内容,利用虚拟现实技术,给学习者一个美轮美奂的虚拟空间,使学习者在轻松、快乐间把知识融入自己的记忆之中。

(2) 虚拟实验。实验是诸多教学课程中最重要的一个环节,利用虚拟现实技术,可以按照课程的需要,建立不同的虚拟实验室,虚拟实验室无需昂贵的实验设备器材,也无需专门的实验室建筑和专门的实验管理人员,就可以低成本地引导学生参观、模仿和自己进行实验。例如,学习法学专业的学生,可以通过虚拟漫游,参观法院的工作环境,模拟开庭过程。过去在学习法医学课程时,学生学习犯罪现场勘验时,往往不能做到现场实

习,而借助虚拟现实技术,学生可以体验各种逼真的现场环境,针对虚拟受害者的不同情况,来分析犯罪发生的时间、犯罪分子所用的犯罪工具等,通过亲身感受,学习效果会立竿见影。

(3)远程教学。随着计算机网络的快速发展以及远程教学的兴起,虚拟现实技术与网络技术相结合,可提供给异地远方的学生一种更自然的体验学习方式,包括交互性、动态效果、连续感以及参与探索性等。学生通过远程网络虚拟教学环境,可以实现虚拟远程学习体验、虚拟实验,如此既可以满足不同层次学生的需求,也可以使得缺少学校和专业教师,以及昂贵的实验仪器的偏远地区的学生能够获得好的学习效果。

(4)多维度感知。传统教学过程中,教师与学生共处一室,教师以广播方式教学,学生以视觉加听觉方式学习,既没有互动,也没有回放。而采用虚拟现实技术,学生可以多维度地接收学习信息,不仅有视觉、听觉,还有触觉、嗅觉、味觉等都可以同步接收,学生在多维度环境下接收的学习信息效果相比传统模式,能够更自然轻松地记忆学习的知识内容,能够更快地理解重点、难点。

(5)超时空性。采用虚拟现实技术教学,可以将过去世界、现在世界、未来世界、微观世界、宏观世界、宇观世界、客观世界、主观世界、幻想世界等拥有的物体和发生的事件单独呈现和进行有机组合后展现,可以说没有做不到,只有想不到。例如,在一些生物实验过程中,常规情况下,学生要观察某些动植物的生长情况,往往需要几个月的时间,有些甚至需要一年或者更长时间的观察,如果借助虚拟现实技术,能够大大压缩时间周期,通过动态的虚拟模拟仿真,只要一堂课的时间,学生就能了解这些动植物的生长规律,不仅减少了学习时间,也提高了学习效率。再例如,学习历史课程时,由于古代社会人们的生活方式、社会环境、文化风俗与现代社会存在着巨大的差异,现代人一般很难理解古代所发生的各种奇异怪事,假如同学们想不通一代枭雄秦始皇为啥立胡亥为太子,此时只要戴上VR头盔,瞬间秦始皇就穿越时空,飘然而至来到学生们的课堂,面对面地回答同学们的各种提问,同学们也仿佛一下子回到了中国封建社会的初期,体味两千多年前的人间百态。

(6)超现实性。在虚拟现实技术支持下,过去一些在实际环境中无法实践、无法提供条件的学习内容,都可以在虚拟体验、虚拟实践的情况下完成学习。例如,中国学生在国内学习英语,很难把握语感,如果让学生们戴上头盔,通过虚拟现实技术,仿佛将学生带入伦敦街头,学生们一对一地与英国人相互交流自己感兴趣的话题,不知不觉中就能够使学生们的英语水平有很大的进步。还有按现有的普通学校条件下,有许多实验是根本不可能做的,如核反应实验,因为涉及放射性物质,或者是在一些有危险的物理实验中,一些容易产生毒气的化学实验中,都存在着必做而又不能做的困境。利用VR技术,都可以有效地解决实验条件与实验效果之间的矛盾。虚拟现实教学环境如图1.19所示。

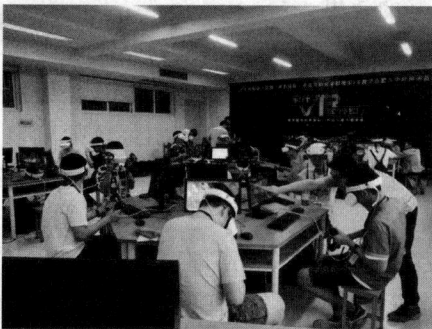

图1.19 虚拟现实教学环境

1.3.7　虚拟现实技术重构电子商务

"忽如一夜春风来,千树万树梨花开"。进入 21 世纪,借助于互联网的信息优势,电子商务异军突起,它以迅雷不及掩耳之势,抢占了商品经济的制高点,令无数经济学者、专家眼睛一亮,也令电商大伽一夜闻名。

1. 传统电商的瑕疵

快速发展的电子商务难掩瑕疵,暗藏 Bug 与危机。

(1) 用户浏览电子商务的商品网页时,犹如雾里看花,不能摸、不能试、不能闻、不能尝、不能看其全貌,只能看品牌参数。

(2) 没有温馨的商业大厅,没有善解人意的服务员引导与讲解,只有冷冰冰的二维图片依次排列。

2. 虚拟电商的重构设想

有奋斗就会有希望,虚拟现实技术给现代电子商务的重构带来新的技术支持。通过三维显示技术,完全可以构建起具有逼真效果的虚拟商场,使得用户在购物过程中拥有漫游实体商场一样的温馨感觉。在这里没有实体商场的喧嚣、众人的拥挤,可以尽心浏览各种 3D 虚拟商品,并随意抚摸,打开冰箱的大门,看看其中的结构,如图 1.20 所示。

图 1.20　虚拟商场图

网上试衣更是虚拟现实技术的拿手绝活。用户只要输入自己的身高、肩宽、胸围、腰围等数据,就可以找到一个身材完全和自己一样的虚拟模特在网上代替自己试穿各种新的时装。各式服装琳琅满目,当用户挑选到色泽和式样满意的时装之后,不仅可以让虚拟模特一件接着一件地试穿,而且可以让虚拟模特前后左右转动身体,行走一段距离,上跳下蹲,仔细地从多个侧面加以审视,以选择称心如意的新时装。

3. 阿里巴巴的 VR 实践

2016 年 3 月 17 日,阿里巴巴宣布成立 VR 实验室,并宣布阿里巴巴的工程师目前已完成数百件高度精细的虚拟商品模型,下一步将为商家开发标准化的工具,以实现快速批量化的 3D 建模。

同年 11 月 1 日,淘宝 Buy+上线,如图 1.21 所示。利用 VR 的 3D 技术,初步展现了商品虚拟化的形式,客户可以"零距离"观看自己心仪的商品,通过有深度感的模型观察,进一步地提高购物体验,市场反响非常积极。但遗憾的是,除了视觉和听觉,在其他的感知方面、人机交互方面,Buy+表现得依然乏善可陈。更重要的是 Buy+系统中,对于 3D 商品的建模工作远未完成,很多商品不得不把图片"竖了起来",这无疑为人们的购物体验添加了很多负面印象。

图 1.21　淘宝 Buy+

4. 未来 VR 购物新模式

尽管目前标准规范的网上全 3D 购物商城的电子商务环境还没有真正出现,但电商与 AR/VR 技术的结合已经成为趋势和发展方向,一旦新技术逐步成熟与应用,那么人们通过电子商务购物将变成一种享受。操作过程中,用户戴上 AR/VR 眼镜,通过电子屏幕浏览 360°的商场三维全景图,一边听着轻音乐,一边移动鼠标或摆摆手势,就可浏览一个个大型的购物广场,点点鼠标,该商品对象就会被选中,接着进入下一个购物程序。

5. 世界电商共享 VR 盛宴

马云看到了 AR/VR 给电子商务带来的机遇与挑战,同样,国外的电子商务 CEO、商界精英大伽们似乎也看到了希望与"钱"景,纷纷抢先一步亮出自身的 AR/VR 绝活。在英国,设计师艾莉森·克兰克(Allison Crank)创造了一个虚拟现实购物中心,但是用户要想进入克兰克创造的这个虚拟现实剧场式购物中心,需要使用一台 Oculus Rift 头显,才可以让用户在霓虹灯的闪耀里、野生动物的围绕中选购商品,如图 1.22 所示。用户可

图 1.22　剧场式购物中心

以在这个虚拟购物中心闲逛,与虚拟人物碰面,同时还可以看到随意走动的动物及到处漂浮的霓虹灯招牌。实际上,克兰克创造的这个虚拟环境就是要让消费者们在选购商品时能够有一种不一样的虚拟购物体验。

克兰克的这一购物中心设计仿佛成了一个舞台,而顾客们仿佛成了一个个演员并与周围环境产生互动。面对这一充满奇幻效果的购物中心,克兰克非常自信地介绍说:"我设计的这个体验可以让用户以 VR 话剧的形式观赏虚拟世界,一段给予这个幻想生命的叙事,并且可以让用户看到真实的剧场是怎样运作的。"

1.3.8 虚拟制造

1. 虚拟制造的概念

作为一种先进的生产制造技术,虚拟制造技术(Virtual Manufacturing Technology, VMT)是由多学科先进知识形成的一种综合系统技术。它以虚拟现实和仿真技术为基础,在实际产品开发之前,利用制造系统各层次及各环节的数字模型,先行一步地对将要实际生产的产品从设计、生产工艺、加工流程、性能分析、质量测试及生产管理等整个生命周期进行可视化的模拟和仿真,并进一步对制造的各个环节开展评估和优化,从而确定在今后产品实际生产过程中,产品开发周期和成本最小化,产品设计质量最优化和生产效率最高化,使企业在市场竞争、效率竞争、技术竞争等多方面构建起自己的优势。

对于虚拟制造(Virtual Manufacturing,VM)的应用而言,除了需要高性能计算机系统的软、硬件设备之外,还包括实时三维图形系统和虚拟现实交互技术。利用实时三维图形系统,可以生成具有逼真感的图形视景以及具有三维全彩色、明暗、纹理和阴影等各种外观特征。同时借助于虚拟现实的先进交互技术,包括视、听、触、嗅、味等多种感知交互的形式内容,将其作为人机双向对话的一种重要工作方式,使得虚拟制造在未来产品制造的过程中,具有虚拟化、智能化、自动化、全生命周期一体化。

2. 虚拟制造的应用

"虚拟制造"最早是由美国提出的一种全新概念。虚拟制造目前得到了国际上广泛的重视和研究,特别是在工业发达国家,如美国、德国、日本等已得到了不同程度的应用。例如,美国的福特汽车公司和克莱斯勒汽车公司在新型汽车的开发中就普遍采用虚拟制造技术,大大加快了产品的研发速度。而美国耐克公司一直以来都试图使用 VR 技术设计出更优秀的运动鞋。如今,戴尔和耐克联手推出的一个未来感十足的宣传视频中,展示了他们大胆的想法。视频演示了使用触觉技术和 VR 头显进行交互,让设计师能够在虚拟现实环境中更准确地设计、测试运动鞋。戴尔执行副总裁兼首席营销官 Jeremy Burton 表示:"他们正在使用这项令人难以置信的触觉反馈技术,这使得他们能够创造一个全息图像,并感受全息图像的质地。"如图 1.23 所示。

在这个设想的虚拟现实环境中,设计者佩戴 VR 头盔显示器,配备触觉反馈装置,能够通过触觉传感来控制产品的变化,包括鞋子的形状、颜色,甚至它在运动者使用过程中的状态。除了通过 VR 技术推动设计的方法,耐克还希望创造一个"制造革命",改变产品上市的方式。耐克目前也的确在使用 VR 技术设计他们的产品,虽然还达不到视频中那种程度,但目标与前景已经呈现,结果只是时间长短的问题。

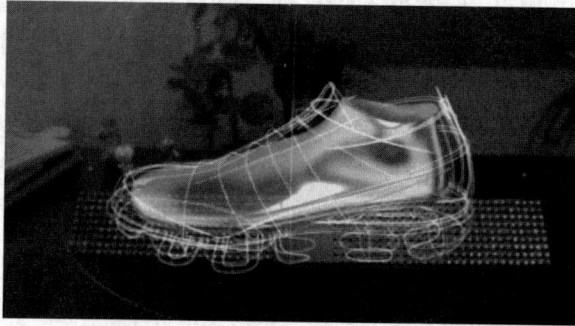

图 1.23　全息图像的质地

虚拟制造技术是在 CAD、CAM、CAE 等技术基础上发展起来的。一方面，CAD、CAM、CAE 技术为虚拟制造的实现提供了较为成熟的技术基础，如建模技术、分析优化技术、制造过程仿真技术、分析评价技术、设计分析评价技术和产品信息集成、转换、共享技术等。特别是特征建模技术在虚拟制造技术中占有极为重要的地位。另一方面，虚拟制造技术又超越了 CAD、CAM、CAE 技术，CAD、CAM、CAE 技术主要考虑产品本身信息的集成与建模，而虚拟制造技术还要考虑加工过程的建模等问题。

3. 虚拟制造的意义

从某种意义上说，美国引领了近代的科技革命和制造业革命，虚拟制造在美国最早提出，也是在美国最早应用于工业制造。面对现状，中国的许多专家、学者早已关注到了目前我国的落后情况，积极呼吁政府应发挥有力的协调职能，组织企业和科研部门进行多方面、多层次的合作，加强科研成果的应用推广，组织多学科、跨地区的科研力量共同攻关，从宏观上加强对虚拟制造技术的指导，尽早制定出符合我国国情的发展计划。而我国政府也面对国际制造业越来越激烈的竞争，结合虚拟制造、智能制造等发展方向，提出了我国的工业制造 2025 计划，极大地促进和有效地指导了我国制造业的快速发展。

虚拟制造仍然是一个处于发展中的、极具应用潜力的新技术，它的理论体系尚未最终完全形成，更未达到成熟，它将给人们带来如下新的技术课题。

（1）基于 Internet 的分布式虚拟制造。

计算机网络技术的发展和制造资源、仿真资源的分布化使分布式虚拟制造成为一种必然趋势。尽管目前 CAD 软件的功能越来越强大，但产品的复杂化和产品制造的周期要求快速化，以及加工过程大量非线性问题的计算及企业对工艺设计快速响应的需求，单个团队的设计与制造能力显然越来越力不从心。这时就更需要建立高性能并行计算环境并结合工艺设计开展高性能计算，如果以机械制造为例，这其中就包括铸造工艺仿真、锻压及冲压工艺仿真、焊接工艺仿真、切削工艺仿真等，基于网络的并行计算、分布式仿真是分布式虚拟制造研究的重要内容。

（2）基于大数据、云计算、物联网等的虚拟制造。

由于当今网络无处不在，各种先进的制造技术与概念在以网络为平台的基础上层出不穷，因为在网络的基础上，先进的制造模式可以做到：

① 降低制造资源的浪费，利用信息技术实现制造资源的高度共享。

② 建立共享制造资源的公共服务平台,将巨大的社会制造资源池连接在一起,提供各种制造服务,实现制造资源与服务的开放协作、社会资源高度共享。

③ 企业用户无须再投入高昂的成本购买加工设备等资源,咨询通过公共平台来购买租赁制造能力。

④ 销售和管理通过网络进行,做到低成本、高效益。

⑤ 将实现对产品开发、生产、销售、使用等全生命周期的相关资源的整合,提供标准、规范、可共享的制造服务模式。

1.4 虚拟现实的发展

虚拟现实技术的精彩纷呈、美轮美奂,绝非顺风顺水地平地一声雷就诞生了,而是无数计算机高人或大伽们历经了不懈的努力,付出了难以想象的艰难曲折、汗水泪水,才创造了虚拟现实今天的辉煌。当回望虚拟现实技术的发展时间轴时,这些无私的贡献者们就是其中的伟大节点。

1.4.1 虚拟现实的发展历程

与大多数新技术一样,虚拟现实也不是突然出现的,它是经过社会各界需求以及学术实验室相当长时间的研究后,逐步开发应用并进入公众视野的。同时,虚拟现实技术的发展也与其他技术的成熟密切相关,如三维跟踪定位、图像显示、语音交互及触觉反馈等,而计算机技术的快速发展更成为虚拟现实不断进步的直接动力。

虚拟现实技术的发展历史最早可以追溯到 18 世纪人们有意识地对图画画面逼真程度的探索。1788 年,荷兰画家罗伯特·巴克尔(Robert Barker)画了一幅爱丁堡(Edinburgh)城市的 360°全方位图,并将其挂在一个直径为 60 英尺的圆形展室,结果发现与普通图画相比,这种称为全景图的图画给人提供了一种强烈的逼真感。

19 世纪初发明了照相技术,1833 年又发明了立体显示技术,使得人们借助于一个简单的装置就可以看到实际场景的立体图像。1895 年出现了世界上第一台无声电影放映机,1923 年出现了有声电影,之后,1932 年又出现了彩色电影,1941 年出现了电视技术,与电影相比,电视可以使观众看到实时现场情景,因此显得更加生动。同时,电视的出现引出了遥现(Telepresence)的概念,即通过摄像机获得人同时在另一个地方的感觉。这些萌芽的概念为后来人们追求更加逼真的环境效果提供了一种非常直接的原动力。

然而,虚拟现实技术的发展进入快车道还是在计算机出现以后,加之其他技术的进展,以及社会市场的需求,人们追求逼真、交互等概念效果,于是经历了一个漫长的技术积累后,虚拟现实技术逐步成长起来,并日益显露出强大的社会效果。总结虚拟现实的发展过程,其主要经历可分为以下三个阶段。

(1) 20 世纪 50—70 年代,虚拟现实技术的探索阶段。

1956 年,在全息电影技术的启发下,美国电影摄影师 Morton Heiling(莫尔顿·黑灵)开发了摩托车驾驶仿真模拟器 Sensorama。Sensorama 是一个多通道体验的显示系统。用户可以感知到事先录制好的体验，包括景观、声音和气味等，如图1.24所示。

1960年，Morton Heiling研制的Sensorama的立体电影系统获得了美国专利，此设备与20世纪90年代的HMD（头盔显示器）非常相似，只能供一个人观看，是具有多种感官刺激的立体显示设备。

1965年，计算机图形学的奠基者美国科学家Ivan Sutherland博士在国际信息处理联合会大会上提出了The Ultimate Display（终极的显示）的概念，首次提出了全新的、富有挑战性的图形显示技术，即不通过计算机屏幕这个窗口来观看计算机生成的虚拟世界，而是使观察者直接沉浸在计算机生成的虚拟世界中，就像生活在客观世界中。随着观察者随意转动头部与身体，其所看到的场景就会随之发生变化，也可以用手、脚等部位以自然的方式与虚拟世界进行交互，虚拟世界会产生相应的反应，使观察者有一种身临其境的感觉。

图1.24 Sensorama系统

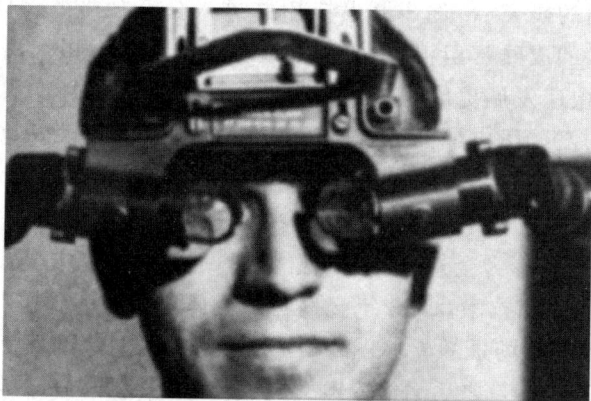

1968年，Ivan Sutherland使用两个可以戴在眼睛上的阴极射线管研制出了第一个头盔式显示器，如图1.25所示。

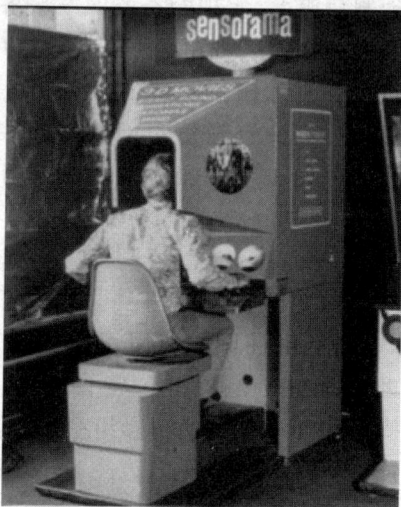

图1.25 第一个头盔式显示器

20世纪70年代，Ivan Sutherland在原来的基础上把模拟力量和触觉的力反馈装置加入到系统中，研制出了一个功能较齐全的头盔式显示器系统。该显示器使用类似于电视机显像管的微型阴极射线管（CRT）和光学器件，为每只眼镜显示独立的图像，并提供与机械或超声波跟踪器的接口。

1976年，Myron Kruger完成了Videoplace原型，它使用摄像机和其他输入设备创建了一个由参与者动作控制的虚拟世界。

（2）20世纪80年代初期到中期，虚拟现实技术系统化，从实验室走向实用阶段。

20世纪80年代，美国的VPL公司创始人Jaron Lanier正式提出了Virtual Reality

一词。当时,研究此项技术的目的是提供一种比传统计算机模拟更好的方法。

1984年,美国宇航局(NASA)研究中心虚拟行星探测实验室开发了用于火星探测的虚拟世界视觉显示器,将火星探测器发回的数据输入计算机,为地面研究人员构造火星表面的三维虚拟世界。

(3) 20世纪80年代末期至今,虚拟现实技术高速发展。

1996年10月31日,世界上第一个虚拟现实技术博览会在伦敦开幕。全世界的人们可以通过Internet坐在家中参观这个没有场地、没有工作人员、没有真实展品的虚拟博览会。

1996年12月,世界上第一个虚拟现实环球网在英国投入运行。这样,因特网用户便可以在一个由立体虚拟现实世界组成的网络中遨游,身临其境般地欣赏各地风光、参观博览会和在大学课堂听讲座等。目前,迅速发展的计算机硬件技术与不断改进的计算机软件系统极大地推动了虚拟现实技术的发展,使基于大型数据集合的声音和图像的实时动画制作成为可能,人机交互系统的设计不断创新,很多新颖、实用的输入输出设备不断地出现在市场上,为虚拟现实系统的发展打下了良好的基础。

1.4.2　虚拟现实技术的发展趋势

虚拟现实技术是高度集成的技术,涵盖计算机软硬件、传感器技术、立体显示技术等。虚拟现实技术的研究内容大体上可分为VR技术本身的研究和VR技术应用的研究两大类。根据虚拟现实所倾向的特征不同,目前虚拟现实系统主要划分为四个层次:桌面式、增强式、沉浸式和网络分布式虚拟现实。VR技术的实质是构建一种人能够与之进行自由交互的"世界",在这个"世界"中参与者可以实时地探索或移动其中的对象。沉浸式虚拟现实是最理想的追求目标,实现的主要方式主要是戴上特制的头盔显示器、数据手套以及身体部位跟踪器,通过听觉、触觉和视觉在虚拟场景中进行体验。桌面式虚拟现实系统被称为"窗口仿真",尽管有一定的局限性,但由于成本低廉而仍然得到了广泛应用。增强式虚拟现实系统主要用来为一群戴上立体眼镜的人观察虚拟环境,性能介于以上两者之间,也成为开发的热点之一。总体上看,纵观多年来的发展历程,VR技术的未来研究仍将遵循"低成本、高性能"这一原则,从软件、硬件上展开,并将在以下主要方向发展。

1. 动态环境建模技术

虚拟环境的建立是VR技术的核心内容,动态环境建模技术的目的是获取实际环境的三维数据,并根据需要建立相应的虚拟环境模型。

2. 实时三维图形生成和显示技术

三维图形的生成技术已比较成熟,而关键是如何"实时生成",在不降低图形质量和复杂程度的前提下,如何提高刷新频率将是今后重要的研究内容。此外,VR还依赖于立体显示和传感器技术的发展,现有的虚拟设备还不能满足系统的需要,有必要开发新的三维图形生成和显示技术。

3. 新型交互设备的研制

虚拟现实实现人能够自由地与虚拟世界中的对象进行交互,犹如身临其境,借助的

输入输出设备主要有头盔显示器、数据手套、数据衣服、三维位置传感器和三维声音产生器等。因此,新型、便宜、鲁棒性优良的数据手套和数据服将成为未来研究的重要方向。

4. 智能化语音虚拟现实建模

虚拟现实建模是一个比较繁复的过程,需要大量的时间和精力。如果将虚拟现实技术与智能技术、语音识别技术结合起来,可以很好地解决这个问题。我们对模型的属性、方法和一般特点的描述通过语音识别技术转换成建模所需的数据,然后利用计算机的图形处理技术和人工智能技术进行设计、导航和评价,将基本模型用对象表示出来,并逻辑地将各种基本模型静态或动态地连接起来,最后形成系统模型。在各种模型形成后进行评价并给出结果,并由人直接通过语言来进行编辑和确认。

5. 网络分布式虚拟现实的应用

网络分布式虚拟现实(Distributed Virtual Reality,DVR)将分散的虚拟现实系统或仿真器通过网络连接起来,采用协调一致的结构、标准、协议和数据库,形成一个在时间和空间上互相耦合的虚拟合成环境,参与者可自由地进行交互作用。目前,分布式虚拟交互仿真已成为国际上的研究热点,相继推出了 DIS、MA 等相关标准。网络分布式 VR 在航天中极具应用价值,例如,国际空间站的参与国分布在世界不同区域,分布式 VR 训练环境不需要在各国重建仿真系统,这样不仅减少了研制设备费用,而且也减少了人员出差的费用和异地生活的不适。

1.4.3 国内外虚拟现实技术研究现状

虚拟现实的诸多技术和应用的快速发展,向人们展示了其诱人的美好前景,促使世界各国特别是发达国家纷纷投入人力、物力进行广泛有效的深度研究。从研究架构上看,研究方向主要涉及三个研究领域:通过计算图形方式建立实时的三维视觉效果;建立对虚拟世界的观察界面;使用虚拟现实技术加强诸如科学计算技术等方面的应用。

1. 美国 VR 技术研究现状

美国是虚拟现实技术研究的发源地,虚拟现实技术可以追溯到 20 世纪 40 年代。最初的研究应用主要集中在美国军方对飞行驾驶员与宇航员的模拟训练。然而,随着冷战后美国军费的削减,这些技术逐步转为民用。目前,美国在该领域的基础研究主要集中在感知、用户界面、后台软件和硬件四个方面。

20 世纪 80 年代,美国宇航局及美国国防部组织了一系列有关虚拟现实技术的研究,并取得了令人瞩目的研究成果,美国宇航局 Ames 实验室致力于一个叫作"虚拟行星探索"(VPE)的实验计划。现 NASA 已经建立了航空、卫星维护 VR 训练系统,以及空间站 VR 训练系统,并已经建立了可供全国使用的 VR 教育系统。北卡罗来纳大学的计算机系是进行 VR 研究最早且最著名的大学。他们主要研究分子建模、航空驾驶、外科手术仿真、建筑仿真等。乔治梅森大学研制出一套在动态虚拟环境中的流体实时仿真系统。施乐公司研究中心在 VR 领域主要从事利用网络容积再现技术建立未来办公室的研究。波音公司的波音 777 运输机采用全无纸化设计,利用所开发的虚拟现实系统将虚拟环境叠加于真实环境之上,把虚拟的模板显示在正在加工的工件上,工人根据此模板控制待加工尺寸,从而简化加工过程。

图形图像处理技术和传感器技术是以上 VR 项目的主要技术。就目前看,空间的动态性和时间的实时性是这项技术的最主要焦点。

2. 欧洲 VR 技术研究现状

在欧洲,英国在 VR 开发的某些方面,特别是在分布并行处理、辅助设备(包括触觉反馈)设计和应用研究方面,在欧洲来说是领先的。英国 Bristol 公司发现,VR 应用的焦点应集中在整体综合技术上,他们在软件和硬件的某些领域处于领先地位。英国 ARRL 公司关于远地呈现的研究实验,主要包括 VR 重构问题。他们的产品还包括建筑和科学可视化计算。欧洲其他一些较发达的国家,如荷兰、德国、瑞典等也积极进行了 VR 的研究与应用。瑞典的 DIVE 分布式虚拟交互环境,是一个基于 UNIX 的、不同节点上的多个进程可以在同一世界中工作的异质分布式系统。荷兰海牙 TNO 研究所的物理电子实验室(TNO-PEL)开发的训练和模拟系统,通过改进人机界面来改善现有模拟系统,以使用户完全介入模拟环境。德国在 VR 的应用方面取得了令人出乎意料的成果。在改造传统产业方面,一是用于产品设计、降低成本,避免新产品开发的风险;二是产品演示,吸引客户争取订单;三是用于培训,在新生产设备投入使用前用虚拟工厂来提高工人的操作水平。2008 年 10 月 27～29 日,在法国举行的 ACM Symposium on Virtual Reality Software and Technology 大会上,整体促进了虚拟现实技术的深入发展。

3. 日本 VR 技术研究现状

日本的虚拟现实技术的发展在世界相关领域的研究中同样具有举足轻重的地位,它在建立大规模 VR 知识库和虚拟现实的游戏方面做出了很大的成就。在东京技术学院精密和智能实验室研究了一个用于建立三维模型的人性化界面,称为 SpmAR。NEC 公司开发了一种虚拟现实系统,用代用手来处理 CAD 中的三维形体模型,通过数据手套把对模型的处理与操作者的手联系起来。日本国际工业和商业部产品科学研究院开发了一种采用 X、Y 记录器的受力反馈装置。东京大学的高级科学研究中心的研究重点主要集中在远程控制方面,他们最近的研究项目是可以使用户控制远程摄像系统和一个模拟人手的随动机械人手臂的主从系统。东京大学广濑研究室重点研究虚拟现实的可视化问题,他们正在开发一种虚拟全息系统,用于克服当前显示和交互作用技术的局限性。日本奈良尖端技术研究生院大学教授千原国宏领导的研究小组于 2004 年开发出一种嗅觉模拟器,只要把虚拟空间里的水果放到鼻尖上一闻,装置就会在鼻尖处放出水果的香味,这是虚拟现实技术在嗅觉研究领域的一项突破。

4. 国内虚拟现实技术研究现状

在我国虚拟现实技术的研究和一些发达国家相比还有很大差距,随着计算机图形学、计算机系统工程等技术的高速发展,虚拟现实技术已经得到了相当的重视,引起我国各界人士的兴趣和关注,研究与应用 VR,建立虚拟环境,虚拟场景模型以及分布式 VR 系统的开发正朝着更深和更广的方向发展。中华人民共和国国防科学技术工业委员会已将虚拟现实技术的研究列为重点攻关项目,国内许多研究机构和高校也在进行虚拟现实的研究和应用,并取得了一些不错的研究成果。北京航空航天大学计算机系也是国内最早进行 VR 研究、最有权威的单位之一,其虚拟实现与可视化新技术研究室集成了分布式虚拟环境,可以提供实时三维动态数据库、虚拟现实演示环境、用于飞行员训练的虚拟现实系统、虚拟现实应用系统的开发平台等,并在以下方面取得进展:着重研究了虚拟

环境中物体物理特性的表示与处理；在虚拟现实中的视觉接口方面开发出部分硬件，并提出有关算法及实现方法。清华大学国家光盘工程研究中心所制作的"布达拉宫"，采用QuickTime技术，实现了大全景VR系统。浙江大学CAD&CG国家重点实验室开发出了一套桌面型虚拟建筑环境实时漫游系统，采用了层面叠加绘制技术和预消隐技术，实现了立体视觉，同时还提供了方便的交互工具，使整个系统的实时性和画面的真实感都达到了较高的水平。另外，他们还研制出了在虚拟环境中一种新的快速漫游算法和一种递进网格的快速生成算法。

哈尔滨工业大学已经成功地虚拟出了人的高级行为中特定人脸图像的合成、表情的合成和唇动的合成等技术问题，并正在研究人说话时的头姿和手势、话音和语调的同步等。

清华大学计算机科学和技术系对虚拟现实和临场感的方面进行了研究，例如，在球面屏幕显示和图像随动、克服立体图闪烁的措施和深度感实验等方面都具有不少独特的方法。他们还针对室内环境水平特征丰富的特点，提出借助图像变换，使立体视觉图像中对应水平特征呈现形状一致性，以利于实现特征匹配，并获取物体三维结构的新颖算法。

西安交通大学信息工程研究所对虚拟现实中的关键技术之一———立体显示技术进行了研究。他们在借鉴人类视觉特性的基础上提出了一种基于JPEG标准压缩编码新方案，并获得了较高的压缩比、信噪比以及解压速度，并且已经通过实验结果证明了这种方案的优越性。

中国科技开发院威海分院主要研究虚拟现实中的视觉接口技术，完成了虚拟现实中的体视图像对回显算法及软件接口的研究。他们在硬件开发上已经完成了LCD红外立体眼镜，并且实现了商品化。

北方工业大学CAD研究中心是我国最早开展计算机动画研究的单位之一，中国第一部完全用计算机动画技术制作的科教片《相似》就出自该中心。

上述内容表明，我国高校和研究机构同样瞄准世界前沿领域，奋发图强、勇为人先、敢于创新的精神值得所有中华民众尊重。

1.5　虚拟现实的Web3D技术

Internet的出现及飞速发展使计算机应用的各个领域都发生了深刻的变化，它必然引发一些新技术的出现。以3D图形技术为基础的虚拟现实技术同样也必然会移植到互联网平台，随着计算机软、硬件技术的日益完善，时机也变得日臻成熟，并已呈现出百花齐放的景象。

1.5.1　Web3D技术简介

虚拟现实技术与计算机网络技术的结合，就产生了新的网络三维技术。而网络三维技术的出现最早可追溯到VRML。VRML(Virtual Reality Modeling Language)即虚拟

现实建模语言,它开始于 20 世纪 90 年代初期。

1994 年 3 月,在日内瓦召开的第一届 WWW 大会上,首次正式提出了 VRML 这个名字。1994 年 10 月,在芝加哥召开的第二届 WWW 大会上公布了规范的 VRML 1.0 草案。

1996 年 8 月,在新奥尔良召开的优秀 3D 图形技术会议 Siggraph'96 上公布通过了规范的 VRML 2.0 第一版。它在 VRML 1.0 的基础上进行了很大的补充和完善。它是以 SGI 公司的动态境界 Moving Worlds 提案为基础的。

1997 年 12 月,VRML 作为国际标准正式发布,1998 年 1 月,正式获得国际标准化组织 ISO 批准,简称 VRML 97。VRML 97 只是在 VRML 2.0 基础上进行了少量的修正。

VRML 规范支持纹理映射、全景背景、雾、视频、音频、对象运动和碰撞检测——一切用于建立虚拟世界的东西。但是 VRML 并没有得到预期的推广运用,其主要的原因是限于当时网络传输速度的制约。

1998 年,VRML 组织把自己改名为 Web3D 组织,同时制定了一个新的标准——Extensible 3D(X3D)。到了 2000 年春天,Web3D 组织完成了 VRML 到 X3D 的转换。X3D 整合正在发展的 XML、Java、流技术等先进技术,包括更强大、更高效的 3D 计算能力、渲染质量和传输速度。

与此同时,一场 Web3D 格式的竞争正在进行着。Adobe Atmosphere 创建网络虚拟三维环境的专业开发解决方案,还有 Macromedia Director 8.5、Shockwave Studio 等多种软件的推出,导致了百花齐放的现象,但问题也随之而至。首先是没有统一的标准,每种方案都使用不同的格式和方法。Flash 能够在今天大行其道是因为它是唯一的,Java 在各平台得到运用也因它是唯一的。因为没有标准,3D 在 Web 上的实现过程还将继续下去。另外,插件的问题也是一个困扰,几乎每个厂商开发的标准都需要自己插件的支持,这些插件从几百 KB 到几兆字节不等,在带宽不理想的条件下必然会限制一部分人的使用热情。

当前,互联网上的图形仍以 2D 图像为主流,但是,3D 图形必将在互联网上占有重要地位。互联网上的交互式 3D 图形技术 Wed3D 正在取得新的进展,正在脱离本地主机的 3D 图形,形成自己独立的框架。最具魅力的 Wed3D 图形将在互联网上有广泛应用,如电子商务、联机娱乐休闲与游戏、科技与工程的可视化、教育、医学、地理信息、虚拟社区。虽然 Wed3D 技术将有好的发展前景,但仍然不可盲目乐观,它还面临着很多问题,如带宽、处理器速度等。现在的 Wed3D 图形是有几十种可供选择的技术和解决方案,多种文件格式和渲染引擎的存在是 Wed3D 图形在互联网上应用的最大障碍,而这种局面还将长时间存在。

1.5.2 Web3D 的核心技术及其特征

目前,走向实用化阶段的 Web3D 的核心技术有基于 VRML、Java、XML、动画脚本以及流式传输的技术,为网络教学资源和有效的学习环境设计和开发、组织不同形式的网络教学活动,提供了更为灵活的选择空间。由于技术内核不同,因此,实现技术也就有不同的原理、技术特征和应用特点,见表 1.1。

表 1.1   Web3D 的核心技术及特征对比

Web3D 的核心技术	实现原理	技术特征	应用特点
基于 VRML 技术	服务器端提供的是 VRML 文件和支持资源,浏览器通过插件将描述性的文本解析为对应的类属,并在显示器上呈现出来	通过编程、三维建模工具和 VRML 可视化软件实现;在虚拟三维场景展示时,文件数据量很大	高版本浏览器预装插件;文件传输慢,下载时间长;呈现的图像质量不高;与其他多技术集成能力及兼容性弱。适合于三维对象和场景的展示
基于 XML 技术	将用户自定义的三维数据集成到 XML 文档中,通过浏览器对其进行解析后实时展现给用户	通过三维建模工具和可视化软件实现;在三维对象和三维场景展示时,文件数据量小	需要安装插件;文件传输快,可被快速下载;呈现的图像质量较好;与其他多技术集成能力强;兼容性好。适合于三维对象和场景的展示
基于 Java 技术	通过浏览器执行程序,直接将三维模型渲染后实时展现三维实体	通过编程和三维建模工具来实现;在三维对象和三维场景展示时,文件数据量小	不需要安装插件;文件传输快,可被快速下载;呈现的图像质量非常高;兼容性好。适合于三维对象和场景的展示
基于动画脚本语言	在网络动画中加入脚本描述,脚本通过控制各幅图像来实现三维对象	通过脚本语言编程来实现;在三维对象和三维场景展示时,文件数据量较小	需要插件;文件传输快,可被快速下载;呈现的图像质量随压缩率可调;兼容性好。适合于三维对象和场景的展示
基于流式传输的技术	直接将交互的虚拟场景嵌入到视频中	通过实景照片和场景集成(缝合)软件来实现;在场景模拟时,文件数据量较小	需要下载插件;用户可快速浏览文件;三维场景的质量高;兼容性好。实现 360° 全景虚拟环境

1.5.3   Web3D 的实现技术

1. 基于编程的实现技术

开发 Web3D 最直接的方法是通过编程来实现。其编程语言主要有虚拟现实建模语言 VRML、网络编程语言 Java 和 Java3D。并且需要基层软件或者驱动库的支持,如 ActiveX、COM 和 DCOM 等。其中,目前应用最为广泛的是 VRML 和 Java3D。

VRML 就是采用其提供的节点、字段和事件来直接编程,但工作量大,开发效率低,直接表现很复杂的场景很困难,必须借助其他可视化编程工具,才能实现对复杂场景的构建。另外,VRML 所提供的 API 远不能满足应用程序开发的要求,且复杂、不易使用。

Java3D 是在 OpenGL、DirectX 等三维图形标准的基础上发展起来的,它的编程模型是基于图像场景的,这就消除了以前的 API 强加给编程人员的烦琐细节,允许编程人员更多地考虑场景及其组织,而非底层渲染代码。因此,Java3D 为 Web3D 提供了很好的功能支持。

基于编程的 Web3D 实现技术,有编程工作量大且较难掌握的共同缺点,特别是对于

不熟悉计算机编程的非专业人员,通过编程进行 Web3D 建模比较困难。

2. 基于开发工具的实现技术

为了提高 Web3D 技术的实用性,近年来,一些公司开发了专门针对 Web3D 对象建构的可视化开发工具(如 Cult3D、Viewpoint、Pulse3D、Shout3D、Blaxunn3D 等),从而为不熟悉编程的人员开发 Web3D 对象提供了方便的实现途径。这些专门的开发工具,尽管用法和功能各异,但开发过程一般都包括:

(1)建立或编辑三维场景模型。

(2)增强图形质量。

(3)设置场景中的交互。

(4)优化场景模型文件。

(5)加密等。

其中,三维建模是 Web3D 图形制作的关键,许多软件厂商都把 3ds Max 作为三维建模的工具。对于特别复杂的场景,也可以采用照片建模技术来建立三维网格模型。近年推出的商品化软件有 Canoma、Photo3D、ImageModeler 等。

通过开发工具实现 Web3D 的开发,流程简单并容易掌握。

3. 基于多媒体工具软件的实现技术

利用 Flash、QTVR 等多媒体工具软件,不通过编程就可以很方便地进行 Web3D 的开发。

在交互式矢量动画软件 Flash 中,对导入的序列图像或已拼接的 360°的全景图像,通过 ActionScript 设置交互而形成的 3D 对象或全景虚拟环境,能实现 360°视角可见的图像的控制。由于该技术具有矢量性,所以,具有画面清晰度不因缩放而降低、文件小等优点。另外,由于采用 Micromedia 的 Shockwave 技术,从服务器端向浏览器端传输的只是一些绘图指令,所以能够实现在低带宽上的高质量浏览。但需要安装 Shockwave Flash 的插件才可观看。

Apple 公司的 QTVR(QuickTime)AuthorStudio 是基于图像缝合技术实现全景图像空间构建,再将全景图像制作成 QTVR 文件,实现网上浏览。QTVR 在真实感、速度和文件大小等方面非常吸引用户。Apple 公司近年推出的基于 Windows 操作系统的开发工具 VR ToolBox,使开发用于网络教学的 QTVR 更为便捷和高效。

4. 基于 Web 开发平台的 SDK 的实现技术

通过 Web 的 SDK 实现 Web3D 的技术近年来受到关注,其中,WildTangent 和 EON 技术成熟,应用广泛。

WildTangent 将 Java 和 JavaScript 与 DirectX 进行封装,提供了简化而且强大的程序开发环境。用户只要使用 WildTangent 网络驱动配合脚本语言或者所选择的程序语言,就能创造出动态、炫目的 3D 效果(可以包含二维平面图形、声音以及三维模型)。而且,WildTangent 网络驱动通过下载的控件能够实现与 IE 和 Netscape 浏览器兼容。由于 WildTangent 技术具有很强的交互性,使得 WildTangent 的应用范围非常广泛,但要用 WildTangent 创造出交互效果,用户必须具备一定的脚本语言基础。

EON Studio 是一套多用途的 3D/VR 内容整合制作套件,开发者不需要撰写复杂的程序,就能轻松快速地建构互动虚拟内容,具有功能强、易学易用、表现逼真、安全性好、

制作的文件很小等特点。

1.5.4 几种常用 Web3D 技术介绍

1. Java 3D

Java 3D 可用在三维动画、三维游戏、机械 CAD 等领域。它的功能特点如下。

(1)可以直接用来编写三维形体,但和 VRML 不同,Java 3D 没有基本形体,但是可以利用 Java 3D 所带的 Utility 3D 生成一些基本形体,如立方体、球、圆锥等。或者直接调用一些软件如 Alias、Lightwave、3ds Max Rhino 等生成的形体,或者调用 VRML 2.0 生成的形体。

(2)与 VRML 一样,使形体带有颜色、贴图。

(3)可以产生形体的运动、变化,动态地改变观测点的位置及视角。

(4)可以具有交互作用,如单击形体时会使程序发出一个信号从而产生一定的变化。

(5)可以充分利用 Java 语言的强大功能,编写出复杂的三维应用程序。

(6)Java 3D 具有 VRML 所没有的形体碰撞检查功能。

(7)作为一个高级的三维图形编程 API,Java 3D 给我们带来了极大的方便,它包含 VRML 2.0 所提供的所有功能。

2. Fluid 3D

Fluid 3D 并不是一个 Web 编写工具,它主要着眼于强化 3D 制作平台的性能。直到最近才公诸于世的 Fluid 3D 插件填补了市场的一个空白,尽管到目前为止它的应用范围还相当有限。它的主要功能是可以用来传输高度压缩的 3D 图像,而这种图像的下载通常是比较耗时的。它的运用有助于使 Web 的 3D 技术更实用,使之对桌面用户而言更有帮助。

3. Superscape VRT

Superscape VRT 是 Superscape 公司基于 Direct 3D 开发的一个虚拟现实环境编程平台。它最重要的特点是引入了面向对象技术,结合当前流行的可视化编程界面。另外,它还具有很好的扩展性。用户通过 VRT 可以创建真正的交互式的 3D 世界,并通过浏览器在本地或 Internet 上进行浏览。

4. Vecta 3D

它是 3ds Max 的一款插件,可生成输出 Flash 文件以及 Adobe 公司的 Illustrator 的 AI 文件。

5. Cult 3D

位于瑞典的 Cycore 原是一家为 Adobe After Effect 和其他视频编辑软件开发效果插件的公司。为了开发一个运用于电子商务的软件,Cycore 动用了五十多名工程师来开发他的流式三维技术。现在,Cycore 的 Cult 3D 技术在电子商务领域已经得到了广泛的推广运用。

Cult 3D 的内核基于 Java,它可以嵌入 Java 类,利用 Java 来增强交互和扩展,开发效率比较高。

6. Viewpoint（Metastream）

Viewpoint Experience Technology（VET）的前身是由 Intel 公司和 Metacreation 开发的 Metastream 技术。它生成的文件非常小，三维多边形网格结构具有 Scaleable（可伸缩）和 Streaming（流传输）特性，使得它非常适合于在网络上传输。

VET（也即 MTS 3.0）继承了 Metastream 的以上特点，并实现了许多新的功能和突破，曾几何时，Viewpoint 被 PC-Magzine 评为"Top100 计算机产品"，可谓风光一时。在结构上它分为两个部分，一个是存储三维数据和贴图数据的 MTS 文件，一个是对场景参数和交互进行描述的基于 XML 的 MTX 文件。它具有一个纯软件的高质量实时渲染引擎，渲染效果接近真实而不需要任何的硬件加速设备。VET 可以和用户发生交互操作，通过鼠标或浏览器事件引发一段动画或是一个状态的改变，从而动态地演示一个交互过程。VET 除了展示三维对象外，还犹如一个能容纳各种技术的包容器，可以把全景图像作为场景的背景，把 Flash 动画作为贴图使用。

Viewpoint 的主要运用市场是作为物品展示的产品宣传和电子商务领域。许多著名的公司与电子商务网站使用了此技术作为产品展示。虽然不如 Cult3D 那样普及，但凭借着强大的功能还是赢得了不少用户的青睐。

7. Shockwave3D

Macromedia 公司的 Shockwave 技术，为网络带来了互动的多媒体世界。Shockwave 在全球拥有过亿的用户。早在 2000 年 8 月 Siggraph 大会上，Intel 和 Macromedia 就联合声称将把 Intel 的网上三维图形技术带给 Macromedia Shockwave 播放器。现在拥有强大功能的 Macromedia Director Shockwave Studio 8.5 已经推出，其中最重大的改变就是加入了 Shockwave3D 引擎。

其实在此之前已经有 Director 的插件产商为之开发过 3D 插件，如 3D Groove，主要是用于开发网上三维游戏，其作品也在 www.shockwave.com 上出现，智能和交互性已经具有很高的水准。3D Dreams 也提供了完整的三维场景建造和控制功能，但在速度上感觉较吃力。

Director 为 Shockwave3D 加入了几百条控制 lingo（Linear Interactive and General Optimizer，交互式的线性和通用优化求解器），结合 Director 本身功能，无疑在交互能力上 Shockwave3D 具有强大的优势。鉴于 Intel 和 Macromedia 在业界的地位，Shockwave3D 自然得到了众多软硬件厂商的支持。从画面生成质量上看，Shockwave3D 还无法和 Viewpoint、Cult3D 相抗衡，因此对于需要高质量画面生成的产品展示领域，它不具备该优势。而对于需要复杂交互性控制能力的娱乐游戏教育领域，Shockwave3D 则能够有所作为。

8. blaxxun3D 和 Shout3D

blaxxun3D 和 Shout3D 都是基于 Java Applet 的渲染引擎，它渲染特定的 VRML 节点而不需要安装插件。它们都遵循 VRML、X3D 规范。

Shout3D 支持的特征如下。

（1）使用插件可直接从 3d Studio Max 中输出 3D 内容和动画。

（2）支持直接光、凹凸、环境、Alpha、高光贴图模式以及它们的结合。

（3）支持光滑组和多重次物体贴图。

（4）使用六张图像作为全景背景。

（5）骨骼变形，支持 Character Studio。

（6）支持多个目标对象之间的变形动画。

blaxxun3D 是 Brilliant Digital 娱乐公司的产品。Brilliant Digital 公司于 Siggraph 2000 大会上发布了他们给 3d Studio Max 提供的 B3D 技术。

Brilliant Digital 的程序员开发了一个数据压缩和发布技术，使得在窄带下也能够实现 3D 数据流的传输。它引入了以对象为基础的数据库将数据流和所存储的数据连接起来。然后角色按情节指令进行动画。艺术家和动画师可以直接从 3d Studio Max 中直接输出动画到 B3D 授权环境下，在那里文件被压缩并可用 Brilliant Digital 的数字播放技术发布到 Web 上。

B3D 的独特之处是可制作具有宽频效果的立体动画，并通过互联网传送至窄频用户。这些文件占用空间小、下载时间短，全屏幕显示互联网立体动画内容。凭着这项崭新的立体动画技术，客户可将既具互动性又富创意的内容传送给目标观众。

Brilliant Digital 播放器提供对实时灯光及实时阴影的直接控制，并且它不依赖点的颜色来模拟这些效果。这一切都给动画师提供了将同样的角色放置于不同场景不同灯光条件下的非常大的灵活性。

9. Tum tool 技术

Tum tool 是由丹麦的一家计算机软件公司开发的一款 Web3D 制作软件。Tum tool 与 3d Studio Max 具有很好的兼容性。它本身是作为 3d Studio Max 的一个插件来进行使用的，功能十分强大，对于 3d Studio Max 中的许多功能有很好的支持。它的展示效果在很大的程度上取决于在 3d Studio Max 中的制作，对于设计师来说，操作与控制是十分便捷的。同时，Tum tool 在制作完成以后，生成.tnt 和 HTML 文件，可以直接用网页浏览；同时也可以在记事本中打开.tnt 文件，进行二次编辑，因而 Tum tool 在产品的交互性方面具有一定的优势。到目前为止，Tum tool 在建筑、工业产品展示、城市规划等领域有着广泛的应用。从技术上考虑，Tum tool 比较适合应用在工业设计领域，符合现有的产品设计开发流程。

10. Flash 技术

Flash 技术在虚拟现实系统的应用从严格意义上说是基于二维的，即应用二维平面技术对三维物体进行模拟。由于它的文件比较小，形式新颖动人，在互联网上有着比较多的应用。它主要包括模拟物体的三维技术、模拟场景的三维技术以及点线面的三维模拟技术。Flash 技术需要对真实物体进行拍摄，如在模拟物体三维展示的时候，先要分别拍摄展示物体在某个二维平面里的各个角度的照片，一般在十几幅即可，然后再把这些照片按照顺序导入 Flash 中，最后在场景中通过按钮和 ActionScript（动作脚本）进行控制设置，使物体达到前后旋转的效果，还可以加上缩放和鼠标交互的功能。

Flash 技术的展示效果优良，比较适合在产品后期推广宣传阶段进行应用。但是它的制作是基于产品的实物照片，因而它的前提条件是要制作产品的实物模型，才能够进行拍摄工作；或者要进行大量的产品效果图的渲染，这与在产品设计开发阶段的流程不太符合，所以在产品设计的初期应用不是十分广泛。

习题

1. 虚拟现实有哪些特征？可分为哪些类型？
2. 试举例说明虚拟现实在教育、文化传媒方面的应用。
3. 试举例说明自然交互相比现在的人机交互有哪些优势。
4. 试简要说明虚拟现实的发展趋势。
5. 增强虚拟现实系统与虚拟现实系统的不同是什么？
6. 混合现实与增强现实的异同点有哪些？
7. 谈谈虚拟现实技术对未来教学的影响。
8. 谈谈虚拟现实技术对电子商务的重构。

第 2 章　虚拟现实系统的人机交互设备

虚拟现实系统的硬件构成有虚拟现实的环境生成设备、感知设备、跟踪设备和人机交互设备。

环境生成设备是由一台或多台带有图形加速器和多条图形输出流水线的高性能图形计算机所主导的系统;而感知设备则是将虚拟世界的各类感知模型转变为人能接受的多通道刺激信号的设备,但是就目前的技术发展现状而言,相对成熟的感知信息和生产与检测技术仅有视觉、听觉和力觉三种通道;跟踪设备用于跟踪并检测人体的位置和运动方向,使得虚拟现实设备可动态测知人体的信息;人机交互设备辅助人类自然地与虚拟现实系统中的各种对象进行人机交互操作。

为了达到虚拟现实系统的价值目标,人们开发了许多的环境生成、感知、跟踪和人机交互的特种新设备,由于这些特殊设备的使用,才使得参与者能够很好地体验到虚拟现实中的沉浸感、交互性和想象力。

据统计,人类的感知系统有 65% 以上的信息通过视觉获得,20% 左右通过听觉获得,还有 20% 是通过触觉、嗅觉、味觉、手势以及面部的表情获得,而虚拟现实硬件设备系统就是要实现和满足人们的各种获取信息的渠道需求,实现自然交互模式的全覆盖(终极目标)。换句话说,当人们通过某种行为发出信息时,虚拟现实动态感知设备系统能够识别并转换信息数据的表示方式,经计算机处理后,以某种恰当的方式反馈给参与者,从而完成人机之间的自然交互。

具体来看,目前虚拟现实动态交互感知设备主要包括 VR 显示设备和三维立体眼镜、3D 功能的头盔显示器(HMD)、数据手套(Data Glove)、数据衣(Data Suit)、跟踪设备(Track Equipment)、控制球(Sphere Controller)、三维立体声耳机(Three Dimensional Earphone)、三维立体扫描仪和三维立体投影设备等。由于虚拟现实硬件系统集成了高性能的计算机硬件、软件、跟踪器及先进的传感器等部件,因此,虚拟现实硬件系统设备复杂且价格昂贵。

2.1　立体显示设备

眼睛是人类接受外部信息最直接、最重要的感觉器官,特别是对周围环境的感知。因此可以说,人在虚拟世界中的沉浸感主要依赖于人类的视觉效应,而要产生和模拟现实世界的环境,专业的立体显示设备无疑可以直接增强用户在虚拟环境中视觉沉浸感的

逼真程度。

为了构建视觉三维环境,VR 硬件系统需要采用立体图像显示设备,作为立体显示设备目前有固定式、头盔式和手持式 3 大类,除此之外,随着科技创新,全息投影技术也快速崭露头角,更是给人耳目一新的感觉。

2.1.1 固定式立体显示设备

固定式立体显示设备通常会被安装在某一位置,具有不可移动性或不必要移动的特点。

1. 台式 VR 显示设备

台式 VR 显示设备一般使用标准的计算机监视器,配合双目立体眼镜组成,这种立体显示器＋辅助眼镜的组合模式属于一种低成本、单用户、非沉浸式的立体显示形式,一般不适合多用户的协同工作模式。台式 VR 显示设备根据监视器的数量多少,可以分为单屏式和多屏式两类。工作时监视器屏幕以两倍于正常扫描的速度刷新频率,计算机交替显示左、右眼两幅视图,计算机传送的左、右眼两幅视图之间存有轻微偏差,如果用户裸眼观看会有重影的感觉,而佩戴立体眼镜之后,使左、右眼只能看到屏幕上显示的对应视图,最终在人眼视觉系统中形成立体图像。此外,还可以使用放置在监视器上的视频摄像机或直接嵌入眼镜中的跟踪设备来跟踪用户的头部,通过图像处理来确定其方位,由此改变绘制的场景进行显示。

台式 VR 显示设备是最简单也是最便宜的 VR 视觉显示模式,是一种早期的技术,用户只有面向视屏时才能看见三维世界,而周围的真实环境会不断影响着用户的观察效果,因此缺乏沉浸感。另一方面,使用这类 VR 显示设备时,观看者需要佩戴特制的 VR 眼镜,如果观看时间过长,容易产生眼睛疲劳的效果。

2. 投影式 VR 显示设备

投影式 VR 显示设备使用的屏幕比台式 VR 显示设备大得多,一般可以通过并排放置多个显示器创建大型显示墙,或通过多台投影仪以背投的形式投影在环幕上,各屏幕同时显示从某一固定观察点看到的所有视像,由此提供一种全景式的环境。

典型的投影式 VR 显示设备包括墙式、响应工作台式和洞穴式 3 种。

1) 墙式投影显示设备

要解决更多的人共享虚拟环境的难题,最简单的方法就是扩大屏幕,于是以墙为投影面的墙式投影显示设备应运而生,工作形式上类似于背投式的放映电影模式。可分为单通道立体投影系统和多通道立体投影系统。

(1) 单通道立体投影系统:以一台图形工作站为实时驱动平台,两台叠加的立体专业 LCD 投影仪作为投影主体。在显示屏上显示一幅高分辨率的立体投影影像。该系统具有低成本、操作简便、占用空间较小的特点,是一种具有极好性价比的小型虚拟三维投影显示系统,其集成的显示系统使得安装、操作使用更加容易和方便,被广泛应用于高等院校和科研院所的虚拟现实实验室中。

(2) 多通道立体投影系统:用巨幅平面投影结构来增强沉浸感,配备了完善的多通道声响及多维感知性交互系统,充分满足虚拟显示技术的视、听、触等多感知应用需求,是理想的设计、协同和展示平台。它可根据场地空间的大小灵活地配置两个、三个甚至

是几千个投影通道，无缝地拼接成一幅巨大的投影幅面、极高分辨率的二维或三维立体图像，形成一个更大的虚拟现实仿真系统环境。

在多通道立体投影技术支撑下，目前墙式投影拥有平面、柱面、球面的屏幕形式。其中，平面投影系统一般采用双通道、三通道甚至四通道等形式，柱面投影系统一般采用120°三通道、180°四通道和360°九通道等形式，而球幕投影系统则采用半球穹幕形式。图2.1为柱面墙式投影显示设备。

图 2.1   柱面墙式投影显示设备

2）响应工作台式显示设备

响应工作台式显示设备（Responsive Work Bench，RWB）最早是由德国 GMD 国家信息技术研究中心于 1993 年研发成功的。此类工作台一般由投影仪、反射镜和显示屏（一种特制玻璃）组成。投影仪将立体图像投射到反射镜面上，再由反射镜将图像反射到显示屏上。显示屏同时也用作桌面，可以将虚拟对象或各种控制工具（如控制菜单）成像在上面，用户通过佩戴立体眼镜和其他交互设备即可以观看和控制立体感很强的虚拟对象，如图 2.2 所示。

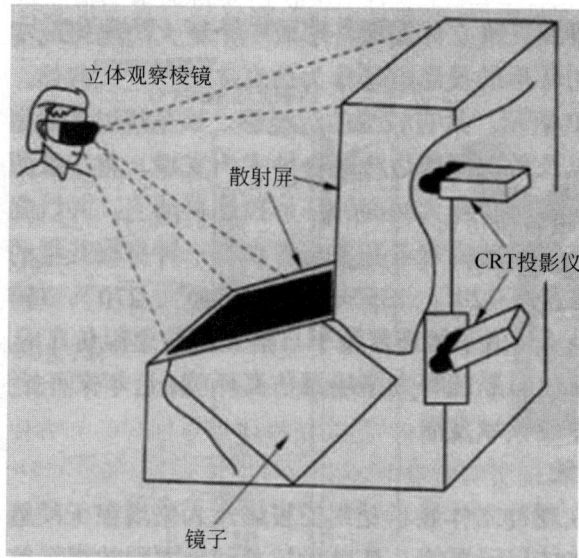

图 2.2   响应工作台式显示设备

从技术特点看,该系统由计算机通过多传感器交互通道向用户提供视觉、听觉、触觉等多模态信息,具有非沉浸式、支持多用户协同工作的特点,用户需要佩戴立体眼镜,站在显示器周围的多个用户可以同时在立体显示屏中看到三维对象悬浮在工作台上面,虚拟景象具有较强立体感,特别适合于辅助教学、产品演示。

3) 洞穴式投影显示设备

洞穴式虚拟现实展示系统,简称 CAVE 系统,是 Cave Automatic Virtual Environment 的缩写,该技术最早在美国的伊利诺伊大学芝加哥分校的一项研究课题中提出,其后逐渐发展成沉浸式 VR 系统中一种典型的立体显示技术。CAVE 作为一种先进的可视化系统,具有清晰度高、沉浸感强、立体感强的特性,使观看者有完全置身于虚幻环境中的视觉感受。当用户置身于洞穴中时,具有完全置身于虚幻环境中的视觉感受。

从技术上看,CAVE 就是由投影显示屏包围而成的一个立体空间(洞穴),分别有 4 面式、5 面式甚至 6 面式 CAVE 系统,如图 2.3 所示。用户在洞穴空间中不仅感受到周围环境的影响,还可以获得高仿真的三维立体视听的声音,同时,更可以利用相应的跟踪器和交互设备实现 6 自由度的交互感受。

图 2.3　洞穴式投影显示设备

由于 CAVE 投影面几乎覆盖了用户的所有视野,因此可以说,CAVE 能提供给用户一种前所未有的极具震撼效果的、身临其境的沉浸感受,CAVE 也是全球第一款可允许多名用户同时体验虚拟环境的虚拟现实技术。

总体来说,投影式 VR 系统价格较昂贵,安装和维护成本较高,对跟踪器的跟踪范围要求较高,且屏幕的无缝拼接技术也是一个关键问题,并且同样也还是需要佩戴特制眼镜辅助观看,但是它非常适合各种模拟与仿真、游戏等,更主要的还是可以满足科研方面的 VR 实现。

3. 三维立体眼镜

三维立体眼镜作为 VR 系统中广泛使用的一种观察设备,主要利用液晶光阀高速切换左右眼的图像原理,分为主动(有源)和被动(无源)两类。可以增加沉浸感,支持逐行和隔行立体显示观察,是目前最为经济适用的 VR 观察设备。

有源立体眼镜的镜框上装有电池及液晶调制器控制的镜片,因立体监视器装有红外线发射器,立体眼镜的控制装置接收到红外线的信号后,液晶调制器调制左右镜片上的液晶的光阀通断状态,即控制左右镜片的透明和不透明状态,轮流高速切换镜片的显示

与否,使左右眼睛分别只能看到监视器上显示的左右图像。有源立体眼镜的观看效果好,价格相对有点儿高,活动范围有限,如图2.4所示。

无源立体眼镜是在立体眼镜的左右镜片上,利用两片正交的偏振滤光片,分别只容许一个方向上的偏振光通过,而VR监视器前安装有一块与显示屏同样大小的液晶立体调制屏,监视器显示的左右眼图像经过前部的液晶立体调制屏调制后,形成左偏振光和右偏振光,然后再通过无线立体眼镜的左右镜片,实现左右眼分别观看,然后在人的大脑中合成立体图像的效果。无源立体眼镜价格非常低,适合大众消费使用,如图2.5所示。

图 2.4　有源立体眼镜　　　　　　　　图 2.5　无源立体眼镜

4. 三维显示器

三维显示器指的是直接显示虚拟三维影像的显示设备,用户无须佩戴立体眼镜等装置就可以看到立体影像,因此它又有"裸眼立体显示"或真3D技术的名称。实质上它是建立在人眼立体视觉机制上的新一代的自由立体显示设备。它能够出色地利用多通道自动立体显示技术,不需要借助任何助视设备(如3D眼镜、头盔等),即可获得具有较完整深度信息的图像。

人类天生的平行双眼在观察世界时,提供了两幅具有位差的图像,映入双眼后即形成了立体视觉所需的视差,这样经视神经中枢的融合反射,以及视觉心理认同,便产生了三维立体感觉。利用这个原理,如果显示器将两幅具有位差的左图像和右图像分别呈现给左眼和右眼,就能获得3D的感觉。

为了突破早期的佩戴补色眼镜的传统模式,自由立体显示已经成为现代显示技术的发展方向。从技术研究和实现方法看,三维显示器中具有新技术代表性的分为以下几种。

1) 视差照明技术

视差照明技术是美国DTI(Dimension Technologies Inc.)公司的专利,它是自动立体显示技术中研究最早的一种技术。DTI公司从20世纪80年代中期开始进行视差照明立体显示技术的研究,1997年推出了第一款实用化的立体液晶显示器。从视差照明实现立体显示的实现原理看,它是在透射式的显示屏(如液晶显示屏)后形成离散的、极细的照明亮线,将这些亮线以一定的间距分开,这样观察者的左眼通过液晶显示屏的偶像素列能看到亮线,而观察者的右眼通过显示屏的偶像素列是看不到亮线的,反之亦然。因此观察者的左眼只能看到显示屏偶像素列显示的图像,而右眼只能看到显示屏的奇像素列显示的图像,于是观察者就能接收到视差立体图像对,产生深度感知。

2) 视差屏障技术

该技术也被称为光屏障式3D技术或视差障栅技术,其原理和偏振式3D较为类似,最早由日本夏普公司的欧洲实验室研究开发,属于一种可在三维/二维模式间转换的自动立体液晶显示器,并于2002年年底成功推向市场。

从实现原理看,视差屏障技术的实现方法是使用一个开关液晶屏、一个偏振膜和一个高分子液晶层,利用一个液晶层和一层偏振膜制造出一系列的旋光方向成 90°的垂直条纹。这些条纹宽几十微米,通过这些条纹的光就形成了垂直的细条栅模式,夏普公司称之为"视差障栅"。在立体显示模式时,视差障栅可控制显示的像素是给左眼看还是给右眼看。如果把液晶开关关掉,显示器就变成为一个普通的二维显示器。

3)微柱透镜投射技术

这是由菲利普公司研发的立体显示技术,采用了基于传统的微柱透镜方法。从实现原理看,该技术是在液晶显示屏的前面加上一层微柱透镜,使液晶屏的像平面位于透镜的焦平面上。在每个柱透镜下面的图像的像素被分成几个子像素,这样透镜就能以不同的方向投影每个子像素,双眼从不同的角度观看显示屏,就看到不同的子像素。该技术的另一个特点是柱透镜与像素列不是平行的,而是成一定的角度。如此可以使每一组的子像素重复投射视区,而不是只投射一组视差图像。

4)微数字镜面投射技术

这是牛津大学和麻省理工学院两校联手研究的三维显示新技术,并取得了一些突破性的进展。这种视顺序立体显示器允许观察者在不同的位置观察不同的图像,并能实现运动视差。该视顺序技术使用了时分多用的原理,可以在不牺牲分辨率的情况下显示立体效果。但视顺序显示器的光路设计要求是长光路,因此难以实现小型化。

5)其他技术

另外还有一些公司投入了较大的精力和资金也进行了三维显示器的研究,如 3M 公司研究的指向光源(Directional Backlight)技术,该 3D 技术搭配两组 LED,配合快速反应的 LCD 面板和驱动方法,让 3D 内容以排序方式进入观看者的左右眼互换影像从而产生视差,进而让人眼感受到三维效果。

另一家美国 Pure Depth 公司于 2009 年 4 月宣布研发出改进后的裸眼三维显示器,采用了 MLD(Multi-Layer Display,多层显示)技术,这种技术能够通过一定间隔重叠的两块液晶面板,实现在不使用专用眼镜的情况下,观看文字及图像时所呈现 3D 影像的效果。

6)利用全息图像技术实现真正的三维显示

与前述利用人体视差原理制造三维显示器的方式不同,它不是创建多幅平面图像再通过大脑"组装"成立体图像,而是在真实空间内创造出一个完整的立体影像,观察者甚至可以在其前后左右观看,是真正意义上的立体显示,因此,全息显示器是今后发展的大势所趋。图 2.6 为 Holocube 公司开发的一款桌面全息显示器。

图 2.6 全息显示器

2.1.2　VR头盔显示器

头盔显示器（Head Mounted Display，HMD）是沉浸式虚拟现实系统中最主要的硬件设备之一。通过头盔设备，用户可以很好地体验到三维视觉场景效果。顾名思义，HMD通常是固定于用户的头部，随着头部的运动而运动，并装有位置跟踪传感器，能够实时测出头部的位置和朝向，并输入到计算机中，计算机根据这些数据的反馈，进而控制头盔内部的两个LCD或OLED，分别向左右眼睛传送虚拟现实中的场景图像。因屏幕上的两幅图像存在视差，类似人类的双眼视差，大脑最终合成这两幅图像后获得三维立体效果。

1. VR头盔显示器的基本结构

自从1968年Ivan Sutherland率先提出了头盔显示器的概念以来，人们已经陆续开发出了一系列通用和专用产品。虽然在形状、大小、结构、显示方式、性能以及用途等方面存在很大的不同，但其原理却是类似的，主要由显示屏和特殊的光学透镜这两部分组成。安装在头盔上的显示屏目前主要为有机电致发光二极管制成的显示屏（OLED）、液晶显示屏（LCD）。这两种OLED、LCD都具有较高的分辨率和较好的亮度，由于头盔显示器的显示屏距离人眼较近，很容易使眼睛产生疲劳，因此需要专门的光学镜片，为了改善对人眼的刺激效果，一般采用的方法有两个：一是提供舒适的焦点，防止和缓解人眼长时间、近距离聚焦产生的视觉疲劳现象；二是放大屏幕图像，使之尽可能地充满人的视野。另外，国外的一家Lytro公司为了解决视觉疲劳问题，提出了一种光场解决方案。其所谓光场技术实际上就是指光在每一个方向通过每一个点的光量来调节。使用光场技术，可以让虚拟现实头盔显示器能够模拟出人类的眼睛，可以较好地适应近距离对物体进行聚焦的效果。

此外，VR系统的实时显示特性要求计算机根据用户头部的运动位置，相应地改变其视野中的三维场景。因而，头部位置跟踪定位传感器也经常被安装在HMD上，其性能的好坏将直接影响实时图像的生成。目前，在头盔中大多使用电磁波或超声波跟踪定位传感器。

2. VR头盔显示器的分类

头盔显示器有三种类型：分离式主机VR头显、一体式VR头显、手机VR眼镜。其中，手机VR眼镜属于低档入门级产品，又称VR眼镜盒子，一个硬纸板，两块凸透镜，在该外壳中放入手机即可观看，效果较差。分离式主机VR头显有头戴显示器设备，同时需要通过有线或无线的方式连接PC、Play Station 4等外部设备进行互动。分离式主机VR头盔显示器可以带来真正意义上的沉浸式VR体验，属于一种高大上的产品。但对于有线连接的设备来说，用户在体验一些可活动的游戏时会受到数据线的约束，而且该系统对于所连接的主机配置要求比较高，相对来说该类产品更适合于企业级客户。一体式VR头显与上述两款产品相比，才是真正的、未来的终极产品形态。从一体机形态上看，该产品集成了视觉跟踪、移动CPU、GPU计算，高分OLED独立双屏、大内存、高刷新率等，算得上是真正意义上的VR独立产品，且不受空间约束和其他外部影响，主要问题是VR一体机的技术门槛高、成本高，产品开发具有相当的难度。一体式VR头显如

图 2.7 所示。

　　与其他的立体显示设备相比,头盔显示器虽然价格昂贵,但由于它能够将人们的主要感官封闭起来,且具有视觉、听觉一体化功能,在高端设备中,还拥有手势识别、眼动跟踪技术,因此该设备具有较好的沉浸感,未来市场潜力巨大。

图 2.7　一体式 VR 头显图

3. VR 头盔显示器的新技术

　　(1) 法国科学家开发出了一种号称为全息头盔的装置,借助头盔上多种技术的精妙组合,该装置能够给予使用者观察四周环境的能力。这一次他们做到了利用镜子来完成这种装置,取名为 FlyVIZ。该系统是由法国的一个科学家团队创造的,它依靠的是头戴式摄像机传递到一台改进后的索尼 3D 显示器上的信息进行工作的。当使用者佩戴的时候,摄像机将处理数据传递到使用者背包的一台便携式计算机中。由于头盔周围特殊形状的镜子,摄像机所转播的图像不仅仅局限于观察者的正前方。这种视觉装置能够将周围 360°所发生的事情都反馈给佩戴头盔的使用者。尽管该系统有 1.6kg 重,而且还带有背包和便携式计算机,但穿戴者移动便捷。经过对 FlyVIZ 测试,用户不仅能能够捕捉到传统视野之外投掷的物体,能够让使用者躲避从背后扔向他们的物体,甚至能够只借助 FlyVIZ 提供的视觉信息驾驶车辆。令人惊奇的是,这种头盔装置的持续使用并未给穿戴者带来任何的不良影响,既没有使用者出现恶心症状,也没有出现晕动症或者视觉疲劳等。

　　(2) 日本庆应义塾(Keio)大学的研究人员推出了一款所谓的"置换现实"头盔,而置换现实的概念来自于日本理化学研究所 Naotaka Fujii 博士的一种混合型现实系统。该系统的特点是当用户佩戴 HMD(头戴式显示器)时,系统会记录下用户所看到的一切周围环境。下次用户再戴上该头盔观看时,系统会发现场景与过去录制的信息大体上重合,置换现实系统就能够在用户无法察觉的情况下在现实和过去之间进行切换。由于非常流畅,用户一般无法知道他看到的是现实还是录制影像,这样就能创建一个沉浸式的混合现实环境。

2.1.3　AR/MR/VR 眼镜

　　在 VR 技术的发展史上,虚拟头戴眼镜设备具有特殊的历史意义,由于 AR/MR/VR 眼镜的出现,极大地推动了虚拟现实技术的影响力和创新设备的研发,在时间节点上也可以认为是 VR 技术发展的一次标志性事件。

　　谷歌公司于 2012 年 4 月发布了一款"拓展现实"眼镜,它具有和智能手机一样的功能,可以通过声音控制拍照、视频通话和辨明方向,以及上网冲浪、处理文字信息和电子邮件等。Google Project Glass 主要结构包括在眼镜前方悬置的一台摄像头和一个位于镜框右侧的宽条状的计算机处理器装置,配备的摄像头像素为 500 万,可拍摄 720p 视频。镜片上配备了一个头戴式微型显示屏,它可以将数据投射到用户右眼上方的小屏幕上。显示效果如同 2.4m 外的 25 英寸高清屏幕。还有一条可横置于鼻梁上方的平行鼻托和鼻垫感应器,鼻托可调整,以适应不同脸型。在鼻托里植入了电容,它能够辨识眼镜

是否处于佩戴状况。电池可以支持一天的正常使用，充电可以用 Micro USB 接口或者专门设计的充电器。根据环境声音在屏幕上显示的距离和方向，可以在两块目镜上分别显示地图和导航信息。谷歌眼镜如图 2.8 所示。

从功能上来说，Google Project Glass 被认为是一款增强现实型可穿戴式智能眼镜。该款眼镜集智能手机、GPS、相机于一身，在用户眼前展现实时信息，只要眨眨眼就能拍照上传、收发短信、查询天气路况等操作。在兼容性方面，Google Glass 可同任一款支持蓝牙的智能手机同步。但好景不长，2015 年 1 月 19 日，谷歌就停止了谷歌眼镜的"探索者"项目。

美国微软于 2015 年 1 月 22 日推出了一款头戴式增强现实全息眼镜——HoloLens，该眼镜可以完全独立使用，无需线缆连接，无须与计算机或智能手机同步。它融合 CPU、GPU 和全息处理器等诸多芯片，通过图片影像和声音，让用户戴上眼镜就能立即进入虚拟世界，并以周边环境为载体进行全息体验。微软 HoloLens 如图 2.9 所示。

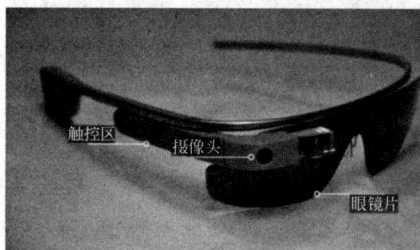

图 2.8　谷歌眼镜

图 2.9　微软 HoloLens

该设备在使用时，用户可以通过 HoloLens 以实际周围环境作为载体，在图像上添加各种虚拟信息。无论是在客厅中玩"我的世界"游戏、查看火星表面，还是进入虚拟的知名景点，都可以通过 HoloLens 眼镜在瞬间成为可能。

HoloLens 眼镜在黑色的镜片上包含透明显示屏，并且立体音效系统让用户不仅看到，同时也能听到来自周围全息景象中的声音。同时 HoloLens 也内置一整套的传感器用来实现各种功能。由于微软 HoloLens 的特殊功能众多，也有许多用户将其归为混合现实眼镜。

手机 VR 眼镜既是一种头戴 VR 显示设备，也是一款体验 VR 入门级的产品。该设备的优点是价格便宜，操作方便，一个外观近似头盔显示器的外壳，放入手机即可观看，但佩戴舒适性不佳，观看效果比较差，并伴有眩晕，基本不适合玩 VR 游戏，观看 3D 视频比较方便。该类产品中比较有名的是 Gear VR，该款低成本的 VR 眼镜是 Oculus 和三星合作打造的，尽管不能实现 Rift 的位置跟踪功能，它仍然能提供身临其境的 VR 体验。同时，由于这款产品仅能配用三星手机，所以销量也必然受到一定的限制。另一方面，小米、暴风科技也都推出了自己的手机 VR 眼镜。

2.1.4　手持式立体显示设备

手持式 VR 立体显示设备通常因屏幕很小，只能展示小型的 3D 视频动画，目前常见的设备有智能手机、平板电脑等。它利用某种跟踪定位器和图像传输技术实现立体图像

的显示和交互作用,可以将额外的数据增加到真实世界的视图中,用户可以选择观看这些信息,也可以忽略它们而直接观察真实世界,一般适用于增强式 VR 系统中。

手持式 VR 立体显示设备目前还处于实验研究阶段,存在许多实际的技术难题,但其应用价值非常高。据媒体报道,苹果公司日前曝光了它的一项专利技术,该技术是一种为 iPhone 和其他设备设计的"自动立体"显示屏,可实现无需特殊眼镜的裸眼 3D效果。

据悉,这项专利描述了一种具备第二子像素阵列和镜头结构的像素阵列,可在不同的角度发光。而当中的核心部件是波束控制器,可将光线的发射角度朝向观看者,如图 2.10 所示。

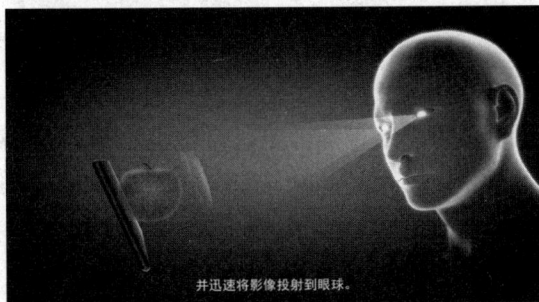

井迅速将影像投射到眼球。

图 2.10 苹果手机裸眼 3D 效果

想要判断光线的朝向,设备需要使用摄像头和加速度计,这也就意味着该专利主要侧重的是移动设备,尽管苹果今后也可能将其带到 MacBook 中。

但到目前为止,其他厂商在裸眼 3D 方面的尝试大多以失败告终,如亚马逊的 FirePhone 智能手机等。

2.1.5 全息投影显示设备

就在裸眼 3D 成像技术蹒跚前行的时候,另一种 3D 成像技术却异军突起,那就是全息投影技术,也称虚拟成像技术。该技术是利用干涉和衍射原理记录并再现物体真实的三维图像的一种特殊的光电技术。它不仅可以产生立体的空中幻象,还可以使幻象与表演者产生互动,一起完成表演,产生令人震撼的演出效果。

1. 全息投影的应用

全息摄像的概念早已有之,然而发展到数字全息投影则是最近的科技成果。全息投影展现的 3D 场景效果不同于 VR 投影墙技术,全息投影所营造的场景 3D 视觉更好,观众可以 360°环绕 3D 场景周围,从各个角度进行观看。同时,观众即使只用一只眼睛观看,也有很好的 3D 效果。2010 年,日本世嘉公司举办了一场名为"初音未来日的感谢祭"音乐会,首次采用了全息投影技术,演唱会座无虚席,盛况空前。如图 2.11 所示为日本举办全息音乐演唱会场景图。

无独有偶,2014 年,周杰伦与著名歌唱家邓丽君的同台巡回演唱会上,场上栩栩如生的邓丽君,就是通过全息投影营造的。从全息投影的理论上讲,全息图像应该构建在空

图 2.11　日本全息音乐演唱会图

气中,即采用空气激光投影方式,但在实践中,激光直接投射到空气中,从现有科技水平发展的条件看,无法构建质量稳定的视觉效果,因此在大场景的布局上,都采用了透明度极高的特殊的纳米材料薄膜,搭成特定形状后,再将激光投射到薄膜载体上,构建起以假乱真的场景效果,这也导致了目前的真伪全息投影技术之争。

2. 全息投影的发展

全息投影技术最近几年间有了颠覆性的突破,典型的案例报道如下。

(1) 美国麻省一位叫 Chad Dyne 的 29 岁理工研究生发明了一种空气投影和交互技术,这是显示技术的一个里程碑,它可以在气流形成的墙上投影出具有交互功能的图像。此技术来源于海市蜃楼的原理,将图像投射在水蒸气上,由于分子震动不均衡,可以形成层次和立体感很强的图像。

(2) 日本 Science and Technology 公司发明了一种可以用激光束来投射实体的 3D影像。这种技术是利用氮气和氧气在空气中散开时,混合成的气体变成灼热的浆状物质,并在空气中形成一个短暂的 3D 图像。这种方法主要是通过不断地在空气中进行小型爆破来实现的。

(3) 南加利福尼亚大学创新科技研究院的研究人员目前宣布他们成功研制了一种360°全息显示屏,这种技术是将图像投影在一种高速旋转的镜子上从而实现三维图像,只不过有一定的危险性。

可以说,目前有许多国家正在研制多种多样的全息投影技术,由于该项技术包含未来 3D 技术的发展方向,谁最先掌握这项技术,谁就可以弯道超车,在未来的竞争中一步跨入 VR 先进技术行列。

3. 全息投影的研究

2014 年 6 月,美国加州的一家新创公司就开始了研发三维全息投影芯片。该芯片主要满足智能手机,使其具备三维全息投影的功能。该公司计划研制出一个体积只有药片大小的三维全息投影仪,分辨率高达 5000PPI,可以精确控制每一个光束的亮度、颜色,以及角度。

只需要一个芯片,就可以投射出一个可以接受的三维全息图像,如果增加芯片数量,则可以投射出形状更加复杂的三维物体,细节更加逼真。这一芯片和技术的研发还在初始阶段。第一款芯片,目的是全息投影二维图像,芯片在 2015 年夏天交付给手机厂商。

他们研制的第二款投影芯片,将可以实现全息三维投影,立体影像可以飘浮在空气中,看上去就像是一个真实存在的物体。第一款芯片推出几个月之后,第二款芯片也将开始进入生产制造。

另外,除了智能手机之外,该公司研发的三维全息投影芯片,还将进入各种显示设备中,如电视机、智能手表,甚至是"全息桌面"。届时,三维全息投影时代将真正到来。

2.2 跟踪定位传感器

传感器技术是现代科技的前沿技术,许多国家已将传感器技术与通信技术和计算机技术列为同等重要的位置,称之为信息技术的三大支柱之一。传感器技术作为一种与虚拟现实密切相关的技术,正得到空前快速的发展。

在虚拟现实系统中,跟踪定位传感器是人机交互的重要设备之一。它的主要作用是及时准确地获取人的动态位置和方向信息,并实时地将采集到的位置和方向信息发送到虚拟现实中的计算机控制系统中。目前,用于跟踪用户的方式有两种:一种方式是跟踪人的头部位置与方向,来确定用户的视点与视线方向。因为视点与视线方向是判定虚拟现实场景显示的关键信息之一。另一种方式则是跟踪用户手的位置与方向,跟踪手的方法一般是通过带有跟踪系统的数据手套进行的,数据手套上装有多个传感器,能够及时地将手指手掌伸屈时的各种姿势信息转换为数字信号传送给计算机,然后被计算机所识别,并发出执行命令。

跟踪定位技术通常使用六自由度(6 Degree Of Freedom,6 DOF)来表征跟踪对象在三维空间中的位置和朝向。这 6 种不同的运动方向包括沿 X,Y,Z 坐标轴的平移和沿 X,Y,Z 轴的旋转。六自由度坐标系如图 2.12 所示。常用的跟踪定位技术主要有电磁波、超声波、机械、光学、惯性和图像提取等几种方法。它们典型的工作方式是:由固定发射器发射出信号,该信号将被附在用户头部或身上的机动传感器截获,传感器接收到这些信号后进行解码并送入计算部件处理,最后确定发射器与接收器之间的相对位置及方位,数据随后传输到时间运行系统进而传给三维图形环境处理系统。

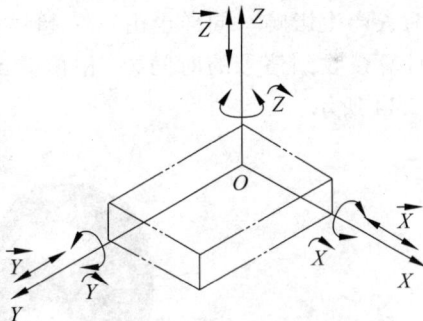

图 2.12 六自由度坐标系

2.2.1 电磁波跟踪传感器

电磁波跟踪传感器是一种较为常见的空间跟踪定位器,一般由一个控制部件、几个发射器和几个接收器组成。工作时,跟踪传感器按照发射器发出的电磁波磁场的强度变化量,由多个不同方位的接收器接收信号,并将该信号转换为电信号编码传送到控制部件,通过控制部件计算得到跟踪对象的三维坐标和方向。一般情况下,电磁波跟踪传感

器采用交流电源,图 2.13 展示了交流电磁跟踪器的工作原理。

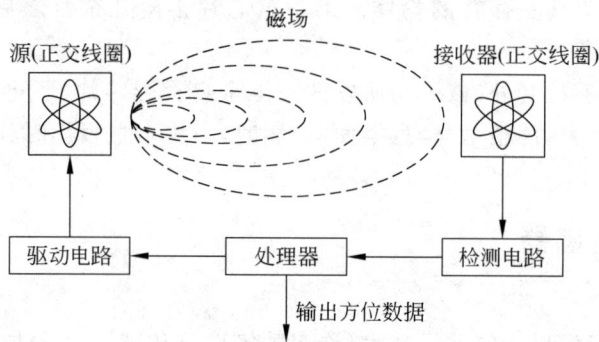

图 2.13　交流电磁跟踪器工作原理

电磁波跟踪传感器最突出的优点是其敏感性不依赖于跟踪方位,基本不受视线阻挡的限制,除了导电体或导磁体外没有什么能挡住电磁波跟踪器的定位。此外,它还具有体积小、价格便宜、鲁棒性好等特点,因此对于手部的跟踪大都采用此类跟踪器。缺点是其延迟较长,跟踪范围小,且容易受环境中大的金属物体或其他磁场的影响,从而导致信号发生畸变,跟踪精度降低。

2.2.2　超声波跟踪传感器

超声波跟踪传感器是利用声学原理跟踪物体对象的一种常用技术,其工作原理是由3 个超声波发射器阵列发出高频超声波脉冲(频率 20kHz 以上),该声波人耳听不见,不会对人产生影响。同样也由三个超声波接收器和发射同步信号的控制器所组成。接收器计算接收到信号的时间差、相位差或声压差等,即可确定跟踪对象的距离和方位,如图 2.14 所示。

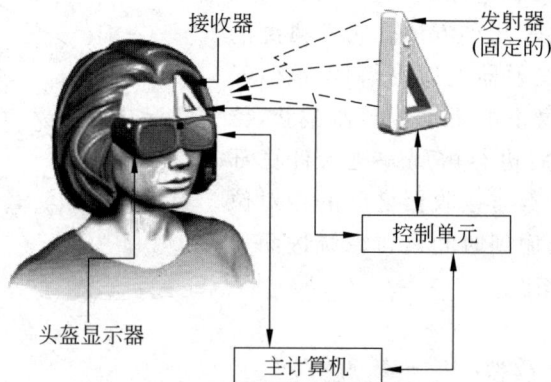

图 2.14　超声波跟踪器

按照测量方法的不同,超声波跟踪定位技术通常可以分为飞行时间(Time Of Flight,TOF)测量法和相位相干(Phase Coherent,PC)测量法两种。

(1) TOF 系统同时使用多个发射器和接收器,通过测量超声波从发出到反射回来的

飞行时间计算出准确的位置和方向。这种方法具有较好的精确度和响应性,但容易受到外界噪声脉冲的干扰,同时数据传输率还会随着监测范围的扩大而降低,因此比较适用于小范围的操作环境。

(2) 相位相干法的工作过程为:在测量相位差的方式中,各个发射器发出高频的超声波,测量到达各个接收点的相位差来得到点与点的距离,再由三角运算得到被测物体的位置,由于相位可以被连续测量,因而这种方法具有较高的数据传输率。同时,多次的滤波还可以保证系统监测的精度、响应性以及耐久性等,不易受外界噪声的干扰。

超声波位置跟踪设备的优点是简单、经济、不受电磁干扰、不受邻近物体的影响,缺点是工作范围小。

2.2.3　光学跟踪传感器

光学跟踪传感器是使用光学感知来确定对象的实时位置和方向,光学跟踪传感器的测量与超声波跟踪器设备类似,基于三角测量。基于光学跟踪的设备主要包括感光设备(接收器)、光源(发射器)以及用于信号处理的控制器。感光设备有多种形式,如光敏二极管、普通摄像机等。光源可以是环境光、结构光(如激光扫描)或脉冲光(如激光雷达)。为了防止可见光的干扰,通常采用红外线、激光作为光源。由于光的传播速度很快,因此光学式跟踪设备最显著的优点就是速度快,具有很高的更新率和较低的延迟,比较适合实时性要求高的场合;缺点是光源与接收器之间不能有任何阻挡。

光学跟踪传感器使用的系统主要有三种技术,分别是标志系统、模式识别系统和激光测距系统。

(1) 标志系统分为"由外向内"和"由内向外"两种方式。在"由外向内"方式中,通常是利用固定的传感器(如多台照相机或摄像机)对移动的发射器(如放置在被监测物体表面的红外线发光二极管)的位置进行追踪,并通过观察多个目标来计算它的方位。"由内向外"方式则与之恰恰相反,发射器是固定的,而传感器是可移动的,在跟踪多个目标时具有比前者更优秀的性能。

(2) 模式识别系统实际上是把发光器件(如发光二极管 LED)按某一阵列(即样本模式)排列,并将其固定在被跟踪对象身上,由摄像机记录运动阵列模式的变化,通过与已知的样本模式进行比较从而确定物体的位置。

(3) 激光测距系统是将激光通过衍射光栅发射到被测对象,然后接收经物体表面反射的二维衍射图的传感器记录。由于衍射圈带有一定畸变,根据这一畸变与距离的关系即可测量出距离。

2.2.4　其他类型跟踪传感器

1. 机械式跟踪传感器

机械式跟踪器是一种比较早期的跟踪方式,使用连杆装置组成。其工作原理是通过机械连杆上多个带有精密传感器的关节与被测物体相接触的方法来检测其位置的变化,对于一个 6 自由度的跟踪设备,机械连杆必须有 6 个独立的连接部件,分别对应 6 个自由

度，可将任何一种复杂的运动用几个简单的平动和转动组合表示，如图 2.15 所示。

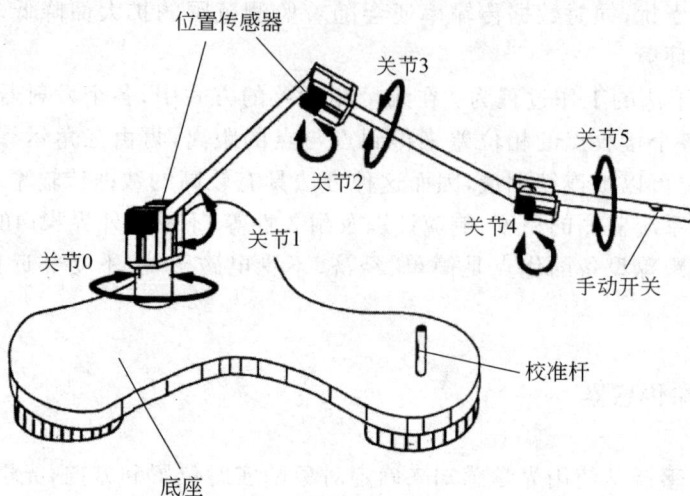

图 2.15　机械式跟踪设备的装置

通常情况下，机械跟踪传感器设备分为两类，一类是"安装在身上"的机械式位置跟踪器设备，因为它戴在人的身体上面，所以必须要求轻便、可移动。如果人体运动，就要求使用其他方法跟踪身体运动。

另一类为"安在地面上"的机械式位置跟踪设备。六自由度末端跟踪的机械部分，包括驱动器等安装在地面上。操作者牢固地抓住手操作器，或者头盔牢固地缚在头上就可以完成测量。

此类跟踪器的精度高、响应时间短，不受声、光、电磁场等干扰，价格便宜，且能够与力反馈装置组合在一起，但比较笨重，不灵活，活动范围十分有限，对用户有一定的机械束缚。

2. 惯性跟踪传感器

惯性跟踪传感器实际上也是采用机械方法，该设备通过盲推得出被跟踪物体的位置。也就是说，完全通过运动系统内部的推算，不设计外部环境就可以得到位置信息。

目前，惯性位置跟踪设备由定向陀螺和加速计组成。定向陀螺是用来测量角速度，将三个这样的陀螺仪安装在互相正交的轴上，可以测量出偏航角、俯仰角和滚动角速度，随时间的综合可以得到三个正交轴的方位角。加速计是用来测量三个方向上平移速度的变化，即 x，y，z 方向的加速度，它是通过弹性器件形变来实现的。加速计的输出需要积分两次，得到位置。角速度值需要积分一次，得到方位角。

惯性跟踪设备的优点是不存在发射源，不怕中间物体的阻挡，没有外界的干扰时，有无限大的工作区间。缺点是快速累积误差，由于积分的缘故，陀螺仪的偏差会导致跟踪器误差随时间呈平方关系增加。

3. 图像提取跟踪传感器

图像提取跟踪传感器是一种最易于使用但又最难开发的跟踪器，一般由一组摄像机拍摄人及其动作，然后通过图像处理技术的运算和分析来确定人的位置及动作。作为一种高级的采样识别技术，图像提取跟踪器的计算密度高，又不会受附近的磁场或金属物

质的影响,而且对用户没有运动约束,因而在使用上具有极大的方便。但是,此类跟踪器对跟踪对象的距离和监测环境的灯光照明系统要求较高。此外,若摄像机数量较少可能使跟踪对象在摄像机视野中被屏蔽,而摄像机数量较多则又会增加采样识别算法的复杂度和系统冗余度。

2.2.5　跟踪传感设备的性能参数

在虚拟现实系统中,对用户的实时跟踪和接受用户的动作指令的交互技术的实现主要依赖于各种跟踪传感器的性能。它们是实现人机之间沟通的极其重要的通信中介,是实时处理的关键技术。通常比较跟踪传感器的性能参数有如下几个方面。

1. 精度和分辨率

精度和分辨率决定了该跟踪设备技术及反馈目标位置的能力,分辨率又称为解析度,泛指量测或显示系统对细节的分辨能力。此概念可以用于表示时间、空间等领域的量测。现代日常生活中的分辨率多用于图像的清晰度。分辨率越高代表图像品质越好,越能表现出更多的细节。精度通常用来表示对目标对象观测的详细程度和准确度。当精度术语用于测量结果时,有以下三重含义。

(1) 准确度。反映测量结果中系统误差的影响程度。

(2) 精密度。反映测量结果中随机误差的影响程度。

(3) 精确度。反映测量结果中系统误差和随机误差综合的影响程度,反映测量结果与真值接近程度的量。

2. 响应时间

响应时间是衡量该跟踪设备工作时能否满足人们对它的时间要求值。它又与下面的四个具体指标相关。

(1) 采样率。是指传感器测量目标时的频率。现在大部分系统中为了防止丢失数据,采样率一般都比较高。

(2) 数据率。是指设备每秒钟计算出的结果的值。在大部分系统中,高数据率是和高采样率、低延迟和高抗干扰能力等联系在一起的,所以高数据率是人们追求的目标之一。

(3) 更新率。更新率是跟踪系统向主机报告位置数据的时间间隔。更新率决定了系统的显示更新时间,因为只有接到新的位置数据,虚拟现实系统才能决定显示的图像以及整个后续工作。高更新率对虚拟现实非常重要,而低更新率的虚拟现实系统往往缺乏真实感。

(4) 延迟。延迟表示从一个动作发生到主机收到反映这一动作的跟踪数据为止的时间间隔,虽然低延迟依赖于高数据率和高更新率,但两者都不是低延迟的决定因素。

3. 鲁棒性

鲁棒性是指一个系统在相对恶劣的条件下避免出错的能力,由于跟踪系统处在一个充满各种噪声和外部干扰的实际世界,跟踪系统必须有一定的鲁棒性。一般外部干扰可分为两种,一种称为阻挡,即一些物体挡在目标物和探测器中间所造成的跟踪困难;另一种称为畸变,即由于一些物体的存在而导致的使探测器所探测的目标定位发生畸变。

4. 整合性

整合性是指系统的实际位置和检测位置的一致性，一个整合性能好的系统能够始终保持两者的一致性。与精度和分辨率不同，精度和分辨率是一次测量中的正确性和跟踪能力，而整合性则注重在整个工作区间内一直保持位置的相对正确性。虽然好的分辨率和高精度有助于获得好的整合性能，但累积误差会降低系统的整合能力，使系统报告的位置逐步偏离正确的物理位置。

5. 合群性

合群性反映虚拟现实跟踪技术对多用户系统的支持能力，包括两个方面的内容，即大范围的操作空间和多目标的跟踪能力。实际跟踪系统不能提供无限的跟踪范围，它只能在一定区域内跟踪和测量，这个区域被称为操作范围和工作区域。显然操作范围越大，越有利于多用户的操作，大范围的工作区域是合群性的要素之一。

6. 抖动

抖动是指当被跟踪对象固定不变时，跟踪传感器的输出结果的变化。抖动通常由传感器的噪声引起，使得跟踪传感器数据围绕平均值随机变化。应该设法使跟踪传感器的抖动尽可能小，否则会引起虚拟对象出现振动或跳动等。

7. 其他性能指标

跟踪系统的其他一些指标参数也是不可忽略的，如跟踪测试系统的重量和大小，以及安全性能等。重量太大，人们带在身上会行动不便，体积庞大同样如此，而安全性能欠佳则会使人体受到伤害，因此这些性能参数都必须满足指标要求。

2.2.6 三维跟踪设备实例

1. 运动捕捉系统

动作捕捉（Motion Capture）技术涉及尺寸测量、物理空间里物体的定位及方位测定等方面，可以由计算机直接理解处理的数据。在运动物体的关键部位设置跟踪器，由动作捕捉系统捕捉跟踪器位置，再经过计算机处理后可得到三维空间相关坐标的数据。当数据被计算机识别后，可以应用在动画制作、步态分析、生物力学、人机工程等领域。

常用的运动捕捉技术从原理上说可分为惯性式、光学式、声学式、电磁式。不同原理的设备各有其优缺点，一般可从以下几个方面进行评价：定位精度，实时性，使用方便程度，可捕捉运动范围大小，抗干扰性，多目标捕捉能力，以及与相应领域专业分析软件连接程度。

（1）惯性式。主要工作原理是在人的身上主要的关键点绑定惯性陀螺仪，分析陀螺仪的位移差变来判定人的动作幅度和距离。

（2）光学式。通过对目标上特定光点的监视和跟踪来完成运动捕捉的任务。目前，常见的光学式运动捕捉大多基于计算机视觉原理。从理论上说，对于空间中的一个点，只要它能同时为两部相机所见，则根据同一时刻两部相机所拍摄的图像和相机参数，可以确定这一时刻该点在空间中的位置。当相机以足够高的速率连续拍摄时，从图像序列中就可以得到该点的运动轨迹。

（3）声学式。常用的声学式运动捕捉装置由发送器、接收器和处理单元组成。发送

器是一个固定的超声波发生器,接收器一般由呈三角形排列的三个超声探头组成。通过测量声波从发送器到接收器的时间或者相位差,系统可以计算并确定接收器的位置和方向。Logitech、SAC 等公司都生产超声波运动捕捉设备。

(4) 电磁式。电磁式运动捕捉系统是目前比较常用的运动捕捉设备。一般由发射源、接收传感器和数据处理单元组成。发射源在空间产生按一定时空规律分布的电磁场;接收传感器(通常有 10～20 个)安置在表演者身体的关键位置,随着表演者的动作在电磁场中运动,通过电缆或无线方式与数据处理单元相连。

目前使用较多的为惯性式和光学式两种技术。在惯性式技术中,其关键技术依靠的是它的重要部件——陀螺仪。陀螺仪是一个质量均匀分布的、具有轴对称形状的刚体,其几何对称轴就是它的自转轴。由苍蝇后翅(转换为平衡棒)仿生得来。**基于惯性传感器的动作捕捉系统目前**的代表性产品有诺亦腾公司开发的 Perception Neuron 系统、国承万通公司开发的 Step VR 系统。

基于惯性传感器的动作捕捉系统需要在身体的重要节点佩戴集成加速度计、陀螺仪和磁力计等惯性传感器设备,然后通过算法实现动作的捕捉。该系统由惯性器件和数据处理单元组成。数据处理单元利用惯性器件采集到的运动学信息,通过惯性导航原理即可完成运动目标的姿态角度测量。基于惯性传感器的动捕系统采集到的信号量少,便于实时完成姿态跟踪任务,解算得到的姿态信息范围大、灵敏度高、动态性能好,且惯性传感器体积小、便于佩戴、价格低廉。相比于光学式动作捕捉系统,基于惯性传感器的动作捕捉系统不会受到光照、背景等外界环境的干扰,又克服了摄像机监测区域受限的缺点,并可以实现多目标捕捉。

光学式又分为标定和非标定两种:一种是基于计算机视觉的动作捕捉系统(光学式非标定),另一种则是基于马克点的光学动作捕捉系统(光学式标定)。

对基于计算机视觉的动作捕捉系统来说,该类动作捕捉系统比较有代表性的产品分别有捕捉身体动作的 Kinect、捕捉手势的 Leap Motion 和识别表情及手势的 RealSense。该类动捕系统基于计算机视觉原理,由多个高速相机从不同角度对目标特征点的监视和跟踪来进行动作捕捉。理论上,对于空间中的任意一个点,只要它能同时为两部相机所见,就可以确定这一时刻该点在空间中的位置。当相机以足够高的速率连续拍摄时,从图像序列中就可以得到该点的运动轨迹。这类系统采集传感器通常都是光学相机,基于二维图像特征或三维形状特征提取的关节信息作为探测目标。

基于计算机视觉的动作捕捉系统进行人体动作捕捉和识别,可以利用少量的摄像机对监测区域的多目标进行监控,精度较高;同时,被监测对象不需要穿戴任何设备,约束性小。缺点也是显而易见的,采用视觉进行人体姿态捕捉会受到外界环境很大的影响,如光照条件、背景、遮挡物和摄像机质量等。

在马克点的光学动作捕捉系统中,典型的代表是美国的 Motion Analysis 系统。其工作原理主要是首先对目标(表演者)都要求穿上单色的服装,在身体的关键部位,如关节、髋部、肘、腕等位置贴上一些特制的标志或发光点,称为"Marker",视觉系统将识别和处理这些标志,如图 2.16 所示。系统定标后,相机连续拍摄表演者的动作,并将图像序列保存下来,然后再进行分析和处理,识别其中的标志点,并计算其在每一瞬间的空间位置,进而得到其运动轨迹。为了得到准确的运动轨迹,相机应有较高的拍摄速率,一般要

达到每秒 60 帧以上。如果在表演者的脸部表情关键点贴上 Marker，则可以实现表情捕捉。目前大部分表情捕捉都采用光学式。

图 2.16　光学式运动捕捉图

基于马克点的光学动作捕捉系统采集的信号量大，空间解算算法复杂，其实时性与数据处理单元的运算速度和解算算法的复杂度有关。且该系统在捕捉对象运动时，肢体会遮挡部分标记点，造成失真效果。另外，对光学装置的标定工作程序复杂，这些因素都导致精度变低，价格也相对昂贵。根据标记点发光技术不同，还可分为主动式和被动式光学动作捕捉系统。

从技术的角度来说，运动捕捉的实质就是要测量、跟踪、记录物体在三维空间中的运动轨迹。典型的运动捕捉设备一般由以下几个部分组成。

（1）传感器。被固定在运动物体特定的部位，向系统提供运动的位置信息。

（2）信号捕捉设备。负责捕捉、识别传感器的信号，但这种设备会因动作捕捉系统的类型不同而有所区别。

（3）数据传输设备。负责将运动数据从信号捕捉设备实时地、快速准确地传送到计算机系统。

（4）数据处理设备。负责处理系统捕捉到的原始信号，计算传感器的运动轨迹，对数据进行修正、处理，并与三维角色模型相结合。

运动捕捉技术对虚拟现实系统是必不可少的，它属于虚拟现实技术的重要技术之一。目前国际上比较通用的除了美国的 Motion Analysis 系统外，还有英国的 Oxford Metrics Limited 公司，它推出的光学 Motion Capture 系统也十分有名。该公司开发的 VICON 光学运动捕捉系统以其杰出的性能和最优的性能价格比赢得了国外广大制作公司的信服与青睐，后来者居上，已成为目前世界上最为人瞩目的 Motion Capture 系统。他们的 VICON 是世界上第一个设计用于动画制作的光学 Motion Capture 系统，它专门为动画制作量身定做，是一套专业化的 Motion Capture 系统。现在已被许多非常著名的动画制作公司采购、使用，并在众多脍炙人口的影视巨片（如《角斗士》《泰坦尼克号》《星球大战》等）中发挥了重要作用，制作出了很多经典的动画镜头。

2. Kinect 体感设备

Kinect 是微软在 2010 年 6 月 14 日对 Xbox360 体感周边外设正式发布的名字。它是一种 3D 体感摄影机，同时它导入了即时动态捕捉、影像辨识、麦克风输入、语音辨识、

社群互动等功能。Kinect 玩家可以通过这项技术在游戏中开车、与其他玩家互动、通过
互联网与其他 Xbox 玩家分享图片和信息等,如图 2.17 所示。

图 2.17　Kinect 设备

该系统的特点如下。

1）Kinect 是与 Xbox360 配套使用的一款摄像头

简单来说,Kinect 就是 Xbox360 的一款外设。它就像是一款摄像头,可以通过 USB
接口与游戏机相连。

2）使用红外定位

Kinect 比一般的摄像头更为智能。首先,它能够发射红外线,从而对整个房间进行
立体定位。摄像头则可以借助红外线来识别人体的运动。除此之外,配合着 Xbox360 上
的一些高端软件,便可以对人体的 48 个部位进行实时追踪。该设备最多可以同时对两
个玩家进行实时追踪。

3）多项额外功能

Kinect 还内置麦克风,所以,用户可以直接与 Xbox360 进行"对话"。除此之外,这款
产品不仅能够通过红外线识别人体,还可以识别出完整的 RGB 色彩,并借助面部识别技
术自动为用户登录。

4）配备自有界面

当 Kinect 安装完毕后,用户必须使用独立的菜单系统,而非 Xbox360 原有的界面。
该界面非常简单,易于使用。要加载 Netflix,只需要单击 Netflix 按钮即可,或者对
Xbox360 说"Netflix"也可以启动这款应用。要暂停游戏也可以直接通过语音实现,或者
将手放到空中单击虚拟的"暂停"按钮。

5）内置聊天软件 VideoKinect

Kinect 配备了一款类似于 Skype 的视频聊天软件"VideoKinect"。无论用户的好友
是在 Xbox Live 还是 Windows Live Messenger 中,都可以与之进行视频聊天。除此之
外,对话双方还可以一起看视频,而且可以对用户的动作进行实时追踪。

从工作原理上观察,Kinect 有一个功能强大的感知阵列,对于用户来说,它拥有一个
数字视频摄像头,能从事捕捉图片到识别颜色等多项工作。而 Kinect 中的麦克风则可以
在短时间内采集多次声音数据,以便把玩家和同处在一间房间中的其他人分开,如图 2.18
所示。

当然这些智能离不开软件的支持,而这方面是微软的强项。特制的软件已经把

Kinect 训练得能成功识别人的脸部细节变化。而在识别人体动作的时候,精度可以达到 4cm。

图 2.18 Kinect 游戏

2.3 VR 声音系统与设备

在虚拟现实系统中,声音的展现起着极为重要的作用,而 VR 声音系统追求的目标就是尽量地模仿人们现实生活中的声音效果。VR 声音是空间音效、沉浸式音效。与早期的多媒体音效技术不同,多媒体音效追求的是声音质量的完美,音质高。在计算机多媒体技术的发展过程中,声音播放系统从单声道发展到高保真、环绕立体声系统,接着由 5.1 通道的环绕立体声到 7.1 通道的环绕立体声,应该说,随着环绕立体声技术的进步,声音质量得到了稳步的提高。然而对于 VR 声音,强调的是"3D"效果,如果在一个具体空间环境里,音箱播放系统呈一字形摆放在一边,播放的音质再好,也不能算是 VR 声音系统。正确的 VR 声音系统应该是摆放在空间的四周,前、后、左、右均衡摆放,甚至包括上、下。VR 声音布局如图 2.19 所示。

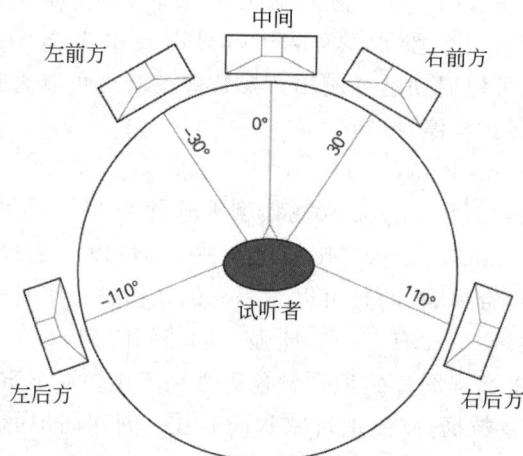

图 2.19 VR 声音系统图

VR声音系统之所以要进行空间布局,重要的原因是人的双耳可以对空间声源进行定位。例如,当用户位于虚拟现实空间中时,看到飞机从头顶上通过,这时,VR空间中用户头顶就会传来隆隆的飞机轰鸣声音;当看到某个人躲在暗处从背后开黑枪时,用户就会听到从背后传来的枪声。因此,VR声音系统比环绕立体声更加"3D",沉浸感更强。

2.3.1 固定式声音设备

固定式声音输出设备即扬声器,允许多个用户同时听到声音,一般在投影式VR系统中使用。扬声器固定不变的特性使其易于产生世界参照系的音场,在虚拟世界中保持稳定,且用户使用起来活动性大。

扬声器与投影屏相结合存在的问题是它们之间会互相影响,如果扬声器放在屏幕后,声音会被阻碍;如果扬声器放在屏幕前,则会阻挡视觉显示。此外,扬声器可以与基于头部的立体显示设备结合使用。在此种情况下,若视觉观察范围不足100%,可以把扬声器放在显示区域外,但这样又会给空间化3D声场的实现造成一定的困难。

2.3.2 耳机式声音设备

相对于扬声器来说,耳机式声音设备虽然只能给单个用户使用,但却能更好地将用户与真实世界隔离开。同时,由于耳机是双声道的,因此比扬声器更易创建空间化的3D声场,提供更好的沉浸感。此外,耳机使用起来具有很大的移动性,如果用户需要在VR系统中频繁走动,显然使用耳机比使用扬声器更为适合。

耳机式声音设备一般与头盔显示器结合使用。在默认情况下,耳机显示的是头部参照系的声音,在VR系统中必须跟踪用户头部、耳部的位置,并对声音进行相应的过滤,使得空间化信息能够表现出用户耳部的位置变化。因此,与普通戴着耳机听立体声不同的是,在VR系统中的音场应保持不变。

另外,耳机中的声音通常是事先录制的声音效果,为了获得更具沉浸感的声音,一般采用双耳录音,也叫作人工头录音,是一种与普通立体声拾音不太相同的录音方式。

与物体本身发出的声音(或者说声源处的声音)相比,人们真正感知的声音其实是受到了很多方面的影响的。例如,躯干、头部、耳廓、耳道等身体结构都是一些很重要的影响因素,也是人们辨别声源方向的生理基础。所以双耳录音的思路就是,在声音采集阶段去还原由身体结构(主要是头部结构)对原始声音产生的影响,制作一个人头模型(Dummy Head),把话筒(拾音振膜)分别置于左/右人工耳道中,以这样的方式录制得到模拟左/右耳听到的声音,并最终通过耳机重放。双耳录音设备如图2.20所示。

2.3.3 语音交互设备

在日常的信息交流过程中,人类之间的沟通大约有75%是通过语音来完成的。听觉通道存在许多天然的优越性,人们在接收和发出信息时,采用听觉通道相比视觉通道有如下生理优势。

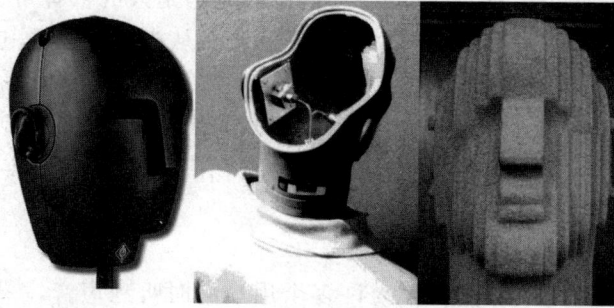

图 2.20　双耳录音设备

（1）听觉信号检测速度快于视觉信号检测速度。

（2）人对声音随时间的变化极其敏感。

（3）听觉信息与视觉信息同时提供可供人获得更强烈的存在感和真实感等。

因此，采用听觉通道进行人机交互是人们很早就有的期望，经过多年的发展，目前已有大量的语音人机交互设备问世。例如，iveeSleek 就是一款语音交互硬件设备，通过该语音设备，人们可方便地用语音来查询相关信息，如天气、股票，或者控制部分基于 WiFi 技术的智能家居等设备。另一款设备也是许多人非常熟悉的 iPhone 的 Siri，当人们通过手机的设置部分打开 Siri 功能后，同样就可以采用语音模式操控手机进行信息交互了。

2.4　人机交互设备

交互性是虚拟现实系统的重要特征之一，为了达到良好的交互效果，人们开发了许多性能各异、形式多样、功能不同的交互设备，这些设备有的价格非常昂贵，但科技含量较高，有的价廉但简单易用，有的技术成熟已广泛应用，有的还在研究并处于不断的完善之中。

2.4.1　三维空间跟踪球

空间球（Space Ball）是一种可以提供六自由度的桌面设备，它被安装在一个小型的固定平台上，可以扭转、挤压、按下、拉出和来回摇摆，球的中心是固定的，并装有 6 个发光二极管，相应的球的活动外层装有 6 个光敏传感器，如图 2.21 所示。当用户施加外力作用于力矩球时，6 个光敏接收器接收光的强度来测量力，通过装在球中心的几个张力器测量出手所施加的力，并将测量值转换为 3 个平移运动和 3 个旋转运动的值送入计算机中。计算机可根据这些值改变显示图像。空间球的优点是简单、耐用，易于表现多维自由度，便于对虚拟空间中的虚拟对象进行操作，但缺点是不够直观，选取对象时不是很明确，而且需要在使用前进行培训。

图 2.21　三维空间跟踪球

2.4.2 数据手套

数据手套(Data Glove)是虚拟现实中最常用的交互工具。数据手套设有弯曲传感器,弯曲传感器由柔性电路板、力敏元件、弹性封装材料组成,通过导线连接至信号处理电路;在柔性电路板上设有至少两根导线,以力敏材料包覆于柔性电路板,再在力敏材料上包覆一层弹性封装材料,柔性电路板留一端在外,以导线与外电路连接。数据手套可以把人手姿态准确实时地传递给虚拟环境,而且能够把与虚拟物体的接触信息反馈给操作者,使操作者以更加直接、更加自然、更加有效的方式与虚拟世界进行交互,大大增强了互动性和沉浸感。并为操作者提供了一种通用、直接的人机交互方式,特别

图 2.22 数据手套

适用于需要多自由度手模型对虚拟物体进行复杂操作的虚拟现实系统。数据手套本身不提供与空间位置相关的信息,必须与位置跟踪设备连用。数据手套如图 2.22 所示。

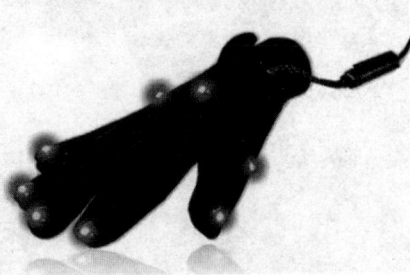

1. 数据手套的通用种类

(1) 5 触点数据手套主要是测量手指的弯曲(每个手指一个测量点)。

(2) 14 触点数据手套主要是测量手指的弯曲(每个手指两个测量点)。

(3) 18 个传感器触觉数据手套。

(4) 28 个传感器触觉数据手套。

(5) 骨架式力反馈数据手套。

2. 数据手套分类

数据手套一般按功能需要可以分为虚拟现实数据手套、力反馈数据手套。前面介绍的为虚拟现实数据手套。

力反馈数据手套:借助数据手套的触觉反馈功能,用户能够用双手亲自"触碰"虚拟世界,并在与计算机制作的三维物体进行互动的过程中真实感受到物体的振动。触觉反馈能够营造出更为逼真的使用环境,让用户真实感触到物体的移动和反应。此外,系统也可用于数据可视化领域,能够探测出与地面密度、水含量、磁场强度、危害相似度或光照强度相对应的振动强度。

2.4.3 三维浮动鼠标

三维浮动鼠标(3D Flying Mouse)放在桌面上使用时,与标准的二维鼠标没有什么区别,但当它离开桌面后就可以成为一个 3D/六自由度鼠标,如图 2.23 所示。三维浮动鼠标的工作原理是:在鼠标内部安装了一个超声波或电磁探测器,利用这个接收器和具有发射器的固定基座,就可以测量出鼠标离开桌面后的位置和方向。与其他手部数据交互设备相比,浮动式鼠标的成本最为低廉,但却不易进行多维自由度的操作,因此应用效果非常有限。

无独有偶，俄罗斯设计师瓦迪姆·凯巴丁（Vadim Kibardin）也设计了一款可以漂浮的鼠标，命名为"蝙蝠"。如图 2.24 所示。该鼠标有一个带有磁环的无线鼠标和一个磁性鼠标垫，通过磁力感应技术使鼠标能够漂浮起来。在待机时，鼠标与鼠标垫的距离为 4cm；使用时，由于手的重力两者之间的距离会缩短至 1cm。

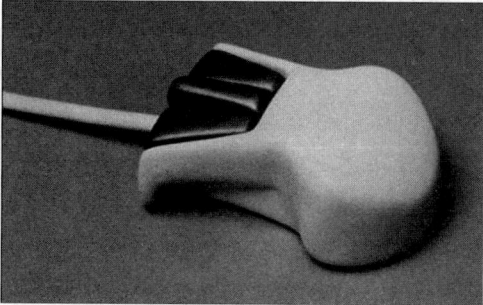

图 2.23　三维浮动鼠标器

图 2.24　"蝙蝠"鼠标

2.4.4　数据衣

在 VR 系统中比较常用的人体互动设备是数据衣。数据衣是为了让 VR 系统识别全身运动而设计的输入装置，它是根据"数据手套"的原理研制出来的。这种衣服装备着许多触觉传感器，穿在身上，衣服里面的传感器能够根据身体的动作探测和跟踪人体的所有动作。数据衣对人体大约 50 个不同的关节进行测量，包括膝盖、手臂、躯干和脚。通过光电转换，身体的运动信息被计算机识别，反过来衣服也会反作用在身上产生压力和摩擦力，使人的感觉更加逼真。

数据衣的基本原理与 VR 数据手套类似，它将大量的光纤、电极等传感器安装在一个紧身服上，可以根据需要检测出人的四肢、腰部的活动以及各关节（如腕关节、肘关节）的弯曲角度，然后用计算机重建出图像，如图 2.25 所示。

与头盔设备、数据手套等一样，数据衣在使用过程中也有延迟大、分辨率低、作用范围小、使用不便的缺点。另外，数据衣还存在着一个潜在的问题就是人的体型差异比较大。为了检测全身，不但要检测肢体的伸张状况，还要检测肢体的空间位置和方向，这又需要增加许多空间跟踪传感器，无疑加大了成本投入。

图 2.25　数据衣

2.4.5　触觉和力反馈设备

触觉（Touch）是人们从客观世界获取信息的重要传感渠道之一，它由接触反馈感知

和力反馈感知两大部分组成。实验证明,不带触觉的虚拟现实在任何时候都会遇到挫折和困难。因此,在建立虚拟环境时,提供必要的接触和力反馈有助于增强 VR 系统的真实感和沉浸感,并提高虚拟任务执行成功的概率。

触觉感知包括接触反馈和力反馈所产生的感知信息。接触感知是指人与物体对象接触所得到的全部感觉,是触觉、压觉、振动觉以及刺痛觉等皮肤感觉的统称。所以,接触反馈代表了作用在人皮肤上的力,它反映了人类触摸的感觉,或者是皮肤上受到压力的感觉;而力反馈是作用在人的肌肉、关节和筋腱上的力。例如,当用手拿起一个玻璃杯子时,通过接触反馈可以感觉到杯子是光滑而坚硬的,而通过力反馈,才能感觉到杯子的重量。

由于人类对自身感觉的产生机制还知之甚少,触觉传感器技术分析非常复杂,且在VR 系统中对触觉和力反馈设备还有实时、安全、轻便等性能要求,因此目前虽已研制成了一些触觉和力反馈设备,但大多还是原理性和实验性的,距离真正的实用尚有一定的距离。

1. 接触反馈设备

接触反馈的方式包括充气式、振动式、微型针列式、温度激励式、压力式、微电刺激式及神经肌肉刺激式等。手是实施接触动作的主要感官,因此,目前最常用的一种模拟接触反馈的方法是使用充气式或振动式接触反馈手套。

(1) 充气式接触反馈手套是使用小气囊作为传感装置,在手套上有 20～30 个小气囊放在对应的位置,当发生虚拟接触时,这些小型气囊能够通过空气压缩泵的充气和放气而被迅速地加压或减压。同时,由计算机中存储的相关力模式数据来决定各个气囊在不同状态下的气压值,以再现碰触物体时手的触觉感受及其各部位的受力情况。用这种方法创建的模拟触觉反馈工具,虽然还不十分逼真,但已经取得了较好的效果,引起了技术界和用户的浓厚兴趣。

(2) 振动式接触反馈手套是使用小振动换能器实现的,换能器通常由状态记忆合金制成,当电流通过这些换能器时,它们就会发生形变和弯曲。因此,根据需要把换能器做成各种形状后,安装在皮肤表面的各个位置上,就有可能产生对虚拟物体的光滑度、粗糙度的感觉。与气囊不同的是,换能器几乎可以立刻对一个控制信号做出反应,这使得它们很适合于产生不连续、快速的感觉。而气囊产生的接触反馈比状态记忆合金要慢些、强些,更适合表现一些缓慢、柔和的力。

2. 力反馈设备

对于像研究物理磁性的相斥和相吸等应用问题来说,没有力反馈设备的系统几乎是没有任何意义的。因此,为虚拟环境提供一定的力反馈系统,不但有助于增强虚拟交互的逼真性,而且有时它也是一种必需的设备。目前已创造了一些用以提供力反馈的装置,例如,力反馈手套、力反馈操纵杆、吊挂式机械手臂、桌面式多自由度游戏棒,以及可独立作用于每个手指的手控力反馈装置等。

桌面式力反馈系统设备安装简单、使用轻便灵巧,并且不会因自身重量等问题而让用户在使用中产生疲倦甚至疼痛的感觉,因此目前已经成为较为常用的力反馈设备。以美国 SensAble 公司研制开发的产品 PHANTOM Premium 3.0 为例,如图 2.26 所示。

这是一种可编程的、具有触觉及力反馈功能的装置。它类似于一个小型机械手,对于三维虚拟模型或数据具有定位功能,当 PHANTOM 的机械臂在工作空间中运动时,就会在计算机屏幕上出现一个指示针,反映机械臂在工作空间中的位置;当探测到指示针与虚拟模型接触时,计算机会发出信号,告诉机械臂接触到了虚拟模型,并将该模型的物理性质,如质量、软硬程度及光滑程度等信息反馈给 PHANTOM 系统,再由该系统产生相应的力传递给操作者,从而实现力反馈的感受。

力反馈手套可以独立反馈每个手指上的力,主要用于完成精细操作,图 2.27 为一款力反馈手套 CyberGrasp。

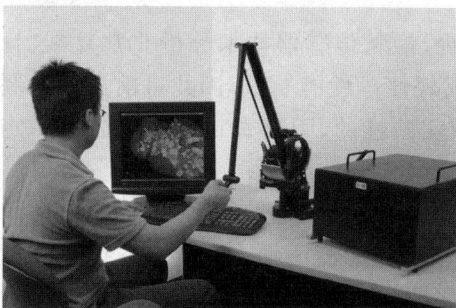

图 2.26　力反馈设备

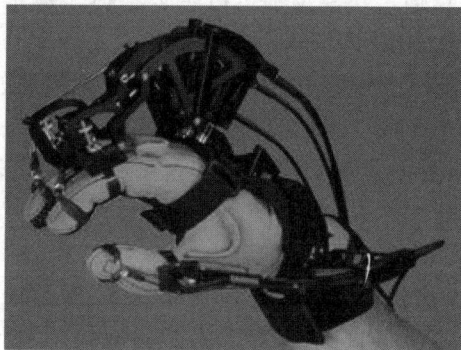

图 2.27　力反馈手套 CyberGrasp

2.4.6　触觉与力反馈设备的应用

从人的生理系统分析,触觉是人体感觉器官的一种,包括五个分支类别:压力、触摸、热、冷及疼痛,这些现象结合起来就产生了触觉感受。

触觉的感受器官聚积在皮肤的真皮层里,它接受外界的机械刺激,产生神经冲动。由传入神经将信息传递到大脑皮层,从而产生触压感觉。由于皮肤中的触压感觉感受器在皮肤中的分布不均匀,使得不同皮肤的敏感度不同,以四肢皮肤敏感度较强,其中手指尖的敏感性更强。因而触觉的运用主要是通过手的触感来掂量物质的轻重、干湿度、触摸物质的表面光滑度等,据以分辨物质的特性品质高低。正是基于人的生理原理,多种形式的触觉与力反馈设备由此兴起。

2013 年 7 月,美国微软公司公布了旗下 3D 触控技术的新成果,微软公司新开发了一款 3D 触控显示屏,用户可以观看显示屏中的 3D 虚拟对象,并可直接触摸该 3D 对象,当手指通过屏幕触摸到虚拟 3D 物体对象时,可获得触摸对象时的反馈感觉,如图 2.28 所示。

简单点儿说,就是当一个人接触到一个显示的虚拟对象时,如海绵、石块,这些物体在现实中的硬度和触摸感,将会通过屏幕的反馈力,让人产生如同抚摸真实物体的感觉。海绵的柔软弹性、石块的坚硬,这些都能通过 3D 屏幕的触感感受到。

这项新的研究实际上是触觉技术的一个具体应用案例,该技术通过硬件给触摸者提供压力或振动反馈,实现不同的反馈感。其技术原理就是触摸屏与一个机械臂产生联动的结果。微软给这种触觉技术起了个拗口的名字"计算机视觉触觉图形学"。

图 2.28 3D 触控显示屏

微软公司技术负责人在介绍时称:"力反馈监控响应传达的感觉,不同的材料会产生不同的反应。石头感觉'硬'的触感,需要更多的动力来推动,而海绵块是软的,容易推开。"这个反馈的压力能与 3D 屏幕技术相结合,跟踪用户,并调整角度和大小,使用户从显示在屏幕上的对象那里得到更强烈的真实感和深度的幻觉。结合触摸反馈给 3D 影像带来触觉上的真实感。

微软公司的研究工程师同时表示,希望这种新技术可以尽快使用在医学界,使用触觉反馈的技术,以帮助医疗技术得到更快的发展。

为了保证用户获得真实的触摸反馈感觉,而不是简单的视觉感受,微软公司的研究团队还邀请了多人参与在被蒙住眼睛的情况下进行实验。而实验结果则是大多数人都凭借这种触觉反馈准确地说出了他们摸到的物体对象。

触觉交互的重要性不言而喻,微软公司也不是唯一从事触觉反馈技术研究的企业。在 2010 年美国的迪士尼研究部门就推出自己名为 TeslaTouch 的技术,创造了一个"运用范围更广泛的触觉反馈系统"。迪士尼的 TeslaTouch 会根据触摸产生轻微的电场和磁场,来吸引用户的手指或触摸位置,这与微软采用的机械运动技术路径不同。这种新技术未来可能会对 VR 的 3D 触觉领域产生巨大的作用。

触觉与力反馈的第二个应用案例就是人们正在研究的 3D 触觉式开发、设计、编辑系统,称为 3D Touch 技术。FreeForm Modeling Plus 是目前全世界第一套能够让设计者在计算机上利用触觉就能完成 3D 模型设计与建构的计算机辅助设计系统,就好像通过触觉去雕刻黏土一样,可以雕刻设计任何形态的三维造型,再结合 CAD 的功能,让使用者能够快速且随心所欲地创造出自己想要的模型。该系统利用触觉进行操控,彻底改变了人机交互接口的历史,它允许设计师在形态与功能之间制作充满智慧和富有创意的作品,而无须受任何传统三维模型制作工具的限制。通过触感,艺术大师可以对他的虚拟模型进行直接和自然的互动。例如,一个像恐龙一样复杂的三维数字模型,设计师 30 分钟就可以解决问题,大大缩短了传统 3D 设计软件的制作周期,这样,设计者就会拥有更多的时间和精力把他的创意转变为高品质的产品或工艺作品。同时,FreeForm 系统也将实体功能带到了数字领域,如此功能使得设计人员可以通过一个自然、类比的互动过程获得一个珍贵的数字化的三维模型。简单、直接的触觉互动,精确、细微的触觉控制,这一切都让设计师可以随心所欲地完成自己的设计理念和富有创意的工艺精品。FreeForm 系统如图 2.29 所示。

2.4.7 神经/肌肉交互设备

通过神经/肌肉交互一直是人们努力研究的热点内容,终于在 2013 年由加拿大的 Thalmic Labs 公司推出了一款控制终端设备——MYO 腕带。该腕带的基本工作原理是,臂带上的感应器以捕捉到用户手臂肌肉运动时产生的生物电变化,从而判断佩戴者的意图,再将计算机处理的结果通过蓝牙发送至受控设备。它不仅可以用于玩计算机游戏、浏览网页、控制音乐播放等娱乐活动,甚至还能操控无人机,如图 2.30 所示。

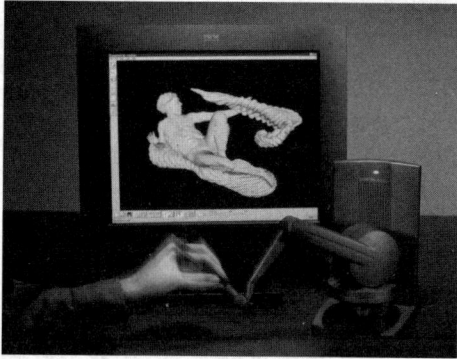

图 2.29 FreeForm 系统

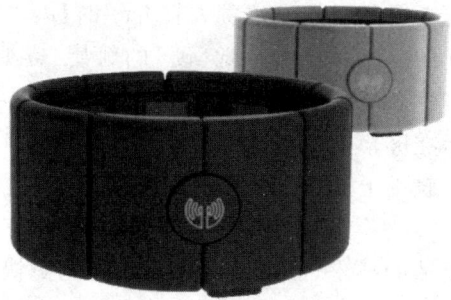

图 2.30 MYO 腕带

由于腕带独辟蹊径,通过检测用户运动时胳膊上肌肉产生的生物电变化,配合手臂的物理动作监控来做人机交互,因而非常方便快速。MYO 腕带内部配备有多个传感器可以侦测到用户手臂肌肉的运动。例如,通过手势和动作就可以实现滑动屏幕、控制音乐播放等操作。而在连接上,MYO 臂带通过蓝牙方式与 iOS 或 Android 设备进行连接,并且可以支持 Mac 和 Windows,为用户提供了全新的使用体验。

2.4.8 意念控制设备

科技的发展总是让人出乎意料。通过"意念"操控物体对很多人来说,昨天感觉还很遥远,今天也许就会成为现实。所谓"意念"操控,首先必须要理解"脑电"的概念。即利用人类的脑电波进行操控,相关的科学研究实际上已经超过半个世纪。通俗地讲,人类在进行各项生理活动时都在放电。如果用科学仪器测量大脑的电位活动,那么在荧幕上就会显示出波浪一样的图形,这就是"脑波"。通过对于脑电信息的分析解读,将其进一步转换为相应的动作,这就是用"意念"操控物体的基本原理。脑波的测试控制如图 2.31 所示。

1. 意念控制的应用

2009 年的美国消费电子展(CES)上,全球最大的玩具厂商美泰公司推出了基于脑波技术的玩具 MindFlex。MindFlex 是一款脑波控制玩具,玩家可以用"意志"让小球悬浮至空中,意念越专注,小球就漂浮越高。利用辅助的手动控制设备,玩家可以控制小球穿越各种障碍。

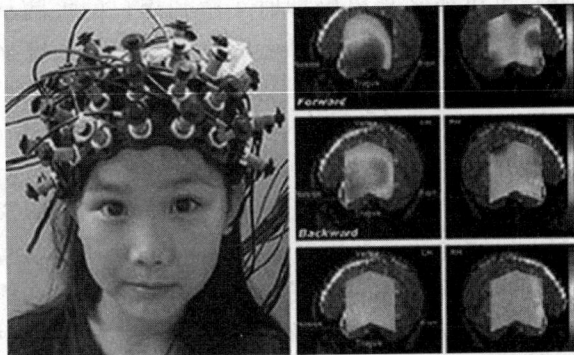

图 2.31 脑波的测试控制

MindFlex 推出短短 5 周后,第一批产品便销售一空,疯狂的表现也使它被亚马逊评为"2009 年圣诞节玩具采购清单第一名"。该玩具推出后,MindFlex 在欧美市场早已售出超过 100 万套。再后来,MindFlex 更是被《时代》杂志评为人类历史上最伟大的 100 款玩具之一。

而另一款名为 *MasterMind* 的意念控制游戏装置也在英国出现,这款软件号称革命性的游戏应用,能让用户利用心灵的力量操控计算机游戏。

MasterMind 可以允许用户在游戏中控制角色进行前进、后退、拳打脚踢、射击和游戏设定的其他可行动作,只要玩家思考与所需动作相关的命令即可。

这款装置除软件外,还包含一个无线耳机,只要戴上它,设备就会读取用户的脑电波,并将数据通过无线发送到计算机上的 USB 接收机,控制鼠标移动,这样一来就可以让用户用自己的头脑意识玩游戏,例如,用户可以在战场中开枪射击或者丢手榴弹。

2013 年 6 月,美国明尼苏达大学的华人科学家贺斌教授带领的研究团队展示了他的意念控制研究成果。与以往需要在大脑中植入电极的意念控制技术不同,贺斌教授最新的意念控制技术完全无须进行大脑植入操作。使用者只需戴上一顶帽子,通过帽子上的电极即可记录下使用者的脑电波。

这个脑电波扫描帽具有 64 个紧贴头皮的电极,这些电极监控来自大脑的电活动并将信号(或信号中断)传递给计算机。计算机对这些数据进行处理后将之转换为另一种电子信号,通过 WiFi 传递至飞行器的接收器,从而控制飞行器的飞行动作。贺斌教授团队展示了如何利用自己的意念操控一架模型直升机在空中飞行、俯冲、上升,甚至可以毫无困难地穿越以气球做成的环形障碍物。

中国的意念控制研究也在如火如荼地开展中。深圳一家公司制作了一款叫作 BrainLink 的产品,它的核心原理就是利用了脑电波技术,将采集到的脑电波信号通过蓝牙传输到所使用的设备中,让用户通过相应的软件来感受和测量脑波的神奇。

BrainLink 意念头箍是由深圳市宏智力科技有限公司专为 iOS 系统研发的配件产品,它是一个安全可靠、佩戴简易方便的头戴式脑波传感器。它可以通过蓝牙无线连接手机、平板电脑、笔记本、台式计算机或智能电视等终端设备。配合相应的应用软件就可以实现意念力互动操控。

BrainLink 引用了国外先进的脑机接口技术,其独特的外观设计、强大的培训软件深

受广大用户喜爱。它能让手机或平板电脑即时了解到用户的大脑状态，例如是否专注、紧张、放松或疲劳等，也可以通过主动调节自己的专注度和放松度来给予手机或平板电脑指令，从而实现神奇的"意念力操控"。

2. 意念控制的研究概况

意念控制令人脑洞大开，美国政府很快发现了其中政治上的重大战略意义、科技方面的巨大价值、经济上的丰厚利益，于是出台了一系列的政府资助、鼓励科研机构和私人组织对脑控科学进行深入研究的政策。而美国的一些大学、研究机构和团体迅速把目光瞄准到了意念控制中最具挑战、最为关键的嵌入式脑神经芯片的探索过程中。到目前为止，有三家公司已经拥有了人脑植入装置，尽管他们在研发的过程中都打着医疗设备研究的旗号，但与脑控的内在原理无疑是相通的。人脑植入芯片发展基本情况如下。

（1）总部位于美国明尼苏达州的明尼阿波利斯市，在全球医疗器械领域排名第一的美敦力推出了 Activa PC＋S，在 2009 年首次用于动物植入，后来则用于收集一部分病患者的脑波资料。其公司核心技术资深总监 Tim Denison 表示：Activa 嵌入了一种专门为聆听脑波所设计、像是示波器的晶片："因为以往的（脑波）记录活动被限制在手术室内的数分钟或数小时，那是很不切实际的环境，而现在我们（对人脑）有了更多的了解。"

（2）另外两家同样有人脑植入装置的公司分别是 Neuro Pace 与 Cyberonics。Neuro Pace 的人脑植入装置已经给数百位的病患者进行了植入测试，该装置能聆听即将发生的癫痫发作征兆并提供刺激以避免疾病复发。而 Cyperonics 则在欧洲为患者提供一种迷走神经的刺激器，该设备以一种类似的闭环方法聆听生物信号并自动做出回应。

权威专家 Denison 表示，未来的人脑植入装置有望与腕戴式装置搭配使用，以预测病患的行动并提供刺激。同时他还指出，未来仍有许多挑战，研究人员仍在尝试能以最小化方式布置电极、有效获取脑波的方法，此外还需要研究如何解译那些通常非常微弱的脑波信号，特别是在刺激器的信号相对更明显的时候。

3. 脑控芯片背后的故事

科技发展的背后往往是资金和人才的竞争，美国在人脑神经技术方面的遥遥领先正是如此。也许看看中美两国的有关故事，就很容易理解为什么美国的芯片技术那么厉害。马斯克是美国的一个科技奇才，他创办了脑机接口研究公司 Neuralink，于 2020 年 3 月 21 日发布了该公司的首款"脑后插管"的新技术。其实质就是在猪的头上插入一个芯片，同时马斯克预言将于 2021 年完成人脑芯片的植入实验，目标是帮助截瘫病人通过脑机接口控制手机和计算机。与之对应的是中国也有一个热爱脑科学研究的人才，他从复旦大学毕业后很快就完成了财富积累，成为中国国内最年轻的首富，于是为了脑神经技术的研究，他无偿豪捐给美国的有关脑科研机构十亿美元，引无数国人惊讶不已。

意念控制的时代已经提前到来，也许再过几年时间，这些意念控制的各类发明将会和人们今天使用的 Iphone 一样普及。到时候一个通过意念互联的"脑联网"可能会应运而生，从而真正实现不言传可意会。

2.4.9　其他虚拟交互设备

1. 虚拟键盘

对虚拟键盘的设想在虚拟现实游戏世界里早已有之，但回到现实中的虚拟键盘同样

也是科幻酷炫。谷歌推出了一款激光投射键盘,并于 2013 年 1 月向美国专利商标局提交了新专利申请,如图 2.32 所示。除了美国的谷歌公司以外,日本的富士通也在西班牙巴塞罗那举行的 MWC 2013 世界移动通信大会上展出了他们充满未来感的虚拟键盘技术,如图 2.33 所示。

图 2.32　谷歌激光投射键盘

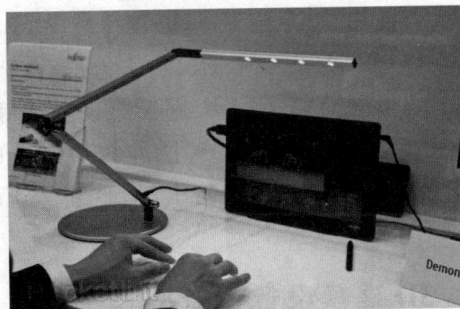

图 2.33　富士通手势键盘

　　谷歌公司的虚拟键盘是一种激光投射键盘,其工作原理是将物理键盘界面的模板投影至相邻的工作台表面。投影器(一种二极管激光器)由经过特殊设计的高效全息光学元件照明产生。当用户碰触到界面表面上的按键位置时,按键边上的平面就会反射出光线,直接传到传感器模块上。传感器芯片(虚拟接口处理核 TM)内含定制的硬件,能够实时确定反射光的位置。处理核可同步跟踪多次反射,因此能够同时处理多重按键及重叠光标控制的输入。

　　富士通的虚拟键盘技术实为一种手势键盘,而实际上用户操作并没有实体的键盘。这项技术是通过设备本身的摄像头来追踪用户的手指动作,然后通过专门的软件来识别手指敲击的位置对应的按键,从而判断输入的内容。富士通这种虚拟键盘技术解决了平板电脑或者智能手机没有外置键盘以及屏幕打字不方便的尴尬;同时虚拟键盘也突破了实体键盘的界面限制,使得操作地点更加自由。

2. 眨眼控制

　　我国的科学家设计出了一种新型传感器,可附在眼镜上探测眨眼动作,从而使"眨眼"的生理行为变成一个计算机命令,如图 2.34 所示。

　　该技术利用摩擦纳米发电功能,有针对性地设计出了新型传感器,该传感器可探测到眨眼引起的太阳穴附近皮肤的微小运动,不仅灵敏度极高,并且相对于传统探测方法还具有更好的耐久性和稳定性。该传感器由上下两层薄膜构成,中间有一定间隔。传感器可装在眼镜腿上,接触眼角附近的皮肤。当眼睛眨动时,眼角周围皮肤产生微小运动,

图 2.34　眨眼控制

会使两层薄膜产生接触,当眨完眼后眼睛睁开,两层薄膜也会跟随分离。由于该设备在薄膜背面制备有一层导电层,可产生与眨眼对应的脉冲电信号输出。且脉冲电信号的输出强弱与眨眼的力度和快慢有直接关系。与有意识眨眼相比,无意识眨眼比较轻微,脉冲信号强度小,所以两者较易区分。

3. 增强现实触摸屏

将微型计算机装到白炽灯的灯座中,并在计算机上面安装摄像头和投影仪,就能让任何桌面变身为触摸屏。美国麻省理工学院(MIT)的研究人员将微型计算机装入普通灯座,再辅以摄像头和投影仪,就能瞬间将任何物体表面变成触摸屏,构建起一个颇具创新性的界面。

该装置称为LuminAR,被认为是一款增强现实系统,通过该设备可以将交互式图像投射到物体表面,当一个人用手指或整个手指向图像中的任何东西时,这套系统就能感觉到,并可随时改变表面或物体的功能。LuminAR拥有摄像头、投影仪和软件识别物体;它还可以当作扫描仪使用,并通过 WiFi 网络接入互联网。

2.5　3D 建模设备

3D 建模设备是一种可以快速建立仿真的 3D 数字模型辅助设备。目前主要有三种,分别为 3D 摄像机、3D 扫描仪和 3D 打印机等。

2.5.1　3D 摄像机

3D 摄像机又称为立体摄像机,是一种具有能够拍摄立体视频图像的虚拟现实设备,通过它拍摄的立体影像在具有立体显示功能的显示设备上播放时,能够产生具有超强立体感的视频图像效果。观看者带上立体眼镜就能够具有身临其境的沉浸感。作为 3D 高清拍摄设备,立体摄像机通常采用两个摄影镜头同时以一定间距和夹角来记录影像的变化效果,模拟人类的视觉生理现象,从而可以实现立体视觉特效,播放时可采用正投、背投,平面、环幕,主动、被动等多种方式实现多种视觉效果的 3D 立体感。3D 摄像机如图 2.35 所示。

图 2.35　3D 摄像机

2.5.2　3D 扫描仪

三维扫描仪或称 3D 扫描仪可定义为:快速获取物体的立体色彩信息并将其转换为计算机能直接处理的三维数字模型的仪器,即快速实现三维信息数字化的一种极为有效的工具。

3D扫描仪的分类：接触式3D扫描仪，非接触式3D扫描仪。

1. 接触式3D扫描仪

其特点如下。

（1）具有较高的准确性和可靠性。

（2）可配合测量软件，快速准确地测量出物体的基本几何形状。

其不足如下。

（1）测量费用较高。

（2）探头易磨损，且容易划伤被测物体表面。

（3）测量速度慢；检测一些内部元件有先天的限制。

（4）接触探头在测量时，接触探头的力易使探头尖端部分与被测件之间发生局部变形而影响测量值的实际读数。

（5）由于探头触发机构的惯性及时间延迟而使探头产生超越现象，趋近速度会产生动态误差。

2. 非接触式3D扫描仪

其特点如下。

（1）非接触式的光电方法对曲面的三维形貌进行快速测量已成为大趋势。

（2）对物体表面不会有损伤。

（3）相比接触式3D扫描仪具有速度快、容易操作等特征、3D激光扫描仪可以达到5000～10 000点/秒的速度，而照相式3D扫描仪则采用面光，速度更可达到几秒钟百万个测量点，应用于实时扫描，应用检测时具有很好的性价比。

非接触式3D扫描仪按原理分类可分为三种：光学式、激光式和机械式。

激光式扫描仪属于较早的产品，由扫描仪发出一束激光光带，光带照射到被测物体上并在被测物体上移动时，就可以采集出物体对象的实际形状。激光式扫描仪一般要配备关节臂。

光学式扫描仪是针对现代设计领域的新一代扫描仪，与传统的激光扫描仪和三坐标测量系统比较，其测量速度提高了数十倍。由于有效地控制了整合误差，整体测量精度也大大提高。其采用可见光将特定的光栅条纹投影到测量工作表面，借助两个高分辨率CCD数码相机对光栅干涉条纹进行拍照，利用光学拍照定位技术和光栅测量原理，可在极短时间内获得复杂物体表面的完整点云。其独特的流动式设计和不同视角点云的自动拼合技术，使得在扫描大型物件时变得高效、轻松和容易。其高质量的完美扫描点云可用于虚拟现实中的环境以及人物的建模过程。如图2.36所示为3D扫描仪扫描一个人的足部时的场景。

总的来说，3D扫描仪作为虚拟现实中的一种建模仪器，常用来侦测并分析现实世界中物体或环境的形状（几何构造）与外观数据（如颜色、表面反照率等参数）。其工作过程表现为读取物体几何表面的点云，这些点可用来插补成物体的表面形状和属性。点云的密集度越高，就可以创建更精确的模型（这个过程称作三维重构的计算）。若扫描仪能够取得表面颜色，则可进一步在重构的表面上粘贴材质贴图，亦即所谓的材质映射，从而快速地在虚拟世界中创建实际物体的数字模型。

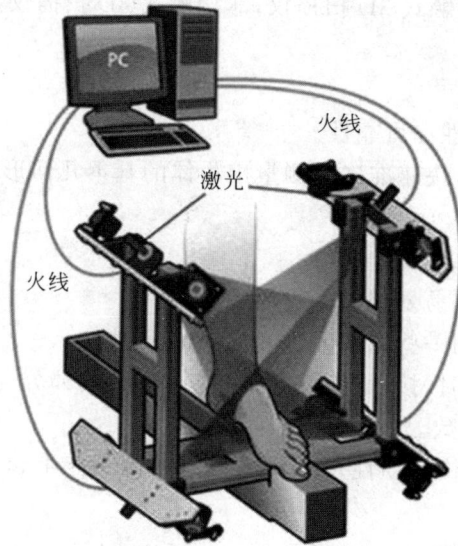

图 2.36　3D 扫描仪

2.5.3　3D 打印机

　　3D 打印机可以用特种原料打印三维模型,使用 3D 辅助设计软件,设计师在设计出一个模型或原型之后,无论设计的是一所房子还是一个人物,其后通过相应的 3D 打印机进行打印,打印的原料可以是有机或者无机的材料,如橡胶、塑料等,不同的打印机厂商所提供的打印材质有所不同。3D 打印机就是可以"打印"出外形仿真的 3D 物体的一种设备,功能上与激光成型技术一样,采用分层加工、叠加成型,即通过逐层增加材料来生成 3D 实体,与传统的去除材料加工技术完全不同。称之为"打印机"是参照了其技术原理,因为分层加工的过程与喷墨打印十分相似。随着这项技术的不断进步,现在已经能够打印出与原型物体对象的外观、感觉和功能极为接近的 3D 模型,如图 2.37 所示。

　　从外形结构上看,3D 打印机与传统平面打印机有很大不同。3D 打印机有一个封闭的箱子,3D 物件的成型是在封闭的箱子中完成,在封闭的空间里可以保证箱子内部环境的洁净度、恒定的温度和干湿度,确保 3D 打印时,打印头喷射出来的材质原料可以迅速成型。

图 2.37　3D 打印机

2.6　虚拟现实硬件系统的综合集成

VR系统是一个集成了多种高、新技术的综合性系统,它包括众多的软件和硬件。虚拟现实系统在运作过程中,通常需要处理来自各种设备的大量感知信息、模型和数据,因此如何协同或集成系统中的各种技术成为VR系统运行的重中之重,这其中就包括信息同步技术、模型标定技术、数据转换技术、模式识别和合成技术等。

因此,构建起一个以计算机为核心,将多种输入、输出交互设备协调组合在一起的硬件平台,成为VR系统集成的关键技术之一。同时在该集成平台的性能方面,要求采用流行的通用技术,使得在该平台上可以很方便、容易地进行二次、三次的新技术开发,不断增强、完善其功能,利于扩展,预留接口可以做到无缝连接,方便内、外部新扩展的系统进行有机连接和兼容。

首先,作为VR系统的核心计算机系统,必须具有足够强大的计算性能,才能完成人机交互大数据的实时处理、协调数据I/O、生成和管理虚拟环境等任务。从目前的技术发展方面看,虚拟现实的计算机系统可以分为PC、工作站和超级计算机等不同类型。其中,PC一般只能用于低档VR系统,因为与工作站和超级计算机相比,它的图形和声音处理功能都十分有限。而专门用作VR系统中的工作站通常都具有多个处理器,以便进一步增强整体系统结构,从而使VR系统的性能达到最佳。

其次是在VR技术发展的早期,系统中的各种三维交互设备都是独立研制和使用的,因而在组合应用时常存在障碍和不便。但随着虚拟现实各种新技术的不断创新,协同与组合虚拟现实的多种设备与技术也就成为越来越关键的要素之一。

而从信息技术的研发方面来看,美国是虚拟现实技术的发源地,因此在技术的创新方面,美国对虚拟现实技术的研究一直走在世界前列。早在1984年,美国就开始了虚拟视觉环境显示项目的研究,后来还开发了虚拟界面环境工作站。Ames研究中心的虚拟行星探测实验室的M. McGreevy和J. Humphries博士组织开发了用于火星探测的虚拟环境视觉显示器,可将火星探测器所发回的数据输入到计算机中为地面研究人员构造了火星表面的三维虚拟环境。

1986年,美国宇航局的科学家们成功研制出了第一套基于HMD及数据手套的虚拟交互环境工作站(Virtual Interactive Environment Workstation,VIEW),成为世界上第一个较为完善的多用途、多感知的虚拟现实系统。它的研制目的是为NASA的其他有关研究项目提供一个通用的VR系统平台。由于该系统的研制成功,促进了迅速发展的VR硬件技术与不断改进的计算机软件系统相匹配,使基于大型数据集合的声音和图像的实时动画制作成为可能。

VIEW由一组以计算机控制的输入输出子系统组成。它以HP公司的HP 9000/835为主计算机,图形处理采用ISG公司的图形计算机或HP SRX图形系统;配备了数据手套、Polhemus定位跟踪系统、Convolvotron三维声音生成设备。输出设备则包括头盔式单色液晶显示器、麦克风及耳机等。这些子系统分别提供虚拟环境所需的各种感觉通道的识别和控制功能,从而为各类VR应用系统的研发提供了一个方便、通用的集成环境,

在远程机器人控制、复杂信息管理及人类诸因素的研究方面应用十分广泛。目前大多数 VR 系统的硬件体系结构由 VIEW 发展而来,这种基于 LCD 头盔显示器、数据手套及头部跟踪器的硬件体系结构也已成为当今 VR 系统的主流。

习题

1. 什么是跟踪传感器?作为跟踪传感器有哪些重要性能参数?
2. 超声波跟踪传感器与机械式跟踪传感器相比,各有哪些优点与不足?
3. 6DOF 的含义是什么?
4. 3D 建模设备有哪些?
5. 什么是有源立体眼镜和无源立体眼镜?
6. 谈谈触觉在 VR 技术中的作用。

第 3 章　虚拟现实的关键技术和引擎

　　虚拟现实是一种基于可计算信息的沉浸式交互环境,具体地说,就是采用以计算机技术为核心的现代高科技生成逼真的视、听、触觉一体化的特定范围的虚拟环境,用户借助必要的设备以自然的方式与虚拟环境中的对象进行交互作用、相互影响,从而产生"沉浸"于等同真实环境的感受和体验。VR 带来了人机交互的新概念、新内容、新方式和新方法,使得人机交互的内容更加丰富、形象,方式更加自然、和谐。

　　在虚拟现实的关键技术方面,系统强调实物虚化、虚物实化和高性能的计算机处理,这些技术是 VR 的 3 个主要方面。

1. 实物虚化

　　实物虚化是指通过技术手段来生成具有真实感的虚拟世界,并且在虚拟环境中对用户的操作进行检测和准确获取用户的操作数据。要实现该目标,应该包括如下基本关键技术。

　　(1) 基本模型的构建技术。

　　(2) 空间跟踪技术。

　　(3) 声音跟踪技术。

　　(4) 视觉跟踪与视点感应技术。

2. 虚物实化

　　确保用户在虚拟环境中获取视觉、听觉、力觉和触觉等感官认知的关键技术,是虚物实化的主要研究内容。

　　(1) 视觉感知。

　　(2) 听觉感知。

　　(3) 力觉和触觉感知。

3. 高性能计算处理技术

　　(1) 服务于实物虚化和虚物实化的数据转换和数据预处理。

　　(2) 实时、逼真图形图像生成与显示技术。

　　(3) 多种声音的合成与声音空间化技术。

　　(4) 多维信息数据的融合、数据转换、数据压缩、数据标准化以及数据库的生成。

　　(5) 模式识别,如命令识别、语音识别,以及手势和人的面部表情信息的检测、合成和识别。

　　(6) 高级计算模型的研究,如专家系统、自组织神经网、遗传算法等。

　　(7) 分布式与并行计算,以及高速、大规模的远程网络技术。

　　下面仅对部分关键技术予以探讨。

3.1 立体高清显示技术

作为虚拟现实系统实现沉浸交互的方式之一,立体高清显示可以把图像的纵深、层次、位置全部展现,参入者可以更直观、更自然地了解图像的现实分布状况,从而更全面地了解图像或显示内容的信息。从技术方面看,需要通过光学技术构建逼真的三维环境和立体的虚拟物体对象,这就要求根据人类双眼的视觉生理特点来设计,使得人们在虚拟现实环境中看到的景观与日常生活中的场景比较时,在质量、清晰度和范围方面应该是无法区分的,从而产生身临其境的沉浸感。但就目前的技术而言,往往需要借助一些昂贵的硬件设备,如数据手套、头盔显示器及其他高档图形工作站等。

3.1.1 立体视觉的形成原理

立体视觉是人眼在观察事物时所具有的立体感。人眼对获取的景象有相当的深度感知能力(Depth Perception),而这些感知能力又源自人眼可以提取出景象中的深度要素(Depth Cue)。之所以可以具备这些能力,主要依靠人眼的如下几种机能。

(1) 双目视差(Binocular Parallax)。

(2) 运动视差(Motion Parallax)。

(3) 眼睛的适应性调节(Accommodation)。

(4) 视差图像在人脑中的融合(Convergence)。

除了以上几种机能外,人的经验和心理作用也对景象的深度感知能力有影响,如图像的颜色差异、对比度差异、景物阴影甚至是所观看显示器的尺寸和观察者所处的环境等,但这些要素相对上述机能来讲,在建立立体感上是比较小的。

当人们的双眼同时注视某物体时,双眼视线交叉于某个物体对象上,叫注视点。从注视点反射回到视网膜上的光点是对应的,但由于人的两只眼睛相距约65mm,因此两眼观察物体对象时的角度是不一样的,从这两点返回的信号也就有了差异,再转入大脑视中枢合成一个物体完整的图像时,不但看清了该物体对象,而且该物体对象与周围物体间的距离、深度、凸凹等都能辨别出来,这样所获取的图像就是一种具有立体感的图像,这种视觉也就是人的双眼立体视觉。

实际上,人们在观察事物时,不仅是双眼看物会产生立体感,同样,用单眼看物也会产生三维效果,如果一个物体对象有一定的景深效果,单眼观察时会自动进行调节,也就是对物体的远近差异引起眼睛内的晶状体焦距及瞳孔直径的调节;如果物体是运动的,单眼会产生移动视差,因物体位置的前后不同引起移动时的差异。

总之,人类对世界万物的认知从心理到生理都留下了深深的三维轮廓,不可变更。

3.1.2 立体图像再造

人们对现实世界的观察印象是三维的,因此在虚拟现实系统中,借助现代科技对视觉

生理的认识和电子科技的发展,目前光学设备主要采用下面四种原理来重构三维环境。

1. 分光

常见的光源都会随机发出自然光和偏振光,分光技术是用偏光滤镜或偏光片滤除特定角度偏振光以外的所有光,让 0° 的偏振光只进入右眼,90° 的偏振光只进入左眼(也可用 45° 和 135° 的偏振光搭配)。两种偏振光分别搭载着两套画面,观众须带上专用的偏光眼镜,眼镜的两片镜片由偏光滤镜或偏光片制成,分别可以让 0° 和 90° 的偏振光通过,这样就完成了第二次过滤。目前,分光技术的应用还主要停留在投影机上,早期必须使用双投影机加偏振光滤镜的方案,现在已经可以用单投影机来实现,不过都必须配合不破坏偏振光的金属投影幕才能使用。

2. 分时

分时技术是将两套画面在不同的时间播放,显示器在第一次刷新时播放左眼画面,同时用专用的眼镜遮住观看者的右眼,下一次刷新时播放右眼画面,并遮住观看者的左眼。按照上述方法将两套画面以极快的速度切换,在人眼视觉暂留特性的作用下就合成了连续的画面。目前,用于遮住左右眼的眼镜用的都是液晶板,因此也被称为液晶快门眼镜,早期还曾用过机械眼镜。

3. 色分法

分色技术是另一种 3D 立体成像技术,现在也比较成熟,有红蓝、红绿等多种模式,但采用的原理都是一样的。色分法会将两个不同视角上拍摄的影像分别以两种不同的颜色印制在同一幅画面中。这样视频在放映时仅凭肉眼观看就只能看到模糊的重影,而通过对应的红蓝等立体眼镜就可以看到立体效果。以红蓝眼镜为例,红色镜片下只能看到红色的影像,蓝色镜片只能看到蓝色的影像,两只眼睛看到的不同影像在大脑中重叠呈现出 3D 立体效果。

4. 光栅

光栅技术和前三种差别较大,它是将屏幕划分成一条条垂直方向上的栅条,栅条交错显示左眼和右眼的画面,如 1、3、5…显示左眼画面,2、4、6…显示右眼画面。然后在屏幕和观众之间设一层“视差障碍”,它也是由垂直方向上的栅条组成的。对于液晶这类有背光结构的显示器来说,视差障碍也可设在背光板和液晶板之间。视差障碍的作用是阻挡视线,它遮住了两眼视线交点以外的部分,使左眼看到的栅条右眼看不到,右眼看到的栅条左眼又看不到。不过,如果观看者的位置改变,那么视差障碍位置也要随之改变。为了方便移动视差障碍,小型光栅显示器都是采用液晶板来作为视差障碍的。而检测观看者位置的方法主要有两种,一种是在观看者头上戴一个定位设备,另一种是用两个摄像头像人眼一样地定位。

光栅式自由立体显示器主要是由平板显示屏和光栅精密组合而成,左右眼视差图像按一定规律排列并显示在平板显示屏上,然后利用光栅的分光作用将左右眼视差图像的光线向不同方向传播,观看者位于合适的观看区域时其左右眼分别观看到左右眼视差图像,经过大脑融合便可观看到有立体感的图像。根据采用的光栅类型可分为狭缝光栅式自由立体显示和柱透镜光栅式自由立体显示两类。狭缝光栅式自由立体显示器又分为前置狭缝光栅和后置狭缝光栅两种,其结构与原理图分别如图 3.1(a)和图 3.1(b)所示。

柱透镜光栅式自由立体显示器的结构与原理如图 3.2 所示,利用柱透镜阵列对光线

的折射作用，将左右眼视差图像分别提供给观看者的左右眼，经过大脑融合后产生具有纵深感的立体图像。

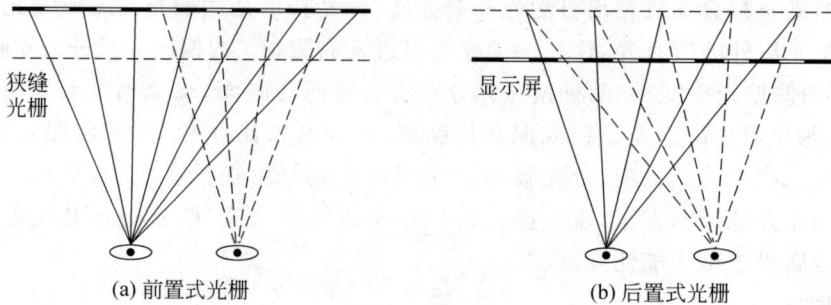

图 3.1　光栅式自由立体显示器原理

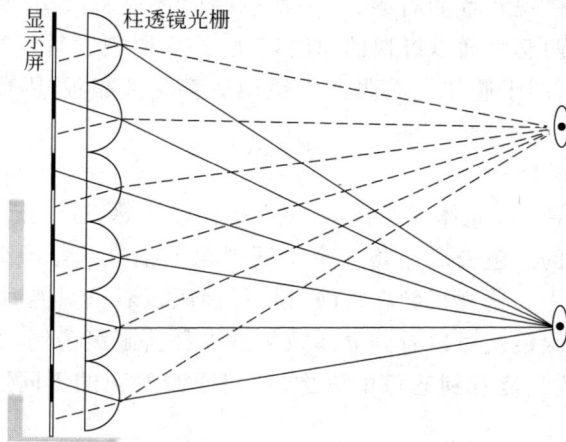

图 3.2　柱透镜光栅自由立体显示器原理

3.1.3　其他新型立体显示技术

除了上述传统的立体显示技术外，目前还有一些新设备或新技术模式也能够很好地展现三维环境效果。

1. 全息技术

全息技术的发展最早在 1947 年，英国的匈牙利裔物理学家丹尼斯·盖伯发明了全息投影术并获得了 1971 年的诺贝尔物理学奖。第一张实际记录了二维物体的光学全息投影照片是在 1962 年由苏联科学家尤里·丹尼苏克拍摄的。1969 年，本顿发明了彩虹全息术，20 世纪 60 年代末期，古德曼和劳伦斯等人提出了新的全息概念——数字全息技术，开创了精确全息技术的时代。2001 年，德国国家实验室首创研发了全息膜技术，而魔幻效果的技术则由丹麦公司 ViZoo 在 2006 年研发出来。2008 年，美国亚利桑那州大学打造了展现物体对象的可更新的 3D 全息显示屏，这是世界上首批 3D 全息显示屏之一。他们用全息膜搭建了一个倒金字塔形的几何模型，利用四台投影机投射的视频图像，在金字塔里经过一系列的光学衍射后汇合成了一幅闪亮的全息图像，该 3D 图像的效果就

像实物飘浮在空中一样。如图 3.3 所示,至此全息投影技术开始逐步走向成熟。

图 3.3　全息 3D 图像图

全息技术的理论源于光的物理学基础,光的物理属性具有波粒二重性,既有波的属性,也有粒子的特点。当光照射在某种介质的物体表面时,光会产生反射、折射和透射,这是光的粒子属性表现;而当两束光发生相干叠加效应时,会产生干涉和衍射的情况,这是光的波属性的表现特征。

全息投影技术就是利用了光波的干涉和衍射原理记录并再现了物体真实的三维图像的技术。

(1) 利用干涉原理记录物体光波信息。该过程也即拍摄过程。被摄物体在激光辐照下形成漫射式的物光束,另一部分激光作为参考光束射到全息底片上,和物光束叠加产生干涉,把物体光波上各点的位相和振幅转换成在空间上变化的强度,从而利用干涉条纹间的反差和间隔将物体光波的全部信息记录下来。记录着干涉条纹的底片经过显影、定影等处理程序后,便成为一张诺利德全息图,或称全息照片。

(2) 利用衍射原理再现物体光波信息。该过程即为成像过程。全息图犹如一个复杂的光栅,在相干激光照射下,一张线性记录的正弦形全息图的衍射光波一般可给出两个像,即原始像(又称初始像)和共轭像。再现的图像立体感强,具有真实的视觉效应。全息图的每一部分都记录了物体上各点的光信息,故原则上它的每一部分都能再现原物的整个图像,通过多次曝光还可以在同一张底片上记录多个不同的图像,而且能互不干扰地分别显示出来。全息投影技术原理如图 3.4 所示。

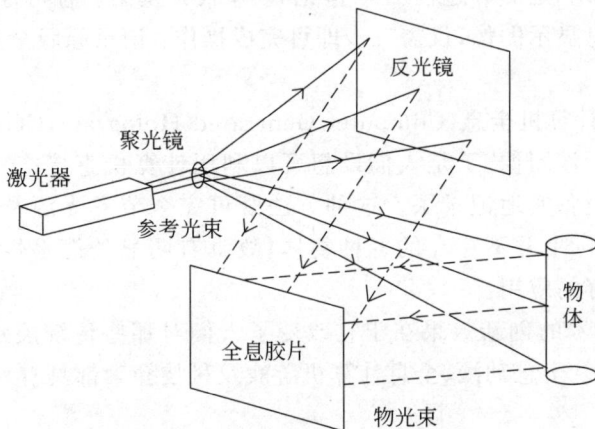

图 3.4　全息投影技术原理图

近二十年来，高分辨率 CCD 电荷耦合器件的性能快速提高，运用 CCD 器件代替传统的胶片存储影像信息，用计算机模拟取代光学衍射来实现物体再现，实现了全息图的记录、存储、处理和再现全过程的数字化，同时也极大地改善了全息投影的技术性能，特别是全息投影技术经过了最近一段时间的快速发展。全息投影按技术特征可以分为透射式、反射式、像面式、彩虹式、合成式、模压式、运算式等七大类。

① 透射式全息显示图像属于一种应用最多、形式最基本的全息显示图像。透射式全息显示图像清晰逼真，景深较大，观看效果较好。但为确保光的相干性，需用激光记录与再现。采用激光也会带来其特有的散斑效应的弊病，即再现像面上附有微小而随机分布的颗粒状结构。

② 为克服透射式全息显示图像无法利用普通白光（非相干光）再现的缺陷，人们又发展了反射式全息显示图像。反射式全息显示图像便可用普通白光扩展光源再现。这是其一大优点，同时也消除了激光的散斑效应。缺点是景深不太大，不适合制作屏幕较大的反射式全息显示图像。

③ 人们采用将物体通过透镜成像于全息板的附近，同时引入参考光波与其干涉的办法来记录全息显示图像，这样记录的全息显示图像称为像面全息显示图像，它可用普通白光扩展光源再现。同样，该全息显示图像模式的景深也是有限的，距全息板平面愈远的像点愈模糊不清。

④ 20 世纪 70 年代末，一种新型全息显示图像即彩虹式全息显示图像（Rainbow Hologram）问世，它可采用白光再现，图像清晰明亮，尤其适用于立体三维显示，倍受人们的重视。它的一大特点是加入了一个狭缝，能够限制光波，以免光波再次出现的时候因重复导致的图像显示不清楚。由于缝隙能显示不同的颜色，不同的人从不同的角度选择一个颜色去观察的时候得到的结果就会不一样。所以，当某个人逐步选择用不同的颜色去观察的时候，就会发现宛如彩虹般美丽的颜色在变化。这也就是彩虹式影像的由来。

⑤ 合成式全息显示图像是指将一系列由普通拍摄物体的二维底片借助全息方法记录在一块全息软片（或干板）上，再现时实现原物体的准立体三维显示的一种技术。它可制成圆筒式，也可制成平面式。利用该方法在平面全息板上再现环视或立体活动图像具有极大的优势。

⑥ 前述各种全息显示图像的共同缺陷是复制较为烦琐，通常需采用激光源及光学器件，还皆需曝光、显影和定影等过程。20 世纪 80 年代开发出一种可像印书一样大批量快速复制的模压式全息显示图像，仅需三步即可完成操作：记录原版全息显示图像，制作金属压模，压印复制。

⑦ 运算式又称计算机全息（Computer Generated Hologram，CGH）。由于全息显示图像属于一种光学干涉图像，于是人们设想可以利用计算机直接产生出这种图像模式，则无须再采用光学设备实地记录了。这种方法既可完全节省光源及要求相当精密的光路设置，又能模拟实际上并不存在的各种物体，故具有明显的简易性与灵活性。目前已在多领域获得了较好的应用。

3D 全息投影技术的创新效果在于它改变了人们对那些传统展示艺术的表现模式，对于未来的全息电影、全息动漫、全息计算机游戏及科技探索都具有划时代的促进意义。

2. 体显示

体显示技术又称为(真)立体显示技术,是近年来新兴的具有真实物理景深感的三维显示技术。与计算机平板显示技术不同,该显示系统的特殊性表现为体显示系统仿佛能够直接在三维空间中产生图像,这一新颖的计算机显示系统已经引起人们的关注,它在科学分析、科学计算可视化以及国防建设、生物医学工程等领域都具有十分广泛的应用前景。

体显示技术的特点是希望能通过一个3D显示器来直接显示三维图像,从而使得表现出的三维物体既有心理景深,更有物理景深,而且多个观察者不需要任何辅助设备(如偏光眼镜),就可以从多个角度直接观察三维物体,就像人们在观赏一个金鱼缸里的金鱼一样。

真立体显示技术可分为用于动态物体的体扫描技术和静态体成像技术。体扫描技术中屏幕的运动方式又可分为平移运动和旋转运动。

以旋转体扫描显示系统为例,其结构主要包括显示单元和图像引擎两部分。

(1) 旋转体扫描显示系统的显示单元。

任何立体显示单元都包括三个主要的子系统:成像空间产生子系统、体素生成子系统、体素激活子系统。

构造成像空间就是产生一个透明的、可编址的立体空间。在这个立体空间里,体素被激活生成图像。成像空间的构造方式对图像质量会有较大的影响。

一般情况下,真立体显示系统采用模块化设计。系统的主要组成部分如下。

① 显示体(包括投影面)。

② 投影单元。

③ 投影单元驱动和电动机能量供应。

④ 有3D接口的控制PC。

真立体显示系统原理结构图如图3.5所示。

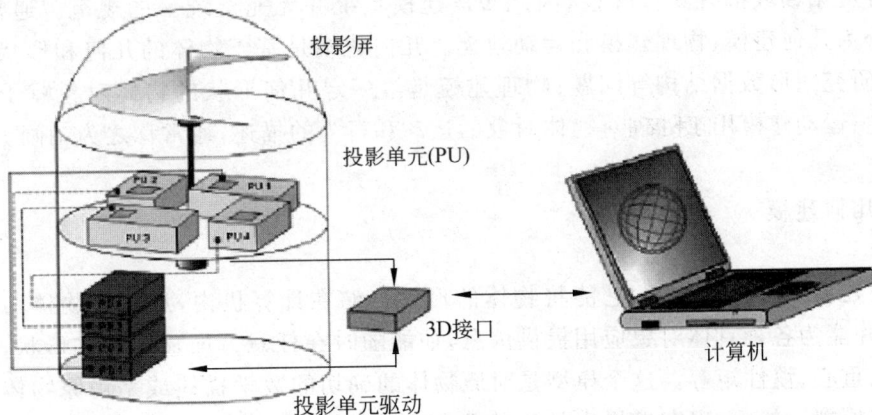

图 3.5 旋转体扫描的系统结构图

(2) 旋转体扫描显示系统的图像引擎

图像引擎是十分关键的部分,在系统的模块化设计中,有3D接口的控制PC,主要是指图像引擎的设计。图像引擎的功能就是将原始空间的图像数据转换成既符合显示单

元的几何特性，又按照体扫描显示要求的顺序排列的体素说明符，然后输入显示单元，测量和校准显示单元的信息。

图像引擎主要组成部分如图 3.6 所示。

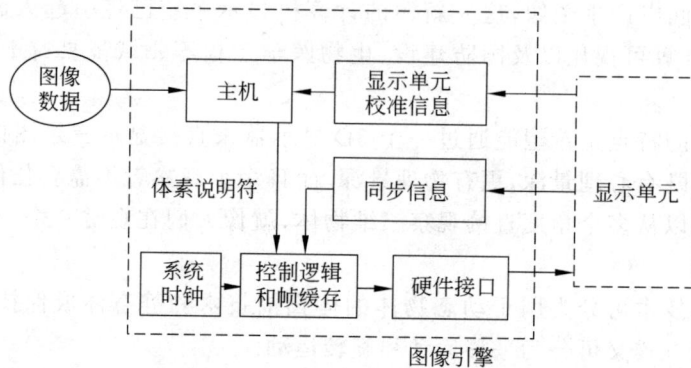

图 3.6 体扫描显示系统的图像引擎模块图

上述体显示方法可供多个观看者同时从不同角度观看同一立体场景，且兼顾了人眼的调节和会聚特性，不会引起视觉疲劳。

3.2 三维建模技术

虚拟环境的建立是虚拟现实技术的核心内容。在三维模型的建立过程中，人们不仅要求模型的几何外观逼真可信，部分对象还需要具有较为复杂的物理属性和良好的交互功能。此外，VR 系统对实时性的要求较高，而场景中的模型数据和类型又通常较多，因此对模型数据的简化和优化技术也极为重要。目前，存在多种较为成熟的建模技术，但由于各种应用领域都有其特殊性，因此 VR 建模系统并无完全统一的规范。通常，建模技术可分为几何建模、物理建模和运动建模。几何建模是基于物体的几何和形状等信息的表示，研究图形数据结构等问题；物理建模是给一定几何形状的物体对象赋予特定的物理属性；运动建模用于处理对物体对象的运动和行为的描述，通常称之为动画。

3.2.1 几何建模

几何建模是指一种技术，它能将物体的形状存储在计算机内，形成该物体的三维几何模型，并能为各种具体对象应用提供信息，如能随时在任意方向显示物体形状，计算体积、面积、重心、惯性矩等。这个模型是对原物体的确切的数学描述或是对原物体某种状态的真实模拟。然而，现实世界中的物体是复杂多样的，不可能用某一种方法就能描述各种不同特征的所有物体。为了产生景物的真实感显示，需要使用能精确地建立物体特征的表示，如使用多边形和二次曲面能够为诸如多面体和椭圆体等简单欧氏物体提供精确描述；样条曲面可用于设计机翼、齿轮及其他有曲面的机械结构；特征方程的表示方法，如分形几何和微粒系统，可以给出诸如树、花、草、云、水、火等自然景物的精确表示。

目前,在计算机内部,表示三维形体数据结构有 3 种存储模式,同时也就决定了形体的 3 种表达模型:线框模型、表面模型和实体模型。

1. 线框模型

三维线框模型是在二维线框模型的基础上发展起来的。线框模型采用顶点表和边表两个表的数据结构来表示三维物体,顶点表记录各顶点的坐标值,边表记录每条边所连接的两个顶点。由此可见,三维物体可以用它的全部顶点及边的集合来描述,"线框"一词由此而来。线框模型的优点主要是可以产生任意视图,视图间能保持正确的投影关系。线框模型的缺点也很明显,物体的真实形状须由人脑的解释才能理解,因此容易出现二义性。

2. 表面模型

表面模型通常用于构造复杂的曲面物体,构形时常常利用线框功能,先构造一个线框图,然后用扫描或旋转等手段变成曲面,当然也可以用系统提供的许多曲面图素来建立各种曲面模型。与线框模型相比,数据结构方面多了一个面表。记录了边、面间的拓扑关系,但仍旧缺乏面、体间的拓扑关系,无法区别面的哪一侧是体内,哪一侧是体外,依然不如实体模型那么直观。

3. 实体模型

实体模型与表面模型的不同之处在于确定了表面的哪一侧存在实体这个问题。实体模型的数据结构当然比较复杂,可能会有许多不同的结构。但有一点是肯定的,即数据结构不仅记录了全部几何信息,而且记录了全部点、线、面、体的拓扑信息,这是实体模型与线框或表面模型的根本区别。

4. 几何建模的常用方法

主要有两种方法:①通过人工的几何建模方法;②采用更便捷的自动的几何建模方法。

(1) 人工的几何建模方法。

① 利用相关程序语言来进行建模,如 OpenGL、Java3D、VRML 等。这类方法主要针对虚拟现实技术的特点而编写,编程相对容易,效率较高。

② 直接从某些商品图形库中选购所需的几何图形,这样可以避免直接用多边形或三角形拼构某个对象外形时烦琐的过程,也可省略大量的时间。

③ 利用常用建模软件来进行建模,如 AutoCAD、3ds Max、SoftImage、Pro/E 等。用户可交互式地创建某个对象的几何图形。这类软件的一个问题是并非完全为虚拟现实技术所设计,由 AutoCAD 或其他工具软件所产生的文件取出三维几何并不困难,但问题是并非所有要求的数据都以虚拟现实要求的形式提供,实际使用时必须要通过相关程序或手工导入。

④ 自开发的工具软件。尽管有大量的通用工具软件可供选择使用,但可能由于建模速度缓慢、周期较长、用户接口不便、不灵活等方面的原因,使得建模成为一项比较繁重的工作。多数实验室和商业动画公司宁愿使用自开发的建模工具软件,或在某些情况下用自开发的建模工具与市场销售的建模工具软件相结合的方法来解决问题。

(2) 自动的几何建模方法。

自动建模的方法有很多,最典型的是采用三维扫描仪对实际物体进行三维建模。它

能快速、方便地将真实世界的立体彩色物体信息转换为计算机能直接处理的数字信号，而不需要进行复杂、费时的建模工作。

除此之外，在虚拟现实技术中，还可采用基于数字照片的建模技术。该方法是借助数码相机，直接对需要建模的物体对象进行多个不同角度的拍摄，得到有关物体对象各个角度的照片后，采用照片建模软件进行建模。现在技术比较成熟的照片建模软件有REALVIZ 公司的 ImageModeler、Discreet 公司的 Plasma 等。

建模时，至少需要对建模对象环绕拍摄三张以上的照片，根据透视学和摄影测量学原理，标志和定位对象上的关键控制点，建立三维网格模型。与大型 3D 扫描仪相比，这类软件有很大的优势，使用简单、节省人力、成本低、速度快，但实际建模效果一般，常用于大场景中建筑物的建模。

几何模型的表示方法是计算机图形学的基础理论，但对于虚拟现实系统而言，主要是借助于这些基础理论来研究如何更快、更好地开发几何建模对象，不论是通过图形软件进行人工建模，还是利用一些成熟的硬件设备，例如 3D 扫描仪等。需要注意的是，这些软件和硬件都有自己特定的文件格式，在导入虚拟现实系统时需要做适当的文件格式转换。

3.2.2 物理建模

虚拟现实系统中的模型不是静止的，而是具有一定的运动方式。当与用户发生交互时，也会有一定的响应方式。这些运动方式和响应方式必须遵循自然界中的物理规律，例如，刚体之间的碰撞反弹、物体的自由落体、物体受到用户外力时会朝预期方向移动等。又如，实体物对象不能相互穿插通过、软体物质对象遇到硬体物体对象时会被压缩、布料物体移动时会有飘逸的感觉。上述这些内容就是物理建模技术需要解决的问题：如何描述虚拟场景中的物理规律以及几何模型的物理属性。物理建模技术需要重点解决如下问题。

1. 设计数学模型

数学模型是指描述虚拟对象行为和运动的一组参数方程，它用来建立虚拟对象的视觉属性（如大小、形状、颜色等）、物理属性（如质量、硬度等）和物理规则（如引力、阻力等）。建立数学模型往往并不困难，但设计引入这些行为的接口程序，使物理属性和行为与几何数据库联系起来却比较复杂。

2. 创建物理效果

对虚拟对象创建物理效果的方法是从几何模型出发，将时间、长度、质量和力等过程抽象处理后，与图形学中的元素，如帧、绝对坐标、节点和面等结合起来，搭建出一个表现基本物理量的三维场景。具体来说，首先确定物理过程，即作用在虚拟对象上的物理现象，接着利用软件仿真算法描述上述物理过程，最后通过计算机程序语言实现上述仿真算法，由此表达出模型质量、密度等物理属性和力的概念。

3. 实时碰撞检测

精确的碰撞检测对提高虚拟环境的真实性、增强虚拟环境的沉浸感有着至关重要的作用。碰撞检测技术不仅要能随时检测出虚拟场景中是否有碰撞发生，还要检测出碰撞

发生的位置、时间,以及根据数学模型和物理属性计算出碰撞发生后的不同反应。因而对于碰撞检测系统来说,其技术难度要求很高。由于虚拟现实系统中的碰撞检测通常都是三维虚拟环境中发生的,其自身的复杂性和实时性又对碰撞检测提出了更高的要求,因此碰撞检测始终是物理运动中的一个关键问题。现阶段碰撞检测主要有三种方式,分别是静态碰撞检测、伪动态碰撞检测和动态碰撞检测。静态碰撞检测是判断活动对象在某一特定的位置和方向是否与环境对象相交;在静态碰撞检测的应用中,一般没有实时性的要求,因此,在计算几何中应用比较广泛。伪动态碰撞检测则是根据物体活动对象的运动路径检测它是否在某一离散的采样位置方向上与环境对象相交;因此,对于伪动态碰撞检测中关于时间点和运动参数之间的信息,可以通过开发时空相关性来获得较好的性能。动态碰撞检测则是检测活动对象扫过的空间区域是否与环境对象相交;动态碰撞检测的研究通常考虑到四维时空或结构空间精确的建模问题,因此该方法计算量相对较大。目前,较成熟的碰撞检测算法有层次包围盒法和空间分解法等。

层次包围盒法的基本思想是利用体积略大而几何特性简单的包围盒将复杂几何对象包裹起来。在进行碰撞检测时,首先进行包围盒之间的相交测试,只有包围盒相交时,才对其所包裹的对象做进一步求交计算。在构造碰撞体的包围盒时,若引入树状层次结构,可快速剔除不发生碰撞的元素,减少大量不必要的相交测试,从而提高碰撞检测效率。比较典型的包围盒类型有沿坐标轴的包围盒、包围球、方向包围盒、固定方向凸包等。层次包围盒方法应用得较为广泛,适用于复杂环境中的碰撞检测。

空间分解法是将整个虚拟空间划分成相等体积的规则单元格,只对占据同一单元格或相邻单元格的几何对象进行相交测试。比较典型的方法有 K-D 树、八叉树、BSP 树、四面体网、规则网等。

空间分解法通常适用于稀疏的环境中分布比较均匀的几何对象间的碰撞。传统的八叉树有空间非均匀网格剖分算法和层级边界盒算法。传统算法适合于静态场景,对于动态场景,采用较多的是基于面向对象的动态八叉树结构,它是对原算法的改进。动态八叉树的构造和碰撞检测策略是将场景表示为等体积的规则单元格的组合。

BSP 树包含的是平面的层级,其每一个平面都将一个区域的空间分割成两个子空间。BSP 的碰撞检测策略为:在两个对象间找出分割的平面以确定两个对象是否相交;若存在分割平面则无碰撞发生。当有相交时再与包围盒中对象的多边形进行精确检测。

3.2.3 运动建模

在虚拟现实环境中,除了要观察一个对象的 3D 几何形状,还必须考虑该对象的具体位置,并以此位置为基点,进行平移、碰撞、旋转和缩放等变化。这些内容的数据建模描述表达了对象的运动属性,所以称为运动建模或者行为建模。

几何建模与物理建模结合,可以部分实现虚拟对象“看起来真实,动起来也真实”的特征和效果,但要真正构造一个能够逼真表现虚拟世界的运动环境,必须采用更加有效的行为描述方法,才能客观、自然地模拟虚拟对象的本质特征。

运动建模的目的就是要赋予虚拟对象仿真的行为与自然的反应能力,并服从客观世界的运动规律。例如,当一个虚拟对象被抛射出去后,它将沿着一个抛物线自然回落到

地面。在对运动建模的数据描述中，与以下四个要素相关。

1. 对象的物理位置

在虚拟现实的运动建模过程中，物体对象的位置是需要首先关注的内容，通常以三维坐标系来表示对象的物理空间位置。当物体对象运动时，一般可依据计算机图形学的几何变换理论进行计算，首先物体对象按照其几何图形，可获得该图形顶点坐标的集合矩阵，再将该矩阵转变为相应的规范化的齐次坐标矩阵，然后与特定的变换矩阵相乘，即可完成物体对象的几何图形的平移计算。

例如某三维物体对象 $P(X,Y,Z)$ 的坐标位置平移到了 $P'(X',Y',Z')$，则 P 的规

范化齐次坐标矩阵为：$\begin{pmatrix} x_0 & y_0 & z_0 & 1 \\ x_1 & y_1 & z_1 & 1 \\ \vdots & \vdots & \vdots & \vdots \\ x_n & y_n & z_n & 1 \end{pmatrix}$，三维平移变换矩阵为：$\begin{pmatrix} 1 & 0 & 0 & 0 \\ 0 & 1 & 0 & 0 \\ 0 & 0 & 1 & 0 \\ T_x & T_y & T_z & 1 \end{pmatrix}$，

式中 T_x，T_y，T_z 为三个坐标轴上的平移参数。

平移计算可以通过下面的矩阵相乘完成，如图 3.7 所示。

$$\begin{pmatrix} x_0' & y_0' & z_0' & 1 \\ x_1' & y_1' & z_1' & 1 \\ \vdots & \vdots & \vdots & \vdots \\ x_n' & y_n' & z_n' & 1 \end{pmatrix} = \begin{pmatrix} x_0 & y_0 & z_0 & 1 \\ x_1 & y_1 & z_1 & 1 \\ \vdots & \vdots & \vdots & \vdots \\ x_n & y_n & z_n & 1 \end{pmatrix} \cdot \begin{pmatrix} 1 & 0 & 0 & 0 \\ 0 & 1 & 0 & 0 \\ 0 & 0 & 1 & 0 \\ T_x & T_y & T_z & 1 \end{pmatrix}$$

图 3.7　三维几何图形的平移计算

如果反过来，物体对象从 $P'(X',Y',Z')$ 点位置反向平移到了 $P(X,Y,Z)$ 的坐标位置，则三维平移变换矩阵为：

$$\begin{pmatrix} 1 & 0 & 0 & 0 \\ 0 & 1 & 0 & 0 \\ 0 & 0 & 1 & 0 \\ -T_x & -T_y & -T_z & 1 \end{pmatrix}$$

同样，计算公式如图 3.8 所示。

$$\begin{pmatrix} x_0 & y_0 & z_0 & 1 \\ x_1 & y_1 & z_1 & 1 \\ \vdots & \vdots & \vdots & \vdots \\ x_n & y_n & z_n & 1 \end{pmatrix} = \begin{pmatrix} x_0' & y_0' & z_0' & 1 \\ x_1' & y_1' & z_1' & 1 \\ \vdots & \vdots & \vdots & \vdots \\ x_n' & y_n' & z_n' & 1 \end{pmatrix} \cdot \begin{pmatrix} 1 & 0 & 0 & 0 \\ 0 & 1 & 0 & 0 \\ 0 & 0 & 1 & 0 \\ -T_x & -T_y & -T_z & 1 \end{pmatrix}$$

图 3.8　三维几何图形的反向平移计算

确定了坐标系与物体对象的相对位置，就可以通过运算或矩阵变换，获得物体对象的运动效果。

2. 对象的层次

对象的层次定义了作为一个整体一起运动的一组对象，各部分也可以独立运行。假设不考虑对象层次，就会出现对象在运动时只能是整体运动。例如，有一个虚拟手，没有层次划分，手的指头就不能单独运动，而为了实现对手指的独立运动，就必须对手的三维模型进行分段设计，并进行分层控制。

在对象层次的表述中,上级对象称为父对象,下级对象称为子对象,上、下级对象的确定需要根据自然界的规律进行确定。以虚拟手为例,手臂是手掌的上级对象,手掌是手指的上级对象,运动规则是:子对象可独立运动,不影响父对象,但父对象运动,则子对象会跟随父对象的运动而运动。层次关系如图3.9所示。

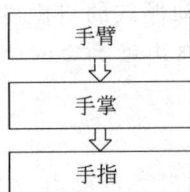

手臂 ⇓ 手掌 ⇓ 手指

图3.9 虚拟手的层次结构

在物体对象的层次关系中,有时也会有反向运动,例如,以人体为例,人的身子是上层对象,四肢、头是身子的下层对象,当身体往前运动时,下层对象必须跟随移动,下层对象如头、四肢均可独立运动。但该人体做拉单杠运动时,身子就要跟随手的运动而运动,这就是反向运动,要描述运动物体对象,分清物体对象的层次关系是必需的。

3. 虚拟摄像机

三维世界通常采用摄像机的坐标系来观察,摄像机坐标系在固定的世界坐标系中的位置和方向称为观察变换。即在观察虚拟对象时,应该通过摄像机窗口来观察对象,所以在实时绘制图形时,需要根据摄像机的坐标系来绘制,并且只能是摄像机能够看到的那部分对象,可视窗口外的部分将被裁剪。

一般情况下,为了优化处理结果,实时图形绘制时,要把视窗口规范化,这样有利于图形显示时的坐标规范化。同时对 Z 轴缓冲区的处理过程中,可依照 Z 数据值的大小进行判别,Z 值大的物体对象距观察者远,反之则近。如果 Z 值大的对象被 Z 值小的对象遮拦,则遮拦的部分可以不必绘制。

4. 人体的运动结构分析

人体是最为复杂的建模对象,也是虚拟现实中最为特殊的对象,人体由骨、骨骼连接,其受力和运动均与骨骼的平衡有关。因此,人体的骨骼是构成各种动态姿势的基础。人体的骨骼系统在结构和平衡上是非常复杂和巧妙的,它能做出各种各样的动作。人体的骨骼除了维系肌肉之外,还起到保护内脏的作用。骨骼的形状多种多样,有长有短、有圆有扁,所以能适应许多特殊的动作。当人们观察一个人的运动效果时,需要准确刻画出各个骨骼关节的变化状态,没有骨骼关节的活动,就不能产生生动作。人物动画的表现是连贯的、有周期性变化的运动形象,或者说就是表现姿势不断变化、重心不断移动的状态。

3.2.4 关于六自由度

在虚拟现实技术的发展过程中,许多的人机交互设备都具有六自由度的运动功能。自由度(Degree of Freedom,DoF)作为一种面向机械运动属性的评价标准,对于衡量人机交互设备的运动姿态性能具有重要的意义。一个拥有六自由度的人机交互设备表明该设备在虚拟空间里,它拥有沿其 X、Y、Z 三个直角坐标轴进行平移和环绕 X、Y、Z 三个坐标轴进行旋转的自由度,如图3.10所示。需要说明

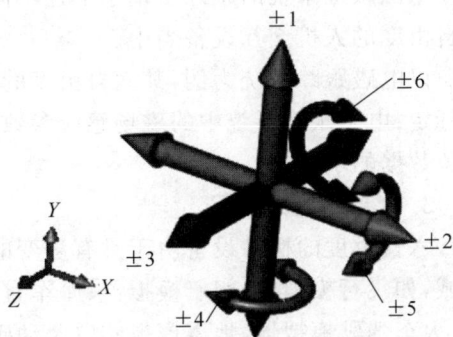

图3.10 六自由度运动方向图

的是，六自由度的存在，也就表明在虚拟环境空间里，人机交互设备的运动轨迹或姿态至少采用六维坐标$(X,Y,Z,\alpha,\beta,\gamma)$进行标定，如果要减少某物体对象运动形式的自由度，可以通过添加一定的约束来消除其中的部分自由度，当某物体对象的自由度为零时，那么该物体对象就完全处于静止的位置。

1. 六自由度的概念

在理论力学体系里，自由度指的是力学系统中的独立坐标的个数。力学系统由一组坐标来描述。例如，一个质点在三维空间中的运动，在笛卡尔坐标系中，由 X、Y、Z 三个坐标来描述；或者在球坐标系中，由 A、B、C 三个坐标描述。一般而言，N 个质点组成的力学系统由 $3N$ 个坐标参数来描述。但力学系统中常常存在着各种约束，使得这 $3N$ 个坐标并不都是独立的。对于 N 个质点组成的力学系统，若存在 M 个完整约束，则系统的自由度运算式为 $S=3N-M$。

例如，运动于平面的一个质点，其自由度为 2。而在三维空间中的两个质点，中间以定长直线连接。那么其自由度为 $S=3\times2-1=5$。该例说明在三维空间中的无约束两个质点应该是 3×2，共有 6 个自由度，但加入一条定长直线将两个质点连接起来，等同于给两个质点添加了一个约束，于是就要减去 1 个自由度为 5 个。物体的运动形式除了平移自由度外，现实中还有旋转自由度和振动自由度的运动姿势，如果要完全确定一个物体在空间位置所需要的独立坐标的数目，叫作这个物体的自由度。力学系统定义由一组坐标来描述。

2. 六自由度的跟踪系统

目前在虚拟现实的人机交互设备中，通常需要进行六自由度的跟踪定位，常用的跟踪技术有光学跟踪、声学跟踪、机械跟踪、惯性位置跟踪和电磁跟踪。在普通的应用中，光学跟踪应用最为广泛，是一种非接触式的位置计算设备，基于三角测量。缺点是会受到视线阻挡的限制。声学跟踪技术的原理就是超声测距。缺点就是会受到声波脉冲的干扰，而且和光学系统一样在系统中不能有障碍物。机械跟踪器的工作原理是通过机械臂上的参考点与被测物体相接触的方法来检测位置变化。对于一个六自由度的跟踪器，机械臂必须有 6 个独立的机械连接部件，分别对应 6 个自由度，可将任何一种复杂的运动用几个简单的平动和转动组合表示。缺点是比较笨重，不灵活而且有惯性。惯性位置跟踪由定向陀螺和加速度计组成。通过计算得出被跟踪物体的姿势，即采用通过运动系统内部的推算，而不依靠外部环境参数得到所需信息。电磁跟踪系统由磁场发射器和接收器组成。优点就是不受视线阻挡的限制，除了导电体或导磁体外没有其他物体能够遮挡住电磁跟踪系统的跟踪。基于上述不同跟踪系统的优势，电磁跟踪系统更多地应用于六自由度的人机交互设备当中。

以电磁跟踪系统为例，其六自由度的跟踪算法可分四步：电磁跟踪系统中方位坐标的标定；电磁跟踪系统中的磁场感应参数的采集；电磁跟踪系统中方位坐标的矩阵变换；方位数据的求解。

3. 六自由度的应用

六自由度的机件设备由于具有多变的运动姿势，因而被广泛应用到社会发展的各个领域，如飞行模拟器、舰艇模拟器、海军直升机起降模拟平台、坦克模拟器、汽车驾驶模拟器、火车驾驶模拟器、地震模拟器以及动感电影、娱乐设备等训练、教育及科研部门，甚至还用到了空间宇宙飞船的对接，空中加油机的加油训练；以及在加工制造业可制成六轴

联动机床、灵巧机器人等。利用六自由度概念设计的运动测试平台在制造过程中涉及机械、液压、电气、控制、计算机、传感器、空间运动数学模型、实时信号传输处理、图形显示、动态仿真等一系列高科技领域,因而六自由度运动平台的研制变成了各高等院校、科学院所在液压传动和自动控制领域水平的标志性象征,也被科技人员视作传动及控制技术领域的皇冠级产品。

3.3　三维虚拟声音技术

三维虚拟声音与人们熟悉的立体声音有所不同。立体声虽然有左右声道之分,但就整体效果面言,立体声来自听者面前的某个平面。而三维虚拟声音则来自围绕听者双耳的一个球形中的任何地方,即声音出现在头的上方、后方或者前方。NASA 研究人员通过实验研究证明了三维虚拟声音与立体声的不同感受。他们让实验者戴上立体声耳机,如果采用通用的立体声技术制作声音信息,实验者会感觉到声音在头内回响,而不是来自外界。但如果设法改变声音的混响时间差和混响压力差,实验者就会明显地感觉到声源位置在变化,并开始有了沉浸感,这就是三维虚拟声音。总之,VR 里的声音系统需要满足如下需求。

(1) 3D 定位:精确地定位虚拟声源。

(2) 音响仿真:音响空间仿真是再现真实环境的基本要素,要能反映出房间的大小、墙面的特点等。

(3) 速度和效能:在空间中声音的物理性质的精确仿真和声音实时有效生成间往往存在矛盾,因此一般需要有个折中。同时,实现虚拟环境还需要一定数目的虚拟声源。大多数重要的声音现象可以用计算机引擎仿真。值得注意的一个挑战是,如何在任意虚拟位置将声源映射到一定数目的喇叭,而其实际位置又受到 VR 系统安装时的物理设置所限制。

3.3.1　三维虚拟声音的特征

三维虚拟声音的特征主要包括全向三维定位特性和三维实时跟踪特性。

(1) 全向三维定位特性是指在三维虚拟环境中把实际声音信号定位到特定虚拟声源的能力。它能使用户准确地判断出声源的精确位置,从而符合人们在真实世界中的听觉方式。

(2) 三维实时跟踪特性是指在三维虚拟环境中实时跟踪虚拟声源位置变化和虚拟影像变化的能力。当用户转动头部时,这个虚拟声音的位置也应随之变动,使用户感到声源的位置并未发生变化。而当虚拟发声物体移动位置时,其声源位置也应有所改变,因为只有声音效果与实时变化的视觉一致,才可能产生视觉与听觉的叠加和同步效应。

举例来说,设想在虚拟房间中有一台正在播放节目的电视。如果用户站在距离电视较远的地方,则听到的声音也将较弱,但只要他逐渐走近电视,就会感受到越来越大的声音效果;当用户面对电视时,会感到声源来自正前方,而如果此时向左转动头部或走到电视左侧,他就会立刻感到声源已处于自己的右侧。这就是虚拟声音的全向三维定位特性和三维实时跟踪特性。可以说,一套性能良好的三维声音系统将能使所有虚拟声音的体验与人们在现实生活中取得的经验相同。

3.3.2　头部相关传递函数

　　在虚拟环境中构建较完美的三维声音系统是一个极其复杂的过程。为了建立三维虚拟声音，一般可以先从一个最简单的单耳声源开始，然后让它通过一个专门的回旋硬件，生成分离的左右信号，便可以使一个戴耳机的实验者准确地确定声源在空间的位置。实际上，在听觉定位过程中，声波要经过头、躯干和外耳构成的复杂外形对其产生的散射、吸收等作用之后，才能传递到鼓膜。当相同入射声波的方向不同时，到达鼓膜的声音频率成分就不同，此改变依赖于入射声波的方向以及人头部、外耳、躯干的形状与声学特性。为此，经研究人员实验证明，首先通过测量外界声音与鼓膜上声音的频率差异，获得了声音在耳部附近发生的频谱变形，随后利用这些数据对声波与人耳的交互方式进行编码，得出相关的一组传递函数，并确定出两耳的信号传播延迟特点，以此对声源进行定位。通常在 VR 系统中，当无回声的信号由这组传递函数处理后，再通过与声源缠绕在一起的滤波器驱动一组耳机，就可以在传统的耳机上形成有真实感的三维声音了。由于这组传递函数与头部有关，故被称为头部相关传递函数。由此看出，头部相关传递函数可视为声音在人体周围位置包含人体特征的函数。当获得的头部相关传递函数能够准确描述某个人的听觉定位过程时，利用它就能够模拟再现真实的声音场景。

　　由于每个人的头、耳的大小和形状各不相同，头部相关传递函数也会因人而异。但目前已有研究开始寻找对各种类型都通用且能提供良好效果的头部相关传递函数。

3.3.3　语音合成技术

　　语音合成技术是一门综合性的前沿新技术，该技术相当于给机器装上了人工嘴巴。它涉及声学、语言学、数字信号处理、计算机科学等多个学科技术。在 VR 系统中，语音合成技术与传统的录音-回放设备（系统）有着本质的区别。它实际上包括语音识别、文语转换和电子控制下的机械发声等三大关键技术。

　　由于交互的需要，用户可以向 VR 系统自由地用语音或者是文字传递信息，而 VR 系统则可通过语音合成技术用声音反馈给用户。

　　由于语音与普通的声音不同，具有特殊的波形纹理和周期，并且因语言和人的不同有着较大的差异，这一点使得机器在语音识别过程中，需要进行语音信号的预处理、特征提取、模式匹配等几个步骤的数据处理。预处理包括预滤波、采样和量化、加窗、端点检测、预加重等过程。其中，特征参数提取是语音信号识别中最为重要的一环。

　　文语转换简称为 TTS，该技术可将外部输入的文字信息转变为可识别的语音输出，附属于语音合成技术的一部分，从原理上看，该技术包括语言学处理、韵律建模和声学处理（即合成语音）。

　　语音合成的理论基础是语音生成的数学模型。该模型表现的语音生成过程是在激励信号的激励下，声波经谐振腔（声道），由嘴或鼻辐射声波。因此，声道参数、声道谐振特性一直是研究的重点。基于上述原理，目前有几种语音合成方法，如共振峰合成法、LPC 参数合成法、PSOLA 合成技术、LMA 声道模型合成法等。

将语音合成与语音识别技术结合起来,可以使用户与计算机所创建的虚拟环境进行简单的语音交流,这在 VR 环境中具有突出的应用价值,特别是当使用者的双手正忙于执行其他任务,双眼无暇注视图像时,这个语音交流的功能就显得尤为重要了。

3.4 情感计算

在人们的传统观念里,机器的运行模式似乎就是一种冷冰冰的机械运动,不懂人情世故。但能否设想一下,如果机器也具有人的智慧属性,能够实时地关注和体会人们的喜怒哀乐,并见机行事呢?正如马云所说,梦想总是要有的,也许有一天真的实现了机器对人的查颜观色,那会带给人们怎样的一种感受?情感计算研究的目标就是试图创建一种能感知、识别和理解人的情感,并能针对人的情感做出智能、灵敏、友好反应的计算系统,即赋予计算机像人一样的观察、理解和生成各种情感特征的能力。

3.4.1 情感计算的提出

在脑科学、认知科学和人工智能发展的很长一段时期内,人们的情感行为一直位于其科学研究者的法眼之外,直到 1997 年,美国麻省理工学院媒体实验室的罗莎琳德·皮卡德(Rosalind W. Picard)教授首次提出了情感计算的概念,使得情感计算一夜之间被世人所关注,并作为一个新兴的研究领域受到了诸多领域专家的重视。

在罗莎琳德·皮卡德于 1997 年正式出版的 *Affective Computing* 专著中,她指出情感计算就是针对人类的外在表现,能够进行测量和分析并能对情感施加影响的计算,并提出了情感强度计算第一定律。在该定律中,她用了一条函数抛物线来揭示情感强度是事物的价值率高差在人的头脑中的主观反映值,虽然事物的价值率高差在根本上决定着人的情感强度,但情感的强度并不与事物的价值率高差成正比,而是一种特殊的函数关系。也许有的时候人们的情感看起来会是喜怒无常、变幻难测的,但那种现象只是在表面上体现出很强的形式多样性、产生随机性和作用模糊性,而实际上却遵循着较为深奥的内在规律性,只要沿着正确的逻辑思路,采用正确的研究方法,就不难发现情感变化的内在规律性。

由于情感计算技术的研究目的,是通过赋予计算机识别、理解、表达和适应人的情感的能力,使计算机能够对人们的音容笑貌"一解风情",并且通过多种媒体做出智能、友好的反应,最终能够创建一个和谐的人机交互环境,因而情感计算技术对于诸多行业来说,都是一种新的思维模式和未来方向。当人们认真探讨与事物价值率变化的对数成正比的函数规律时,就会发现人类情感的发展变化,不仅为未来的人工智能技术奠定了理论基础,同时也为人机自然交互提供了一个核心的研究课题。

中国科学院自动化研究所的 IEEE 高级会员胡包刚教授通过自己的深入研究,提出了对情感计算的定义:"情感计算的目的是通过赋予计算机识别、理解、表达和适应人的情感的能力来建立和谐人机环境,并使计算机具有更高的、全面的智能。"

情感计算从本质上来说就是一个典型的模式识别问题。智能机器通过多种传感器,

获取人的表情、姿态、手势、语音、语调、血压、心率等各种数据,结合当时的环境、语境、情境等上下文信息,识别和理解人的情感。在实际的自然交互系统中,智能机器还需要对上述信息做出实时的、恰当的、情感化的反应。情感之间距离的定义和计算方法是情感计算的核心问题,例如,需要定义和计算"微笑、冷笑、开心大笑、抑制不住的狂笑"之间的距离,以便把它们分别聚类,从而使系统能够识别出不同程度的笑。遗憾的是,目前情感计算的研究还只能对情感进行粗略的分类,即仅能识别 7 种典型的情感。

自从情感计算的新概念提出以后,全世界的许多实验室都积极投入到了对情感计算相关技术的研究中,首先是美国人工智能协会(AAAI)在 1998 年、1999 年和 2004 年连续组织召开专业的学术会议对人工情感和认知进行研讨。同样,国内的研究学者也开展了许多的研究工作和学术活动。2003 年 12 月,在北京召开了第一届中国情感计算及智能交互学术大会。这次会议集合了世界一流的情感计算、人工情绪和人工心理研究的著名专家学者。由此可见,我国的人工情感研究正逐步展开并向国际水平看齐。

麻省理工学院媒体实验室的情感计算小组研制的情感计算系统,通过记录人面部表情的摄像机和连接在人身体上的生物传感器来收集数据,然后由一个"情感助理"来调节程序以识别人的情感。如果你对电视讲座的一段内容表现出困惑,情感助理会重放该片段或者给予解释。IBM 公司开始实施"蓝眼计划"和开发"情感鼠标";Affectiva(情绪识别)公司的 Affectiva 通过网络摄像头,使用计算机视觉和深度学习技术分析面部(微)表情或网络上视觉内容中非语言的线索,从而积累了庞大的数据存储库,用于学习识别更复杂的系统,并将情感人工智能引入到了机器人、医疗、教育和娱乐领域。

日本从 20 世纪 90 年代就开始了感性工学(Kansei Engineering)的研究。所谓感性工学就是将感性与工程结合起来的技术,即在感性科学的基础上,通过分析人类的感性,把人的感性需要加入到商品设计、制造中,目前日本已经形成了举国研究感性工学的高潮。

在欧洲,许多国家也积极地投入到了对情感信息处理技术(表情识别、情感信息测量、可穿戴计算等)的研究中。欧洲许多大学都成立了情感与智能关系的研究小组。其中比较著名的有:日内瓦大学 Klaus Soberer 领导的情绪研究实验室,布鲁塞尔自由大学的 D. Canamero(卡纳梅罗)领导的情绪机器人研究小组以及英国伯明翰大学的 A. Sloman 领导的 Cognition and Affect Project。剑桥大学、飞利浦公司等则通过实施"环境智能""环境识别""智能家庭"等科研项目来开辟这一领域。

我国对人工情感和认知的理论和技术的研究始于 20 世纪 90 年代,大部分研究工作是针对人工情感单元理论与技术的实现展开的。进入 21 世纪以后,在我国特别是近年来,随着普适计算、人本计算、社会计算等概念和研究方向的提出,人机自然交互也同时日益成为各研究领域的热点研究内容和项目,情感计算自然地成为各学科共同关注的焦点。中国国家自然科学基金委也不失时机地支持了"情感计算理论与方法"的研究。

例如,哈尔滨工业大学机器人技术与系统国家重点实验室实现语音情感交互系统,提出了智能情感机器人进行情感交互的框架,设计实现了智能服务机器人的情感交互系统。北京航空航天大学基于特征参数的语音情感识别并能有效识别语音情感。中国科学技术大学基于特权信息的情感识别,提出了融合用户脑电信号和视频内容的情感视频标注方法,以某一模态特征为特权信息的情感识别和视频情感标注方法。同时,清华大

学信息科学与技术国家实验室、中国科学院心理研究所、行为科学院重点实验室均参与到了情绪识别的相关方面的研究中。2015年,我国的阅面科技(ReadSense)人工智能公司推出了情感认知引擎 ReadFace。由云(利用数学模型和大数据来理解情感)和端(SDK)共同组成,嵌入任何具有摄像头的设备来感知并识别表情,输出人类基本的表情运动单元、情感颗粒和人的认知状态,该系统已经成功应用于互动游戏智能机器人、视频广告效果分析、智能汽车、人工情感陪伴等。

3.4.2 情感计算的系统架构

情感计算研究的重点就在于通过各种高效传感器获取由人的情感所引起的生理及行为特征信号,建立"情感模型",从而创建感知、识别和理解人类情感的能力,并能针对用户的情感做出智能、灵敏、友好反应的个人计算系统,缩短人机之间的距离,营造真正和谐的人机环境。分析情感计算的系统,情感计算从功能上可以划分为以下四个主要组成部分。

(1)通过人机交互接口,借助传感器进行高效的用户信息的获取,同时加入上下文环境、语境、情境信息,以及情感机理的基本原理。

(2)将获取的交互信息构建分析模型和数字化处理(去噪、降维)。

(3)将得到的结果进行分析、处理、对比学习从而达到正确的理解。

(4)将计算机所获取和转换的信息通过有效的方式呈现在用户面前,从而完成人机情感交互的全过程。

情感计算的系统框架如图 3.11 所示。

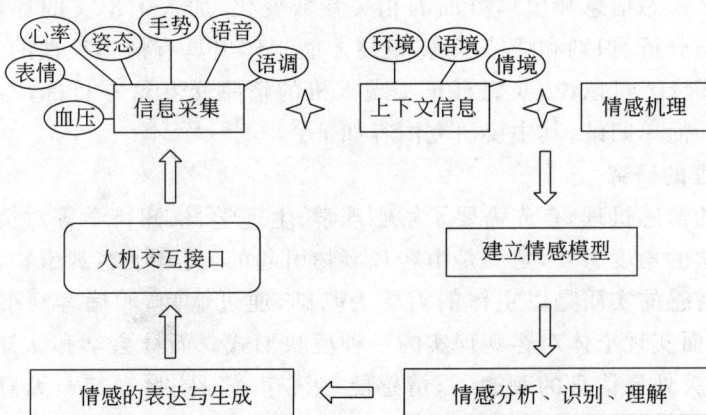

图 3.11　情感计算的系统框架

概括而言,通过传感器直接或间接与人接触获得情感信息;通过建立模型对情感信息进行分析与识别;对分析结果进行推理达到感性的理解;将理解结果通过合理的方式表达出来,从而完成了情感交流的全过程周期。

情感计算系统的四个主要功能组成中,信息的采集、获取十分重要,由于人类情感的复杂性特点,进行情感测量成为首先遇到的困难,因为情感测量需要对包括情感维度、表情和生理指标等三种成分的测量。在实际操作中,目前常常采用的方法是通过

一些采集输入设备提取人的面部表情、语音语调和肢体动作，再进行特征提取。此外，还通过测量人的一些生理反应，包括心率、血压、脉搏、瞳孔是否扩大、呼吸、皮肤导电、肾上腺素、荷尔蒙胆汁的分泌以及皮色体温等用于情感状态的识别理解。总之获取的有效数据越多，对后期的科学分析判断自然就越有利。其次，情感信息的分析和识别主要是对所提取到的信息进行预处理、模式分类。而最后的情感信息的理解就是根据上一步的分类结果和数据库中的模板进行比对判断，把所提取到的情感以最大概率确定出来，然后合成表情。

从目前的研究状况来看，我国在情感计算这一领域的研究仍然主要表现在人脸识别这一方面，究其原因还是因为人脸表情容易获取，易于分析处理，其成果具有重要的应用前景等；同时这一现象也反映了情感计算研究的一个普遍难题，那就是如何通过表情、语言、动作等各种信息的融合，识别和理解人类的情感，因为当前对于多模态情感数据获取、分析、融合、识别和理解，以及情景等上下文信息的获取依然是情感计算研究中最富有挑战性的课题。只有该课题获得真正突破，才能真正实现具有情感反馈的人机自然交互系统目标。

3.4.3　情感计算的相关技术

有关人类情感的研究，实际上很早就已经开始了。当时人们在研究心理学、认知科学的时候，就关注到了情感的存在，同样一些作家在自己的作品中，也描绘了情感是人类特有的精神力量。但是把人类的情感与冰冷的机器联系起来还是在20世纪90年代。探讨情感计算无疑是一个高度综合化的技术课题，它需要多学科的领域知识，尽可能多地获取人们的多模态信息和生理方面的相关参数变化，加入上下文的环境信息，再通过创新性的建模与分析、识别和情感理解，最终才能制作出具有情感反馈的人机交互环境，满足人的情感需求。可以说，要想真正实现人机的情感交互这一目标，需要完成的计算研究非常庞大。简单归纳，其主要研究内容如下。

1. 情感机理的研究

探究人类的情感机理，首先需要了解心理学、生理学、认知科学等对情感机理的解读观点。从心理学的角度出发，情感是由客观事物引起的，离开了客观事物，人不可能自发地产生情感。情感的实质是以主体的需要为基础，通过认知，明确客观事物与主体需求之间的关系，从而实现个体对客观现实的一种反映形式。而社会学和认知心理学的研究表明，人们在相关外界信息的刺激下，情感能够快速、轻易、自动甚至无意识地唤起。换句话说，人类没有无缘无故的爱也没有无缘无故的恨，同样，人类也没有无因果的高兴和无因果的痛苦，人们的喜怒哀乐缘于外部客观信息的刺激，而人们的情感反映都可能会伴随着人们外部表情和几种生理或行为特征的变化。因此，利用人们的外部表情，以及生理或姿态行为特征来确定不同情感状态之间的对应关系，就是情感机理所要解决的问题，该问题也是情感计算的前提条件之一。

2. 情感信号的获取

情感信号的获取研究的对象是当人们的情感发生改变时，如何尽可能多地获取人的各类视觉和音频数据，同时还包括生理变化的数据以及客观环境方面的数据。在获取信

息的过程中,特种传感器的研制占有非常重要的意义,因为情感计算所需的大量数据主要都是基于传感器所获得的信号。各类传感器应具有如下基本特征。

（1）传感器的使用不会影响用户的舒适性和妨碍用户的活动范围。

（2）传感器的使用不能对用户造成医学上的伤害。

（3）传感器的使用不能导致用户隐私数据的泄漏。

由于传感器在情感信号获取方面的重要性,国外研究机构对此非常重视,如麻省理工学院就成功地研制了多种便携式/可穿戴传感器用于情感信号的获取。

3. 情感信号的分析、建模与识别

情感识别中的一个关键问题是如何建立起情感与语言、姿态、面部表情这些表达方式之间的映射关系,如何用数学公式或文字语言详细地描述情感的内涵及其外在成因。而现实的情况是,很难用一种通用的情感模型,普适应用于各种情感状况。如何建立有效的情感模型,仍是情感计算中的一大难题。

4. 情感理解

通过对情感的获取、分析与识别,计算机便可了解其所处的情感状态。情感计算的最终目的是使计算机在了解用户情感状态的基础上,做出适当反应,去适应用户情感的不断变化。因此,这部分主要研究如何根据情感信息的识别结果,对用户的情感变化做出最适宜的反应。在情感理解的模型建立和应用中,应注意以下事项:情感信号的跟踪应该是实时的和保持一定时间记录的;情感的表达是根据当前情感状态、适时的;情感模型是针对个人生活的并可在特定状态下进行编辑的;情感模型具有自适应性;通过理解情况反馈调节识别模式。

5. 情感表达

前面的研究是从生理或行为特征来推断情感状态。情感表达则是研究其反过程,即给定某一情感状态,研究如何使这一情感状态在一种或几种生理或行为特征中体现出来。例如,如何在语音合成和面部表情合成中得以体现,使机器具有情感,能够与用户进行情感交流。情感的表达提供了情感交互和交流的可能,对于单个用户来讲,情感的交流主要包括人与人、人与机、人与自然和人类自己的交互、交流。

6. 情感生成

在情感表达基础上,进一步研究如何在计算机或机器人中模拟或生成情感模式,开发虚拟或实体的情感机器人或具有人工情感的计算机及其应用系统的机器情感生成理论、方法和技术。

7. 情感系统人机接口设计

情感交互系统在人机接口设计时,与传统的人机接口具有完全不同的概念和形式。情感交互系统的人机接口从结构上看,完全颠覆了传统智能设备的交互模式,以三维交互取代二维交互,具有自然、空间性和多模态的特点。输入方式主要有立体视觉、语音交互、手势识别,以及其他多形态的传感器信号;输出方式则按情感系统的作用来确定。由此可见,情感交互系统在人机对话时,人与智能设备之间是双向实时跟踪,基于情感交互系统的作用和特点,其人机接口必须是能够以最大化的可能性来方便人机双方接收所有的信息,同样也能够最便捷地传递信息。

3.4.4　情感建模

情感建模就是为了了解情感而对情感的静、动态特征做出的一种抽象的、无歧义的书面描述。情感建模是研究情感的重要手段和前提，同时也是情感识别、情感表达和人机情感交互的关键，其意义就在于通过建立情感状态的数学模型，能够更直观地描述和理解情感的内涵。目前学术上有关情感建模的方法很多，影响面较大的主要有以下几个。

（1）基于认知评价理论所建构的情绪认知结构模型（OCC 模型）。该模型于 1988 年由 Ortony（奥托尼）、Clore（克罗尔）和 Collins（柯林斯）在《情感的认知结构》一书中提出。模型总结了高兴、生气、愤怒、冷静、厌恶等 22 种人类情感的基本类型，这些情感的生成源于在不同语境中外界正面和负面信息对神经元的刺激，不同类型的情感呈现为相应的面部表情和肢体动作，而这一过程遵循固定的规则，并可以通过计算机计算的方式复现出来。因此目前大多数的情感建模都采用了基于认知结构表达情绪的 OCC 模型。

（2）隐马尔可夫模型（Hidden Markov Model，HMM）。该模型在信号分析处理中最为常见。它是一种用参数表示，描述随机过程统计特性的概率模型。麻省理工学院媒体实验室的皮卡德在她的情感计算的技术报告中就提出了采用该模型建模。

（3）基于事件评价的情感模型。该类模型的特点是首先定义出一个多维度的情感空间，根据设定的认知维度来进行情感识别。该模型认为，一种情绪可以看作该空间上的一个特定的点。然而这种情绪空间理论无法解释一些复杂的情绪现象，如悲喜交集的情感特征，它会表示出主体对同一情境同时做出了两种不同的评价，因此映射后的情绪空间就会出现一个点却同时出现在两个位置。这时该模型就无法判定多种情绪皆有的复杂情感。

比较典型的还有 Roseman 评价模型与 Scherer 模型，它们都综合了心理学成分，定义了一个基于知识的系统并提供了现实中的很多真实场景，通过交互作用产生情感。另外，EMA 也是一种基于评价理论的计算模型，探讨了情感与认知间的相互作用。系统采用评价理论描述主体对当前情境的感受以及在当前情境刺激下产生的情感状态以何种方式在主体上得以体现。

（4）Cathexis 模型。这是根据非认知性因素对情感的影响而开发的一类可计算情感模型，将情绪的产生归结于认知、动机、神经及感觉运动。系统由专门的主体构成，每个专门主体代表一类情绪，可以对输出行为施加影响。

（5）Frijda 理论。该理论是以"关注"为中心来表示的。一个"关注"是系统的一个倾向，希望使环境中或主体自身组织产生某些特定的状态。关注决定了系统的目标和偏好。系统在一个不确定的环境中可能产生多个关注，Frijda 模型定义了 15 个由行为导出的情绪，同一时刻可能存在多个关注，他的模型将重点放在规划和行为上，这一点对于构建自治主体非常有利，可以很容易地将情绪及其对行为的影响表示出来并加以解释。

（6）过程评价理论。该理论认为目前为止过多的研究重点都放在了情绪的结构理论上，而很少有人关注评价过程本身。因此，Reisenzein 将评价过程同结构理论区分开来。评价过程是通过被评价物体的其他信息来构造评价信念的过程。Reisenzein 区分了中心

和外围两种不同类型的主要评价过程。中心评价过程包含对期望一致性和信念一致性的检查。外围评价过程的组成部分有：

① 计算信念强度和期望强度的过程，作为中心评价过程的直接输入。

② 不同类型的其他评价过程，用于辅助可能性或期望强度的计算。

这二者构成了对一个焦点事件的可能原因和结果的评估，并确定了当前事件与社会和道德标准所符合的程度。

一般的评价是 Reisenzein 从全新的角度描述了一个动态的、自循环的信息处理过程。它看起来更自然，也更接近人类真实的情绪产生机制。

（7）Elliott 的 Affective Reasoner 系统。Elliott 的系统可以看作 OCC 模型的一个计算机实现，这个称为 Affective Reasoner（简称 AR）的系统是一个计算机模拟器，可以在一个多主体的系统中进行情绪的推理。它是基于 OCC 模型的扩展假设来设计的，共有24 种不同类型的情绪，每一种情绪都由一组不同的认知条件通过推理得出。

Elliott 系统的最大贡献就是使用了显式的评价框架，根据特定的评价变量来对事件进行特征化，从不同的角度对同一事件进行评价和解释。

（8）维度情感模型。维度空间理论认为人类所有情感分布在由若干个维度组成的某一空间中，不同的情感根据不同维度的属性分布在空间中不同的位置，且不同情感状态彼此间的相似程度和差异可以根据它们在空间中的距离来显示。在维度情感中，不同情感之间不是独立的，而是连续的，可以实现逐渐平稳的转变。

① 一维情感模型。该模型用一根实数轴来量化情感，认为人类情感除了其独特分类不同外，都可以沿情感的快乐维度排列，其正半轴表示快乐，负半轴表示不快乐，并且可以通过该轴的位置来判断情感的快乐和不快乐程度。当人受到消极情感的刺激时，情感会向负轴方向移动，当刺激终止时，消极情感减弱并向原点靠近。当受到积极情感的刺激时，情感状态向正半轴移动，并随着刺激的减弱逐渐向原点靠近。但大多数心理学家还是认为情感是由多个因素决定的，也因此产生了其后的多维情感空间。

② 二维情感模型。该模型从极性和强度两个维度区分情感，极性是指情感具有正情感和负情感之分，强度是指情感具有强烈程度和微弱程度的区别。这种情感描述比较符合人们对客观世界的基本看法，目前使用最多的是 arousal-valence 二维情感模型，该模型将情感划分为两个维度、价效维度和唤醒维度。如图 3.12 所示，价效维度的负半轴表示消极情感，正半轴表示积极情感。唤醒维度的负半轴表示平缓的情感，正半轴表示强烈的情感。例如，在这个二维情感模型中，高兴位于第一象限，惊恐位于第二象限，厌烦位于第三象限，轻松位于第四象限。每个人的情感状态就可以根据价效维度和唤醒维度上的取值组合得到表征。

③ 三维情感模型。除了考虑情感的极性和强度外，三维情感模型还增加了一个相关参数应用到情感模型的描述中。PAD 三维情感模型是当前认可度比较高的一种三维情感模型，该模型定义情感具有愉悦度、唤醒度和优势度三个维度。其中，P 代表愉悦度，表示个体情感状态的正负特性；A 代表唤醒度，表示个体的神经生理激活水平；D 代表优势度，表示个体对情景和他人的控制状态。另外，还有 APA 三维情感空间模型，该模型采用亲和力、愉悦度和活力度三种情感属性来描述情感。

除了以上三种维度情感模型外，还有更复杂的情感模型。心理学家 Izard 的思维理

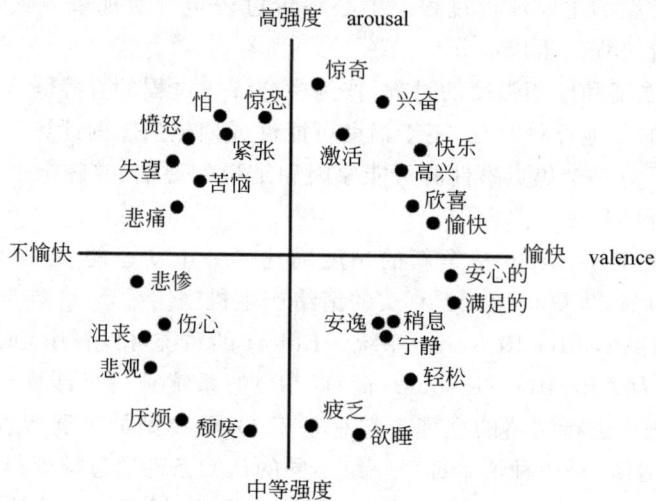

图 3.12　arousal-valence 情感空间

论认为情绪有愉悦度、紧张度、激动度和确信度 4 个维度。愉悦度代表情感体验的主观享乐程度，紧张度和激动度代表人体神经活动的生理水平，确信度代表个体感受情感的程度。

（9）离散情感模型。离散情感模型是把情感状态描述为离散的形式，即基本情感类别。较为著名的是由心理学家 Ekman 所提出的六大基本情感类别：愤怒、厌恶、恐惧、高兴、悲伤、惊讶，其在情感计算研究领域得到广泛应用。离散情感模型较为简洁明了，容易理解，但不足的是只能描述有限种类的情感状态。

（10）分布式情感模型。该模型是针对外界刺激建立起来的一种分布式情感模型，整个分布式系统是将特定的外界情感事件转换成与之相对应的情感状态，过程分为以下两个阶段。

① 由事件评估器评价事件的情感意义，针对每一类相关事件，分别定义一个事件评估器，当事件发生时，先确定事件的类型和信息，然后选择相关事件评估器进行情感评估，并产生量化结果情感脉冲向量 EIV。

② 对 EIV 归一化得到 NEIV，通过情感状态估计器 ESC 计算出新的情感状态。事件评估器、EIV、NEIV 及 ESC 均采用神经网络实现。

综上所述，已有的情感模型采用的大都是一种非形式化的描述框架，表示上仍然比较随意，没有给出统一的形式表示语言及在此基础上建立的推理机制。对于情感模型而言，由于情感状态是一个隐含在多个生理和行为特征之中的不可直接观测的量，很难用数学模型来表示，也许正是这个特点，给许多学者的研究提供了足够的想象空间。

3.4.5　情感模型的描述语言

程序设计是把理论上或逻辑上的概念和模型变成物理的、实用化的目标软件最为关键的一步，程序设计的方法主要有结构化的程序设计方式和面向对象的程序设计方式。在人工智能领域，LISP 和 Prolog 在人工智能研究和应用中占有重要的地位，它们分别是

基于函数和基于逻辑的开发语言。然而针对情感模型的这种智能型计算以及它必须依托网络的特点,如何选择情感模型的描述语言,并通过适当的网络协议将情感状态完整地表达并传递出去,成为一个重要的研究项目。目前常用的情感模型描述语言有四种,简介如下。

(1) AML(Avatar Markup Language,阿凡达标记语言)是一种基于 XML 的多形式脚本语言。该语言结构简单,易于理解,与其他多种语言相互兼容,使用该语言可以较好地描述各种环境因素,也可简便地将虚拟人的脸部动画和肢体动画封装在一个附加同步化信息的表达式中。同时,该语言在虚拟人的情感表达方面具有较好的优势。

(2) CML(Character Markup Language,角色标记语言)同样也是一种基于 XML 的动画语言。实际运行时,该语言可以快速将逼真的虚拟角色融入在线应用程序或虚拟现实世界。它属于一种多模式的脚本语言,其编程设计过程易于被人类动画师理解,简单易学。可以说 CML 是具有多模态处理能力的基于虚拟角色运动的图形软件。CML 采用由上而下的编写方式,可分开描述动作跟虚拟人的功能。对于角色的动作、模型和语音可以定义为一个设定档,而将情感等虚拟人的状态定义在另外一个设定档,在定义角色特质、情感和行为等高阶属性时,CML 能够整合这些高阶属性,从而产生具有同步能力的动画脚本。如此强大的功能给开发者提供了一个具有弹性的制作空间。

(3) VHML(Virtual Human Markup Language,虚拟人标记语言)是一个逐步形成标准且基于 XML 的语言,主要控制银幕上的虚拟人。使用 VHML 的虚拟框架是结合很多技术提供对网站拟人般的互动。VHML 对每个形式提供子语言,如 GML 用于姿势、SML 用于说话、BAML 用于身体、FAML 用于面部;也提供比较高阶的子语言,如 EML 用于表情、DMML 用于对话。以此实现使用者和虚拟代理人的互动简易化。

(4) PAR(Parameterized Action Representation,参数化行为表示)认为要表示一个行为,构成的要素应当包括该行为的核心语义(状态变化、运动、力量)、行为的参与者、应用条件、准备条件、终止条件、后果状态、持续条件、行为目的、父行为、子行为、前行为、后行为、并发行为、开始时间、持续时间、优先级、运动轨迹、行为方式等。从该语言对行为的描述特点来看,它在描述具有情感特征的表征时,具有很多的优势,因为它可以表述行为的诸多方面的特征,同时也给出了行为的主要语义构成以及行为的时间信息,从而该语言可以根据语义对行为分类,同时也便于实现行为的推理。

从程序设计的角度看,也许有更多的程序设计语言能够应用于情感模型的研究与开发,甚至可以做得更好。但现实是上述四种描述语言具有简单易用、可直接虚拟建模、网络发布的特点,因而成为研究者的首选也就顺理成章了。

3.4.6　情感计算在人机交互方面的应用

自从情感计算的概念提出以后,一方面引起了广大科研工作者的关注和积极参与,另一方面也在社会上引起了不少的争议,有人怀疑,有人不屑,还有人高调反对,但绝大多数的科技工作者均持正面观点,相信情感计算将是一个探索人类情感和实现人机自然交互的有效工具。实际上,广义上的情感计算的科学探索与实践,其意义涉及各行各业,如医学评价、引导式教学、商品营销等诸多方面,都给人们带来了足够的想象空间。可以说情感计算为人们展示了科技将会给人们未来的工作和生活方式带来太多的惊喜。特别是随着情感计算的不断深入研究，一定会有更多的成功案例表现出来，证明人类的精神属性之一——情感是完全可以计算的，从而为人机之间的和谐、自然交互打下坚实的理论基础和实践范例。

实际上，情感计算经过二十多年的发展，已经不再是虚幻的理论猜想，而是有了大量的实例来证明情感计算正一步步走向成功，走向完美。在欧洲，Philips公司设计并研发了一种SKIN的系列智能服饰，通过服饰里层安置的传感器，可以探测穿戴者的情绪变化，根据不同的情绪状态，控制外层的LED灯发出不同颜色的光。美国Biopac公司研制了一款情感鼠标，可随时监测用户的脉搏跳动指数，以此判断用户的情感状态，当感知到

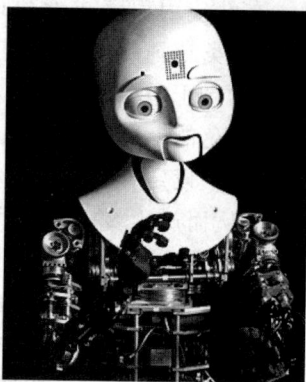

图3.13　Nexi机器人

用户脉搏异常时，鼠标会自动喷射雾状香气，以平复用户情绪。2008年4月，美国麻省理工学院的科学家们展示了他们最新开发出的情感机器人"Nexi"，如图3.13所示。该机器人不仅能理解人的语言，还能够对不同语言做出相应的喜怒哀乐的有趣反应，还能够通过转动和睁、闭眼睛、皱眉毛、张嘴巴、打手势等形态来表达其丰富的情感。这款机器人还可以根据人面部表情的变化来做出相应的反应，它的眼睛中装备有CCD（电荷耦合器件）摄像机，这使得机器人在看到与它交流的人之后就会立即确定房间的亮度并观察与他语言交流者的表情变化。在国内，哈尔滨工业大学高文教授领导的课题组于2004年也研制出了具有8种面部表情的仿人头像机器人系统，该机器人系统同样也能够表达喜怒哀乐和悲伤、严肃、吃惊、自然（中性）等8种人脸表情，这一研究成果对未来机器人朝着更加人性化、智能化、情感化的方向发展迈出了令国人骄傲的一步。

情感计算究其实质是一个多模态的计算，因为情感计算所采集的动态数据包括人脸、姿态和语音以及心跳、血压和上下文的多种环境、语境方面的信息数据。毫无疑问，情感计算系统需要融合视觉（面部表情、姿态）和音频（语音信号）以及其他多种形态的生理参数数据，然后经过视觉和音频方面的特征提取，表达时间的分割与分类，统一编码，结合情感机制，建立情感模型。因此情感计算系统这种本质上的多模态技术与多模态的人机自然交互就有了血脉上的相通，从某种意义上讲，情感计算实际上可以说是人机自然交互系统的子集，人机自然交互系统同样需要情感，需要采集人的自然语言、语音、手势、人脸表情、唇读、头姿、体姿等多种数据内容，同样需要数据融合、特征提取、编码、压缩、集成、建模、分割、分类、分析理解识别，最后是信息反馈。

人机情感交流是人机交互的高级阶段，交流过程中有可能会受到时间、地点、环境、人物对象和其他如人文背景的影响，而且有表情、语言、动作或身体的接触。在人机情感交互中，计算机需要捕捉关键信息，觉察人的情感变化，形成预期，进行调整，并做出反应。例如，通过对不同类型的用户建模（例如，操作方式、表情特点、态度喜好、认知风格、知识背景等），以识别用户的情感状态，利用有效的线索选择合适的用户模型（例如，根据可能的用户模型主动提供相应有效信息的预期），并以适合当前类型用户的方式呈现信息（例如，呈现方式、操作方式、与知识背景有关的决策支持等）；在对当前的操作做出即

时反馈的同时,还要对情感变化背后的意图形成新的预期,并激活相应的数据库,及时主动地提供用户需要的新信息。

目前,国内外的科学家们早就确定了情感计算作为人机自然交互的核心技术正在进行着深度的计算研究。

3.5 人机自然交互技术

人机交互是人与计算机之间信息交流的简称,从冯·诺依曼计算机诞生之日起,人机交互就作为计算机科学研究领域中一个组成部分,受到人们的关注,其后半个多世纪中,人机交互技术取得了很大的进步和提高。人机交互技术的发展可简单分为以下四个阶段。

(1)基于键盘和字符显示器的交互阶段。这一阶段所使用的主要交互工具为键盘及字符显示器,交互的内容主要有字符、文本和命令。交互过程显得呆板和单调,这一阶段可称为第一代人机交互技术。

(2)基于鼠标和图形显示器的交互阶段。这一阶段所使用的主要交互工具为鼠标及图形显示器,交互的内容主要有字符、图形和图像。20世纪70年代发明的鼠标,极大地改善了人机之间的交互方式,在窗口操作系统中使用的鼠标,今天已成为计算机的标准配置设备。鼠标也可称为第二代人机交互技术的象征。

(3)基于多媒体技术的交互阶段。20世纪80年代末出现的多媒体技术,使计算机产业出现了前所未有的繁荣,声卡、图像卡等硬件设备的出现使得计算机处理声音及视频图像成为可能,从而使人机交互技术开始向声音、视频过渡。在这一阶段,人机交互的工具除了键盘和鼠标外,话筒、摄像机及喇叭等多媒体输入输出设备,也逐渐为人机交互所用。而人机交互的内容也变得更加丰富,特别是语音识别技术的完善,使得通过声音与计算机进行交互成为可能。由于多媒体技术使用户能以声、像、图、文等多种媒体信息与计算机进行信息交流,从而方便了计算机的使用,扩大了计算机的应用范围。但是,在这一阶段的多媒体交互技术中,使用某种媒体技术进行人机交互时,仍处于独立媒体的存取、编辑状态,没能涉及多媒体信息的综合处理,因此多媒体技术交互阶段可称为第三代人机交互技术。

(4)基于多模态技术集成的自然交互阶段。从单媒体交互技术走向多媒体集成的交互技术,它所产生的效果和作用绝不是交互技术之间量的变化,而实实在在是一种质的飞跃。虽然通过多媒体信息进行人机交互极大地丰富了人机交互的手段和内容,但离人类天生的自然交互能力还差得较远,因为人类在与其环境进行交互时是多模态的,人可以同时说、指和看同一个物体,还可以通过同时听一个人的说话语气和看他的面部表情及手臂动作来判断他的情绪,为了更好地理解周围的环境,人类每时都在使用视觉、听觉、触觉和嗅觉,可以说多模态是人类与环境之间自然交互的体现。此外,人类与环境之间的交互还是基于知识的,因为人类的行为动作均在思维的控制下进行,同样对反馈的信息也是在思维的支配下予以识别。因此,基于多模态技术的自然交互阶段则可以归纳为第四代的人机交互技术。在虚拟现实技术中,基于多模态技术集成的自然交互技术是

其重要标志之一。

目前在虚拟现实系统中，所能提供的自然交互技术效果还不是很完善，人们在使用眼睛、耳朵、皮肤、手势和语言等各种感觉器官直接与周围环境对象进行自然交互时，与理论目标值还存在一定的距离。

3.5.1　手势识别技术

手势是一种自然、直观、易于学习的人机交互手段。以人手直接作为计算机的输入设备，人机间的通信将不再需要中间的媒体，用户可以简单地定义一种适当的手势来对周围的机器进行控制。手势研究分为手势合成和手势识别，前者属于计算机图形学的问题，后者属于模式识别的问题。手势识别技术分为基于数据手套和基于计算机视觉两大类。

由于手势本身具有多样性和多义性，具有在时间、空间上的差异性加上不同文化背景的影响，对手势的定义是不同的。一般把手势定义为：手势是人手或者手和臂结合所产生的各种姿势和动作，它包括静态手势（指姿态，单个手形）和动态手势（指动作，由一系列姿态组成）。静态手势对应空间里的一个点，而动态手势对应着模型参数空间里的一条轨迹，需要使用随时间变化的空间特征量来表述。

1. 手势识别的特点

现在大多数的研究重点都在静态手势的识别，其技术难点有以下几点。

（1）手势目标检测的困难。

（2）手势目标识别的困难。

目标的实时截取是指在人以复杂的背景条件下从图像流中截取出目标来，这是机器视觉主要研究的课题之一。目前已有许多针对专用自动视觉系统的较为成熟且易于实现的技术。

对于如何根据人手的姿态以及变化过程来解释其高层次的含义，提取出具有几何不变性的特征是其关键技术。

手势识别具有以下特点。

（1）手是弹性物体，故同一种手势之间差别很大。

（2）手有大量冗余信息，由于人识别手势的过程中，关键是识别手指的特征，故手掌是冗余信息。

（3）手的位置是在三维空间，因此难以定位，并且计算机获取的图像是三维向二维的投影，因此投影方向很关键。

（4）由于手的表面是非光滑的，因此易产生阴影。

对于手势检测和手势识别中的疑难问题，目前并未顺利解决，因此在具体实现时必须附加一定的限制条件。

2. 手势识别的类别

目前，在虚拟现实技术中，有两种主要的手势识别技术，分别是基于数据手套的识别和基于视觉（图像）的识别系统。

（1）基于数据手套的手势识别。数据手套是虚拟现实技术中广泛使用的交互设备。

基于数据手套的手势识别严格来说其实不能算作一种真正的手势识别。传统的交互设备，如鼠标(笔)等其实也可以认为是一些手势输入设备。基于数据手套手势输入的优点是输入数据量小，速度高，可直接获得手在空间的三维信息和手指的运动信息。可识别的手势种类多，技术上已能够进行实时的识别。缺点是用户需要穿戴复杂的数据手套和空间位置跟踪定位设备，相对限制了人手的自由运动，并且数据手套、空间位置跟踪定位设备等输入设备的价格比较昂贵。

（2）基于计算机视觉的手势识别。基于视觉的手势识别则采用光学跟踪而运作。手势识别通常使用红外线 LED 外加两个摄像头，利用红外线遇障碍物反射光线和双目立体成像原理，对手势的图像同时进行采集，通过算法处理进行校准匹配、3D 建模，从而生成相关的三维手部信息。再通过手部特征点的位置、姿态变化等信息进行手部运动的计算，获得手部的坐标和向量，进而对手势进行跟踪。目前，基于计算机视觉的手势识别大概可以分为两个等级：二维手势识别，三维手势识别。

二维手势识别可以识别一些简单的二维手势动作，一般可以用(X 坐标，Y 坐标)来表示坐标系。有了坐标系后，就可以捕捉和计量手势的动态特征，追踪手势的运动，进而识别将手势和手部运动结合在一起的复杂动作。如此一来，就把手势识别的范围真正拓展到二维平面了。不仅可以通过手势来控制计算机播放/暂停，还可以实现前进/后退/向上翻页/向下滚动这些需求二维坐标变更信息的复杂操作了。在技术研究方面，其代表公司是来自以色列的 Point Grab、Eye Sight 和 Extreme Reality。

三维手势识别需要的输入是包含深度的信息，同样可以用(X 坐标，Y 坐标，Z 坐标)来表示坐标系，凭借坐标系的设置，可以统计和识别各种手型、手势和动作。相比于二维手势识别技术，三维手势识别技术要复杂很多，目前主要将手势模型及识别算法等封闭在硬件中，然后通过硬件方式直接实现。

3．手势识别的硬件

手势识别的硬件主要有三种，分别介绍如下。

1) 立体视觉

立体视觉系统可能是最为人所熟知的三维采集系统。该系统使用两个摄像机获得左右立体影像，该影像有些轻微偏移，与人眼同序。计算机通过比较这两个影像，就可以获得对应于影像中物体位移的不同影像。该不同影像或地图可以是彩色的，也可以为灰阶，具体取决于特定系统的需求。就好像是人类用双眼、昆虫用多目复眼来观察世界，通过比对这些不同摄像头在同一时刻获得的图像的差别，使用算法来计算深度信息，从而多角度三维成像。代表产品是 Leap Motion 公司的同名产品和 Usens 公司的 Fingo。

2) 结构光方式

结构光方式可用来测量或扫描三维对象。在该类系统中，可在整个对象上照射结构光模式，光模式可使用激光照明干扰创建，也可使用投影影像创建。使用类似于立体视觉系统的摄像机，有助于结构光模式系统获得对象的三维坐标。此外，单个二维摄像机系统也可用来测量任何单条的移位，然后通过软件分析获得坐标。无论使用什么系统，都可使用坐标来创建对象外形的数字三维图形。代表应用产品就是 Prime Sense 公司为微软公司 Xbox 360 所做的 Kinect 一代了。

3）渡越时间

渡越时间传感器是一种相对较新的深度信息系统。渡越时间系统是一种激光雷达（LIDAR）系统，这种技术的基本原理是加载一个发光元件，发光元件发出的光子在碰到物体表面后会反射回来。使用一个特别的 CMOS 传感器来捕捉这些由发光元件发出又从物体表面反射回来的光子，就能得到光子的飞行时间。根据光子飞行时间进而可以推算出光子飞行的距离，也就得到了物体的深度信息。代表应用为 Soft Kinetic 为 Intel 提供带手势识别功能的三维摄像头。

自然手势的识别与应用是未来的趋势，因此基于视觉的手势识别是顺应 VR 的发展潮流的。对于基于视觉的手势识别来说，其特点是输入设备比较便宜，使用时不干扰用户，但识别率比较低，实时性较差，特别是很难用于大词汇量的复杂手势识别。

在虚拟现实系统的应用中，由于人类手势多种多样，而且不同用户在做相同手势时其手指的移动也存在一定差别，这就需要对手势命令进行准确定义。

如图 3.14 所示显示了一套明确的手势定义规范。在手势规范的基础上，手势识别技术一般采用模板匹配方法将用户手势与模板库中的手势指令进行匹配，通过测量两者的相似度来识别手势指令。

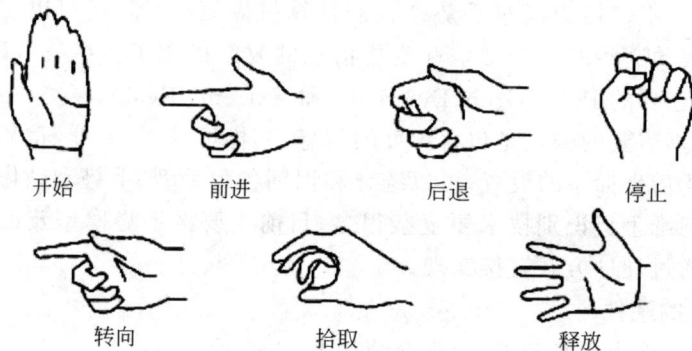

开始　　　　前进　　　　后退　　　　停止

转向　　　　拾取　　　　释放

图 3.14　手势定义规范

手势交互的最大优势在于，用户可以自始至终采用同一种输入设备（通常是数据手套）与虚拟世界进行交互。这样，用户就可以将注意力集中于虚拟世界，从而降低对输入设备的额外关注。

4. 手势识别的应用实例

2013 年，美国的初创公司 Leap 发布了面向 PC 及苹果计算机 Mac 的体感控制器 Leap Motion。但是当时 Leap Motion 的体验效果并不好，又缺乏使用场景，与二维输入的计算机终端设备有着难以调和的矛盾。但是 Leap Motion 倡导的三维空间交互模式与 VR 技术却不谋而和。于是 Leap Motion 软件的一个升级版本——Orion 应运而生。在硬件不变的情况下，Orion 提供了一种手势的输入方式，它可以将手部的活动信息实时反馈到处理器，最后显示在 VR 头显中。

简单来说，Leap Motion 是基于双目视觉的手势识别设备。顾名思义，双目视觉就是有两个摄像头，利用双目立体视觉成像原理，通过两个摄像机来提取包括三维位置在内的信息进行手势的综合分析判断，建立的是手部的立体模型。这种方法对于用户手势的

输入限制较小,可以实现更加自然的人机交互,但由于需要进行立体匹配,且由于立体模型的复杂性,需要处理大量的数据,计算相对来说比较复杂。

要实现双目手势识别,首先需要对双目摄像头做标定,即计算空间中左右两台摄像机位置的几何关系。

首先是对单摄像机的标定,其主要任务是计算摄像机的内部参数(包含摄像机的投影变换矩阵和透镜畸变参数)和外部参数(包含相对于某个世界坐标系的旋转矩阵和平移向量),因为摄像机本身存在一定的畸变,如果不经过标定过程,摄像机所拍摄出的影响会存在畸变,即可能将原本的矩形显示成不规则的圆角四边形。

其次是标定,即计算两台摄像机在空间中的相对几何位置关系,以便确保两台摄像机所成的影像显示在同一水平线上。

第三就是手势识别了,需要将双目摄像头采集的左右视觉图像,通过立体视觉算法生成深度图像。即将两幅图像进行立体匹配,获得视差图像,再利用摄像机的内参数及外参数进行三角计算获取深度图像。

第四就是对左(或右)视觉图像使用手势分割算法处理,分割出人手所在的初始位置信息,并将该位置作为手势跟踪算法的起始位置。

第五是使用手势跟踪算法对人手运动进行跟踪。再根据跟踪得到的结果进行手势的识别。双目手势识别流程如图3.15所示。

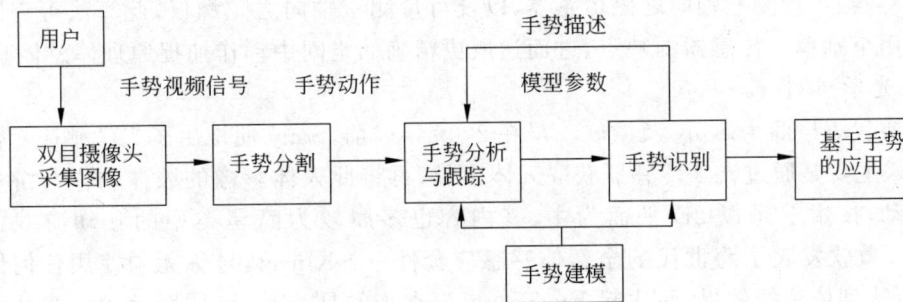

图 3.15　双目手势识别流程图

3.5.2　体感交互技术

体感技术是指虚拟环境与人体的姿态动作互动的一种新技术。目前基于体感技术的产品众多,主要代表有三家,任天堂于2006年发布了新研制的游戏主机Wii,该设备在用户游戏时,除了传统的手柄按键控制之外,用户还可以直接用身体动作来控制屏幕上的游戏人物。其后日本索尼公司也推出了新一代的体感设备,全称为PlayStation Move动态控制器,它和PlayStation3 USB摄影机结合,创造了一种全新的游戏模式。PlayStation Move不仅会辨识上下左右的动作,还会感应手腕的角度变化。所以无论是运动般的快速活动还是用笔绘画般纤细的动作都能在PlayStation Move上重现。动态控制器也能感应空间的深度,令游戏玩家恍如置身在游戏中,感受到互动游戏的快乐。然而最为成功、最具代表的仍然是微软在2010年6月正式发布的体感周边外设Kinect,作为

一种 3D 体感摄影机，它同时导入了即时动态捕捉、影像辨识、麦克风输入、语音识别、社群互动等多种功能。它的出现彻底颠覆了人机互动的观念和效果。另一方面，美国苹果公司也计划以 3.45 亿美元收购以色列的体感技术公司 PrimeSense，体感技术正引起全球科技企业的强烈关注。

1. 体感技术分类

体感技术依采用的技术不同，可分为三大类：惯性感测、光学感测以及惯性及光学联合感测。

1）惯性感测

主要是以惯性传感器为主，例如，用重力传感器、陀螺仪以及磁传感器等来感测使用者肢体动作的物理参数，分别为加速度、角速度以及磁场，再根据这些物理参数来求得使用者在空间中的各种动作。其中的代表厂商为 Logitech，它在 2007 年推出了空间鼠标（MxAir），使用三轴重力传感器以及两轴陀螺仪，可感测使用者在空间中的手部动作，并将此动作转换为鼠标在屏幕上垂直方向与水平方向的位移。

2009 年，苹果智能型手机开始拉开了手机体感游戏热门下载的序幕，许多使用惯性传感器来适配的体感游戏不断地孕育而生。由软银中国投资及中国台湾工业技术研究院合资设立的 CyWee 公司，发展了面向这三种传感器的特有算法，称为九轴混合感测算法（9 - axis Sensor Fusion Technology）。所谓的九轴，指的便是可量测空间中三轴向之重力传感器、可量测三轴向之磁传感器，以及可量测三轴向之陀螺仪，此算法可克服传统上仅使用个别单一传感器的缺点，进而达成更精确的空间中动作捕捉原理体感体验。

2）光学感测

主要代表厂商为 Sony 及微软。早在 2005 年以前，Sony 便推出了光学感应套件——EyeToy，主要是通过光学传感器获取人体影像，再将此人体影像的肢体动作与游戏中的内容互动，技术上是以 2D 平面为主，其内容也多属较为简易类型的互动游戏。直到 2010 年，微软发表了跨世代的全新体感感应套件——Kinect，号称无须使用任何体感手柄，便可达到体感的效果，而比起 EyeToy 更为进步的是，Kinect 同时使用激光及摄像头（RGB）来获取人体影像信息，可捕捉人体 3D 全身影像，具有比 EyeToy 更为先进的深度信息，而且不受任何灯光环境限制。

3）联合感测

主要代表厂商为任天堂及 Sony。2006 年所推出的 Wii，主要是在手柄上放置一个重力传感器，用来侦测手部三轴向的加速度，以及一红外线传感器，用来感应在电视屏幕前方的红外线发射器信号，可用来侦测手部在垂直及水平方向的位移，来操控一空间鼠标。这样的配置往往只能侦测一些较为简单的动作，因此 Nintendo 在 2009 年推出了 Wii 手柄的加强版——Wii Motion Plus，主要为在原有的 Wii 手柄上再插入一个三轴陀螺仪，如此一来便可更精确地侦测人体手腕旋转等动作，强化了在体感方面的体验。

2. 体感技术框架

体感技术作为一种新兴技术，正处于快速发展的过程之中，现时期新产品层出不穷，技术上各有千秋。为了进一步认识体感技术，对 Kinect 体感技术的基本框架简介如下。

Kinect 硬件组成中，有以下几个关键功能部件。

（1）红外摄影机。主动投射近红外光谱，照射到粗糙物体或是穿透毛玻璃后，光谱发

生扭曲,会形成随机的反射斑点,即散斑,进而能被红外摄像头读取。

(2)红外摄像头。分析红外光谱,创建可视范围内的人体、物体的深度图像。

(3)彩色摄像头。用于拍摄视角范围内的彩色视频图像。

(4)麦克风阵列。声音从4个麦克风采集,同时过滤背景噪声,可定位声源。

(5)仰角控制马达。可编程控制仰角的马达,用于获取最佳视角。

从硬件系统看,它能提供三大类原始数据信息,包括深度数据流、彩色视频流、原始音频数据等,同时分别对应骨骼跟踪、身份识别、语音识别等三种功能。骨骼跟踪是Kinect体感操作的基础,它要求系统在允许的时延范围内,快速根据骨骼关节构建玩家的躯干、肢体、头部甚至手指,并在识别人体动作的时候,精度可以达到4cm。

从功能方面看,有三个主要子系统:深度识别(3D图像识别技术)、人体骨骼追踪技术(动作捕捉技术)、语音识别技术。

1)深度识别

采用3D深度摄像机技术,可以捕捉到人所在的空间位置,原理是红外线感应上有一个3D深度感应摄像头,首先通过红外线发射器发出一种不可见激光,这个光线经过扩散片分布在测量的空间内;当激光射到人体之后会形成反射斑点,另外一个红外线摄像机对这些反射斑点进行记录,通过芯片合成出3D深度信息的图像。

2)人体骨骼追踪技术

识别到3D图像深度信息后,通过软件计算出人体主要的骨骼位置,通过精确掌握玩家身形轮廓与肢体位置来判断玩家的姿势动作,从而捕捉到人(用户)的动作。目前只支持两个人的骨骼捕捉。

3)语音识别技术

在3m以外过滤掉背景噪声和其他不相干声音,准确地识别出游戏用户的语音;同时也支持语音控制。Kinect系统还有一个根据不同国家不同口音建立的"声效模型",用来识别不同的口语和语言。

Kinect在游戏中虚拟人物与真实人体的匹配度的高低是骨骼识别的关键,取决于能实时抽象出多少个关节点,关节点连线在一起就是一个"火柴人"。关节点越多,骨骼越真实。骨骼在某一时间点的状态是静态的,骨骼中的某一关节点或多个关节点在空间的运动序列是动态的行为。进行动作识别最朴素的算法是基于动作序列的算法分析。

人脸识别是整个身份识别中最重要的一个部分,首先定位人脸的存在,其次基于脸部特征,对输入的人脸图像或视频流进行分析,如脸的位置、大小和各主要面部器官的位置信息等,根据这些信息,提取每个人脸中所蕴含的身份特征,并将其与已知的人脸进行对比,从而识别每个人的身份。

语音识别包括很多层次的技术,如语音命令、声音特征识别、语种识别、分词、语气语调情感探测等多个方面。Kinect麦克风阵列捕获的音频数据流通过音频增强效果算法处理来屏蔽环境噪声。Kinect阵列技术包含有效的噪声消除和回波抑制算法,同时采用波束成形技术通过每个独立设备的响应时间确定音源位置,并尽可能避免环境噪声的影响。

3. 体感设备的应用

体感交互设备在游戏领域的应用已经比较广泛,在其他领域的应用和实验结果同样令人受到鼓舞,人们正在不断探讨它的应用领域,以便更多地扩展它的功能和应用范围。

1) 体感设备的应用

人们正在测试体感操作在手术室的可用性,体感交互是一种新型的人机交互方式,相比传统鼠标、键盘等人机交互方式拥有很多优势。手术室环境对无菌要求非常高,而Kinect体感操作是一种非接触式操作模式,摆脱了传统设备的束缚,可在手术进行的时候同时用手势调阅患者病灶影像、放大/缩小图片,以及翻阅病历等。

创建虚拟试衣镜,顾客无须进入试衣间脱衣试穿,只要站在镜子前,就可通过手势从屏幕上选择各款衣服,搭配鞋裤以及挎包等,并且无须试穿,就能见到 3D 效果。体感交互操作在课堂、虚拟汽车展厅、CG 动画制作、聋哑人的同声翻译等领域都有广泛的应用。

国外 Cam Board 公司还推出了一款小型相机,能够帮助用户通过体感控制计算机。这款产品名为 Pico 的手势相机,整个产品非常小巧,看起来就像一个摄像头。Pico 手势相机采用了 PMD Technologies 动态手势辨识技术,通过与笔记本连接后,就能识别用户做出的手势动作,从而控制计算机。

2) 深度数据应用

深度数据可在医疗上应用于老年人监护及康复训,在关键的走廊、起居环境里面安装 Kinect 摄像头,通过骨骼跟踪和深度图像数据获得监护老年人的步伐数据,包括步行速度、步长、走路时间,可以在早期判断是否出现功能性下降,并利用体感设备能捕捉和测试中风病人四肢移动的距离、速度和角度,协助患者做相应的康复训练,Kinect 的深度数据还可应用在家庭监控及道路交通稽查上,利用人体骨骼跟踪特性,可以轻易发现视野范围内的人,使用彩色摄像头拍摄照片,利用网络将消息传送到手机端,可及时通知主人有不速之客到来。

4. Kinect 尚存的不足

Kinect 目前也并非十全十美,同样还存在着一些需要解决的问题。

(1) 由于系统的原因,Kinect 摄影机的影像刷新频率不高,代表动作传递时具有约 $33\mathrm{ms}(1/30\mathrm{s})$ 的延迟,在玩游戏时也许问题不大,但在医疗或其他如体育、军事训练方面就会感觉到明显的缓慢。

(2) Kinect 对手势的支持还十分有限,只能捕捉一些简单的动作。

(3) 深度感应范围有限,体态控制需要操作者站在距摄像头 1.5～3m 的范围,如果可以站在 0.5～1m 的距离内使用手势控制,相信可以得到更多的应用空间。

(4) 散热方面的设计还有待进一步提高。

(5) 其硬盘的存储空间比较小,扩展硬盘应该说比较容易。

3.5.3 眼动跟踪技术

眼睛是人类心灵的窗户,也是人们容貌美的主要标志。更重要的是人们大脑中大约有 80% 的知识和记忆是通过眼睛获取的。读书认字、观图赏画、看人物、欣赏美景等都要用到生理视觉。眼睛与大脑相连,使人们能辨别不同的颜色、不同的光线。因此眼睛是人们学习、生活和工作最重要的感知器官。然而这些论述仅是对眼睛外在功能的评价,如果需要利用眼睛的特殊性能开发有关的科技产品,则需要对人类眼睛内在的生理性能

进行研究。

人眼的生理结构如图3.16所示。角膜是位于眼球前壁的透明膜,呈圆形。虹膜在角膜后面,表面含皱褶纹理。瞳孔近似地呈球形,中央区内的曲率半径大致相同,中央区外的不同点的曲率则变化较大。眼白部分就是巩膜,是眼睛最外层的软组织纤维膜。在后部的视网膜是一层透明膜,具有感光细胞等组织。当外界光线经物体表面的反射,穿过瞳孔进入人眼,这些光线最终投影到视网膜上,而视网膜上的感光细胞感受到光的刺激后,会产生特定的信号,并经视神经线传输给大脑,这就是人观看物体的基本过程。

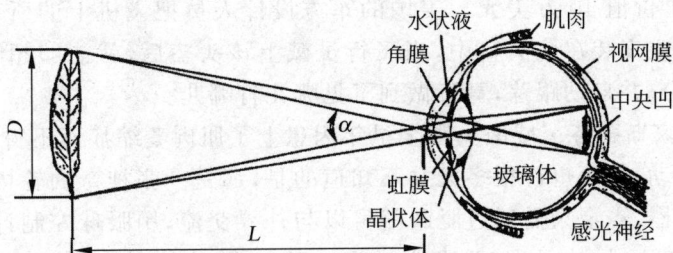

图 3.16 人眼的生理结构图

人眼在观察事物时,实际上是不断运动的,但不是简单的眼球绕着中心转,它有不同的运动形式。人们将不同形态的运动分成四种:凝视、眼跳、平滑移动以及眨眼。

(1)凝视。也称为注视。主要是指眼睛的焦点停留在某一个物体上的时间超过100ms以上。人眼在观察物体的时候大多数情况下都是在注视的状态下,才能由大脑加工处理所接收到的视觉信息。

(2)眼跳。眼睛为了观察面前场景内的多个物体,会从一个区域直接跳动到另一个感兴趣区域,这个时候就会发生眼跳运动。这种跳跃机制速度非常快。由于时间短暂,图像在视网膜的停留时间因为太短而不足以产生图像信号。

(3)平滑移动。人眼有时会盯上移动的目标物体并开始追踪行为,这个时候的速度是稳定的,这一过程就叫平滑移动或平滑跟踪,当目标物体停止后,平滑跟踪随之结束。

(4)眨眼。据统计人们平均每5s左右就要眨眼一次,眨眼所用的时间很短,一般0.2～0.4s。这种快速的眼帘开闭行为是一种不自觉的眼睛自保性动作,是为了缓解视网膜和眼睛部分的肌肉压力。

其实,人们很早就注意到了眼睛的功能,并利用眼睛的独有特性开发了许多有关人机交互的黑科技。其中的一部分简介如下。

(1)用眼睛来控制平板电脑。荷兰的研究人员开发出了一种软件,通过红外线发射管以及手机或平板电脑的前置镜头进行拍摄,可以通过跟踪眼球的移动来与平板电脑和智能手机进行交互活动。

(2)用眼球运动识别身份。美国加州州立大学的计算机科学系教授助理 Oleg Komogortsev 通过研究发现,一个人在观察物体时,眼睛注视时的点就如同指纹一样是因人而异的,当计算机拥有某用户足够的数据时,便可以建立该用户的眼球运动图像库,用来验证计算机用户。

(3)用眼睛写字作画。巴黎神经系统科学家 Jean Lorenceau 研发了通过跟踪眼球的移动,从而实现用眼睛写字作画的系统。该系统是通过将照相机连接人的头部来运作

的，需要配合特殊的眼镜框来使用，其中，照相机可跟踪眼球的移动。

（4）通过眨眼拍摄照片。英国伦敦文科贵族学院毕业的 Mimi Zou 研制了一种相机雏形，该照相机使用"生物侦查"技术来跟踪眼球的移动。当使用者斜视时，可变焦距镜头便拉近；当使用者张开他的眼睛时，镜头便拉远。人盯着预期的目标，眼睛快速地眨两下，就可拍下一张照片。该相机的尺寸和其他的相机大小几乎一致，但它的外观却像一个凸透镜。该相机有一个传感器位于快门处，这点就是与普通相机的不同之处。

（5）美军为之骄傲的 F-35 战斗机飞行员头盔，可以说是目前世界上各类战斗机里最昂贵的头盔，每个价值 40 万美元。美国的军方设计人员把飞机上的所有显示系统和眼球跟踪系统都集成安装在该头盔中，当飞行员戴上该头盔后，就能够超视距地识别远方目标的位置、身份，并自动跟踪，真正做到了见哪儿打哪儿。

（6）物理学家斯蒂芬·威廉·霍金早年因患上了肌肉萎缩症而不得不终身只能坐在轮椅车上进行活动，然而也许很多人并不知道的是，那是一张神奇的轮椅，上面安装有眼球跟踪红外感应器，霍金只需通过眨眼就可以与外界交流，用眼球控制计算机造句，然后经语音合成后发音。另外，加上无线控制器的配合，眼球甚至可以通过计算机控制其他物体的移动。

诸如此类的还有很多种，它们深刻地改变着现代人们的生活、工作方式，可以说这些有关人类眼睛的黑科技，其共同特点都是采用了眼动跟踪的新技术，眼动跟踪也是当前世界范围内的一项新兴科技热点。眼动跟踪的技术特点是充分利用人类眼睛的生理特性来实施的，目前世界各国的科技人员正在利用眼动跟踪技术所具有的生物特性，将早期那些奇思妙想的科幻故事正一步步地转变为现实。

1. 眼动跟踪的基本原理

什么是眼动追踪？顾名思义就是追踪眼睛的运动。换句话说，就是通过图像处理技术，定位瞳孔位置，获取瞳孔中心坐标，并通过某种算法计算人的注视点，使计算机知道用户正在观看的方向和观看的内容。

从 1922 年发明世界上的第一台非侵入式眼动仪到现在已经过去了将近一个世纪，追踪的目标也从静态变成了动态，从单一位置的判定到多生理指标的测量，技术上历经了一个长期的发展过程，变得越来越成熟。眼动跟踪技术经历了以下几个有意义的阶段。

（1）眼电图法。该方法的具体原理是测量角膜和视网膜之间的微量电压，在眼睛四周布置上检测电压的电极，当眼球发生转动的时候，这些电极会收集到这些微弱电信号的变化情况，从而推断眼球的运动情况。该方法成本低，但精度差，易受外部环境影响，且人的舒适性条件差。

（2）光学镜反射法。该方法是将一个微小的反射镜固定在人眼的角膜上，当眼球发生转动时，该反射镜反射的光线会随着眼球的运动而发生光线方向的改变，从而估算出眼动的轨迹。该方法虽然成本低，但会对人眼产生较大的不适应感。

（3）角膜反射法。该方法需要使用近红外光照射眼睛，角膜会反射比较多的红外光，由于角膜不是平的，是凸出的，因此眼球运动的时候角膜也发生位移，这样反射光的反射方向会跟着发生变化。这样可以实时地检测角膜上生成的运动的虚像。这种方法成本适中，且不会和眼睛直接产生接触，使用简单、舒适，但测量精度很容易受到眼动中不可

控因素的影响,如慢漂移分量的影响。

(4)电磁圈法。此方法需要在用户的头部部署一些装置,且要麻醉眼睛,将装有线圈的隐性光片放到眼睛上,且在头部要使用装置产生水平方向的特定频率的磁场,再在垂直方向产生另一种磁场,形成交变磁场。眼睛上的线圈不但会跟随眼睛的运动还能感应电压,通过感应电压的相位检测可以很精准地跟踪眼球的运动。该方法成本较高,硬件部署麻烦,且对用户的干扰很大,但是对眼球的跟踪精度很高。

(5)红外光电反射法。用不可见的红外光照射眼部,在眼部附近安装两只红外线光敏管,虹膜与巩膜边缘左右两部分反射的红外光,分别被这两只红外光敏管所接收。当眼球向右运动时,虹膜向右转,右边的光敏管所接收的红外线就会减少,而左边巩膜反射部分就会增加,导致左边的光敏管所接收的红外线增加,这个差分信号就能无接触地测出眼睛运动情况。其缺点是误差大,垂直精确度低。

(6)VOG视频眼动监测技术。它一般通过相机/摄像机采集人眼图片来分析眼动信息。近几十年里,基于视频(Video Oculographic,VOG)的眼动监测系统逐渐走向前台,包括空间眼位置跟踪、眼凝视跟踪、眼运动跟踪等多种形式的技术。其中,"空间眼位置跟踪"是指在一连串脸部图像中找到眼睛的坐标。"眼凝视跟踪"又称作"视线估计",一般需要红外光源辅助进行监测。"眼运动跟踪"是跟踪识别各种不同的眼睛运动,包括凝视、眼跳、眨眼等。

① 眼凝视跟踪是针对"眼睛看向哪里"的判断,即注视方向估计。它主要研究人眼的视线落在屏幕上的注视位置点。该技术主要基于瞳孔中心角膜反射原理(Pupil Centre Corneal Reflection,PCCR)。基本思想是:用红外光源照射眼睛,造成很强的光反射,用照相机捕捉眼睛图像,显示这些反射。然后用照相机捕捉的图像来辨识光源在角膜上的闪点和瞳孔中的反射点。接着,计算由角膜反射和瞳孔反射之间的角度形成的矢量方向,结合反射的其他几何特性,就可计算出眼睛凝视的方向。

② 眼运动跟踪是对捕捉到的各种不同的眼睛运动进行识别研究,这种方式无需红外辅助光源。其基本工作原理是先利用摄像机获取人眼或脸部图像,接着用图像处理软件/算法实现图像中人眼的定位与跟踪,然后用图像处理算法实现各种眼睛运动姿势(凝视、眼跳、眨眼)的识别;并可进一步将识别的不同眼姿势进行命令编码,可用于人机交互系统中的控制操作。由于眼运动跟踪无需任何辅助光源,主要通过图像处理技术识别眼睛的运动信息,因此这类系统一般称为"基于软件的视频眼动监测"技术。很多情况下作为"眼控"系统使用。

早期的一些眼动研究方法简单直观,都存在着共同的缺点,即不能研究眼球的运动特性,且精度低,受主观因素影响大,无法真正反映视觉采集系统中眼睛的运动特性。随着计算机智能化的提高,传感器技术、红外线识别技术等快速的发展,今日眼动研究正朝着小巧灵敏、高、精、尖的方向发展。

现代主流的眼动跟踪技术就是基于眼睛视频分析的"非侵入式"技术,其中又以眼凝视跟踪为主。它的基本原理是:将一束光线(近红外光)和一台摄像机对准被试者的眼睛,在红外光源的照射下,因为角膜比视网膜对红外光更敏感,可以反射较多的红外光,且瞳孔对红外光的反射率和虹膜对红外光的反射率相差较大,因此,在红外光源照射下,在角膜上会形成一个红外光斑,称为"普尔钦斑点"。由于红外光源、摄像头与头部的相对位置保持不变,因此,斑点的位置也是相对于头部固定的,并不随眼球的转动而变化。根据瞳孔中心与斑点中心的位置关系可以获得眼球的运动信息,再利用瞳孔和虹膜较大的颜色深度差异,可以使用二值化等图像处理方法检测出瞳孔的轮廓。由于图像中的光斑和瞳孔的相对位置会随着眼球的转动而发生明显的变化,利用这个位移变化可以估测出视线方向。简单地说,就是该方法通过记录眼睛的定位和运动来跟踪用户的注视点。由于是采用基于角膜的光学反射式跟踪,因此称为瞳孔中心角膜反射(PCCR)。从应用方面看,该技术精度较高,对人的干扰较小,但是要求较高的图像分辨率和红外光源照射,容易受到眼动中慢漂移等因素的影响。同时还需要说明的是,基于视频的眼睛跟踪器,除了监视注视,还可以同时监测其他一些生理指标,包括瞳孔大小和眨眼率等。眼动跟踪的原理如图 3.17 所示。

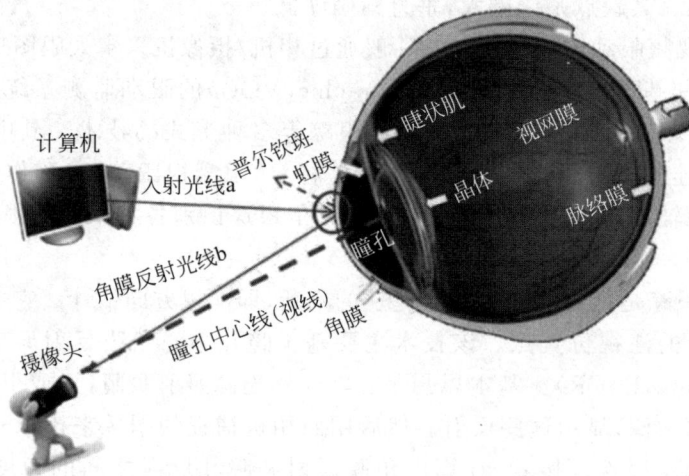

图 3.17　眼动追踪原理图

眼动"控制"系统的原理则是当人们的眼睛看向不同方向时,眼部会有细微的变化,这些变化会产生可以提取的特征,计算机就是通过图像捕捉或扫描来提取这些特征,从而实时追踪眼睛的变化,预测用户的状态和需求,并进行响应,达到用眼睛控制设备的目的。

而从眼动跟踪所需的基本硬件来说,眼球追踪技术的主要设备包括红外设备和图像采集设备。之所以选用红外设备,原因有二:一是在安全性方面,红外照射对眼睛的损伤不大,也不会影响眼睛的观看;二是在精度方面,红外线投射方式有比较大的优势,大概能在 30 英寸的屏幕上精确到 1cm 以内,辅以眨眼识别、注视识别等技术,已经可以在一定程度上替代鼠标、触摸屏等,进行一些有限的操作。此外,其他图像采集设备,如计算机或手机上的摄像头,在软件的支持下也可以实现眼动跟踪,但是在准确性、速度和稳定性上略有差异。

从眼动跟踪系统运作的流程来说,其运作顺序可以分为以下几个步骤。

(1) 首先人眼识别系统包括红外光源、相机、图像检测处理单元、三维人眼模型与核心算法。

(2) 通过近红外投射人眼,获取瞳孔所见的图像。

（3）通过相机捕捉生成的图像。

（4）运用图像处理算法精确估计眼睛在空间的位置与注视点。

（5）通过三维运算模型对眼睛的位置和注视点等细节进行计算，对结果分析识别。

值得注意的是，人眼通常对近红外光不够敏感，因而这一点决定了不会分散用户的注意力。

2. 眼动跟踪的关键技术

1）瞳孔定位技术

有关瞳孔定位技术的学术研究可以说是百花齐放，主要有基于 Hough 变换圆的检测方法、基于主动轮廓线的定位方法、形心法和边界拟合法相结合的方法、两种光源条件下的差值图像算法、基于局部阈值分割法的定位方法、瞳孔亚像素边缘检测与中心定位、基于形态学重构算法的定位技术、基于图像梯度法的定位技术等。鉴于瞳孔定位是一种极为专业领域的研究项目，且技术形式多样，这里仅简略介绍其中的两种方法。

（1）基于 Hough 变换圆的检测方法

该方法需要进行虹膜图像的前期处理，步骤为：瞳孔的粗定位、形态学的方法处理和边缘信息提取等。其中，瞳孔的粗定位就是将原虹膜图像转换为灰度图像，根据瞳孔和其他区域的灰度值的差别，选取特定阈值作为判断标准，分离出瞳孔的大致区域，利用形态学中的腐蚀和膨胀的方法去除噪声，再采用 Hough 变换检测瞳孔。而在眼睛的建模过程中，将瞳孔建模成圆或椭圆，利用图像的边缘信息通过 Hough 变换得到瞳孔的大小和位置。

（2）基于主动轮廓线的定位方法

该方法也叫 snake，是一项复杂的轮廓提取及图像解释技术，以其独有的特性成为近十几年来计算机视觉领域研究的热点，如边缘提取、图像分割、运动目标眼踪、3D 重建等。它通过不断地极小化自身的能量函数来达到物体的边界，其最大的一个优点是，把特征提取和特征描述两个过程集成在了一起，因此计算方便、快捷。

此方法分三个步骤：一是进行瞳孔伪圆心的粗定位，此伪圆心不要求一定在瞳孔中心附近，只要能落在瞳孔内部即可；二是瞳孔边界的粗定位，以第一步的伪圆心为圆心，在其周围等间隔地选取几个点作为初始的 snake，按照 snake 的运行机制不断进化，直到瞳孔边界；三是进行瞳孔边界的精确定位，以进化后的 snake 的形心作为瞳孔中心，snake 上的蛇点与该形心的距离的平均值作为瞳孔半径。

2）视线估计技术

视线估计技术的目的是为了确定视线在空间坐标系中所确定的方向和目标物体上的落点，并最终计算出视线落点的空间坐标。按照原理方法的不同，视线估计技术大致可分为以下两类。

（1）基于二维映射的视线估计。

基于二维映射的视线估计利用多项式回归或非线性神经网络的方法建立眼睛特征参数和视线注视点间的映射关系，从而求解得到注视点的空间坐标。基于二维映射的视线估计通常采用视频图像处理的方法。对摄像机采集得到的眼睛图像进行处理得到其特征参数，再根据特征参数与视线注视点的映射关系求解视线的方向及注视点的坐标。该方法的优点是：使用图像处理的方法对眼睛图形进行处理，因此在对眼睛参数进行特

征提取时简单快速；其次是由于不需要使用眼睛立体模型，因此使用单摄像机即可进行视线估计。

（2）基于三维模型的视线估计。

通常把角膜中心和瞳孔中心的连线称为光轴，眼动后部与角膜中心的连线则称为视轴。而基于三维模型的估计方法则是利用人眼的生理结构特点，以视轴为人眼的实际视线方向，通过三维模型的估计方法求解光轴或视轴的空间位置，得到视线注视点的空间坐标。

基于三维模型的视线估计技术是利用人眼的立体模型，再根据人眼的参数和一定的数学推导求得人眼的视轴方向，从而估计出人眼的注视点。由于角膜中心与瞳孔中心的连线是人眼的光轴方向，而实际的视线方向则是视轴即角膜中心与眼睛后部黄斑的连线。对于三维视线的跟踪而言，首先需要构建三维眼球模型，同时也可能需要多个光源或多个摄像机。三维视线估计方法的优点是：允许用户头部在一定范围内自由运动；系统标定过程简单，标定点数较少。

另外，在学术上对于视线估计的方法还有模板匹配法、向量差值法、坐标系变换法、基于求解映射关系的最小二乘法等。

3. 头戴设备的眼动跟踪系统

在虚拟现实系统中，人机之间的感知是双向的，即人在无时无刻地感知着环境的变化，同时，虚拟现实系统也在寻求实时地跟踪着用户的各种信息，以便随时响应人的各种需求。而目前虚拟现实系统的多种装备中，头戴设备占有主导的位置，包括 VR 头盔和 VR/AR 眼镜。而虚拟现实头戴设备中早期视觉感知采用的技术主要是对用户头部方位的跟踪，即当用户头部发生运动时，系统显示给用户的景象也会随之改变，从而实现实时视觉显示。但在实际运作过程中，人们可能经常在不转动头部的情况下，仅通过移动视线来观察一定范围内的环境或物体。从这一点就可以看出，单纯依靠头部跟踪的视觉显示是不全面的。于是，在虚拟现实系统中，将视线的移动作为跟踪目标，从而在人机交互方式时可以弥补头部跟踪技术的不足，同时还大大提高了精确度，使交互变得更为直接。

头戴设备的特点是它封闭了用户的主要感知器官，具有良好的视觉、音频效果，沉浸感强，但设备空间有限，体积不能太大，质量不能太重，否则会给用户带来不适和不便。因此头戴设备的眼动跟踪子系统组成特点如下。

（1）硬件配置。其眼动跟踪系统主要由嵌入式处理板、固定支架、人眼摄像头、红外光源和显示屏组成。人眼摄像头主要用以采集眼睛区域的红外图像，需选用特制的微距摄像头，可自动调焦，高分辨率，镜头与显示屏平面呈固定的夹角。采用单个红外光源即可，安装在摄像头附近，可选用光源波长为 850nm，因为在此波长的红外光照射下，虹膜反射较大，瞳孔基本完全吸收，采集到的人眼图像中瞳孔和虹膜有较高的对比度，便于后续图像的处理。而采集到的人眼图像将自动传输至后端的嵌入式处理板上进行相关的图像处理和计算。

（2）眼动跟踪软件匹配。眼动跟踪的软件算法流程如图 3.18 所示。通过头戴设备的视屏摄像头，采集用户眼睛图像后，需对图像进行滤波、二值化等图像预处理，为后续眼动跟踪提供基础。

首先，图像滤波是一个重要的环节，有四种滤波方式可选，分别是均值滤波、高斯滤

波、中值滤波和双边滤波。

其次，图像二值化也会影响后续的图像处理过程，当人们戴上头盔设备后，人眼便处于非自然光环境下，瞳孔与虹膜、眼白等其他眼组织反射的光线会有比较明显的色差，在采集的图像中，一般瞳孔呈黑色，因此可以选用一个比较合适的阈值对图像进行二值化处理，即可得到灰度值和比较低的瞳孔区域的图像。

第三就是瞳孔中心的定位，由于头戴设备的眼动跟踪测量系统与人眼相距较近，因而图像质量一般较好，可以采用相对简易的圆拟合算法进行计算，在圆拟合算法中，也有 3 种：①几何法；②三点定圆法；③最小二乘法。实际运作时可以选择其中的 2～3 种方法进行计算，然后加权平均，得到瞳孔中心坐标。

第四是注视点标定。所谓注视点标定就是要测出用户注视显示屏时的具体位置坐标，通过标定可以建立人眼特征参数与注视参考点坐标的关系。标定过程通常可以分为两步：给定一系列确定的注视参考点，使用者通过注视各个点，测量得到瞳孔中心和普尔钦斑点中心坐标，可以认为瞳孔到普尔钦斑点的二维偏移向量和注视点在注视平面上的位置是一一对应的，并确定二者之间的映射关系；使用者注视新的注视参考点，可以根据测量得到的新的偏移向量及映射关系，确定使用者在显示屏上注视的参考点坐标。

（3）头动的问题。头动问题是困扰跟踪系统的一个难题，在早期头部静止的跟踪过程中，系统标定和实时跟踪时均要求用户头部保持绝对静止，使用人员轻微的头动都会对系统的精度造成较大影响，使系统精确度显著下降，因此对用户的约束较大。为了提高可用性，实现以自然的方式进行视线跟踪，解决系统使用过程中用户头部自由运动是核心问题。目前有以下两种较好的方法来处理头动问题。

① 基于电磁式位置跟踪器的方法。

② 共面四彩色标志点位置跟踪算法。

电磁式位置跟踪技术属于基于传感器的位置跟踪方法，它是在电磁式位置跟踪器的基础上，利用磁场特性来进行位置和方位跟踪的技术。其功能的实现主要是通过位于某一固定位置的发射器和固定于头盔上的感应器之间的配合来完成的。优点是不受障碍物的限制；体积小，携带方便舒适；刷新率高，跟踪延迟时间短，能很好地满足系统的实时性要求。

共面四彩色标志点位置跟踪算法是一种基于计算机视觉的方法。基本原理是在世界坐标系中的某个场景中设置四个彩色标志点，在头盔上安装内部参数已经标定好的场景摄像机，用户佩戴该头盔在空间中某一位置时，场景摄像机就从当前位置拍摄包含着四个标志点的场景图像。将图像输入计算机后进行处理得到四个标志点在场景图像中的像素坐标值，又已知四个标志点在世界坐标系场景中的坐标，根据共面四点算法就能

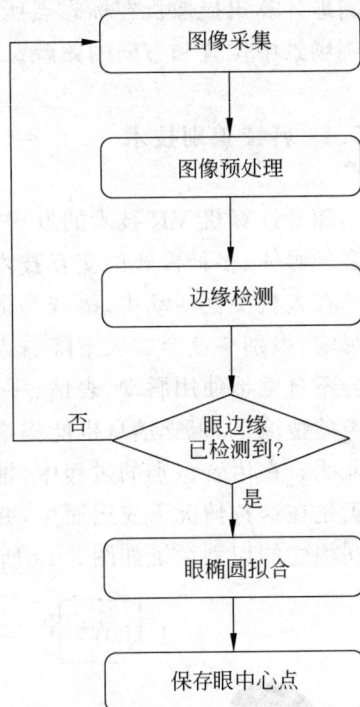

图 3.18 软件算法流程图

准确地计算出摄像机在标志点所在空间坐标系的位置和方向，从而实现对使用者头部在真实场景中位置和方向的跟踪。

3.5.4 唇读识别技术

随着计算机 VR 技术的发展，人机交互技术已经从以计算机为中心转为以人为中心的多种媒体、多种模式的交互技术。

在人机交互活动中，语音是最有效、最便捷的方式，但是如果音频交互受到环境噪声的影响，识别率就会大大下降。人类心理学和生理学的研究表明，人们在噪声环境下，通常会不自觉地使用唇动、表情、手势、注视等视觉信息来加强语言的表达能力，即使在无噪声的情况下，视觉信息也能提高语言认知的准确性，这一点也已经被众多专业研究者所证明。在语音识别的过程中，辅之以视觉信息是提高识别率的行之有效方法之一。唇读正是在这种情况下应运而生，并引起了研究机构和人员越来越多的关注。唇读与语音共同构建的识别系统如图 3.19 所示。

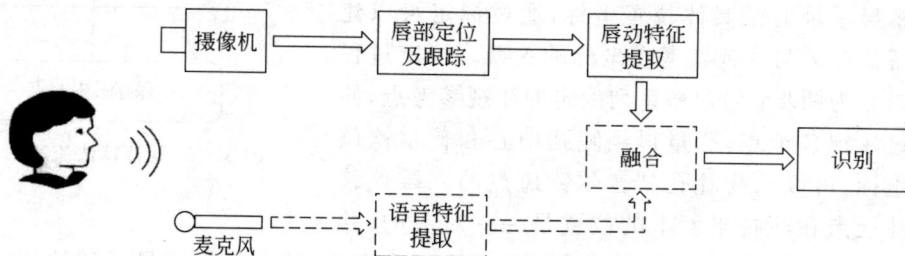

图 3.19 唇读与语音识别系统

"唇读"是指通过识别说话者的口形变化，尽可能地读出说话者的内容，是对唇动的理解过程。唇读技术是指用计算机对说话人口形变化的理解，广义地讲是对人脸表情的理解，属于计算机视觉识别的范畴。随着计算机多模态融合技术的日益进步，将视觉信息和语音信息相融合成为选项，这时说话人口形变化的视频信息与语音信号相结合，共同完成语音识别，从而大大提高在噪声环境下的语音、语义的识别率已成为研究者的共识。

从计算机学科来看，唇读识别的先期处理为唇部区域定位分割，其后识别处理的关键因素主要有以下三个。

（1）唇部特征的提取问题。

（2）唇读识别算法问题。

（3）语音、视觉融合算法问题。

1. 唇读技术的国内外发展现状

目前国外已经有很多单位和研究机构在进行有关唇读的研究，包括伊朗、印度、英国、美国、法国、韩国、日本以及芬兰、瑞士等。从研究进展看，美国、瑞士、日本等国的研究机构，对唇读的关键技术的研究取得了一些突破性进展，其研究领域主要为语音识别相结合的视觉特征提取与识别，以及关于说话人个性特征的提取和识别工作。

Intel 公司开发出了一套音视听语音识别软件，可以帮助计算机像人类一样识别嘴唇

动作,以更好地理解语音命令。通过将采集到的唇部视觉信息和采集到的音频信息综合起来,可以将说话人所讲的内容准确地记录下来。以色列推出了专利软件,可使得聋人或听力较差的人通过手机交流。该软件要借助计算机,计算机与手机相连接,该软件可以将语音同步翻译为唇语。

伊朗乌尔米耶大学对于在彩色人脸图像中进行唇部定位做了研究。其算法是先选择合适的色彩空间和区分唇部和皮肤像素的成分。对于人脸的下半部分运用改进的唇部模板算法寻找唇部区域,然后运用小波算法去除噪声,结合唇部的不同部分的方差确定唇所在的位置。其中,利用顶帽算法和区域增长的方法得到唇部像素。此外也有报道称,微软公司将唇读技术运用到新版的 Kinect 上,利用深度红外传感器来读唇,可为用户提供更好的人机交互模式。概括来说,国外对唇读的研究较早,已经有产品和软件开发出来;但仍在对于不同环境下的实际问题继续研究。

国内的高校和科研机构研究唇读相对较晚,大约仅十几年的时间,研究最早的是哈尔滨工业大学,其次还有中国科学院。从发表的论文成果看,国内大多是对唇读技术中相关算法问题方面的研究。到目前为止,还没有报道国内某公司使用唇读相关技术开发出的新产品。总的来说,国内唇读的研究还处于理论技术研究阶段,关键技术仍不成熟。

2. 唇部区域定位分割

现阶段的唇读系统大多采用基于正面人脸的图像进行区域识别,即要求人脸正对摄像头,也有部分学者在侧面人脸方面做了相关的工作。要定位唇部区域,首先要进行脸部定位,然后在脸部区域中定位唇部区域。因人脸的检测技术已经相对成熟,而且在实际中已有大量的应用,处理过程主要分为两大类:传统的图像处理方法(如肤色分割、模板匹配、边缘检测、阈值分割),基于统计的方法(如人工神经网络等)。

确定了脸部区域之后,接着就是对唇部区域的定位。依据不同的视觉特征提取方法,需要得到的唇部区域也不相同,有学者提取的是包含嘴唇部分的一个矩形框,还有其他学者提取的区域则包括下巴、脸颊等部分。对于提取唇部轮廓的特征提取方法,大部分只提取嘴唇区域,而将整个唇区像素点作为特征的方法,但从发展的趋势看,今后更多的提取方法是采用的唇部区域包含下巴、嘴唇及部分面部肌肉。

3. 唇部特征的提取

唇部区域的定位是唇部视觉特征选择的前提,即在获取的脸部图像中将唇部从图像中分割出来。早期的方法是人工标注,但是人工标注的工作量太大,无法实现实时性。现在的唇读识别系统要求必须是自动的唇部区域定位,由于现在人脸识别率已经较为成熟,因此现在唇部区域定位的方法是建立在人脸检测的基础上进行研究的。唇部视觉特征选择,是唇读识别的关键。选择的方式不同,选择的特征参数不同,都会直接影响识别结论。目前主流的基于视觉的唇部特征提取方法有以下四种。

(1) 基于纹理的特征。

(2) 基于形状的特征。

(3) 前两种的混合方法。

(4) 基于运动的方法。

其中,基于纹理的特征提取方法是针对唇部区域的所有像素点,特征直接从一个定义的 ROI(Region Of Interest)中,获取载有有用的用于区分的信息。该方法依赖于传统

的模式识别和图像压缩技术（如 LDA，PCA、DCT、DWT），通过对得到的高维特征向量进行降维计算，以获得恰当的、有用的唇读信息。但是，由于该方法包含唇部区域的所有像素，所以它同时包含其他许多不相关的信息。同时，基于纹理的特征对训练和测试数据集之间的强烈变化比较敏感。

基于形状的特征方法要求足够的唇区跟踪，并且认为视觉信息可以通过单独的形状和唇动获取。采用此方法的研究人员中，有人使用唇部几何特征如外唇和内唇作为参数，另有人使用唇部轮廓作为视觉特征。总之，这种方法的缺点是无论是特征提取还是训练都非常复杂，主要原因是由于参数的选择造成的，特定的唇部形状可能无法包含所有语音相关的信息，而且这种方法对图像质量非常敏感。

前两者混合的方法，有人只是通过对两种特征进行简单的连接来进行特征提取，有的则使用联合的模型。后一种方法的代表为主要外观模型，即 AAM（Active Appearance Mode）。

基于运动的方法认为说话过程中的视觉运动包含语音相关的信息，该方法广泛应用于光流法中。但当前基于运动的方法应对快速运动（如唇部运动的某些部分）时，尚存在一定的困难。上述传统的方法都存在一个共同的难点是，它们大部分都想找出一种通用的方法，但对于人们说话方式的巨大差异，这显然是非常困难的。

最近几年有许多学者、专家对传统的方法进行了较大的改进，也提出了新的观点和方法，他们利用视觉信息进行无声语音识别，通过提取动态视觉特征对口形进行分类。实验结果也证明他们的方法在不同的噪声环境下非常有效。

4. 唇读识别算法

目前唇读领域中的主要识别方法是隐马尔可夫模型（Hidden Markov Model，HMM），人工神经网络（Artificial Neural Network，ANN）也有一定的应用，还有一些研究者将人工神经网络与 HMM 结合，以求进一步提高识别率。

1）基于 HMM 的方法

HMM 作为信号的一种统计模型，已经在语音识别等诸多领域得到了成功的应用。HMM 过程是一个双重随机过程，其中之一是马尔可夫链，这是描述状态转移的基本随机过程；另一个随机过程则描述状态和观察值之间的统计对应关系。人的唇动也正符合这种双重随机过程：人对要说的话进行思考（不可观察的状态转移过程）并发音从而表现出唇动信息（观察值）。用 HMM 是将唇读信号视作短时平稳的随机过程，并用状态转移来描述时变。

自从 1993 年 Goldschen 首次采用 HMM 进行唇读识别以来，HMM 已成为目前主流的唇读识别方法。

2）基于人工神经网络的方法

人工神经网络（Artificial Neural Network，ANN）是一种以大量处理单元为节点，单元之间实现加权值互连的拓扑结构，其表现出来的一些优良特性如学习能力、自组织能力、容错能力等使之在模式识别领域得到了广泛的应用，然而它却不适合直接用于动态序列特征的识别，这时延时神经网络（TDNN）就体现出了优点。TDNN 与普通神经网络的不同之处在于其输入层是一个变化的时序窗，因而可以对动态序列特征进行识别。

TDNN 属于一种多层延时性神经网络，一个随时间变化的时序窗作为它的输入层。

由于引入了时间因子,使它适宜于连续问题的识别,因此可用于解决唇动识别问题。尽管时间延迟神经网络能够处理时序问题,但它只能够利用短距离的上下文,而不能处理长距离的依存关系。这是由于神经网络的结构决定了它缺乏模型化长距离的依存能力。

3) 混合方法

除了上面介绍的两大类方法,也出现了一些混合方法,如 Bregler 等人提出的人工神经网络与 HMM 相结合的识别方法,其特点在于音素概率由多层感知器进行估计,而不是使用混合高斯模型,这样做的好处在于不必对输入数据做分布概率和相互间保持独立性的假设。

5. 语音视觉融合算法

由于视觉信息的局限性,单独的唇读系统难以有大的实用价值,所以大部分研究者都是将唇读作为语音识别的辅助手段,将语音识别与唇读相结合,构建语音视觉识别系统。所以语音视觉识别领域中一个重要的研究课题就是语音信息与视觉信息的融合,融合算法可以分为两大类:特征融合、决策融合。

1) 特征融合

特征融合是基于训练一个单一的分类器(如同单独的语音或单独的唇读中的分类器一样),然后将声音特征向量与视觉特征向量连接成一个大的向量。主要有两种技术:特征连接、特征加权。

特征加权的方法是寻找一个视觉特征到声音空间的数据到数据的映射,称为 data-to-data,或者两类特征的一个新的共同的空间,并接着对得到的特征进行线性结合。声音特征的加强,基于视觉输入或者声音-视觉特征的连接,就属于此类融合。

2) 决策融合

决策融合则是分别对声音特征与视觉特征训练分类器,然后利用这两个分类器单独的似然性,将这两个分类器线性地结合到一个联合的语音视觉识别评分系统中。虽然许多特征融合技术都能够提高语音-视觉识别系统的性能,但是却不能明确地对每一种模式的可靠性进行建模。而由于音频和视频流中不同的语音信息,这种建模就显得非常重要。从另一个角度来说,决策融合框架提供了一种机制,通过借鉴分类组合的思想,能够捕获这些模式的可靠性。已经有多种不同的分类器组合技术被用于语音-视觉识别,但到目前应用最广泛的决策融合技术还是典型的单独的声音和视觉分类器的结合,使用一个并行结构,自适应组合权重和类评分级别信息。这些方法通过使用适当的权重对两个单独的分类器的 log-likelihoods 进行线性组合,获得最有可能的讲话分类或词序列。除了以上两类主要的方法,研究人员对结合了两者优点的混合模型也进行了应用,有实验证明这种混合的融合方法性能优于特征融合和决策融合。

3.5.5 力触觉交互技术

对人类获取信息能力的研究表明,力触觉是除视觉和听觉之外最重要的感觉,是人类认识外界环境并与环境进行交互的重要手段。实际工作中很多操作任务要求操作者必须有效感知接触状况才能进行精确控制。虚拟现实环境下,力触觉交互表现得更加重要,如在虚拟手术训练中,引入力触觉反馈,可以使医生训练时不仅能够看到而且还能感觉到手术器官,医生能够进入虚拟世界,通过手和手臂的运动,与虚拟模型和环境进行交互,形成对虚拟模型的一个完整的认识,并感受到与虚拟对象交互产生的触觉和力,如同操作真实物体一样,使得操作训练更真实、准确。

从力反馈设备的交互属性看,可以分为主动型力/触觉设备和被动型力/触觉设备。主动型力/触觉设备是在操作时,系统主动给用户的感官发出力的感受,目前大多数设备为此类。被动型力/触觉设备则是当人手给出力的过程中,系统反馈给用户一定比例的力,使得虚拟交互更加逼真。

1. 主动型力/触觉设备

主动型力/触觉设备可划分为三种:固定型设备、可穿戴设备、点交互设备和专用设备。

(1) 固定型设备。有许多力反馈交互设备能够为整个人手或胳膊以及其他身体部位提供力反馈信息,其中,爱荷华州的力反馈外骨骼机构利用磁场为使用者提供力信息就是其中的典型之一。

(2) 可穿戴设备。数据手套或数据衣属于此类。如日本 Tsukuba 大学的虚拟实验室研究的 Wearable Master,利用一个三自由度电机驱动的操纵杆安装在手臂上为手指提供力的信息。另外一个例子是力反馈数据手套,由 VT 公司开发,可进行硬度再现和力/触觉效果再现等。

(3) 点交互设备和专用设备。典型的点交互设备是 Phantom,该设备通过具有六自由度操作终端与指尖进行点交互。另外一种点交互设备是 McGill 大学的伸缩绘图仪,通过单点反馈力信息。专用设备的一个例子是赫尔大学的计算机科学系研制的外科手术模拟器 VEATS——虚拟环境膝盖关节镜检查训练系统,用于对外科医生进行膝盖外科手术训练。除此之外,还有运动交互装置(全身力反馈)、力反馈操纵杆、力反馈鼠标、驱动轮等。

这些力/触觉再现装置虽然能给操作者提供较大范围的力/触觉反馈感受,但由于作用力的产生和控制主要是基于电动、气动、液压等有源执行器的输出控制,因而它们普遍存在体积大、设备重等问题。

2. 被动型力/触觉设备

被动型力反馈驱动系统无须系统提供能量,所以本身具备稳定性特点,也不会对操作用户造成伤害。与同体积的主动力反馈系统相比,所反馈力的范围要大得多,其设备装置可以作得很小、很轻。

电/磁流变液是一种液体智能材料,当有电磁场存在时,其流变学特性如黏度、屈服力等特性会发生剧烈的变化,当移去电磁场时,电/磁流变液恢复成原来的流体。电/磁流变液体在液态与固态之间的变换时间在毫秒级,而且凝胶化程度与电磁场强度呈一定比例关系,所以只要改变所施加的电压,电/磁流变液体的液态与固态之间任何状态都能够平滑和快速地得到。利用这一特性,许多被动力反馈设备得到发展。日本 Osaka 大学 Masamichi 等人利用两个电/磁流变液体开发出了一个两自由度的被动力再现装置。意大利 Pisa 大学的研究学者们也利用电/磁流变液设计出一个能够反馈虚拟物体的形状和柔顺性的新型力/触觉系统。

3. 计算机-力/触觉交互系统架构

力/触觉人机交互系统由用户、力/触觉设备、力/触觉生成算法、力/触觉的建模等几个主要部分组成。力/触觉人机交互系统如图 3.20 所示。力/触觉人机交互是用户通过主动或被动的力/触觉交互设备向虚拟环境输入力或运动信号,虚拟环境以视、听、力或运动信号的形式反馈给用户的过程。力/触觉生成算法是计算和生成人与虚拟物体交互力的过程,是力/触觉人机交互技术的软件核心,是使人感受到虚拟环境丰富多彩的关键。同时在设计力/触觉生成算法的同时,应该根据应用类型的需要来选择不同的力/触觉模型。

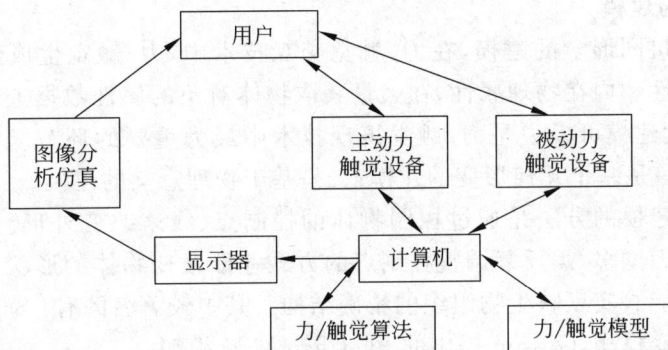

图 3.20 力/触觉人机交互系统

力/触觉设备的结构及控制系统是力/触觉再现仿真技术得以实现的核心,是力/触觉研究的重点。从系统的角度观察,力/触觉设备再现的实现思路是:当用户通过肢体操纵或控制虚拟环境中的工具与环境中的虚拟物进行交互作用时,受力手柄也会产生相应的反作用力。为使这种反馈作用达到一定的精度,需要计算机系统对输入量进行处理并反馈补偿。用户既可通过操作手柄感受反馈力,也可通过 PC 端的显示器来对虚拟环境进行观测。

4. 力/触觉生成的算法

力/触觉生成算法的发展可以归结为力/触觉反馈设备的技术推动和力/触觉反馈应用的需求拉动两个方面的作用结果。早在 1950 年,人们就将力/触觉反馈设备应用到了核废料的环境处理过程中,但那个时期人们研究的目光并未对准力/触觉生成算法。直到 1994 年,以 Massie 等人发明的 Phantom 力/触觉反馈设备的问世为引爆点,才掀起了面向桌面式力/触觉反馈设备的力/触觉生成算法的研究热潮。1994—2003 年,人们的关注焦点是三自由度(3-DoF)的力/触觉生成算法。其原理是将手持设备在虚拟空间中的存在作为一个点来表示,该点具有三维运动,可以和虚拟环境的物体接触交互产生三维作用力,并将三维作用力通过力/触觉交互设备反馈给用户,从而使用户体验到借助于力/触觉反馈设备与虚拟物体交互的逼真感受。由于更多领域应用的需求,各类 3-DoF力/触觉生成算法得到研究,包括刚体、弹性体、流体、变拓扑力触觉交互等。然而,人们后来发现 3-DoF 力/触觉生成算法不能满足模拟物体之间的多点接触感受,因为在研究物体多点接触时,会出现交互感极大的失真结果,因此,人们意识到 3-DoF 力/触觉生成算法在应用过程中的局限性造成了力/触觉感受的不完整。随着各类桌面式六自由度

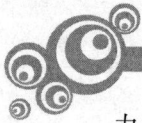

力/触觉反馈设备的问世，Mcneely 等人于 1999 年首次提出了六自由度（6-DoF）力/触觉生成算法的概念。当然他的目标就是解决复杂情景下物体多点接触模拟交互失真的问题，以及刚体交互的六维力和力矩联合计算的问题。由于多领域对力/触觉设备应用的需求很大，进一步促使了各类研究人员对 6-DoF 力/触觉生成算法的深入研究，并将其广泛应用在刚体、弹性体、流体、变拓扑交互等方面。2008 年，由 Lin 联合了十余位触觉领域的知名学者，共同编著了第一本系统化综述力/触觉现状的专著，对 6-DoF 力触觉生成做了系统的研究。直至今日，6-DoF 力/触觉生成算法仍然是人们研究的热点，依然有许多问题需要解决。

5. 力/触觉的建模

不同于计算机图形学的建模，在力/触觉交互技术中，力/触觉生成建模需要研究物体的外在几何属性和内在物理属性，在大量获取物体对象的属性数据上建立起对应的数字模型。力/触觉建模可以说是力/触觉再现技术中最为重要的环节。目前的建模技术可分为两大类：一是基于几何形变的建模；二是基于物理意义的建模。

采用纯几何建模的方法是通过控制物体的控制点、线来改变外形。当模型复杂时，控制点的数目大大增多，需反复调整控制点的方式才能改变物体的形状，比较费时，但这种方法的优点是能真实反映生物组织的精确结构。其中较著名的有：Sederberg 和 Parry 提出的自由式形变模型，Gibson 提出的 3D ChainMail 模型。

基于物理意义的建模方法较多地应用于现实世界的仿真和三维医学图像可视化等方面。采用物理建模的方法可以较好地表现那些具有弹性、柔软、易变形的物体，如衣物布料、人及动物的软组织器官、三维人体器官解剖影像、三维分子结构以及这些器官组织在外力作用下所产生的物理变形的动态可视化等。总体来说，基于物理的图形建模方法又可分为两类：对刚体的建模和柔性物体的建模。

目前，常用的力/触觉模型有以下几种。

（1）自由式形变模型。自由式形变（Free-Form Deformation，FFD）是 1986 年扬伯翰大学的 Sederberg 等人提出的一种变形算法，该算法的核心思想在于变形操作不直接作用于物体，而是作用于物体所嵌入的变形空间，嵌入对象随着变形空间被挤压、弯曲或扭曲而跟随发生相应的变形。FFD 采用多项式、样条线、超二次曲面等参数插值模型，虽然与物理形变过程的类似性不明显，但其形变计算速度相当快。

（2）3D Chain Mail 模型。3D Chain Mail 模型是 Gibson 在 1997 年提出的，该模型中的运动约束与链条上各个相连单元之间的运动约束相类似，故命名为 3D Chain Mail 模型。在该模型中，每个体积单元与其最近邻的六个单元相连，当结构中的某个节点被推拉时，单元之间的连接会通过填充结构间的空隙来吸收这种运动。若两个节点间的连接被拉伸或压缩到其极限位置时，就会产生位移并传递给相邻的连接。因此，通过改变连接长度的约束就可对不同的刚体和柔性体进行建模。

（3）弹簧-质点模型。弹簧-质点模型是最早出现的一种较为经典的物理形变模型。整个物体被模拟成由许多弹簧和节点组成，节点与节点之间由弹簧相连，被建物体的质量集中在节点上。该模型将实体离散为若干个有质量的节点，节点之间通过弹性线段连接。其通过一个网格表面表示组织的边界，或者一系列的点或球体表示组织的形状，用这种方法来近似表示组织的几何特性。

（4）有限元模型。有限元模型的基本思想是把整个物体所在的连续空间离散化为一个个小单元，每个小单元都有一些节点。然后把动力学方程离散到每个小单元，求出这些节点的位移，再运用预先选定的插值函数来计算单元内每一点的位移及其他所关心的问题，如应力、应变和内力。利用其计算物体变形需要先将物体模型分成由四面体单元组成的空间网格。该模型比较完备地描述了物体的物理特性，逼真度高。由于它是从连续方程中推导出来的，因而用较少的节点就可获得较高的精确度。

（5）Shape-Retaining Chain Linked 模型。该模型是 Kim，S.Y. 等在 3D Chain Mail 模型的基础上提出的，它的基本思想与 3D Chain Mail 模型相类似。模型中，每个节点假定为一个链元素，每个节点和它相邻的节点之间的初始状态定义为初始距离。最大、最小距离分别定义为一个节点被拉伸或压缩时离开初始位置的最远距离。

（6）长单元模型等。长单元模型属于基于物理方法的形变模型。该方法把整个形变体离散成许多长单元，每个单元的数量与边长的平方成正比，而在标准的基于四面体或六面体的离散方法中则与边长的立方成比例，因此网格数量比四面体或立方体少一个数量级，且模型中的物理参数可根据帕斯卡原理和体积守恒原理，利用压力、密度、体积和压强的大小变化来表示形变物体模型的物理特性，而不需要做参数的预估计和图形压缩。

6. 力/触觉设备的发展趋势

作为一种新型人机交互接口，力/触觉设备提供了视觉/听觉设备所无法实现的互动感特性，提高了虚拟现实系统的真实性，拓宽了虚拟现实系统的应用领域。对于力/触觉设备而言，在未来的发展过程中，如何能够更加逼真地反映物体柔性、液体等特殊材料的属性，提高力/触觉的再现精度，同时其系统设备的微型化、轻便化、灵敏化将是今后研究的重要方向。通常来说，理想的力/触觉设备应当具有以下特点。

（1）具有较小的后向惯量和摩擦力，自由运动时所受约束小。

（2）拥有较大的仿真作用力以及较大的操作空间，足够多的自由度。

（3）对称的惯量、摩擦力、刚度和共振频率等特性。

（4）较高的（位置检测与力生成）精度、分辨率、鲁棒性等。

（5）较好的人体工学设计等优点。

因而，从减小设备惯量和摩擦力、提高位移检测和作用力输出精度、提升设备的动态响应性能、降低成本等各个方面入手，设计出高性能的力觉再现设备是较为重要的研究方向。现阶段大部分的力/触觉设备都是借助用户的手部来进行交互的，其所再现的力/触觉感知范围还有限。在未来的研究项目中，将针对用户身体各部位都可提供力/触觉再现的设备或装置，从而能够进一步增强力/触觉再现感知和虚拟现实技术的应用。

3.5.6　虚拟嗅觉交互技术

虚拟嗅觉是虚拟现实系统的重要组成部分，它能够使人们在虚拟环境里闻到逼真的气味，从而极大地增强虚拟环境里的感知性、沉浸性和交互性。特别是虚拟嗅觉应用在数字博物馆、科学馆、沉浸式互动游戏和体验式教学等方面，具有其他虚拟感知不可替代的作用。

1. 虚拟嗅觉的研究现状

对虚拟嗅觉的研究始于 20 世纪 60 年代。有虚拟现实系统之父称谓的 Morton Heiling 最早研制出 Sensorama 气味容器，可以说是虚拟嗅觉系统的鼻祖和雏形。其后虚拟嗅觉技术的研究出现了停滞。直到进入 21 世纪，虚拟嗅觉研究才重新变得活跃起来。2001 年，Fabrizio 等学者提出了一种三层式的虚拟嗅觉技术框架。2003 年，Yasuyuki 等学者研制了一种无障碍喷射式虚拟嗅觉呈现器。Donald 等学者分析了虚拟现实系统嗅觉技术的重要性和特殊性，概述了多种虚拟嗅觉呈现器的特点。此后，各国学者分别研制出各式各样的虚拟嗅觉呈现器，如穿戴式的虚拟嗅觉呈现器、气味识别照片的虚拟嗅觉呈现器和电磁阀控制的虚拟嗅觉呈现器等。2008 年，Takamichi 等人开发了一款具有气味反馈功能的烹饪游戏，该游戏可以让用户在虚拟烹饪时，闻到相应调料的气味。

2010 年，Dong 等人研发了一种虚拟嗅觉呈现器，该呈现器能较好地控制香料散发的时间和空间。Aiko 等人开发了一种视觉和嗅觉交叉模式的虚拟嗅觉呈现器。Matsukura 等人开发了一个气味呈现与气流同步的虚拟嗅觉呈现器。特别是最近几年，基于游戏的各种气体散发装置不断涌现，那种集视觉、嗅觉和味觉感知为一体的虚拟现实系统也已出现，嗅觉在虚拟交互中的作用越来越突出，它不再是感官陪衬，而真正地成为主要的感觉享受。

2. 虚拟嗅觉相关要素

虚拟嗅觉是多学科交叉且综合性强的技术，涉及计算机、机械、传感和人类感知等多个领域。对于虚拟嗅觉应用，有三个相关要素：人的嗅觉生理结构、气味源、虚拟环境特性。

1）人的嗅觉生理结构

人的嗅觉生理结构是鼻腔受某种挥发性气体物质刺激后产生的一种生理反应。绝大多数气味都是由多种气体分子组成的，其中每种气体分子会激活相应的多个气味受体，气味受体位于鼻腔最上端的嗅上皮内，气味受体被激活后产生脉冲电信号，并通过"嗅小球"和大脑其他区域的信号传递而组合成一定的气味模式。最终，大脑有意识地辨别和记忆不同的气味。

2）气味源

气味是由气味源产生，扩散在空气中被人的嗅觉感知。一种物质要具有气味，首先这种物质具有挥发性，可将它的分子释放到空气中。第二，它必须微溶于水，这样分子才能穿过覆盖在嗅觉感受器官上的黏膜，从而达到刺激大脑皮层的作用。

3）环境的特性

虚拟环境中的嗅觉研究，其重点是它的感官交互性、实时性和感知融合性。交互性是指当用户与虚拟环境交互时，用户与虚拟环境之间的嗅觉信息流，气味信息会影响用户的情绪、判断和行为。反之，用户的操作也可以引发虚拟环境生成不同的气味。实时性是指在虚拟嗅觉交互过程中，要让用户实时感知到气味，避免嗅觉反馈延时。

3. 虚拟嗅觉的关键技术

1）气味的生成和发送

虚拟环境中的嗅觉感知，首先要让气味源生成气味分子，然后把气味分子发送给用户。根据气味源的不同物理属性，需要用不同的方法生成气味分子。例如，对于固态或

者液态的气味源,可通过电阻丝加热等方法使其挥发出气味分子。对于气态或易挥发液态的气味源,可利用吹气装置释放气味分子,气味源装在有进气口的气味盒内,吹气装置与气味盒的进气口相连接,控制吹气装置的运转,将气味分子从气味盒的出气口喷出。

2)气味的改变和驱除

气味分子具有较强的持续性和延时滞留性,难以快速散尽,这容易引发用户嗅觉的惰性以及多种气味混合引起的窜味问题,破坏虚拟环境的实时性和真实感。因此,虚拟嗅觉研究要关注气味改变和驱除问题。气味改变是虚拟嗅觉交互的必然要求,在研发过程中,要充分考虑交互时气味改变的实时性,虚拟环境中的气味需随着场景的变化而实时改变。

3)虚拟嗅觉呈现器的研发

虚拟嗅觉呈现器可分为电磁阀控制式、喷射式、穿戴式、远程式、无声式和接触式等几种类型。

(1)电磁阀控制式:电磁阀控制式虚拟嗅觉呈现器主要是由电磁阀流量控制器和电磁阀混合器所构成的封闭式气味呈现装置。电磁阀流量控制器可调整气味浓度和控制气味发送,电磁阀混合器能在较短的时间里实现多种气味的混合,并发送气味。

(2)喷射式:喷射式嗅觉呈现器是通过喷射气体的方式实现气味的传送。

(3)穿戴式:穿戴式虚拟嗅觉呈现器是指嗅觉呈现器穿戴在用户身上,气味通过管道直接输送到用户的鼻子。

(4)远程式:远程式虚拟嗅觉呈现器主要由虚拟嗅觉呈现器和图像采集系统组成,两者通过网络连接。网络摄像头捕捉到嗅探点周围的图像后,传送给与虚拟嗅觉呈现器相连的远程计算机,并促使虚拟嗅觉呈现器散发出相应的气味。

(5)无声式:无声式虚拟嗅觉呈现器是指在释放气味时硬件设备不发出噪声的嗅觉呈现器,避免噪声干扰虚拟环境的沉浸感。

(6)接触式:指通过一个嗅觉显示屏幕,用户可在二维屏幕的任意位置上单击即可呈现相应的虚拟气味。

4)嗅觉交互和融合问题

虚拟嗅觉交互强调用户与虚拟环境之间的气味信息交流。在交互过程中,嗅觉感知必然会与视觉、听觉和触力觉等感知相融合。例如,当人们在虚拟环境中见到一朵鲜花,伴随着闻到花香,而虚拟环境中突然出现了一堆狗屎,很快一股臭气便扑面而来。因此从虚拟嗅觉感知的需求和应用出发,对于人机交互的可感知、可定位、可操作等特点,更应该把重点关注到嗅觉交互和其他感官信息融合的问题。对其原理、方法和技术的研究大有可为。

3.5.7 虚拟味觉技术

在虚拟现实技术的发展过程中,许多的虚拟现实装置和设备已经能够弥补人们在视觉、听觉、触觉和嗅觉等感知方面的不足。唯有味觉,仿佛成了木水桶壁的那个最短木板,研究进展略显缓慢。也许是人类的味觉器官深藏不露,也许是人类的味觉器官生理机能太过复杂,科研人员一直在尝试对人类的味觉进行数字化处理,也一直在尝试进行

虚拟仿真。从近几年来的研究成果来看，虽然还有差距，但目标已经非常接近。

1. 人类味觉的生理特点

味觉是指人类的味觉感受器官受到溶解性化学物质刺激后，通过味蕾的细胞获得的刺激信号传导到大脑区域的味觉中枢，经过复杂的知觉整合引起的一类感觉。由于人类的味觉感受器官分布在口腔内，主要是舌头上的味蕾，其次是口腔中的一些味觉自由神经末梢。味蕾的数量会随着人们的年龄增长而减少，对呈味物质的敏感性也随之降低。

中国饮食文明的历史证明，有六种基础的味道，即咸、酸、甜、苦、辣、麻。而更多的味觉形式都是由这六种味道的相互组合而成。经过科学人员的研究，人类舌头上味觉的分布主要有：舌头中间、舌根、舌尖和舌两侧。具有如下特点。

（1）在人体的舌尖处，主要聚集着识别甜味的味蕾和神经末梢。

（2）在偏舌头前半部的两侧，分布着识别甜味和咸味的味蕾。

（3）在舌头后半部的两侧，是酸味的主要识别反应区。

（4）在舌后根，则是苦味的主要识别区。

（5）在舌根部的表皮，是对辣味刺激的敏感部位，当辣味刺激很厉害的时候，会产生一种灼痛的感觉，因为在辣味物质的结构中，拥有起定味作用的亲水基因和起助味作用的疏水基因，可促进食欲、帮助消化。

（6）鲜味是一种非常可口的味道，由L-谷氨酸所诱发，鲜味不属于基础味觉，而是一种复合味觉。

进一步的研究还表明，当人们面对不同味觉的刺激时，在人体的味觉感受器细胞和传入神经纤维引起电反应时所得到的结果证明，一条神经并不只对一种基本味觉刺激起反应。如对咸味有反应的神经纤维对酸味也有反应，对酸味有反应的神经纤维对苦味也有反应等。这说明一种味道并不是简单地由一条或一组神经纤维只对某一味道起反应。经过研究还发现，每个味觉细胞几乎对甜、酸、苦、咸四种基本味觉刺激都起反应，但在同样分子/克浓度的情况下，只有一种刺激能引起最大的感受电位，其他三类刺激则只引起幅度较小的感受电位。由此可得出结论，中枢"判别"感受器受了何种刺激，不能仅凭来自对某种刺激敏感性很好的那些传入通路的信号的高低来判断，而是必须同时对照来自那些对这一刺激并不敏感的传入通路的传入信号的高低来判断。在此基础上进行对味觉规律的信息编码，并利用技术的手段，产生模拟的味觉感受，同时借助计算机进行数据处理，以追求更进一步的发展。

2. 虚拟味觉的研究情况

虽然人类生理的味觉感受、传导的细胞学原理非常复杂，但科研人员一直在探索模拟味觉感知的基本生物原理，并在此基础上有所突破，在美国圣地亚哥举行的2003年度计算机制图和交互系统会议上，来自日本筑波大学的岩田广雄展示了其研究小组研制的最新味觉虚拟器。它可以真实地模拟食物在口中咀嚼时的味道和口感，该装置可以说是最早报道的针对味觉的虚拟装置。

日本研究人员在制作味觉模拟器之前，首先通过实验测量并记录了不同食物被咀嚼时的各种相关的重要参数。例如，咬断食物时所使用的力度通过一个放置在口腔内由薄膜制成的传感器来测量，而由油脂和聚合体薄膜制成的生物传感器负责记录决定食物味道的主要化学要素，颚骨咀嚼时产生的振动则由一个麦克风来记录。有了这些输入参数

后,味觉虚拟器便可以工作了。虚拟器放入使用者口中的机械部分包有布和橡胶外套,一方面是为了保证口腔清洁,另一方面也可避免使用者在咀嚼的时候咬坏虚拟器。为了增强虚拟味觉效果,虚拟器还带有一个小细管,可以向使用者的舌头上喷射酸甜苦辣咸各种调味料。此外,虚拟器配置的扬声器可将咀嚼的声音传入品尝者耳内,以使"吃"的感觉更加真实。经过一段时间的研究,科技人员已经成功地模拟了多种食物的味道,其中包括干酪、饼干、糖果,还有一些日式小食品。

无独有偶的是新加坡国立大学的一个团队采用了一种"数字模拟"的形式,使人们即使不吃东西也能有味觉上的体验。该设备外观为一个方盒子,被称为"数码味觉接口",该盒子内包含两个主要模块。其中的一个模块为控制系统,另一个模块称为"舌头传感器",由两片薄薄的金属电极组成。在控制系统的调节下,可改变电流频率和温度高低来实现不同性质的刺激,这些刺激通过"舌头传感器"作用于人体舌头上的味蕾,可以欺骗人体的味觉感受,使人们能够体验到味觉变化的感受。其中利用电刺激方法可直接模拟出酸、咸、苦的感觉,而通过热刺激的方式则可模拟出薄荷味、辣味和甜味等。尽管现在用户能感受到的还只是少数几种的基础味道,但它的意义在于该方法是一种数码控制的效果。

据发明者团队介绍,这种虚拟味觉仿真将在医疗、娱乐、VR 和 AR 领域发挥重要作用。

3. 味觉技术分析

在上述两种虚拟味觉感受技术中,采用了两种完全不同的技术方案。第一种日本方法的关键技术表现在通过一根细小的管道向人体味觉感受器官传送味素,辅助一些吃食物时的声响和咀嚼节奏。于是有了以下问题需要解决。

(1)成本问题。食物的复合性味道数以千种,制作相应的味素成本很高。

(2)味道的相互作用问题。两种不同的味道先后进入口腔时,会使两种味道发生改变。有可能增强,也有可能降低,如何保证味道之间不受影响?

(3)味道的麻木效果。当人的味蕾长期受到某种味觉物质的刺激后,就会感觉刺激强度减小的作用。在虚拟环境下,也应该避免人的味蕾受到损伤。

第二种味觉技术可以认为是新加坡方法。该方法的关键技术表现在两片薄薄的金属电极组成的"舌头传感器",使用时需要人们伸出舌头,把金属片放在舌头上,用户通过电流和温度的变化来获取味道体验。同样也需要解决以下问题。

(1)体验感太差。人们的口腔是人们吃饭时的一道关卡,长时间口含金属异物有可能会导致人体反胃。

(2)卫生问题。没有人会喜欢把一个很多人都"吃过"的舌头传感器放到嘴里,除非是每人独立一个。

(3)数码味觉接口的编程问题。数码味觉的优势就是能够通过计算机进行优化处理,那么采用一种描述语言进行编程非常重要,从某种角度观察,数码味觉接口在未来的虚拟技术方面会有很大的发展空间。

4. 味觉技术的新设想

从国外报道的消息可知,一种称为味觉转换器的装置正在实验过程当中。味觉转换器像一个盘子,有很多按钮,每个按钮对应着不同的口味,使用者可以通过选择自己喜欢的口味,再将一块无毒芯片贴在自己额头边。而这块芯片能让人们的大脑产生错觉,使

用户在吃蔬菜的时候,感觉就像是在吃美味的薯片。可以说,味觉转换器更像是一个科幻的产品。

也许还有很多人没有看到 3D 电视的真容,3D 电视那种给观众身临其境的沉浸感想想也会令人激动不已,但 3D 电视的概念其实已经开始落伍了,取而代之的是称为 9D 的新概念电视。在 9D 电视的概念里,它融合了人们的嗅觉和味觉,通过超声波扰动气流,并传输到人体的皮肤上,带动用户的情绪,形成情感连接,从而调动人体的所有感官,使得人们在观看电视的过程中,能够随着剧情的起伏发展而随之同喜共悲。

总之,人的感知系统是一个有机的整体,各种感知系统一方面是相对独立的,另一方面又相互关联、相互作用、相互补充。在各种刺激因素的共同作用下,单个感知系统只能从某一个角度来感受事物的特性,多通道的感知系统可使人获得更强烈的存在感和真实感。

3.5.8　脑机接口技术

脑机接口(Brain Computer Interface,BCI)是一种新的人机接口方式,该技术初步成形于 20 世纪 70 年代,是一种涉及脑神经科学、信号检测、信号处理、模式识别等多学科的交叉技术。随着人们对神经系统功能的认识提高和计算机信息技术的发展,对 BCI 技术的研究明显加快,国际上于 1999 年、2002 年两次召开了有关 BCI 的专门研讨会,更是极大地促进了国际社会对 BCI 的研究。

BCI 是一种连接大脑和外部设备的实时通信系统,其技术特征就是能够把大脑发出的信息直接转换成能够驱动外部设备的命令并代替人的肢体或语言器官实现人与外界的交流以及通过特殊的驱动设备实现对外部环境的控制。而在国际大会上,给出的 BCI 定义是:脑-计算机接口是一种不依赖于正常由外围神经和肌肉组成的输出通路的通信系统。

BCI 完全不依赖肌肉和外围神经的参与,可直接实现脑与计算机设备的通信,这对人机的自然交互,对特殊环境中外部设备的控制,对人们的交互观念的改变,都具有非常重要的意义。

从技术层面上看,BCI 技术可分为以下两个部分。

(1) 人脑生理学。

(2) 电子信号分析、处理与人机交互。

1. 人脑的生理与 BCI 的基本工作原理

人类目前对自身大脑在思考活动时,大脑内部的变化情况还知之甚少,但经过大量的实验研究后,人们对大脑皮层外部的脑电波的分布、频率有了一定的认识。经过电子扫描仪检测出,大脑至少有四个重要的频率波段。

(1) α 脑电波,其频率为 8~12Hz。

当人的大脑处于完全放松的精神状态(空的状态)下,或是在心神专注的时候就会出现该波段的脑电波。在放松活跃状态时,人的大脑似乎能更快更有效地吸收信息。

(2) β 脑电波,其频率为 14~100Hz。

这种脑电波反映的是人类在一种通常的、日常的清醒状态下的脑电波情况。它是一

般清醒状态下大脑的搏动状况,在这种状态下,人就会出现逻辑思维、分析以及有意识的活动。当人们睁着双眼,目光盯着周边的各种事物时,就会出现该类型脑波。特别是当人们的头脑警觉、注意力集中或者人们有些情绪波动或焦虑不安时,这时的β脑电波状态就会增强。

(3) θ脑电波,其频率 4~8Hz。

这个阶段的脑电波为人的睡眠的初期阶段。即当人们开始感觉睡意朦胧时——介于全醒与全睡之间的过渡区域——此时的脑电波就变成以 4~8Hz 的速度运动。

(4) δ脑电波,其频率为 0.5~4Hz。

它为人的深度睡眠阶段的脑电波。当人们完全进入深睡时,人的大脑就以 0.5~4Hz 运动,即呈现出 δ 波。此时人们的呼吸深入,心跳慢,血压和体温下降。

应该说,上述四种脑电波的存在,为 BCI 的研究提供了很好的研究样本。另一方面,人们对 BCI 的研究还着眼于大脑皮层下的神经元的活动情况,人脑约有 1000 亿个神经元,神经元之间约有上万亿个的树突进行连接,密如蛛网的分布在人的大脑皮层下或人脑的感觉器官后面,一旦大脑有所活动,某些神经元簇或神经元回路的树突之间,就会产生微弱的电流,释放一些化学物质,对于神经元上电活动的弱小变化,人们可以通过一定的技术手段检测出来,并采集其中的特征信号,通过对这些特征信号进行分类识别,可分辨出引发脑电变化的动作意图,再用计算机语言进行编程把人的思维活动转变成命令信号驱动外部设备,实现在没有肌肉和外围神经直接参与的情况下,人脑对外部环境的直接控制,这就是 BCI 的基本工作原理。

2. BCI 系统的基本结构

基于各种不同的需求,人们现在已经设计出了多种具有某些特定功能的基于脑电的 BCI 原型系统。从原理上看,BCI 系统一般由输入、输出和信号处理及转换等功能环节组成。输入环节的功能包括产生、检测包含某种特性的脑电活动特征信号,以及对这种特征用参数加以描述。

信号处理的作用是对源信号进行处理分析,首先是模/数转换,以便于计算机的读取和处理,并对这些特征信号进行识别分类确定其对应的意念活动。然后根据信号分析、分类之后得到的特征信号产生驱动或操作命令,对输出装置进行操作,或直接输出表示人脑意图的字母或单词,达到与外界交流的目的,作为连接输入和输出的中间环节,信号分析与转换是 BCI 系统的重要组成部分,在信号强度不变的情况下,改进信号分析与转换的算法可以提高分类的准确性,以优化 BCI 系统的控制性能。

BCI 系统的基本结构包括信号的采集、信号的分析(分类)、产生驱动命令等几个环节,如图 3.21 所示。

3. BCI 的分类

在第一次 BCI 国际会议上,就规范了根据输入信号的性质把 BCI 系统分成两类。一为使用自发脑电信号的 BCI 系统,二为使用诱发脑电信号的 BCI 系统。

基于自发脑电的 BCI 系统是应用自发脑电作为系统的输入特征信号,其特点是:受试者一般要经过训练之后才能够自主地控制脑电变化,再直接控制外部环境。这个过程有时需要对受试者进行大量的训练,且易受其身体状况、情绪、病情等各种因素的影响,导致脑电波形的不稳定。诱发脑电信号的 BCI 系统是使用外在刺激,来诱发大脑皮层相

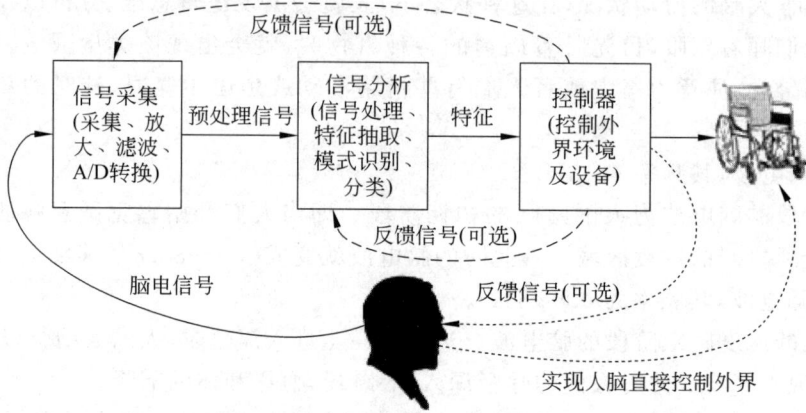

图 3.21 BCI 系统的基本结构图

应部位的电活动,促其产生变化并以其作为特征信号,外部诱发 BCI 系统不需要对受试者进行过多的训练,但需要特定的环境(如排成矩阵的闪烁视觉刺激输入),这并不利于系统的推广和应用。

在 BCI 系统的开发设计中,采用何种方案必须根据信号特征、技术方向、应用目的等综合考虑。

4. BCI 的关键技术

BCI 系统由信号的产生、处理、转换、输出以及逻辑开关和时钟等单元组成。在 BCI 技术的发展中,信号分析和转换算法是其最为重要的研究内容,为此简介如下。

1) 源信号的获取

BCI 源信号的获取过程包括信号的产生、检测(电极记录)、信号放大、去噪和数字化处理等。人类大脑能够产生多种信号,包括电的、磁的、化学的以及对大脑活动的机械反应等各种形式,这些信号可以通过相应的传感器进行检测,从而使得 BCI 的实施成为可能。但如果信号的属性不同,则检测技术也相差较大。

(1) 信号的产生

根据要获取的信号的特征和性质,需要采取对应的产生特征信号的方法,信号产生方式目前主要有利用视觉诱发电位、利用事件相关电位、模拟虚拟环境以及自主控制脑电等多种形式。

(2) 信号的检测

信号的检测方法依赖于待测神经电信号的性质。根据电极类型,BCI 系统可以分为电极内置式和电极外置式两种基本形式。

在电极内置式的检测中,把特制的电极序列植入患者大脑皮层内,长时间对单神经元或神经元集的电活动进行记录,这种方法可以直接检测到神经元的电活动情况,具有脑电信号特征性强、信噪比高、后继处理简单等优点,但需要有专业的医生进行外科手术有一定的危险性,而且存在植入后的心理与伦理问题,因此这种方法目前只是用于动物实验。

对于电极外置式 BCI 系统,只需将电极帽戴在患者或受试者的头上,不需要专业性的指导和帮助,其检测方法简单操作容易,但由于电极距离神经元较远,得到的信号噪声

大、质量差,加重了后继信号处理的负担,电极外置式是实际应用较多的一种信号检测方法。

2) 信号的处理方法

BCI系统中的信号处理过程,包括信号预处理、特征提取、识别分类等几个环节。传统的脑电信号分析方法是对信号进行多次检测并进行均值滤波,再用统计学的方法寻找其中的变化规律,这种方法信息传输率低,不能满足实时控制的需求。现在对信号处理一般采用对单次训练信号进行研究,其中特征提取和识别分类是BCI信号处理最为关键的步骤。

(1) BCI中的特征提取方法:特征提取就是以特征信号作为源信号,确定各种参数并以此为向量组成表征信号特征的特征向量。特征参数包括时域信号(如幅值)和频域信号(如频率)两大类,相应的特征提取方法也分为时域法、频域法和时-频域方法。

(2) 特征信号的分类:识别特征信号分类是基于脑电信号根据不同的运动或意识,导致的能使脑电活动产生不同响应的特性,进行标定和划分。常见的几种具有代表性的BCI特征信号分类处理法如下。

① 人工神经网络。

② 贝叶斯-卡尔曼滤波。

③ 线性判别分析。

④ 遗传算法。

⑤ 概率模型。

5. BCI的评价标准

由于不同BCI系统的输入、输出、转换算法等存在很大的差异,因此要做到对不同的BCI系统进行客观的科学评价是比较困难的。可能某一种系统针对某一种应用比较有效,对另外的应用场合其性能往往并不理想甚至不能使用。对不同的BCI系统进行比较和评价,将有利于BCI的发展壮大。因此寻求一种有效的、合理的、实用的评价方法作为BCI系统性能评定的标准,是BCI发展中不可缺少的重要环节。通信系统普遍采用的一种性能评价标准是波特率,即单位时间内的信息传输量。在BCI系统中,波特率既和速度有关,又和准确度有关,同时也和操作的复杂程度有关。实验结果表明,在从两个选项中进行选择的系统中,准确率由80%提高到90%,其信息传输率能提高一倍;如果从两个选项中选取目标时的准确率是90%,从四个选项中选取目标时的准确率是65%,两者信息传输率将大致相同。以信息传输率为标准来评价BCI的性能是比较客观和公正的,也许能够被大多数研究者所接受,但由于BCI的应用和对其性能要求的千差万别,要应用统一的、适合于各种BCI系统的标准进行评价并不是一件容易的事情,还要对其做进一步的研究。

6. BCI的应用

作为一种多学科交叉的新兴信息技术,目前BCI的研究仍处于理论和实验的探索阶段,与理论期望目标和实际应用还有一定的差距,尽管目前已经有了许多意念控制的成功案例,但从其性能和发展趋势来看,BCI系统及其技术将在涉及人脑的各个领域发挥重要的作用,尤其是对于那些在医学上被称为其他活动能力严重缺失的患者,提供了一种新的能力恢复的方法。实际上,现阶段BCI技术的研究中,主要障碍是人类对自身大

脑思维成因并不清楚,仅凭外部的脑电生物波无规律的变化来研究,很难取得大的成就。从一些研究信息可知,西方的研究人员早已把目光瞄准了脑-机-脑接口技术,这一观点和想法实际上在科幻电影《阿凡达》中就有所反映,该电影中虚构了通过脑-机-脑接口技术从而实现异体生物控制的科学梦想。也许脑-机-脑接口技术才是目前脑-机接口的终极目标。其实,脑-机-脑接口技术也并非西方人的专利,据媒体报道,上海交通大学机械与动力工程学院的硕士研究生李广晔在导师张定国的指导下,利用人类的大脑意念遥控活体蟑螂取得了成功。该成果也获得了 2015 年国际机器人与自动化学会(IEEE RAS)学生视频竞赛第二名。他们在研究实验中,由控制者头部佩戴便携式无线脑电采集设备,控制者根据视觉反馈和视觉刺激,脑部产生方向控制意图,计算机程序解码脑电信号,识别控制者的控制意图,控制意图转换为控制指令后无线发送到蟑螂的电子背包接收器;蟑螂脑部的触角神经被植入了电刺激的微电极,这样就制作出了一个可控的活体"机器动物"。利用蓝牙通信技术,建立计算机同电子背包的无线通信,电子背包可接收来自控制者大脑的指令,通过侵入式神经电刺激技术向蟑螂的触觉神经发送特定模式的电脉冲,进而实现人脑对蟑螂运动的控制。可以说该实验是对脑-机-脑接口技术的有益尝试,因为一旦脑-机-脑接口技术获得成功,那么一个比现在计算机互联网更具颠覆性的人脑联网将应运而生,对知识迁移、科技研究都将产生难以估量的突破。

3.5.9 多模态融合、多通道的人机交互技术

多模态融合(Fusion)、多通道的人机交互技术,目前尚处于实验室的研究阶段,主要的研究范围也仅限于触、听、视的交互应用,许多研究人员在研究的过程中提出了自己的研究观点、方式和方法。但并没有统一的、规范的模式存在,因此对该前沿问题中的技术思想,仅做框架性的表述。

随着 VR 时代的来临,计算机技术向三维空间拓展,传统的 WIMP(Window,Icon,Menu,Pointing Device)的人机交互模式尽管在二维的系统应用中可圈可点,但人们对其具有的局限性也逐步看清。例如,输入输出不平衡,用户的输入带宽远远低于输出带宽,用户输入的语义层次很低;文本的输入和直接操纵这两种交互使得人手在鼠标和键盘之间频繁切换;屏幕空间资源大量被界面构件而非应用工作区所占据;输入输出方式单一,一些通道负荷很重,如视觉,而另一些通道几乎完全没有被利用,如听觉和触觉。其次,传统交互方式难以满足虚拟现实、三维 CAD 与多媒体等方面的发展对交互提出的更高需求。再次,鼠标、键盘对于今天的台式计算机尚可适用,但却不适用于掌上计算机,计算机微型化设备对交互方式提出新的要求。更令人难堪的是它阻碍了计算机走向普通用户、走进日常生活的大趋势。而计算机性能的提高,也为多通道界面做了相应的技术准备。

目前人们力求最佳的人机交互方式的需求,已经成了计算机学科的重要课题,摆到了研究人员的面前。多通道(Multimodal)人机界面旨在充分利用一个以上感觉和动作通道(如语音、手势或视线等)的互补特性来捕捉用户的意向,从根本上来改变当前人机之间的不平衡通信;对于人们力图实现从精确向非精确交互、二维向三维交互的转变,从而扩大用户输入的带宽,提高用户输入的效率,增进人机交互的自然性;促使普通用户能

按其熟悉的感觉技能进行人机通信,将对计算机的广泛应用和社会发展起到不可估量的促进作用。

1. 国内外研究现状

多模态融合、多通道的人机交互研究,是通向人机自然交互的必由之路。多通道界面的构想大约三十年前就已出现,当时,N.Negroponte(MIT Media Lab 的主任)提出了"交谈式计算机(Conversational Computer)"的概念。人可以用语音、手势、表情、注视和肢体语言,也就是用日常生活中相互交流的方式与机器进行交互,这正是今天多通道人机交互研究的理想目标。20 世纪 90 年代以后,多通道作为人机交互研究的新领域在欧美越来越受到重视。大量的论文和研究报告涌现,多通道的会议增多,在 SIGCHI、SIGGRAPH 和 Euro Graphics 等著名国际会议上都有专题讨论会。在美国国家关键技术研究计划中,人机界面被列为 6 项关键信息技术之一。麻省理工学院 SLS(Spoken Language Systems)研究小组的 GALAXY 项目为在线信息提供语音界面,已应用于航班信息、天气预报、城市地图等查询服务。卡耐基·梅隆大学 ISL 实验室的 INTERACT 项目,期望通过多个通道(人脸表情、唇读、手势、语音、视线跟踪等)的处理和结合来增强人机通信。欧共体的 ESPRIT 计划也设立了 Amodeus-2 和 MIAMI 等多通道研究项目,主要研究用户与系统交互的模型、结构、表示和整合等方面的技术问题。

我国在单通道界面研究方面(如语音识别和手写体识别)做了不少工作,如国家智能中心、清华大学及中国科学院自动化所等,在多通道界面研究方面也取得了一些可喜成果,并于 1996 年 10 月在中国北京召开了第一届多通道界面国际会议 ICMI'96 (International Conference on Multimodal Interface)。

从发表的科研论文看,北京大学、杭州大学及中国科学院等相对较多。由于多通道人机交互与传统的图形用户界面的交互有着本质的不同,在创新意义方面,不仅概念上、交互设备、数据模型、软件引擎架构、驱动系统等都有着颠覆性改变,未来多通道系统的应用,必将带来人们社会观念的大变革。

2. 多通道层次交互模型

目前在单一交互系统的研究过程中,对触觉、视觉、听觉系统的研究,相对其他人体感觉器官的交互来说,技术上要成熟得多,从生理原理到实验设备都基本进入到了实际应用的层面,而对于人的如味觉等感官的交互功能,似乎还在蹒跚学步,因此,在多通道的研究上,选择触觉、视觉、听觉是合乎常理的。

目前在触觉设备中提供的主要触觉反馈是机械振动,它利用设备本身的结构设计以及机电振动器产生机械共振,在人体表面产生振动触觉。也有学者专家提出了一种更为细腻的静电摩擦力作为触觉反馈,利用电磁振动原理在用户的手指与触摸屏之间产生电摩擦力,这样不仅可以实现触觉反馈与用户动作的实时匹配,还能实现不同的触摸质感。除了触屏相关的触觉交互技术之外,数据手套、力反馈模组等设备都能够采集用户操作的动作信息,结合系统数据向用户提供力触觉反馈,已被广泛用于虚拟现实环境的交互。

听觉和视觉与触觉的关联整合并不容易,听觉是对音频数据采样,视觉则对图像数据采样,听觉、视觉在采样过程中,对背景嘈波相对敏感。而触觉则可以起到较好的补充,但是触觉对力的大小判断是不精确的测量。

在面对复杂环境、复杂问题的时候,计算机科学中采用分层的数据模型进行研究和

规划是常见的方法,常规的多通道处理模型如图 3.22 所示。

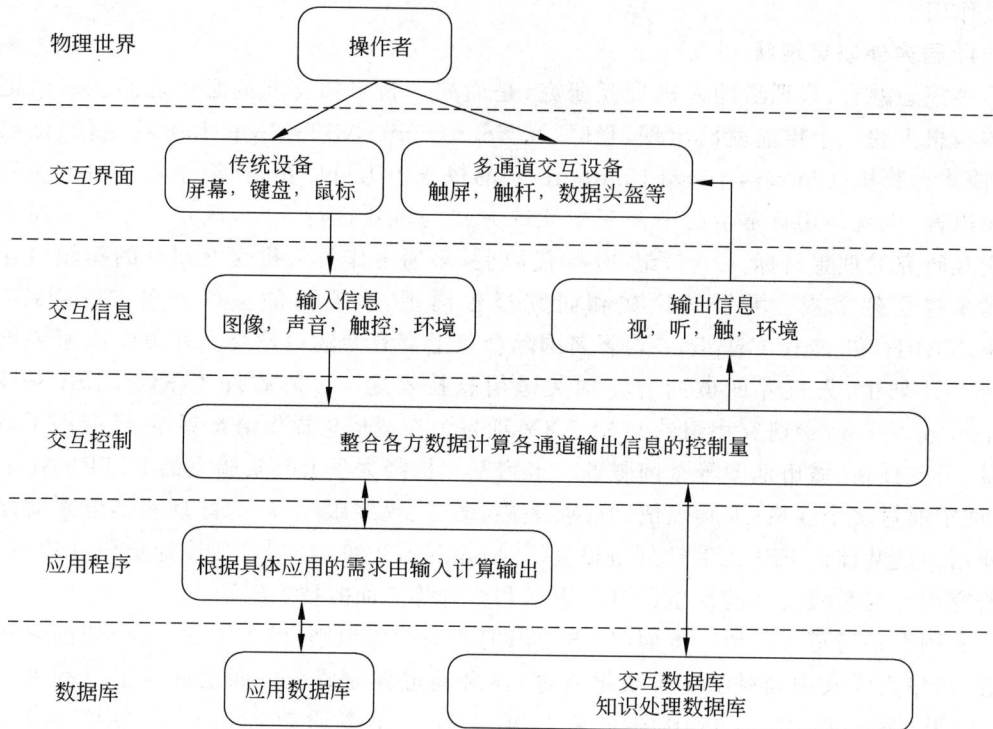

物理世界   操作者

交互界面   传统设备
屏幕,键盘,鼠标   多通道交互设备
触屏,触杆,数据头盔等

交互信息   输入信息
图像,声音,触控,环境   输出信息
视,听,触,环境

交互控制   整合各方数据计算各通道输出信息的控制量

应用程序   根据具体应用的需求由输入计算输出

数据库   应用数据库   交互数据库
知识处理数据库

图 3.22   多通道处理模型图

人在物理世界中,通过多种交互设备,既有传统键盘、鼠标,也可以是触、听、视等方式,通过人机界面传递信息,计算机系统获取了多种模态的数据后,依照特征信号进行识别整合,调用对应的程序模块处理,与数据库建立关联,进行数据库检索,反馈信息到输出通道,参照输入的数据类别,反馈相同的数据类型给用户。

3. 多通道研究中的关键技术

多通道的交互系统任务复杂,数据形式多样,因而系统的实时性、准确性就成了人们关注的焦点,要有效完成多模态的识别任务,处理好多种数据,并根据任务需求以最佳方式反馈用户信息,其中的关键技术如下。

1) 用户任务的分析模型

用户任务分析模型的作用主要是针对有关人机交互过程中用户行为的建模。尽管现阶段有多种形式的任务模型,但 GOMS(Goal,Operator,Method,Selection)模型因其方法简单易用,且对复杂事物能够很好地化繁为简,因此该模型在多通道人机交互的研究方面一直作为首要的参考模型。

任务分析模型中的一个重要问题是分解复杂问题的原子层次。在多通道人机交互中这一问题变得更为重要。以 GOMS 为例,它采用目标、操作体、方法和选择规则这四种成分定义来描述用户的行为。其中,操作体意指一些基本的知觉、动作或认知活动;方法是指完成某一目标的一个操作体或子方法的序列;选择规则重在表示同一任务下,如果具有多个方法时应该选择哪一个。为准确预测用户交互的时间等性能指标,GOMS 必

须分解得非常细致,而且分解出来的原子层次就是简单的操作体。

在多通道人机交互中,用户动作的分解会面临多个感知和动作通道活动的复杂组合问题,不再有简单的原子操作。与此相关,以前的任务分析模型极少考虑用户活动的并发性。因此多通道人机交互的任务分析模型必须满足多通道界面的特点。既要使用户能够通过多通道协作来表达自己的意图特点,还能够很好地分解和描述交互过程中用户的活动意图,并能够及时地将多通道的交互信息交由系统处理。

2) 多通道界面的描述方法

多通道人机交互系统基于多种输入通道,以用户使用的自然性为目标,需要对用户的工作负荷、视觉反应等要素进行分析和评估,这就要求描述方法应该显式地反映出用户和任务分析模型的结果。简单地说,智能机器获取人的输入信息后,反馈的形式可以是图形、图像、语音,但最佳的反馈表示形式应该满足用户的认知心理要求。

所有这些人机交互的特点无疑给多通道用户界面的图形描述方法提出了许多新的课题。具体来说,一个理想、规范的多通道用户的界面描述方法应具备以下表达形式。

(1) 界面简洁、直观好用,可描述多个通道的非精确输入输出事件。

(2) 为实现多通道间的信息流整合,系统界面能够采用统一的表示方法来表示多个通道之间的并行、同步、选择等协作关系和约束关系。

(3) 在新的人机交互过程中,以多种形式的传感器、计算机视觉获取的信号作为主要输入模式,特定的行为姿态作为操作命令。

(4) 强化对通道的整合,使其功能应用映射能够完全覆盖用户交互过程中的自然表达。

3) 多通道的整合

多通道界面的特点就是利用多个感觉和动作通道的并行和协作进行人机交互,在后端则是将多模态的数据进行融合,统一编码,以此提高人机交互的效率。对于从多个并行串行、精确非精确、独立协作的输入信息流中如何快速捕捉用户想传达的任务信息,这就是多通道间的整合问题。

在整合中需要注意三类信息的时间关系、语法约束和语义约束。时间关系在整合中基本上与应用关联不大,因为相关的多通道事件之间在时间的并行性和接近性上存在着必然的联系,只要针对特定应用总结出相应的时间参数之后便与特定的应用无关。而语法和语义约束则是与特定应用的用户任务模型和任务结构紧密相关,例如,在多通道航班信息查询系统中所定义的整合算法,基本上是基于时间顺序和上下文的语义整合。整合(Integration)的意义可分为以下两层。

(1) 在比较低的层次上,主要关注如何把各种各样的交互设备和交互方式容纳到系统中。

(2) 在较高的层次上,主要关注多个通道之间在意义的传达和提取上的协作。

与整合有关的融合(Fusion),则是在多个层次(词素的、词法的、语义的、会话的)上对来自不同通道、具有不同表示的信息的合一化处理,其目的是正确地获取用户输入,特别是正确地解释用户输入。

4) 多通道界面软件结构

为简化日益复杂的界面设计工作,人机交互的研究中出现了对话、应用及界面分离

的原则，Seeheim（德国地名：西海姆）模型典型地表达了这样的思想，基于这种思想实现了许多用户界面管理系统（User Interface Management System，UIMS）。但是模型的不足之处是支持语义反馈的能力弱。多通道主要目标是增强人机交互的语义反馈，只有在语义信息充分的情况下才有可能进行多通道整合。

PAC（Presentation-Abstraction-Control）模型和 Arch（自回归条件异方差）模型都是 Seeheim 模型的改进型模型。PAC（表示-抽象-控制）模型基于智能体的描述，在 PAC 模型的结果中，一个完整的交互系统可以分解为具有体系结构的多个智能体，每个智能体均有一定的模块功能，当一个智能体没有捕捉到有效数据时，不会影响交互系统的整体性能。这样系统的开放性较好。它侧重于从水平角度将交互系统分解为多个智能体，但对每个智能体的具体含义没有提供更多的说明。

Arch 模型侧重于从垂直角度将交互系统分解为交互部件、表示部件、对话部件、任务适配器及应用部件。其特点是利用表示部件和任务适配器把用户界面的关键部分（如对话部件）从各种具体应用功能和交互工具（如环境）中分离出来，这样可以提高交互系统的通用性，并且减少交互系统开发的复杂性。但是，模型不支持新的交互技术如信息的并发处理、信息整合等。从这一点来讲，PAC 模型和 Arch 模型之间存在互补关系，如果把两个模型再结合起来，不失为多通道界面采用的一种较好的软件结构模型。

4. 实例应用

2007 年，美国微软的 Microsoft Surface 平板电脑上市，该平板电脑结合了最新的多通道交互技术，用户可以直接用手或声音对屏幕发出指令，触摸和其他外在物理物来和平板电脑进行交互，无须再依赖会令手部劳损的鼠标与键盘。

Microsoft Surface 强调使用更为直觉，无须使用任何鼠标及键盘。搭配 30 英寸的大型显示器，其机构外形很像一张桌子，可以同时让很多人在上面触控操作。与一般平板电脑最大的不同在于提供了多点触控（Multi-Touch）功能，可以同时辨识多点的触控资讯，可让多人同时使用一台 Surface。物体辨识功能则让放在 Surface 上的不同物体，可以启动不同类型的数位反应。例如，将 zune 放到 Microsoft Surface 上形成的虚拟场景。其中，zune 是微软公司于 2006 年推出的一款便携式媒体播放设备。Surface 如图 3.23 所示。

图 3.23　Surface

3.6　虚拟现实引擎

虚拟现实系统是一个复杂的综合系统，外部设备与各种支持软件众多，它们只有在虚拟现实内核——虚拟现实引擎的组织下，才能结合形成 VR 系统，如图 3.24 所示。

3.6.1　虚拟现实引擎概述

作为虚拟现实引擎，它的实质就是以底层编程语言为基础的一种通用开发平台，包

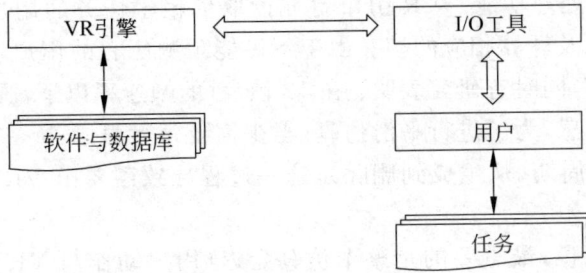

图 3.24 VR 系统图

括各种交互硬件接口、图形数据的管理和绘制模块、功能设计模块、消息响应机制、网络接口等功能。基于这种平台,程序人员只需专注于虚拟现实系统的功能设计和开发,无须考虑程序底层的细节。

从虚拟现实引擎的作用观察,其系统作为虚拟现实的核心,处于最重要的中心位置,组织和协调各个部分的运作,如图 3.25 所示。

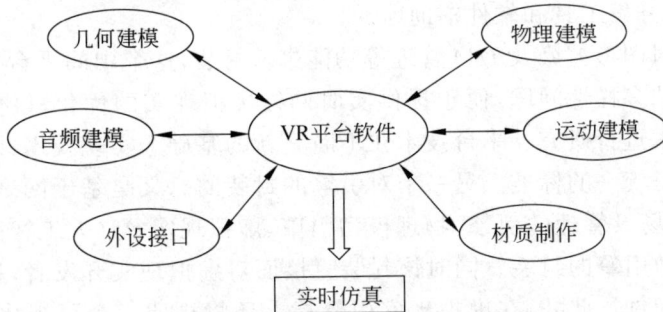

图 3.25 虚拟现实引擎功能图

目前,已经有很多虚拟现实引擎软件运作,它们的实现机制、功能特点、应用领域各不相同。但是从整体上来讲,一个完善的虚拟现实引擎应该具有如下特点。

(1) 可视化管理界面。基于可视化管理界面,程序人员可以通过"所见即所得"方式对虚拟场景进行设计和调整。例如,在数字城市系统时,开发人员通过可视化管理界面就能够添加建筑物,并同时更新图形数据库系统的中位置、面积、高度等数据。

(2) 二次开发能力。所谓"二次开发"就是指引擎系统必须能够提供管理系统中所有资源的程序接口。通过这些程序接口,开发人员可以进行特定功能的开发。因为虚拟现实引擎一般是通用型的,而虚拟现实的应用系统都是面向特定需求的,所以,虚拟现实引擎的功能并不能满足所有应用的需要。这就要求它提供一定的程序接口,允许开发人员能够针对特定需求设计和添加功能模块。没有二次开发能力的引擎系统的应用会有极大的局限性。

(3) 数据兼容性。数据兼容性是指虚拟现实引擎管理各种媒体数据的能力,这一点对于虚拟现实引擎来说至关重要。因为虚拟现实系统设计图形、图像、视频、音频等各种媒体数据,而这些数据可能以各种文件格式存在。这就要求虚拟现实引擎能够支持这些文件格式。

(4) 更快的数据处理功能。VR 引擎首先读取依赖于任务的用户输入,然后访问依赖于任务的数据库以及计算相应的帧。由于不可能预测所有的用户动作,也不可能在内存存储所有的相应帧,同时有研究表明:在 12 帧/秒的帧速率以下,画面刷新速率会使用户产生较大的不舒服感,为了进行平滑仿真,至少需要每秒显示 24~30 帧。因而虚拟世界只有 33ms 的生命周期(从生成到删除),这一过程导致需要由 VR 引擎处理更大的计算量。

对 VR 交互性来说,最重要的是整个仿真延迟(用户动作与 VR 引擎反馈之间的时间)。整个延迟包括传感器处理延迟、传送延迟、计算与显示一帧的时间。如果整个延迟超过 100 ms,仿真质量便会急剧下降,使用户产生不舒服感。低延迟和快速刷新频率要求 VR 引擎有快速的 CPU 和强有力的图形加速能力。

3.6.2　虚拟现实引擎架构

虚拟现实引擎从其设计角度看,其层次结构可以分为四个部分:基本封装、虚拟现实引擎封装、可视化开发工具和软件辅助库。

基本封装层对图形渲染及 I/O 管理等功能进行封装,这个中间平台为上层引擎开发屏蔽了下层算法的多样性问题,便于提供实时网络虚拟现实的优化,以便集中力量针对一些底层核心技术进行研究。平台技术在不断更新的基础上实现技术共享和发展,但为上层提供的始终是统一的标准。另一个对引擎的封装的意义是基于网络、高层应用的封装,该封装分为:场景管理的引擎、物理模型引擎、虚拟现实 AI(人工智能)引擎、网络引擎和虚拟现实特效引擎的封装。同时该封装直接面对虚拟现实开发者,提供一个完整的虚拟现实引擎中间件。此外,在虚拟现实引擎层上还将构建一个可视化的开发工具,该开发工具中嵌套了道具编辑器、角色编辑器、特效编辑器等,可以完成地形生成,并且还融合了物理元素、虚拟现实关卡和出入口信息。

在基于虚拟现实引擎开发时,使用者可以通过两种方式使用引擎提供的功能:可以直接在引擎层上通过调用引擎封装好的 AI 来创建自己的虚拟现实,也可以通过场景编辑器来创建虚拟现实的基本框架。

虚拟现实引擎从功能上可以分为以下子系统。

1. 图形子系统

图形子系统将图像在屏幕上显示出来,通常用 OpenGL、Direct3D 来实现。

2. 输入子系统

输入子系统承担处理所有的输入,并把它们统一起来允许控制的抽象化。

3. 资源子系统

该子系统负责加载和输出各种资源文件。

4. 时间子系统

虚拟现实的动画功能都与时间有关,因此在时间子系统里必须实现对时间的管理和控制。

5. 配置子系统

该子系统负责读取配置文件、命令行参数或者其他被用到的设置方式。其他子系统

在初始化和运行的过程中会向它查询有关配置,使引擎效能可配置化或简化运作模式。

6. 支持子系统

该部分内容将在被其他引擎运行时被调用,它包括全部的数学程序代码和内存管理和容器等。

7. 场景子系统

场景中包含该虚拟现实系统的虚拟环境的全部信息,因此场景图既包括底层的数据,也包括高层的信息。为了便于管理,它把信息组织成节点,分层次结构进行操作管理。

3.6.3 几种虚拟现实引擎介绍

1. Vega Prime

Vega 是 MultiGen-Paradigm 公司最主要的环境内容软件,原开发目的是用于美国军方,后来转为民用。

Vega 将先进的模拟功能和易用工具相结合,对于复杂的应用,能够提供便捷的创建、编辑和驱动工具。

Vega 能显著地提高工作效率,同时大幅度减少源代码开发时间。

Paradigm 公司还提供和 Vega 紧密结合的特殊应用模块,这些模块使 Vega 很容易满足特殊模拟要求,例如航海、红外线、雷达、高级照明系统、动画人物、大面积地形数据库管理、CAD 数据输入和 DIS 分布应用等。

Vega 对于程序员和非程序员都是称心如意的。

LynX 是一种基于 X/Motif 技术的点击式图形环境,使用 LynX 可以快速、容易、显著地改变应用性能、视频通道、多 CPU 分配、视点、观察者、特殊效果、一天中不同的时间、系统配置、模型、数据库及其他,而不用编写源代码。

LynX 可以扩展成包括新的、用户定义的面板和功能,快速地满足用户的特殊要求。事实上,LynX 是强有力的和通用的,能在极短时间内开发出完整的实时应用。用 LynX 的动态预览功能,可以立刻看到操作的变化结果。LynX 的界面包括应用开发所需的全部功能。

Vega 还包括完整的 C 语言应用程序接口,为软件开发人员提供最大限度的软件控制和灵活性。

实时应用软件开发人员更喜欢 Vega,因为 Vega 提供了稳定、兼容、易用的界面,使他们的开发、支持和维护工作更快和高效。Vega 可以使用户集中精力解决特殊领域的问题,而减少在图形编程上花费的时间。

2. WTK

WTK(World Tool Kit)是由 Sense8 公司开发出的一种虚拟现实系统高级跨平台开发环境。WTK 有函数库与终端用户工具,可用于生成、管理与包装各种应用。通俗地说,WTK 提供一系列 WTK 函数,用户可以调用这些函数用于构造虚拟世界。WTK 提供超过 l000 个 C 语言写的函数库,使用户能够快速开发新的虚拟现实应用。一个函数调用能够代替成百上千行 C 代码,极大地缩短了开发时间。

WTK 构造的虚拟世界可以组合各种具有真实感特性与行为的对象,用户可以通过一系列的输入传感器来控制这些世界,使用计算机显示器或带有头部跟踪的立体显示器(HMD 或方体眼镜)来游历这些世界。WTK 支持二十多种 3D 输入设备,同时它还提供了外设驱动程序开发接口和指南,有利于用户开发自己的三维外设。

WTK 的体系结构中引入了场景层次的功能,并使用户能够通过把节点组装成一个层次场景来构造一个虚拟现实应用。

3. Virtools

Virtools 由法国达索集团(Dassault Systemes)出品,是一套具备丰富互动行为模块的实时 3D 环境编辑软件,可以将现有常用的文件格式整合在一起,如 3D 模型、2D 图形或音效等,这使得用户能够快速地熟悉各种功能,包括从简单的变形到复杂的力学功能等。

普通开发者通过图形用户界面,使用模块化的脚本,就可以开发出高品质的虚拟现实作品;而对于高端开发者,则可利用软件开发包和 Virtools 脚本语言创建自定义的交互行为脚本和应用程序。

Virtools 主要的应用领域在于游戏方面,包括冒险类游戏、射击类游戏、模拟游戏、多角色游戏等。Virtools 为开发人员提供针对不同游戏开发的各类应用程序接口(Application Programming Interface,API),包括 PC、Xbox、Xbox 360、PSP、PS2、PS3 及Nintendo Wii。

Virtools 可制作具有沉浸感的虚拟环境,它对参与者生成诸如视觉、听觉、触觉、味觉等各种感官信息,给参与者一种身临其境的感觉。因此是一种新发展的、具有新含义的人机交互系统。

4. Unity3D

Unity3D 是由 Unity Technologies 开发的一个让人们轻松创建诸如三维视频游戏、建筑可视化、实时三维动画等类型互动内容的多平台的综合型游戏开发工具,是一个全面整合的专业游戏引擎。

Unity Technologies 源于丹麦哥本哈根,目前公司总部位于美国旧金山。

Unity 3D 引擎的特点如下。

(1)可视化编程界面完成各种开发工作,高效脚本编辑,方便开发。

(2)自动瞬时导入,Unity 支持大部分 3D 模型,骨骼和动画直接导入,贴图材质可自动转换为 U3D 格式。

(3)只需一键即可完成作品的多平台开发和部署。

(4)底层支持 OpenGL 和 Direct11,简单实用的物理引擎,高质量粒子系统,轻松上手,效果逼真。

(5)支持 Java Script、C♯、Boo 脚本语言。

(6)Unity 性能卓越,开发效率出类拔萃,极具性价比优势。

(7)支持从单机应用到大型多人联网游戏开发。

5. VR-Platform

目前中国比以往任何时候都更需要创建自己的 VR 引擎。而由中视典数字科技有限公司独立开发的 VR-Platform(简称 VRP 软件),是一款具有完全自主知识产权的直接

面向三维美工的一款虚拟现实软件,是在中国虚拟现实领域市场占有率最高的一款虚拟现实软件。

经科研人员的不断努力与改进,已经在以 VRP 引擎为核心的基础上,衍生出了九个相关三维产品的软件平台,如图 3.26 所示。

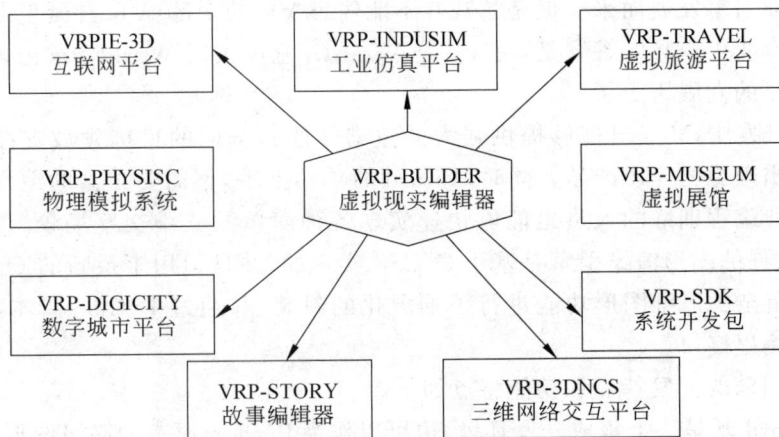

```
┌──────────────┐      ┌──────────────┐      ┌──────────────┐
│ VRPIE-3D     │      │ VRP-INDUSIM  │      │ VRP-TRAVEL   │
│ 互联网平台    │      │ 工业仿真平台  │      │ 虚拟旅游平台  │
└──────────────┘      └──────────────┘      └──────────────┘
        ↖                   ↑                    ↗
┌──────────────┐                              ┌──────────────┐
│ VRP-PHYSISC  │        ╱──────────╲          │ VRP-MUSEUM   │
│ 物理模拟系统  │       │ VRP-BULDER │         │ 虚拟展馆      │
└──────────────┘       │ 虚拟现实编辑器│        └──────────────┘
        ↖              ╲──────────╱                  ↗
┌──────────────┐                              ┌──────────────┐
│ VRP-DIGICITY │                              │ VRP-SDK      │
│ 数字城市平台  │                              │ 系统开发包    │
└──────────────┘      ┌──────────────┐        └──────────────┘
        ↙             │ VRP-STORY    │  ┌──────────────┐  ↘
                      │ 故事编辑器    │  │ VRP-3DNCS    │
                      └──────────────┘  │ 三维网络交互平台│
                                        └──────────────┘
```

图 3.26　VRP 引擎衍生九平台

VRP 系统有五个高级模块,另外,VRP 系统由五个高级模块组成,分别为:VRP——多通道环幕模块、VRP——立体投影模块、VRP——多 PC 级联网络计算模块、VRP——游戏外设模块、VRP——多媒体插件模块等。

其中,VRP-BUILDER 虚拟现实编辑器和 VRPIE3D 互联网平台(又称 VRPIE)软件已经成为目前国内应用最为广泛的 VR 和 Web 3D 制作工具,在国内同行业中占有领导地位。目前该软件广泛应用于城市规划、室内设计、工业仿真、古迹复原、桥梁道路设计、房地产销售、旅游教学、水利电力、地质灾害等众多领域,为其提供切实可行的解决方案。

6. Converse3D

Converse3D 虚拟现实引擎是由北京中天灏景网络科技有限公司自主研发的具有完全知识产权的一款三维虚拟现实平台软件,可广泛应用于视景仿真、城市规划、室内设计、工业仿真、古迹复原、娱乐、艺术与教育等行业。该软件适用性强、操作简单、功能强大。Converse3D 虚拟现实引擎的问世给中国的虚拟现实技术领域注入了新的生命力。

Converse3D 的核心引擎是整个虚拟现实系统的核心部分,采用 DirectX 9.0 和 C++编写,包括场景管理、资源管理、角色动画、Mesh 物体生成、3d Max 数据导出模块、粒子系统、LOD 地形、UI、服务器模块等。采用多叉树结构组织各种资源节点、动态载入、卸载资源、三维体裁切技术,这为渲染海量三角面而性能不减提供了支持;支持 3d Max Mesh 物体、角色动画、相机动画、烘焙贴图等各种数据的导出与引用;使用脚本配置粒子系统和 UI,功能强大而灵活;支持顶点渲染和像素渲染。Converse3D 的虚拟现实引擎,其特色是采用了多线程加载、卸载技术,同时支持 B/S、C/S 两种系统架构,支持动态实时光照、软件抗锯齿,可用于虚拟现实和游戏制作以及开发 LOD 地形管理技术,支持超大范围地形,支持城市级大场景的网络展示和动态内存(显存)管理技术独有的模型、贴图压缩技术、数据压缩比高,拥有骨骼动画系统,支持 Skin 和 Physique 蒙皮矩阵动画、相机

145

动画、纹理动画、柔体动画二次开发包，其软件开发工具包强大稳定、适用面广、内嵌高性能物理引擎，粒子特效系统。

7. Vizard

Vizard 软件与目前市面上主流的引擎如 Ureal、Unity3D 等不同，这些主流的引擎大都由游戏行业引擎发展而来。但是游戏并不能代表 VR 的全部，VR 自诞生以来，如果问有没有它的专业引擎呢？答案是：有，就是 Vizard。它由美国 World Viz 公司开发，已经拥有近二十年的发展历史了。

在 VR 开发中，Vizard 能够提供强大的渲染性能和全面的目标领域支撑，让开发者能快速开发出理想的 VR 产品。同时，Vizard 简单易上手，不需要丰富的编程经验，即使没有受过专业编程训练的人员也能够快速实现各种简单的三维交互场景。在核心技术上，Vizard 软件的图形渲染引擎是基于 C/C++ 实现的，并且运用了最新的 OpenGL 扩展模块。它将复杂的三维图形功能进行了抽象化的封装，并通过 Python 脚本语言提供给用户一定的编程接口。

Vizard 引擎的开发特点和功能特点如下。

（1）Vizard 既是一个集成开发环境，也可以作为 Python 语言的高级图形开发包。使用 Vizard 可以达到目标效果。

（2）用户能够快速创建可交互漫游的虚拟场景，能够支持多种格式的三维模型文件，如常见的 3DS 格式。

（3）用户能够实现具有沉浸感的虚拟现实项目。对市面上大多数虚拟现实的头盔、交互手套、力反馈等硬件兼容性好，还能使各种不同设备之间进行协作。

（4）用户能够在虚拟场景中应用各种多媒体资源，如音频视频图像等多媒体资源。

（5）用户能够在虚拟场景中添加各种人物角色，并控制其动作行为。在程序运行时，Vizard 软件中的动作变形控制模块能够对各种面部表情和人物动作进行平滑过渡，使其动作具有真实感。

（6）用户在 Vizard 平台中采用 Python 语言进行程序开发。当用户对程序进行修改后，可以立即运行并观察效果，而无须重新编译。

使用 Vizard 软件的集成开发环境，用户可以完成的操作如下。

（1）为项目编写并执行脚本代码。

（2）检查和浏览项目中的多媒体素材。

（3）在程序调试过程中发送指令等。

Vizard 集成开发环境的界面中包括以下三个主要的功能窗口。

（1）脚本编辑窗口：用于编写 Python 程序代码（.py）以及其他常见格式的文本文件（如.txt、.html）。

（2）资源浏览窗口：用于显示当前脚本程序中的所有资源。

（3）交互窗口：用于显示 Python 解释器的输出信息和错误反馈，用户还可以利用此窗口在脚本程序运行过程中实时发送指令。

Vizard 集成开发环境中的常见功能如下。

（1）Python 脚本文件的创建。

用户可以选择下面两种方法之一来创建一个 Python 脚本文件。

① 在 Vizard 软件中选择菜单 File→New Vizard File。

② 使用快捷键 Ctrl+N。

（2）Python 脚本文件的打开。

用户可以选择下面四种方法之一打开一个 Python 脚本文件。

① 在 Vizard 软件中选择菜单 File→Open，查找需要打开的文件。

② 在 Vizard 软件中选择菜单 File→Quick Open，通过字符串匹配的方式快速过滤需要打开的文件。

③ 在系统资源管理器中右键单击需要打开的文件，并选择 Edit。

④ 将需要打开的文件拖曳到 Vizard 界面的脚本编辑窗口中。

（3）Python 脚本文件的执行。

用户可以选择下面三种方法之一执行脚本编辑窗口中当前正在编辑的文件。

① 单击 Vizard 工具栏中的"运行"按钮➡。

② 按 F5 键。

在 Vizard 软件中选择菜单 Script→Run。

8. 其他的虚拟现实引擎

（1）Unreal 是目前世界上最为知名、授权最广的顶尖游戏引擎之一，占有全球商用游戏引擎 80% 的市场份额。UE4 由于渲染效果强大以及采用了 pbr 物理材质系统，所以它的实时渲染的效果能够达到类似 Vray 静帧的效果，成为开发者最喜爱的引擎之一。

（2）CryENGINE 是德国 CRYTEK 公司出品的一款对应最新技术 DirectX 11 的游戏引擎。CryENGINE 是一个兼容 PS3、360、MMO、DX9 和 DX10 的次世代游戏引擎。该引擎与其他竞争对手不同，无需第三方软件的支持就可以处理物理效果、声音及动画。简而言之，CryENGINE 是一款非常全能的引擎。

习题

1. 什么是实物虚化、虚物实化？

2. 什么是人机自然交互技术？

3. 什么是虚拟现实引擎？

4. 三维虚拟声音有哪些特征？

5. 什么是 BCI？BCI 的关键技术有哪些？

6. 什么是多通道交互？关键技术有哪些？

第 4 章　虚拟现实建模语言

VRML(Virtual Reality Modeling Language,虚拟现实建模语言)的产生,改变了原来互联网上单调、交互性差的弱点,它将人们的运动行为作为浏览的主体,提供给用户自由想象的虚拟空间,使其可在虚拟的空间里任意翱翔。VRML 的出现填补了 HTML 只能显示二维信息的缺憾,实际上它已成为未来 Internet 三维虚拟世界的主要标准。目前大多数图形软件都开发了 VRML 文件格式的输出接口。

4.1　VRML 概述

VRML 是一种用于建立真实世界的场景模型或人们虚构的三维世界的场景建模语言,具有平台无关性,是目前 Internet 上基于 WWW 的三维互动网站制作的主流语言之一。

VRML 本质上是一种面向 Web、面向对象的三维造型语言,而且它是一种解释性语言。VRML 的对象称为节点,子节点的集合可以构成复杂的景物。节点可以通过实例得到复用,对它们赋以名字,进行定义后,即可建立动态的 VR 虚拟世界。

VRML 不仅支持数据和过程的三维表示,而且能提供带有音响效果的节点,引导用户走进视听效果十分逼真的虚拟世界。用户使用虚拟对象表达自己的观点,能与虚拟对象交互,为用户对具体对象的细节、整体结构和相互关系的描述带来新的感受。

浏览过 WWW 的人都会感受到因 HTML 的限制,网页表达的信息结构是平面的,而 VRML 的产生,尤其是 VRML 2.0 标准,被称为第二代的 Web 语言,改变了 WWW 上早期的显示方式。VRML 创造的是一个可进入、可参与的世界。用户可以在计算机网络上看到一幅幅生动逼真的三维立体世界,并可在其中自由地漫游。

VRML 是一种国际标准,其规范由国际标准化组织(ISO)定义,最早的 VRML 1.0是基于 SGI 公司的 Open Inventor ASCII 码的文件格式,也是它的一个子集,是一种流行的 3D 图形的格式,并可链接到一般的 WWW 页面上。由于 VRML 1.0 在功能上存在着诸多不够完善的地方,VRML 2.0 的产生也就是不可避免的,并在性能上有了巨大的改变和进步。

4.1.1　VRML 的发展历史

VRML 1.0 标准的产生和制定是许多人共同合作的结果。1993 年 9 月,Tony Parisi

和 Mark Pesce 开发了第一个 VRML 浏览器，这是 WWW 上 3D 浏览器的最早原型，并在 1994 年 5 月于瑞士日内瓦召开的万维网大会上首次公布。在这次大会上，还正式提出了 VRML 这个名字，但当时所代表的含义是 Virtual Reality Markup Language，后来为了反映三维世界的建立而将 Markup 改为 Modeling，缩写仍为 VRML。在这次大会后，一个名为 WWW-vrmlmail list 的组织成立了，并于 1994 年秋在第二次万维网大会上发布了 VRML 1.0 的草稿。VRML 1.0 允许单个用户使用非交互功能，且没有声音和动画，它只允许建立一个可以探索的环境，因此 VRML 1.0 的功能十分有限。

VRML 2.0 规范于 1996 年 8 月通过，它以 SGI 公司的 Moving World 提案为基础。名义上它是在 VRML 1.0 的基础上进行了补充和完善，实际上它与 VRML 1.0 相比，从内容到文件结构都有较大的改变。在 VRML 2.0 中，节点数量被扩展到了 54 个，支持的对象也已包括动态和静态两大类。而业界范围内对于 VRML 2.0 的支持非常大。许多重要的厂商明确表示，VRML 2.0 将是他们产品结构的基础。

VRML 2.0 于 1997 年 4 月提交国际标准化组织委员会(ISO)审议，并于 1997 年 12 月正式批准，按照国际惯例定名为 VRML 97(IS0/IECI 4772-1:1997)。

1998 年，VRML 组织更名为 Web3D，并制定了一个新的标准 X3D。该标准是在 VRML 的基础上做了很多改动。X3D 是一种支持 XML 编码格式的开放式 3D 标准，3D 数据可以通过网络实现实时交流，具有可移植性、页面整合性，易于和下一代的网络技术整合，另外采用了组件化结构设计减少了系统资源的占用且具有很强的可扩展性，无疑将推动互联网上交互式三维应用的快速发展。

4.1.2　VRML 的应用特征

VRML 是虚拟现实建模语言，是一种三维造型和渲染的图形描述语言，通过创建一个虚拟场景以达到模拟现实中的环境效果，并且可以在网络中创建逼真的三维虚拟场景。它改变了网络上 2D 画面的状态，实现了 3D 动画效果。

VRML 文件主要由节点、事件、场景、原型、脚本和路由等组成。VRML 是一个描述性语言，语法简单，但是它却改变了网络与用户交互的局限性，使得人机交互更加灵活、方便，使得虚拟世界的真实性、交互性和动态性得到了更充分的体现。1997 年 12 月制定的 VRML 97，是世界上第一个在网络上发布的国际标准，该标准基本实现了虚拟空间的真实性和实用性，使得虚拟现实三维网络具备了以下 4 大特征。

(1) 具有强大的网络功能，可以将 VRML 程序直接接入 Internet。

VRML 采用 C/S 模式的访问方式，其中，服务器提供 VRML 文件，用户通过网络下载希望访问的文件，并通过本地平台的浏览器(Viewer)对该文件描述的 VR 世界进行访问，即 VRML 文件中包含 VR 世界的逻辑结构信息，浏览器依据这些信息，可实现许多 VR 功能。由于浏览器是本地平台提供的，从而实现了 VR 的平台无关性。另一方面，VRML 是基于 ASCII 的描述性语言，像 HTML 一样，可在各种平台上通用，具有低数据量的特点，确保了它可在低带宽的网络上运行，如果 VRML 是在本地运行，则由于不受网络带宽和传输的限制而效果更佳。

（2）具有多媒体功能，能够实现多媒体制作。

VRML 中的场景由造型组成，而造型则由节点创建。这些是 VRML 的构件要素。单个节点可描述造型、颜色、光照、视点以及造型、动画定时器、传感器、内插器等的定位和朝向等。由于节点的多样性，它们完全可以较好地表述文字、图形、声音等。

（3）可创建三维造型和场景，实现更好的立体交互界面。

VRML 采用了实时的 3D 着色引擎。传统的 VR 中使用的实时 3D 着色引擎在 VRML 中得到了更好的体现，这一特性把 VR 的建模与实时访问更明确地隔离开来，也是 VR 不同于三维建模和动画的地方。后者预先着色，因而不能提供交互性。VRML 提供了 6+1 个自由度，即三个方向的移动和旋转，以及和其他 3D 空间的超链接。

（4）在 VRML 中实现了感知功能，可以进行用户与造型之间的动态交互。

在 VRML 中，要使场景空间具有交互性，可以给一个造型附带一个传感器，该传感器使用一个定点设备来感知观察者的移动、单击和拖动。当观察者与一个可感知的造型相互作用时，传感器就输出一个事件，这个事件就被路由到其他的节点来开始一个动画。

在 VRML 中，系统感知观察者接近常使用三种方法：感知观察者的可视性、感知观察者的接近性和通过碰撞检测。

可见传感器从观察者的位置和方向来感知在空间中的一个长方体区域是否可视，设计者可以通过这些传感器来启动和停止动画或者控制其他的动作，这些动作仅当一个可感知的区域可见时才是必要的，通过给出中心和尺寸，还可以指定一个由 Visibility Sensor 节点感测的空间区域。

碰撞检测是检测空间中观察者与造型接近和碰撞的时间，碰撞节点在检测观察者的碰撞时完成两件事：通过 Collide Time eventOut 事件输出当前的绝对时间和提示浏览器。

以上就是 VRML 场景中的几种交互方式，更为复杂的交互还可利用 Script 和 Proto 节点等对其进行功能上的扩展，例如，可利用 Java 技术完成这些扩展。

（5）具有开放性。

可扩充性是 VRML 今后发展和完善的重要特征之一。VRML 作为一种标准，不可能一步到位地长期满足未来网络空间所有应用的需要。例如，在实际应用中，有的用户希望交互性更强；有的用户希望画面质量更高；有的用户希望 VR 世界更复杂；这些需求往往是相互制约的，同时也受到用户平台硬件性能的制约。因而 VRML 是可扩充的，即可以根据需要定义自己的对象及其属性，可以通过 Java 语言等方式使浏览器可以解释这种对象及其行为。这一点保证了 VRML 能够不断更新和发展。

4.1.3 VRML 编辑器

VRML 同 HTML 一样，是一种 ASCII 描述性语言，可以用任何一种文本编辑器进行 VRML 程序的编辑，例如，Windows 中的记事本、写字板和 MS Word 等。但由于 VRML 的建模语法烦琐，结构复杂，且命令关键字较长，不易输入和检错。也可使用专用的 VRML 开发编辑器，常用的专业编辑器有以下几种。

1. VrmlPad 编辑器

VrmlPad 程序小巧,是一种功能强大、简单易用的 VRML 开发设计专业软件,它完全支持 VRML 97 标准,支持智能自动匹配、动态错误检测、语法高亮指示、集成脚本调试、多文档同时编辑、预览场景、作品发布等功能。

VrmlPad 还可以对 VRML 文件进行浏览编辑,对资源文件进行有效的管理,并且提供了 VRML 文件的发布向导,可以帮助开发人员编写和发布自己的 VRML 虚拟现实作品。

VrmlPad 程序主要由两个文件(VrmlPad.exe 和 VrmlPad.hlp)和一个含有特殊节点插件的 addins 文件夹组成,而且不用安装,直接复制到计算机中就可应用。运行 VrmlPad.exe 并运行一个.wrl 文件,其程序界面如图 4.1 所示。

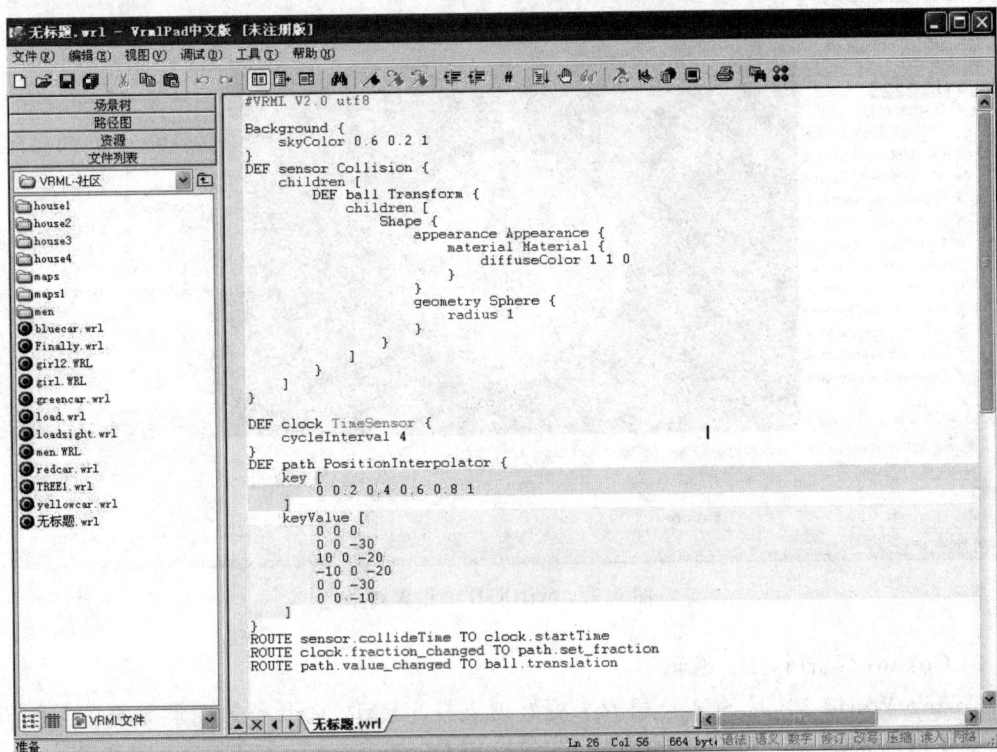

图 4.1 VrmlPad 程序工作界面

VrmlPad 编辑器通过提供的图标或菜单可以设置工作界面,如界面设置为右边预览,中间是代码窗口,左边是场景树等内容。通过"工具"→"选项"命令可以对编辑器、浏览器等进行一些常用功能的设置。VrmlPad 编辑器还提供了一些特殊节点的代码,可以直接加入到编辑器中。同时也提供了一些商业化外附插件,如材质和造型挤压编辑器,但需要购买后安装才可使用,它们给造型对象的材质和颜色设置、复杂造型的形成和编辑提供了非常有效的工具。

2. 其他 VRML 编辑器

1) SwirlX3D 编辑器

SwirlX3D 是一款强大的 X3D/VRML 编辑软件,无须安装,直接运行 SwirlX3D.exe

文件即可，能够以可视化方式编辑 X3D 或 VRML 格式文件。编辑时，图像与代码可以同时在一个界面中显示，它使用 OpenGL 来进行高质量的渲染和硬件加速。通过鼠标操作（单击工具按钮，或者右击快捷菜单）即可在场景中添加各种节点。可以进行 VRML 和 X3D(3.0,3.2)文件格式之间的转换。

　　SwirlX3D 是一个功能强大的 X3D 和 VRML 编辑创作环境，能够在创作过程中即时显示场景。SwiriX3D 不仅含有丰富的几何节点，同时能够通过 Time Sensor、插值和脚本节点支持动画。它还支持用户通过传感器节点进行交互。SwirlX3D 的图形编辑界面充分利用了 X3D 文件的数据结构，并能预览完成场景。工作界面如图 4.2 所示。

图 4.2　SwirlX3D 工作界面

2) Cosmo Worlds 2.0 编辑器

Cosmo World 2.0 是 SGI 公司为了更好地支持 VRML 而开发的图形编辑工具软件，它完全支持 VRML 2.0 规范。使用这个工具，用户可以创建动态 VRML 的世界并在万维网上发布它们。Cosmo World 提供了强大的工具，使用户可以建造复杂的造型作为虚拟空间的构造元素，并可优化和压缩作品后进行发布。

Cosmo Worlds 的界面布局遵循传统的窗口式设计风格，简单易用。窗口中上部是标题栏、菜单栏、工具条栏。有八个菜单项，分别是：文件、编辑、视图、摄像机、选择、辅助、编辑器、帮助。单击某个菜单命令按钮，可打开下拉菜单命令。Cosmo Worlds 同时还包含八组工具条，调出工具条的方法是单击"视图"菜单按钮，单击"工具条"，即可见到有：PEP、编辑器、标准 t、创建节点、创建扩展节点、辅助、摄像机、选择等。

Cosmo Worlds 的窗口中间最大的部分属于其编辑和浏览的视图区。单击"视图"菜单按钮，再单击"视图"，可以变换视图显示方式。有单视图、双视图、三视图、四视图、应用到所有视图等。在视图区左边是工具条，右边是编辑面板，上部是分类显示场景中对

象的使用情况,下部是属性面板,可设置选择对象的色彩。工作界面如图4.3所示。

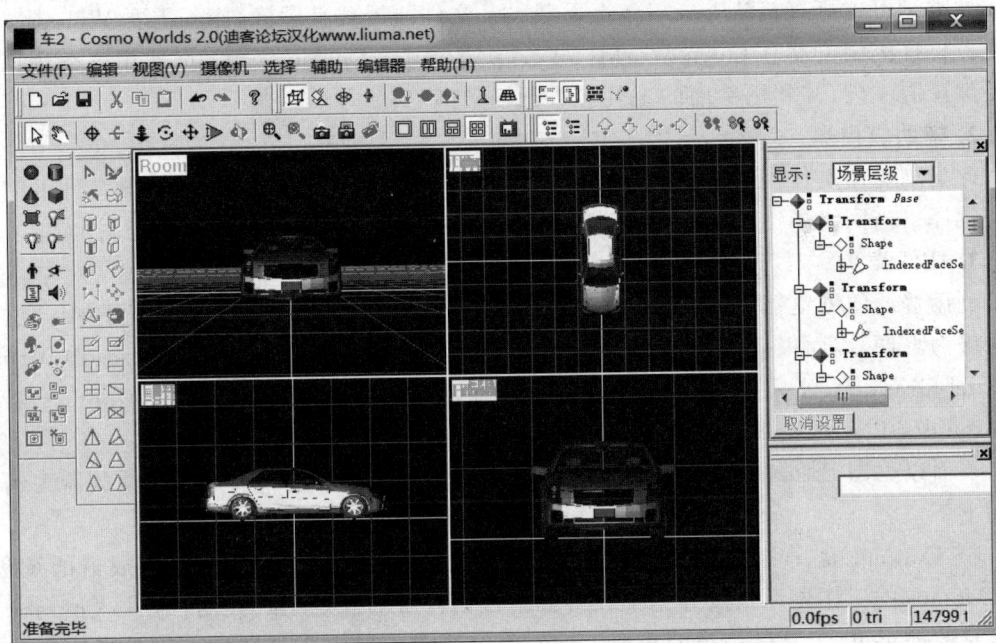

图 4.3　Cosmo Worlds 工作界面

3) V-realm Builder 2.0 编辑器

V-realm Builder 2.0 也是一款功能强大的可视化的 VRML 编辑器,完全支持 VRML 2.0 规范。打开它的工作界面,上部有标题栏、菜单栏、工具栏,中部左侧为导航、程序语言调试区,右侧为实时 VRML 预览区,下部是状态栏。

在上方的工具栏中,除了有不少操作方面的快捷图标,还有一组形象的几何体图标。如果是建立常见的立方体、圆锥体等,可直接单击对应的几何体图标即可生成,因此它也是一款简单易用可视化的编辑器。

除此之外,目前国外比较流行的 VRML 编辑器有:Paragrph 公司的 Internet Home Space Builder、Platuim 公司的 Vcreator 等。其中,Vcreator 在技术上比较领先。虽然这些工具都可以用来辅助生成 VRML 文件,创建虚拟现实的场景,但由于都是国外的产品,有版权保护问题,同时这些软件制作工具对于 VRML 的性能要求有很多并不能达到目的。例如,Internet Home Space Builder 这一款软件主要是面向建筑行业的产品,它的缺点就在于不支持物体的动画,不支持行为、事件的操作等。

4.1.4　VRML 文件浏览器

VRML 是一种特殊的基于 B/S 结构的 3D 图形显示模式,要通过浏览器观看,要么使用专用的浏览器,要么给普通的浏览器安装一个插件,使 IE、Netscape 或 Firefox 之类的浏览器可以识别 .wrl 的文件格式。这一点也是 VRML 发展过程中一个较大的障碍,而对于 HTML 5 来说,也许会有更好的前途。目前用于解释 VRML 文件的浏览器可以分为以下三大类。

1. 单独应用类

此类浏览器可直接从 Internet 上下载.wrl 文件并展现其图像，而不需要 Web 浏览器的支持。这类浏览器有 Open Worlds、World View for Developers 等。使用这类浏览器需要编译源文件，并利用专用的工具包进行场景浏览。

2. 辅助应用类

此类浏览器是作为对某种网络浏览器如 Netscape Navigator 的帮助，源文件不需要进行编译。当网络浏览器遇到一个 VRML 连接时，就会启动帮助浏览器进行浏览。

3. 插件类

利用普通的浏览器，下载安装一个 VRML 解释插件，就可以自由浏览 VRML 文件，使用极为方便，因而以插件类最多。常见的有：World View 2.1，也称 Microsoft Vrml；Parallel Graphics 公司的 Cortona；SGI 公司的 Cosmo Player；Blaxxun Contact 4.3；Community Place 2.0；BS Contact。

下面以德国 Bitmanagement Software GmbH 公司开发的 BS Contact 播放器为例简介如下。

BS Contact 是 BS Contact MPEG-4 播放器和 BS Contact VRML 播放器的统称。BS Contact 的工作界面被设计为不在屏幕上显示自身的固定用户界面，即 BS Contact 没有可见的如菜单、工具栏一类的东西。这使内容作者可以完全控制他们网站或应用程序的外观。播放器的显示窗口工作界面和效果如图 4.4 所示。

图 4.4　BS Contact 浏览界面

另一方面，BS Contact 还允许用户通过鼠标右键调出其快捷菜单，用户还可以调出特性设置对话框和控制台窗口。

在展示场景中的三维对象时，有以下七种可选的导航模式。

（1）Walk（漫步浏览）模式。这是大多场景中使用的模式。它允许用户在场景中按人在真实世界中相似的方式四处走动。在用户移动的时候，可以使用鼠标滚轮向上或向

下看,可观察与物体发生碰撞过程。

(2) Fly(飞行浏览)模式。与 Walk 模式相似,但是飞行模式不会把用户吸引到地面上,因此用户可以飞。在用户移动的时候,可以使用鼠标滚轮向上或向下看,按住 Ctrl 键同时拖曳鼠标可以使用户上升或下降,移动过程更快。

(3) Examine(检视)模式。该模式下允许用户旋转物体以从不同方向上检视它。默认情况下,如果只观察单个物体,将激活这种导航模式。

(4) Pan(平移)模式。该模式下用户可以方便地四处查看,仍然可以移动但是需要在拖曳鼠标时按下 Ctrl 键。

(5) Slide(滑动)模式。允许用户横向或前后移动而不改变用户观察的方向。

(6) Game(游戏)模式。这是一种可以替代 Walk 模式的行走模式。用户可以使用和 3D 射击类游戏相似的方式控制用户的移动。

(7) Jump(跳跃)模式。这是一个特殊的模式,单击一个物体对象时用户将自动移动到这个物体的前面。不过如果在 Walk 模式或 Pan 模式下用户仍然可以拖曳鼠标来四处移动。将根据是否打开重力模拟来决定是否激活这些模式。其中,PAN-like 为打开重力模拟,WALK-like 为不打开重力模拟。

在操控场景中的对象时,用户还可做如下选择。

(1) Shift(上档键)。更快速地移动。

(2) 速度(Speed)菜单。控制移动的速度。

(3) Ctrl(控制键)。改变鼠标作用方式。

4.2 初识 VRML 文件

VRML 文件结构主要包括五个主要成分: VRML 文件头、原型(Proto)、造型节点(Node)、脚本(Script)和路由(Route)。

在这五个要素中,文件头部分是必需的,它用来告诉浏览器该文件符合的规范标准以及使用的字符集等信息。原型的定义创建了带有指定名称、接口和整体的新节点类型,一旦成功地定义了原型,它就可以在 VRML 文件的其他地方任意使用。54 个内置的各类节点是 VRML 中的基本建造模块,它构成了 VRML 文件的主体部分,正是由于造型节点定义而产生了虚拟的 VRML 空间。脚本可以看作是一个节点的外壳,它有域、eventIn 事件、eventOut 事件。其本身没有任何动作,然而编程者可以通过程序脚本赋予其脚本节点的动作。所以程序脚本可认为是一种简化了的应用程序。一个典型的脚本是由 Java 或 JavaScript 编程语言写成的程序。路由是一种文本描述的消息,一旦在两个节点之间创建了一个路由,第一个节点可以顺着路由传递消息给第二个节点,这样的消息被称为事件。

另外,VRML 还可以包含下列条目:注释、节点和域值、定义的节点名、使用的节点名等。

4.2.1 VRML 的通用语法结构

VRML 文件是要虚拟空间的文本性描述，VRML 的通用语法由 VRML 文件来约定。下面通过一个 VRML 文件对 VRML 的语法进行具体的说明。

例 4.1 Hello World.wrl

```
#VRML V2.0 utf8
   Shape {                            #形状父节点
    appearance Appearance{            #外观子节点
       material   Material {          #材质节点,取默认颜色
                        }
    }
   geometry Sphere {                  #几何球体
      radius 1.0                      #域的定义
      }
      }
```

从上面的例子中，可以看出 VRML 文件对语法有以下几条约定。

（1）每个 VRML 文件都必须以"♯VRML V2.0 utf8"作为文件头。

（2）文件中的任何节点的第一个字母都要大写。

（3）节点的域都必须位于括号里面。

（4）程序注释：

① 以"♯"字符开头，结束于该行末尾。

② 不支持多行注释。

③ 并非所有 VRML 编辑系统都支持中文注释。

上面的语句集合可保存为 Hello World.wrl 文件。

4.2.2 VRML 的基本概念

1. 节点

节点用来描述造型和造型的属性，是 VRML 文件的最基本构成部件。例如，球体节点：

```
Sphere{
radius  1.0
}
```

从上面的例子中可以看出，节点包括节点原型以及描述其属性的域和域值（注意：域和域值必须括在括号里面。

2. 域和域值

域定义节点的属性，域值是对属性的具体描述。

3. 事件

事件是按照指定的路由从一个节点发往另一个节点的消息，它是一个值，一般类似

于节点的域值,可以是坐标值、颜色值或浮点值。

4. 路由

路由是消息从一个节点发往另一个节点依据的路线,多个节点通过路由连接起来形成复杂的路线,可以传播声音、动画等,使所创建的 VRML 空间充满变化和动感。

5. 交互和脚本

VRML 场景中的对象能够识别并响应用户的操作,称为交互功能。在 VRML 中,传感器(Sensor)节点是交互功能的基础。在场景图中,传感器节点一般是以其他节点的子节点的身份而存在的,它的父节点称为可触发节点,触发条件和时机由传感器节点类型确定。下面是几种最常用的传感器。

(1) 接触传感器(Touch Sensor)。

(2) 邻近传感器(Proximity Sensor)。

(3) 时间传感器(Time Sensor)。

(4) 朝向插补器(Orientation Interpolator)。

脚本是一套程序,通常作为一个事件级的一部分而执行。与脚本相联系的是脚本节点和脚本语言。一个 Script 节点包含一个叫作 Script 的程序。这个程序是以 JavaScript 或 Java 语言编写的。脚本程序则可以接受输入事件,处理事件中的信息,并产生基于处理结果的事件输出。当一个 Script 节点接受一个输入事件时,它将事件的值和时间戳传给与输入事件同名的函数或方法。

总之,Script 节点处理输入事件的一般方法是:为 Script 节点内的每一个输入事件都定义一个函数。当执行输入事件时,浏览器即调用同名函数进行相应的处理。

4.2.3 VRML 的计量单位和坐标系统

VRML 构造的是一个三维的虚拟世界,它的造型和位置都是由三维坐标系来表达的,并有自身的空间计量单位,以用来控制场景中造型的大小和尺寸。

1. 空间计量单位

VRML 的空间计量单位通常有长度单位和角度单位两种。

1) 长度单位

长度单位也叫 VRML 单位,简称单位,用来计量造型的尺寸和位置。例如:

```
Sphere{
radius 1.0
}
```

2) 角度单位

角度单位是用来计量坐标旋转角度的大小的。在 VRML 中,角度单位通常使用的是弧度制。例如:

```
Transform {
rotation  0.0  1.0  0.0   1.571
}
```

其中，1.571 表示旋转的角度，单位是弧度。

相互转换公式：

$$弧度 = (角度/180) \times \pi$$
$$角度 = 弧度/\pi \times 180$$

2. 坐标系统的显示

在 VRML 的场景中设置物体需要有明确的坐标，在同一个场景中，有一个统一的坐标系。这个坐标系是一个右手坐标系，在初始（即观察者没有移动位置和改变视角）时，该坐标系的 x 轴为沿屏幕水平向右，y 轴为沿屏幕垂直向上，z 轴为从屏幕指向用户，如图 4.5 所示。

VRML 的几何对象参照这个坐标系，使用三维坐标系统描述点的位置。在初始状态下，VRML 的几何对象（除了文本）都被定位在空间坐标$(0,0,0)$点上，且高度以 y 轴正方向表示。文本从默认位置左端开始，沿 x 轴正方向放置每个连续的文字。

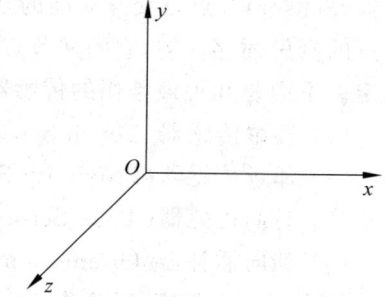

图 4.5　右手坐标系

4.3　VRML 文件的主体内容

VRML 定义了一系列的对象，用于生成各种形式的三维图形及一些特殊的效果，如贴图、声音、影像等，而构成这些对象的 VRML 程序语句称为节点。实际上，VRML 程序的主体就是由不同的节点语句构成的。

在 VRML 中，节点是以层次结构排列的（或者说是嵌套的），这种层次结构的构成就构建起了场景图。

VRML 中，另一个重要的内容就是域的设定，因为所有节点都有一个或多个参数，这些参数就是由域和事件组成的。其中，域定义了节点的各种属性，事件则起着交互性的作用。例如，在 Hello World.wrl 中，radius 域的域值设定为该球体的半径为 1.0VRML 单位。在其他的节点中还可以定义长度、宽度、颜色、亮度等。每个域都有默认值，当域值没有被指定时，浏览器将使用默认值，例如，radius 的默认值表示半径为 1.0。

域有两种类型：field，exposedField。

4.3.1　VRML 的节点

1. 节点的分类

VRML 的内部节点有 54 个，依功能可以分为 21 种类型，见表 4.1。

表 4.1　节点类型表

类　　型	节　　点
造型尺寸、外观节点	Shape、Appearance、Material

续表

类 型	节 点
原始几何造型节点	Box、Cone、Cylinder、Sphere
造型编组节点	Group、Switch、Billboard
文本造型节点	Text、Frontstyle
造型定位、旋转、缩放节点	Transform
插补器节点	PositionInterpolater、OrientationInterpolater、ColorInterpolator、ScalarInterpolator、CoordinateInterpolator
传感器节点	TouchSensor、CylinderSensor、PlaneSensor、SphereSensor、VisibilitySensor、ProximitySensor、Collision、TimeSensor
点、线、面集节点	PointSet、IndexedLineSet、IndexedFaceSet、Coordinate
海拔节点	ElevationGrid
挤出节点	Extrusion
颜色、纹理、明暗节点	Color、ImageTexture、PixelTexture、MovieTexture、Normal
控制光源的节点	PointLight、DirectionalLight、SpotLight
背景节点	Background
声音节点	AudioClip、MovieTexture、Sound
细节控制节点	Lod
雾节点	Fog
空间信息节点	WorldInfo
锚点节点	Anchor
脚本节点	Script
控制视点的节点	Viewpoint、NavigationInfo
用于创建新节点类型的节点	Proto、ExternProto、IS

2. 常用节点的说明

1) 造型节点

```
Shape {
appearance NULL                    #exposedField SFNode
geometry  NULL                    #exposedField SFNode
}
```

appearance 包含一个 Appearance 节点。

geometry 包含一个几何节点(如 Box、Cone、IndexedFaceSet、PointSet)。

说明:将 Appearance 指定的材质和质感应用到 geometry 域的几何节点。

2) Appearance 外观属性节点

```
Appearance {
```

```
    material NULL                            #exposedField SFNode
    texture NULL                             #exposedField SFNode
    texture Transform NULL                   #exposedField SFNode
}
```

说明：该节点的域常用 Material 的域值指定。

3）材质节点

```
Material {
    diffuseColor 0.8 0.8 0.8                 #exposedField SFColor
    emissiveColor 0.8 0.8 0.8                #exposedField SFColor
    specularColor 0.8 0.8 0.8                #exposedField SFColor
    ambientIntensity 0.8 0.8 0.8             #exposedField SFColor
    shininess 0.8 0.8 0.8                    #exposedField SFColor
    transparency 0.8 0.8 0.8                 #exposedField SFColor
}
```

说明：其中的域值分别代表了漫反射、自发光、高光、环境光、高光反射、透明度等。

4）Geometry 几何造型节点

（1）基本几何造型节点。

```
Box {
    size 2.0 2.0 2.0                         #field SFVec3f
}
Sphere {
    radius 1.0                               #field SFFloat
}
Cylinder {
    radius 1.0                               #field SFFloat
    height 2.0                               #field SFFloat
    top TRUE                                 #field SFBool
    side TRUE                                #field SFBool
    bottom TRUE                              #field SFBool
}
Cone {
    bottomRadius 1.0                         #field SFFloat
    height 2.0                               #field SFFloat
    side TRUE                                #field SFBool
    bottom TRUE                              #field SFBool
}
```

（2）文字造型节点。

```
Text {
    string [ ]                               #exposedField MFString
    length [ ]                               #exposedField MFFloat
    maxExtent 0.0                            #exposedField SFFloat
    fontStyle NULL #exposedField SFNode
```

```
}
FontStyle {
    family "SERIF"                        #field     SFString
    style   "PLAIN"                       #field     SFString
    size 1.0                              #field     SFString
    spacing 1.0                           #field     SFString
    horizontal TRUE                       #field     SFBool
    leftToRight TRUE                      #field      SFBool
    topToBottom TRUE                      #field      SFBool
    justify ["BEGIN"]                     #field     MFString
    language " "                          #field     SFString
}
```

（3）任意几何造型节点。

以下节点描述由离散点集构造的空间几何造型。

```
PointSet {
    coord NULL                            #exposedField SFNode
    color NULL                            #exposedField SFNode
}
Coordinate {
    point [ ]                             #exposedField MFVec3f
}
Color {
    color [ ]                             #exposedField MFColor
}
```

以下节点描述由离散点集经索引而构造的空间线造型。

```
IndexedLineSet {
  coord NULL                              #exposedField SFNode
  coordIndex [ ]                          #field MFInt32
  color NULL                              #exposedField SFNode
  colorIndex [ ]                          #field MFInt32
  colorPerVertex TRUE                     #field SFBool
  set_coordIndex                          #eventIn MFInt32
  set_colorIndex                          #eventIn MFInt32
}
Coordinate {
  point [ ]                               #exposedField MFVec3f
}
Color {
  color [ ]                               #exposedField MFColor
}
```

以下节点描述为任意的几何造型（可表示复杂模型）。

```
IndexedFaceSet {
```

```
    coord NULL                          #exposedField SFNode
    coordIndex [ ]                      #field MFInt32
    texCoord NULL                       #exposedField SFNode
    texCoordIndex [ ]                   #field MFInt32
    color NULL                          #exposedField SFNode
    colorIndex [ ]                      #field MFInt32
    colorPerVertex TRUE                 #field SFBool
    normal NULL                         #exposedField SFNode
    normalIndex [ ]                     #field MFInt32
    normalPerVertex TRUE                #field SFBool
    ccw TRUE                            #field SFBool
    convex TRUE                         #field SFBool
    solid TRUE                          #field SFBool
    creaseAngle 0.0                     #field SFFloat
    set_coordIndex                      #eventIn MFInt32
    set_texcoordIndex                   #eventIn MFInt32
    set_colorIndex                      #eventIn MFInt32
    set_normalIndex                     #eventIn MFInt32
}
```

5）编组节点

（1）Group 节点。

功能描述：在同一个场景中创建多个造型时，要用上编组节点 Group，将场景中的各个造型进行编组，而获得具有多个造型的较复杂的场景。

```
Group {
    children [ ]                        #exposedField MFNode
    bboxCenter 0.0 0.0 0.0              #field SFVec3f
    bboxSize   -1.0 -1.0 -1.0           #field SFVec3f
    addChildren                         #eventIn MFNode
    removeChildren                      #eventIn MFNode
}
```

说明：children 域用于指定该组节点的一个列表，各节点在自己的最后用逗号与其他的组元分开。children 域的域值通常包含造型节点 Shape 和其他的 Group 节点。children 域的默认域值为一个空的组元列表，即一个空组。而 bboxCenter 和 bboxSize 域是用来指定约束长方体的中心位置和大小。bboxCenter 域的默认域值是(0.0 0.0 0.0)，而 bboxSize 域的默认域值为(-1.0 -1.0 -1.0)。addChildren 域和 removeChildren 域分别是输入接口和输出接口。

Group 节点是将基本造型节点组织在一起，编成一组中的多个节点将相互交叠，从而创建复杂的空间造型，编组后的节点可以作为一个单独的对象来进行各种操作，包括和其他的对象一起编成一个新的组。一个组中可以包含任意数目的组元，一个 VRML 文件中可以包含任意数目的组。

162

（2）Transform 节点。

功能描述：对 VRML 空间坐标系进行变换，以建立一个或多个相对于已有坐标系（父坐标系）的新坐标系（子坐标系）。

```
Transform {
    children [ ]                          #exposedField MFNode
    translation 0.0 0.0 0.0              #exposedField SFVec3f
    rotation 0.0 0.0 1.0 0.0            #exposedField SFRotation
    scale 1.0 1.0 1.0                    #exposedField SFVec3f
    scaleOrientation 0.0 0.0 1.0 0.0    #exposedField SFRotation
    center 0.0 0.0 0.0                   #exposedField SFVec3f
    bboxCenter 0.0 0.0 0.0              #field SFVec3f
    bboxSize     -1.0 -1.0 -1.0        #field SFVec3f
    addChildren                         #eventIn MFNode
    removeChildren                      #eventIn MFNode
}
```

（3）Switch 节点。

功能描述：将多个 VRML 场景造型节点并列排放在 Switch 编组节点中，浏览器渲染时一次只能选择其中之一加以创建。

```
Switch {
    choice [ ]                          #exposedField MFNode
    whichChoice  -1                     #exposedField SFInt32
}
```

如果 whichChoice 域值小于 0 或者大于 choice 域中的节点列表数，则不创建任何造型。

（4）Billboard 节点。

功能描述：随浏览者的移动而自动加以旋转以始终朝向浏览者，从而保证其中的内容始终处于可视方位，就像真实世界中的布告牌，总是设置在场景中易于观察到的位置和朝向。

```
Billboard {
    children [ ]                         #exposedField MFNode
    axisOfRotation 0.0 1.0 0.0         #exposedField SFVec3f
    bboxCenter 0.0 0.0 0.0            #field SFVec3f
    bboxSize -1.0 -1.0 -1.0          #field SFVec3f
    addChildren                        #eventIn MFNode
        removeChildren                 #eventIn MFNode
}
```

6）Background 背景节点

功能描述：产生 VRML 中的虚拟空间背景。Background 节点可以是任意编组节点的子节点，它在当前坐标系中构造空间背景。

```
Background {
```

```
skyAngle [ ]                          #exposedField MFFloat
skyColor [0.0 0.0 0.0]                #exposedField MFColor
groundAngle [ ]                       #exposedField MFFloat
groundColor [0.0 0.0 0.0]             #exposedField MFColor
frontUrl [ ]                          #exposedField MFString
backUrl [ ]                           #exposedField MFString
leftUrl [ ]                           #exposedField MFString
topUrl [ ]                            #exposedField MFString
bottomUrl [ ]                         #exposedField MFString
set_bind                              #eventIn SFBool
isBound                               #eventOut SFBool
}
```

背景节点可以设置某种颜色,也可以链接图片,skyAngle[ ]、groundAngle[ ]中的参数为用弧度表示的角度。

7) 节点的定义与使用

定义语法:

```
DEF 节点名 节点{}
```

命名规则:

(1) 节点名由字母和数字序列组成,但必须以字母开头,字母区分大小写。

(2) 允许使用下画线,但不能使用单引号、双引号、数字运算符号、英镑符号和VRML中的关键字。

引用语法:

```
USE  节点名
```

功能描述:通过给节点语句命名,从而重复使用。

4.3.2 常用的域

在 VRML 体系中有众多的域,其中常用的域可以分为两类:一类只包含单值(所谓单值,可以是一个单独的数,也可以是定义一个向量或颜色的几个数,还可以是定义一幅图像的一组数);另外一类包含多个单值。单值类型的域,名称以"SF"开头;多值类型的域,名称以"MF"开头。

在 VRML 文件中,表示多值域的方法是:一系列用逗号和空格间隔开的单值,整个用方括号括起来。如果一个多值域不包含任何值,则只标出方括号("[]"),其中不填任何数。如果一个多值域恰好只包含一个数,可以不写括号,直接写该值。例如,表示一个多值域,其中只包含一个单独的整数 1,后面两种方式均属有效:1 或[1]。

常用的域如下。

1. SFBool

SFBool 域只含有一个 Bool 值: TRUE 或 FALSE。初始值是 FALSE。

2. SFColor 和 MFColor

SFColor 域是只有一个颜色值的单值域。SFColor 值和 RGB 值一样,由一组三个浮点数组成。每个数都是 0.0～1.0,分别表示构成颜色的红、绿、蓝三个分量。

MFColor 域是一个多值域,包含任意数量的 RGB 颜色值。

例如,[1.0 0.0 0.0,0 1 0,0 0 1]表示三种颜色红、绿、蓝的组成。

SFColor 域的输出事件的初始值是(0,0,0);而 MFColor 域的输出事件的初始值是[]。

3. SFFloat 和 MFFloat

SFFloat 域含有一个 ANSI C 格式的单精度浮点数。

MFFloat 域含有零个或多个 ANSI C 格式的单精度浮点数。即允许空白,不赋任何值。

SFFloat 域输出事件的初始值为 0.0。MFFloat 域输出事件的初始值为[]。

4. SFImage

SFImage 域含有非压缩的二维彩色图像或灰度图像。

SFImage 域首先列出三个整数值,前两个表示图片的宽度和高度,第三个整数表示构成图像格式的元素个数(1～4)。随后,按(宽度×高度)的格式列出一组十六进制数,数与数之间以空格分隔,每一个十六进制数表示图像中一个单独的像素。

图像格式的元素个数表示这幅图像是灰度图还是彩色图,以及是否包括透明像素或半透明像素。

单元素图像中的每一个像素用一个十六进制的字节表示,所表示的是一个像素的亮度。例如,0XFF 表示最高亮度(白色),而 0X00 表示最低亮度(黑色)。其中,0X 表示后面接着的数据为十六进制数。

双元素图像用两个字节表示一个像素。第一个字节表示亮度,第二个字节表示透明度。表示透明度时,字节为 0XFF 表示完全透明,而 0X00 表示不透明。所以 0X40C0 表示 1/4 亮度(暗灰)和 3/4 透明度。

三元素图像的每个像素由三个字节表示,每个字节表示像素颜色中红绿蓝分量(所以 0xFF0000 表示红色)。

四元素图像是在红绿蓝三色的值之外再加一个表示透明度的字节(所以 0X0000FF80 表示半透明的蓝色)。和双元素图像一样,透明度字节为 0XFF 表示完全透明,而 0X00 表示完全不透明。

为了提高可读性,最好把所有的十六进制字节都写全,包括前导 0。然而,写出每个字节有时是不必要的。例如,可以把一个三元素图像的蓝色像素写成 0XFF 而不是 0X0000FF。

像素的排列规定按从左到右、从底到顶的顺序。第一个十六进制数描述一个图像最左下角的像素,最后一个则描述右上角的像素。

例如:1 2 1 0XFF 0X00

一个像素宽、两个像素高的灰度图像,底部像素是白的,顶部像素是黑的。

例如:2 4 3 0XFF0000 0X00FF00 0 0 0 0 0XFFFFFF 0XFFFF00

两个像素宽、四个像素高的 RGB 图像,左下角像素是红色,右下角像素是绿色,中间两行是黑色,左上角像素是白色,右上角像素是黄色。

在任何脚本节点或原型内都可以使用这种类型的域，但是，使用的具体地点只能在 PiexlTexture(像素纹理)节点。

SFImage 域的输出事件的初始值为(0,0,0)。

5. SFInt32 和 MFInt32

SFInt32 域含有一个 32 位整数。SFInt32 值是由一个十进制或十六进制(以 0X 开头)格式的整数构成。

MFInt32 域是多值域，由任意数量的以逗号或空格分隔的整数组成。

例如：[17,−0xE20,−518820]

SFInt32 域的输出事件的初始值为 0，MFInt32 域的输出事件的初始值为[]。

6. SFNode 和 MFNode

SFNode 域含有一个单节点，必须按标准节点句法写成。MFNode 域包含任意数量的节点。

例如：

```
Transform{
children[]}
```

在 children 的域中，就是 MFNode 类型。

SFNode 允许包含关键字 NULL，该值表示它不包含任何节点。

注意：组节点或一个变换节点的 children 域也就是列出一组节点的 MFNode 域。把 SFNode 域放入脚本节点，就使节点的脚本可以直接存取列在 SFNode 域的节点，而不需要 ROUTE 语句。

SFNode 域的输出事件的初始值为 NULL，MFNode 域的输出事件的初始值为[]。

7. SFRotation 和 MFRotation

SFRotation 域规定一个绕任意轴的任意角度的旋转。SFRotation 值含有四个浮点数，各数之间以空格分隔。前三个数表示旋转轴(从原点到给定点的向量)；第四个数表示围绕上述轴旋转多少弧度。

例如，绕 y 轴旋转 180°表示为：0 1 0 3.1416。

MFRotation 域可包含任意数量的这类旋转值。

注意：视点的旋转是从默认的视点方向开始的，该方向是从(0,0,10)沿−z 轴观察。

SFRotation 域的输出事件的初始值为(0 0 1 0)，MFRotation 域的输出事件的初始值为[]。

8. SFString 和 MFString

SFString 域包含一串字符，各字符遵照 UTF-8 字符编码标准(ASCII 是 UTF-8 的子集，可以用于 SFString 域)。SFString 值含有双引号括起来的 UTF-8 octets 字符串。任何字符(包括"#"和换行符)都可在双引号中出现。

为了在字符中使用双引号，可在它之前加一个反斜杠"\"。为了在字符串中使用反斜杠，则可连续输入两个反斜杠"\\"。

例如：

```
"One,Two,Three,123."
```

```
He asked, \"Who is #1?\"
```

MFString 域含有零个或多个单值,每个单值都和 SFString 值的格式一样。

SFString 域的输出事件的初始值为"",MFString 域的输出事件的初始值为[]。

9. SFTime 和 MFTime

SFTime 域含有一个单独的时间值。每个时间值是一个 ANSI C 格式的双精度浮点数,表示的是从 1970 年 1 月 1 日(GMT,格林尼治平均时)子夜开始计时,延续当前时间的秒数。

MFTime 域包含任意数量的时间值。

SFTime 域的输出事件的初始值为−1,MFTime 域的输出事件的初始值为[]。

10. SFVec2f 和 MFVec2f

SFVec2f 域定义了一个二维向量。SFVec2f 的值是两个由空格分隔的浮点数。

MFVec2f 域是多值域,包含任意数量的二维向量值。

例如:[0 0,1.2 3.4,98.6 -4e1]

SFVec2f 域的输出事件的初始值为(0 0),MFVec2f 域的输出事件的初始值为[]。

11. SFVec3f 和 MFVec3f

SFVec3f 域定义了一个三维空间的向量。一个 SFVec3f 值包含三个浮点数,数与数之间以空格分隔。该值表示从原点到给定点的向量。

MFVec3f 域包含任意数量的三维向量值。

例如:[0 0 0,1.2 3.4 5.6,98.6 −461 451]

SFVec3f 域的输出事件的初始值为(0 0 0),MFVec3f 域的输出事件的初始值为[ ]。

4.4 VRML 的空间造型

在 VRML 的虚拟场景中的空间造型,必须使用 Shape 节点进行创建与封装,而具体的造型对象则是通过调用基本几何造型、文本造型和以点、线、面等方面的节点构成。

4.4.1 基本造型

利用基本几何造型进行三维虚拟建模是最为简便的方法之一。基本几何造型节点有四种,分别为 Box(立方体)、Cone(圆锥体)、Cylinder(圆柱体)和 Sphere(球体)。如果有效组织仅有的四种几何体,可以组合出多种效果。

例 4.2 制作雨伞

```
#VRML V2.0 utf8
Background{                              #立体空间背景节点
  skyAngle[                             #空间背景需要着色的位置空间角
    1.309 1.571
    ]
  skyColor[                            #天空背景着色
```

```
          1.0 1.0 1.0
          0.2 0.2 1.0
          1.0 1.0 1.0
          ]
      }
#创建造型
    Transform{                              #变换坐标节点
translation 0.0 1.0 0.0                      #沿 y 轴上移 1 个单位
      children [
        Shape {
          appearance Appearance {
            material Material {
              diffuseColor    1.0 0.0 0.0
            }
          }
          geometry Cone {
            bottomRadius 1.6
            height 0.5
            side TRUE
            bottom TRUE
          }
        }
      ]
    }
    Shape{                                  #定义一个柱体节点
      appearance Appearance   {             #设置外观
        material Material{
          diffuseColor 0.5 0.5 0.5          #设置漫反射颜色
          }
        }
          geometry Cylinder {               #几何圆柱体
              height 1.6
              radius 0.02                   #设置半径
          }
        }
    Transform{                              #变换坐标节点
        translation 0.0 - 0.8 0.0           #沿 y 轴下移 0.8 个单位
          children [
            Shape {
              appearance Appearance {
                material Material {
                diffuseColor        0.5 0.0 0.0
              }
            }
            geometry Cylinder {             #几何圆柱体
```

```
                height 0.2
                radius 0.05
            }
        }
    ]
}
```

该例子中,先设置了一个天空背景颜色,然后利用基本造型几何体——两个圆柱体制作伞柄,一个圆锥几何体制作为伞顶。伞柄与伞顶结合生成了雨伞,运行效果如图 4.6 所示。需要注意的是,VRML 程序编写时对大小写字母是敏感的,伞顶沿 y 轴进行上移。

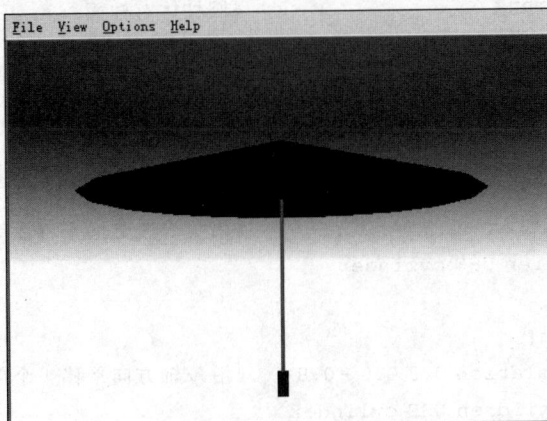

图 4.6　雨伞效果图

4.4.2　空间变换

在默认情况下,所有基本造型的几何对象中心与 VRML 坐标系的原点重合,如果要求场景中的对象改变方向或移动位置,则需要进行 VRML 的空间变换。能够进行空间变换的节点为 Transform,利用该节点可以创建新的坐标系,可以随意地平移(translation)、旋转(rotation)、缩放(scale),该节点是 VRML 体系中应用频率最高的节点之一。

例 4.3　制作凉亭

```
#VRML V2.0 utf8
  Background{                          #立体空间背景节点
    skyColor[                         #天空着色
      1.0 1.0 1.0
    ]
  }
#创建造型
  Transform{                          #变换坐标节点
    translation -0.8  0  -0.8         #沿 x/z 轴平移 0.8 个单位
```

```
        children   [                          #生成圆柱体
     DEF   cylinder   Shape{                  #定义一个圆柱体节点
       appearance Appearance   {              #设置外观
        material Material{
          diffuseColor 1.0 0.0 0.0            #设置漫反射颜色
             }
          }
             geometry   Cylinder {           #创建圆柱体
            radius 0.12                       #圆柱体半径
            height 1.6                        #圆柱体高
            bottom TRUE                       #圆柱体有底
            side TRUE                         #圆柱体有柱面
                     }
                  }
             ]
     }
       Transform{                             #变换坐标节点
          translation - 0.8 0 0.8            #沿负 x 轴方向平移 1 个单位
            children USE cylinder
          }
        Transform{
            translation 0.8 0.0 - 0.8        #沿 y 轴方向平移 1 个单位
              children USE cylinder
         }
       Transform{
          translation 0.8 0.0 0.8            #沿负 y 轴方向平移 1 个单位
            children USE cylinder
     }
         Transform{
            translation   0.0 1.0 0.0
              children [
               Shape {
               appearance Appearance {
                   material Material {
                     diffuseColor 0.0 1.0 0.0
                }
             }
               geometry Cone {
                   bottomRadius 1.6
                     height 0.5
                    side TRUE
                     bottom TRUE
                }
             }
          }
       ]
```

```
    }
  Transform{
      translation   0.0 - 0.8 0.0
      children [
        Shape {
        appearance Appearance {
         material Material {
           diffuseColor 1.0 1.0 0.0
        }
      }
        geometry Box{
          size 1.9   0.05   1.9
        }
      }
    ]
  }
```

该例子中,由于所有对象都需要平移或上移、下移位置后组合成为一个凉亭,因而每个部件在开始时都应用了空间变换节点 Transform。其中,圆柱体有四个相同,所以将圆柱体节点命名后,再用 USE 语句调用,可节省编程空间。效果如图 4.7 所示。

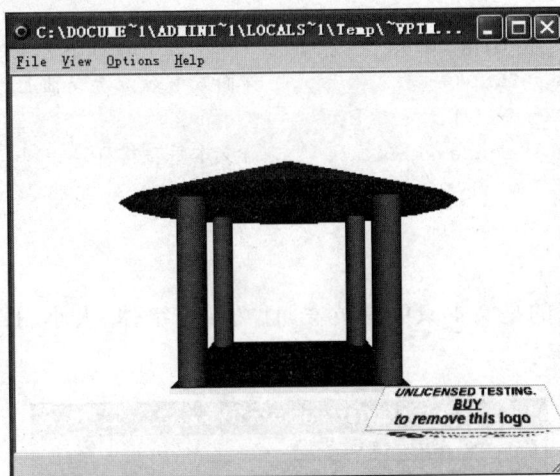

图 4.7 凉亭效果图

4.4.3 显示文本

文本也是虚拟场景中的重要元素之一,添加文本仍然是通过使用 Shape 节点实现的,将 Text 节点作为 geometry 域的域值,从而可以方便地显示出英文文字。

例 4.4 文本显示

```
#VRML V2.0 utf8
Background{                                    #立体空间背景节点
```

```
        skyColor[                        #定义一个天空颜色,是单色调
            0.2 0.8 0.6
            ]
    }
#创建文字外观造型
    Shape {                              #Shape 模型节点
        appearance Appearance{
            material  Material {         #空间物体造型外观
                diffuseColor 1.0 1.0 0.0 #一种漫反射颜色
                }
            }
        geometry Text {
            string [
            "VRML scene",                #不同的行用逗号隔开
            " How are you!"
                ]
            fontStyle FontStyle {        #文字外观造型节点
                family "SANS"            #SANS 字体
                size   0.5               #文本字符高度为 0.5 单位
                style  "BOLD"            #加粗的字体
                justify[
                "MIDDLE"                 #文本造型的中心点位于 y 轴
                "END"                    #而其下端位于 x 轴上
                    ]
            horizontal FALSE             #文本垂直排列
            }
        }
    }
```

该例中,需要注意的是文本只能是英文,且文字有字体、大小、长度、对齐等约束条件设置。效果如图 4.8 所示。

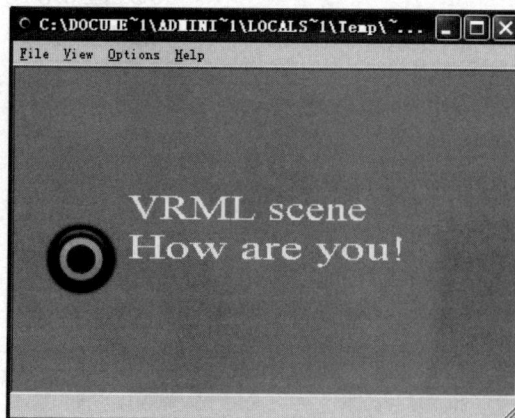

图 4.8　文本显示效果图

4.4.4 复杂造型

基本几何造型节点可以创建多种简单结构的造型效果,但是不能适应创建复杂形体的对象模型,例如,对于具有某些不太规范外形的对象。为此,VRML 提供了一种非常灵活、高效的节点,使得用户能够通过使用点、线、面来构造几何形体。这些节点主要包括:PointSet(点)、IndexedLineSet(线)、IndexedFaceSet(面)、ElevationGrid(海拔栅格)、Extrusion(挤出造型)等。它们都是 geometry 域的域值。

例 4.5 创建三维坐标系

```
#VRML V2.0 utf8
Shape {
    appearance Appearance{
        material   Material {              #空间物体造型外观
        diffuseColor 0.3 0.2 0.0          #一种漫反射颜色
            emissiveColor 1.0 1.0 1.0      #白色
            }
    }
    geometry IndexedLineSet {              #线节点
        coord Coordinate{                  #该节点用来进行"点"定位的三维坐标
            point[
            -5.0 0.0 0.0,5.0 0.0 0.0      #x 轴
            4.5 0.2 0.0, 4.5 -0.2 0.0
            0.0 -4.0 0.0,0.0 4.0 0.0      #y 轴
            -0.2 3.5 0.0,0.2 3.5 0.0
            0.0 0.0 -8.0,0.0 0.0 5.0      #z 轴
            -0.2 0.0 4.5,0.2 0.0 4.5
            ]
            }
        coordIndex [
            0,1,2,1,3,-1                    #x 轴索引
            4,5,6,5,7,-1                    #y 轴索引
            8,9,10,9,11,-1                  #z 轴索引
        ]
        }
    }
```

该例中,x 轴、y 轴以及 z 轴均为画点连线后形成,比较关键的是 CoordIndex 域值设定的多条线段的索引列表。索引规则如下。

(1) 每一个索引号对应一个连接点的坐标。

(2) 索引号之间用逗号或空格分隔。

(3) 索引号为 -1,表示本线段结束。

(4) 列表中最后一条线段结束时,可以不标索引号 -1。

（5）默认值为空，表示不创建任何造型。

该例中，x 轴由坐标为 −5.0 0.0 0.0 点（索引号为 0）连接坐标为 5.0 0.0 0.0 的点（索引号为 1），再连接坐标为 4.5 0.2 0.0 的点（索引号为 2），再返回连接（索引号为 1）的点，再连接坐标为 4.5 −0.2 0.0 的点（索引号为 3），结束连接标注为 −1。坐标效果如图 4.9 所示。拖动场景中的对象，可以看到三维坐标效果。

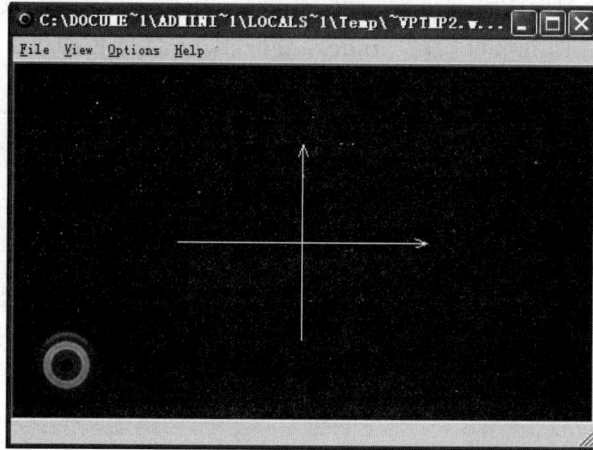

图 4.9　坐标效果图

4.5　VRML 的场景效果

场景效果主要是指虚拟空间里如何对环境中的对象进一步地进行渲染和融合，主要表现为设置造型纹理、添加声音效果以及灯光、视点和导航效果等。

4.5.1　纹理映射

纹理映射是一种用来加入细节的技术，其通过将纹理图根据几何体的外形，按一定规则映射到物体的表面。使用纹理能使物体更具有真实感，产生如木纹、大理石、水面等效果。

VRML 提供了以下三种纹理节点。

（1）ImageTexture：图像纹理节点。

（2）PixelTexture：像素纹理节点。

（3）MovieTexture：电影纹理节点。

对于同一个造型，在同一个 Appearance 节点内，只能选择一种纹理节点。

1. 纹理坐标

对于纹理映射的过程，首先需要了解纹理坐标的概念。纹理位图覆盖到几何造型的表面时，依据一定的坐标关系进行，即由一个二维平面坐标系 (S,T) 定义，S 表示横轴，T 表示纵轴，纹理图的左下角像素位于纹理坐标系的原点 $(0,0)$，右上角像素位于 $(1,1)$。

由(0,0),(1,0),(1,1),(0,1)所围成的矩形就是纹理图默认的原始区域。坐标如图 4.10 所示。

无论纹理图实际尺寸大小如何缩放,纹理图的左下角总是位于纹理坐标系的(0,0),右上角总是位于(1,1)。若使用纹理重复,相当于把原始区域的纹理图进行复制并逐次拼接,每次复制使 S 轴或 T 轴的纹理坐标加 1,负向则减 1。

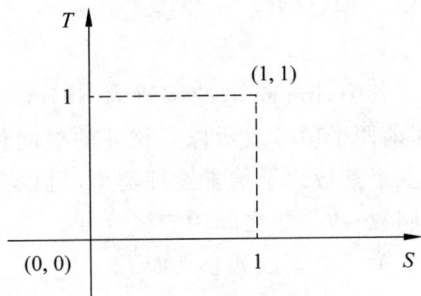

图 4.10 纹理坐标图

2. 支持的图像格式

VRML 支持的图像格式有以下几种。

(1) JPEG。是一种适合于网格传输、图像质量较高的图像格式,扩展名为.jpg,文件较小,但没有透视度和灰度模式,只有全彩色(RGB)。

(2) GIF。适合网格传输,图像质量较低,支持透视度存储,文件较小,扩展名为.gif。

(3) PNG。改进 GIF 格式而开发的网络图像文件格式,相对 GIF,有更高的图像质量,支持单元素、双元素、三元素及四元素图像纹理,支持透明度和灰度存储,适合包含表格和文字的图片应用。

(4) MPEG。一种流行的音像文件格式,采用高效率的图像和声音压缩技术,电影文件的图像质量相当高,但不支持透明度存储。

3. 节点说明

1) 图像纹理

用于设置图像纹理的参数并将该纹理粘贴(映射)到造型表面,支持的文件格式有:JPEG,PNG,GIF。

语法:

```
ImageTexture{
    url         [ ]             #exposedField MFString
    repeatS     TRUE            #SFBool
    repeatT     TRUE            #SFBool
}
```

其中,repeatS 域和 repeatT 域的作用为设定图像纹理是否沿 S 方向或 T 方向重复粘贴;默认值都为 TRUE。实际上,如果不使用 texture Transform 纹理变换对纹理进行缩放处理,系统会自动对纹理的大小进行调整使其恰好填满造型表面。

2) 像素纹理

没有 URL 域,而是将纹理位图与 VRML 文件一起存放。该节点以显示像素数组的形式定义一个二维像素纹理,并且设定将该纹理映射到造型表面时所需的参数。由于像素纹理包装需要知道各点的颜色值,使用起来不方便,因此一般只用于比较简单的纹理。

语法:

```
PixelTexture{
    image       0 0 0           #exposedField SFImage
    repeatS     TRUE            #SFBool
```

```
    repeatT    TRUE                        #SFBool
}
```

其中,image 域的域值为 SFImage 类型。具体方法为 image 域首先列出三个整数值,前两个整数表示像素纹理的横向像素个数(纹理宽度)和纵向像素个数(纹理高度),第三个整数表示像素纹理类型(可以在 0、1、2、3、4 中选择一个数值),随后列出一组十六进制数,数与数之间用空格分开。

第三个整数的意义如下。

(1) 0 表示无图像。

(2) 1 表示单元像素纹理,每个十六进制数含一个字节,表示灰度的强度。

(3) 2 表示双元像素纹理,每个十六进制数含两个字节,表示灰度、alpha 透明度。

(4) 3 表示三元像素纹理,每个十六进制数含三个字节,表示 RGB。

(5) 4 表示四元像素纹理,每个十六进制数含四个字节,表示 RGB、alpha 透明度。

其中,灰度数为 0x00~0xFF,表示从黑到白。透明度为 0x00~0xFF,表示从不透明到透明。

3) 电影纹理

将一段影片以纹理的形式映射到造型的表面,产生动态纹理的特殊效果。

节点含两部分:设置电影纹理的映射参数与电影的播放控制。

电影文件支持:MPEG1-system(含声音与图像)或 MPEG1-Video(只含图像)的文件格式。如果电影文件包括伴音,则当播放时,节点会为 Sound 节点的 source 域指定所需的声音文件。

语法:

```
MovieTexture{
    url   []                 #exposedField MFString   电影文件名
    loop  FALSE              #exposedField SFBool      循环播放设定
    speed  1.0              #exposedField SFFLoat      播放速度
  startTime    0.0          #exposedField SFTime       开始时间
  stopTime     0.0          #exposedField SFTime       结束时间
  repeatS      TRUE         #SFBool                    S方向重复贴图
  repeatT      TRUE         #SFBool                    T方向重复贴图
  duration_changed          #eventOut SFTime           电影持续时间
  isActive                  #eventOut SFBool           正在播放
}
```

例 4.6 四色立方体

```
#VRML V2.0 utf8
    Background {
        skyColor [
            0.1 0.3 0.6
        ]
    }
    Transform{
```

```
        rotation 1.0 1.0 0.0 0.785
            children[
            Shape {
        appearance Appearance{
            texture     PixelTexture {
                image 2 2 3
                0xFF0000 0x00FF00
                0x0000FF 0xFFFF00
                repeatT FALSE
                repeatS FALSE
            }
        }
        geometry Box {
            size 2.0 2.0 2.0
            }
        }
    ]
    }
```

执行该程序,纹理效果如图 4.11 所示。

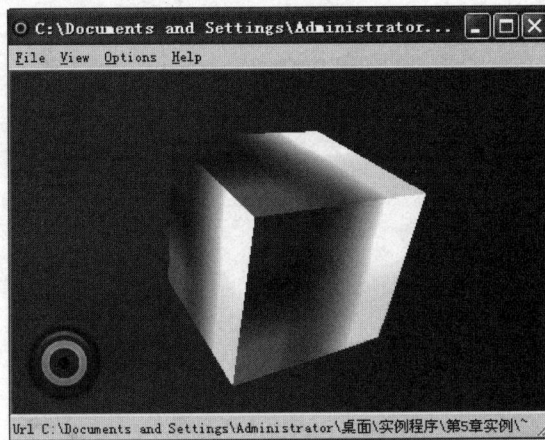

图 4.11　四色立方体图

4.5.2　声音技术

在 VRML 中用来添加声音的节点有 AudioClip 节点、MovieTexture 节点和 Sound 节点。

其中,AudioClip 节点和 MovieTexture 节点用于创建声源,Sound 节点用来指定声音的播放方式。AudioClip 节点和 MovieTexture 节点是 Sound 节点 source 域的域值,用于创建声源引入声音文件。

VRML 所支持的声音文件有 WAV、MIDI 和 MPEG-1,而可以通过 AudioClip 节点

引用的声音有 WAV 文件和 MIDI 文件。MPEG-1 是通过 MovieTexture 节点引用的。

需要播放电影的发音效果时,只需要通过 Sound 节点 source 域的域值,引入电影文件,为电影纹理图像产生同步的伴音即可。

例 4.7　液晶电视

```
#VRML V2.0 utf8
Transform{
  translation 0 0 -0.1
    children[
      Shape{
          appearance Appearance{
              material Material{
                  diffuseColor 0.3 0.3 0.3
              }
          }
          geometry Box{
              size 5.1 3.4 0.2
          }                          #电视造型
      }
    ]
}
Shape{
  appearance Appearance{
      texture  DEF  dy  MovieTexture{ #电影纹理节点
          url "ylsy.MPG"             #电影文件
          loop TRUE
      }
  }
  geometry Box{
      size 4.5 3 0.01
  }                                  #电影屏幕造型
}
Sound {                             #声音节点
  source  USE  dy                   #引用电影纹理节点
  maxBack  10                        #设置声音沿负方向传播的最大距离
  maxFront  80                       #设置声音沿正方向传播的最大距离
  minBack  5                         #设置声音沿负方向衰减的最小距离
  minFront  30                       #设置声音沿正方向衰减的最小距离
}
```

该例中,MPG 文件的伴音将作为 source 域的域值被调用,从而可以配合动画进行表演。音像效果如图 4.12 所示。

4.5.3　灯光效果

在 VRML 中,默认自动生成一个白色的头顶光源。此光源为平行光源,与浏览者的

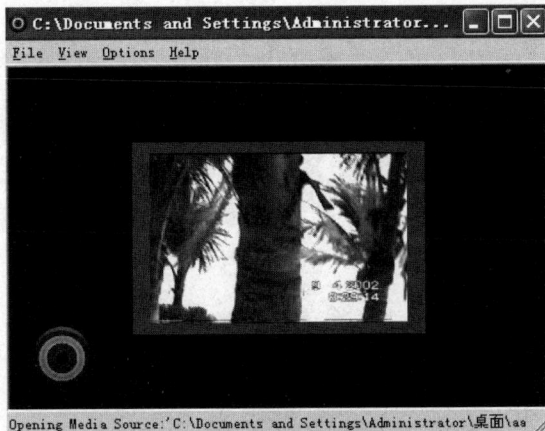

图 4.12　电影效果图

视线同步运动,始终照亮浏览者的前方。用户可通过 NavigationInfo 节点设置头顶光源的域值来控制光源的开关,默认为打开。

　　VRML 创建的光源初始是无法自动产生阴影的,必须通过人为设置阴影造型模拟阴影效果。在 VRML 系统中提供了三种类型的光源节点,分别如下。

　　(1) PointLight 节点:点光源,即从一个发光点向所有方向发射光线。

　　(2) DirectionalLight 节点:平行光源,可创建有方向的平行光线。

　　(3) SpotLight 节点:锥光源,可创建从一个发光点向一个特定方向发射的光线,即以圆锥的形式发射光线。

　　例 4.8　模拟光照阴影

```
#VRML V2.0 utf8
    NavigationInfo {
      headlight FALSE                      #关闭默认光源
  }
  PointLight {                             #创建点光源
    location 0 5 0                         #设置位置
    intensity 0.8                          #设置强度
    ambientIntensity 0.5
  on TRUE                                  #光源打开
}
Shape {
    appearance Appearance {
      material Material {
        diffuseColor 1 0 0
      }
  }
  geometry  Cone {                         #创建圆锥体
      bottomRadius 1.0
      height 2.0
      side TRUE
      bottom TRUE
    }
```

```
    }
    Transform {
        translation 0 -3 0
        children [
            Shape {
                appearance Appearance {
                    material Material { }
                }
                geometry Box {                    #设置平面体
                    size 8 0.02 6
                }
            }
        ]
    }
    Transform {                                    #创建假阴影
        translation 0 -2.99 0
        children [
            Shape {
                appearance Appearance {
                    material Material {
                        diffuseColor 0 0 0
                        transparency 0.5
                    }
                }
                geometry Cylinder {
                    height 0.05
                    side FALSE
                    bottom FALSE
                }
            }
        ]
    }
```

该例光照阴影效果如图 4.13 所示。

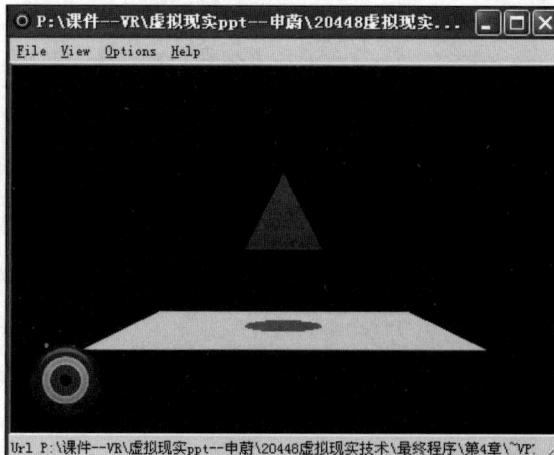

图 4.13　光照阴影效果

4.6 VRML 的动态交互

利用 Interpolator 内插器节点和 TimeSensor 时间传感器节点，再加上 ROUTE 语句，可以编写出 VRML 动画程序。利用其他 Sensor 节点，可以编写出 VRML 交互程序。与前述的静态场景相比，动态虚拟环境具有更好的逼真效果。

4.6.1 动画设计

动画是人为设置的随时间规律变化的场景效果。VRML 依据一个给定的时间传感器以及一些类的插补器节点对场景中的动画进行控制。其基本思想是由时间传感器给出控制动画效果的时钟，该时钟包含动画效果的开始时间、停止时间、循环周期，以及是否循环等动画控制参数。之后，通过一个时间传感器节点发出一个时间事件输出到虚拟世界中，驱动插补器节点产生相应的动画效果。

1. 动画插补器

插补器是 VRML 系统专为线性关键帧动画设计的一套机制。它采用一组关键点，且每个关键点对应一种系统关键状态，该状态允许以各种数据表示，浏览器渲染时将根据这些关键点所对应的关键状态，在场景中通过线性插值自动生成连续动画。通常浏览器在两个相邻关键帧之间生成的连续帧是线性变化的。插补器节点根据其所插补的关键状态的数据类型的不同可分为六种类型，并且它们的应用语法相同。

1）颜色插补器 ColorInterpolator

功能：可动态改变几何造型的颜色效果。

语法：

```
colorinterpolator{
  key[]                              #关键时刻
keyvalue[]                           #关键值
set_fraction
value_changed
}
```

2）位置插补器 PositionInterpolator

功能：可用来动态改变 ViewPoint 节点的位置或用来动态改变形体的位置，使形体动态移动。

3）方向插补器 OrientationInterpolator

功能：可用来动态改变 ViewPoint 节点的方向或用来动态改变形体的方向，使形体旋转。

4）标量插补器 ScalarInterpolator

功能：用以产生标量改变动画，适应于对任何用单精度浮点值（如宽度、高度、半径、亮度）定义的节点域值参数的动画控制；还可用来动态改变 Material 节点的 transparency

字段，从而改变形体的透明效果或用来动态改变 Fog 节点的 visibilityRange 字段，从而改变雾的影像范围。

5）坐标插补器 CoordinateInterpolator

功能：用以产生 VRML 基于坐标点的复杂造型改变动画。

6）法线插补器 NormalInterpolator

功能：用以产生法向量改变，从而导致光线明暗变化的动画。

2. 时间传感器

时间传感器节点的功能主要为创建一个虚拟的时钟，可设置开始动画、结束动画和控制动画的播放速度等属性，并向插补器节点输出时间事件，使之产生相应的动画效果。

语法：

```
TimeSensor{
enabled   TRUE                          #exposed field SFBool
loop false                              #exposed field SFBool
cycleInterval 1.0                       #exposed field SFTime
starttime 0.0                           #exposed field SFTime
stoptime 0.0                            #exposed field SFTime
isActive
time
cycleTime
fraction_changed
}
```

说明：域 cycleInterval 表示每个周期的长度，以秒为单位，取值大于 0。事件 isActive 表明时间传感器当前是否在运行。若在运行，则返回 TRUE；若处于停止状态，则返回 FALSE。cycleTime 则是在每个周期开始时，返回当前时间。fraction_changed 表示当前周期的完成比，从 0（周期开始）到 1（周期结束）。

3. 事件与路由

（1）事件：事件由事件值和时间戳组成。

所有节点都有自己的属性，属性均由域和事件组成，如果某个节点通过 EventIn 接收到其他节点发来的事件，就会改变当前的状态，并通过 EventOut 送出一些事件。从域的角度看，所有节点的域均分为两类，一类为私有域（field），另一类为公共域（exposedField），拥有公共域（exposedField）的节点都具有接收 EventIn 事件和输出 EventOut 事件的能力。如果一个名为 aaa 的 exposedField 域，它包含三个部分：一个名叫 aaa 的域（Field），一个名叫 set_aaa 的 eventIn 事件和一个名 aaa_changed 的 eventOut 事件。

（2）路由：从某个节点的事件出口到其他节点的事件入口之间，进行传递事件的通道称为路由（Route）。

语法：

ROUTE … TO …

① ROUTE 语句所引用的节点必须在 ROUTE 语句之前就已定义。

② 由一个出事件传递给一个入事件,两事件的类型必须匹配。

③ 节点必须使用 DEF 预先定义好一个名字;场景中所有使用 USE 语句引用此节点的域都会受到该事件的影响。

4. 其他常用节点

1) Inline 节点

功能:该节点可将一个复杂的 VRML 场景造型文件分割成相对简单的一些独立的场景造型文件分别设计并存储,之后再使用 VRML 内联技术将其整合在一起以简化一个复杂场景的设计与调试工作,并方便与维护及多人开发。

语法:

```
Inline {
url " "                              #exposedField MFString
bboxCenter 0.0 0.0 0.0               #field SFVec3f
bboxSize -1.0 -1.0 -1.0              #field SFVec3f
  }
```

2) ViewPoint 节点

功能:在所浏览的场景中预先定义用户的观察位置及空间朝向。

语法:

```
ViewPoint {
    position 0.0 0.0 1.0             #exposedField SFVec3f
    orientation 0.0 0.0 1.0 0.0      #exposedField SFRotation
    fieldOfView 0.785398            #exposedField SFFloat
    jump TRUE                       #exposedField SFBool
    description " "                 #field SFString
    set_bind                        #eventIn SFBool
    isBound                         #eventOut SFBool
    bindTime                        #eventOut SFTime
}
```

例 4.9　飞碟由小变大动画

(1) 主程序。

```
#VRML V2.0 utf8
  Group {
    children [
      Background {
        skyColor 0.2 0.3 0.6
          }
      DEF fly Transform {              #引入飞碟造型
        children Inline    {url "飞碟.wrl"}
        }
      DEF Time TimeSensor    {         #时间传感器
        cycleInterval  8.0             #设置一个周期的时间为 8s
        loop TRUE                      #循环
```

183

```
                }
        DEF flyinter PositionInterpolator {        #移动位置节点
            key [                                  #相对时间的逻辑值
                0.0 , 0.2,
                0.5 , 0.8,
                ]
            keyValue [                             #空间坐标的位置值与相对时间的逻辑值
                0.0 0.0 0.0,
                0.5 0.5 0.5,
                1.0 1.0 1.0,
                1.5 1.5 1.5
                ]
            }
        ]
    }
    ROUTE Time.fraction_changed  TO  flyinter.set_fraction
    ROUTE flyinter.value_changed  TO fly.set_scale
```

(2) 子程序：飞碟造型（fd.wrl）。

```
#VRML V2.0 utf8
Background{                                    #创建背景颜色
    skyColor[
        0.2 0.5 0.6
        ]
    }
#创建飞碟造型
    Transform{
        translation 0.0 0.0 0.0
        scale 2.3 1.6 2.3
    children[
        Shape {
            appearance Appearance{
                material   Material {           #空间物体造型外观
                diffuseColor 0.3 0.2 0.0        #一种材料的漫反射颜色
                ambientIntensity 0.4            #多少环境光被该表面反射
                specularColor 0.7 0.7 0.6       #物体镜面反射光线的颜色
                shininess 0.20                  #造型外观材料的亮度
                }
            }
                geometry Sphere {              #球体
                    radius 1.0      }
                }
        ]
        }
Transform{
```

```
translation 0.0 0.0 0.0
scale 4.0 1.0 4.0
children[
        Shape {
            appearance Appearance{
            material   Material {          #空间物体造型外观
            diffuseColor 0.3 0.2 0.0       #一种材料的漫反射颜色
            ambientIntensity 0.4           #多少环境光被该表面反射
            specularColor 0.7 0.7 0.6      #物体镜面反射光线的颜色
            shininess 0.20                 #造型外观材料的亮度
                }
            }
              geometry Sphere {           #球体
                radius 1.0   }
                }
        ]
            }
```

执行该例主程序,效果如图 4.14 所示。

图 4.14　飞碟动画效果图

4.6.2　传感器交互

交互是虚拟现实的主要特征之一,因而如何使浏览者按照需要进行浏览和控制场景,则是 VRML 系统的基础功能之一。VRML 提供了多个传感器来检测用户在虚拟场景中的动作,再通过事件的传递,实现用户与虚拟世界的交互。

在场景图中,传感器节点一般是以其他节点的子节点的身份而存在的,它的父节点

称为可触发节点,触发条件和时机由传感器节点的类型确定。传感器依照检测方式可分为以下两大类。

1. 接触型传感器

该类传感器主要用于检测用户鼠标的各种操作,如单击、拖动等。

1）接触传感器

功能：主要用于感知,传递空间坐标。

例如：当光标接触到某个造型时,可以获取 touchtime 事件；另外 TouchSensor 节点也可获取光标在造型上的具体位置,从而送出 eventOut 事件。

语法：

```
TouchSensor{
enabled true
isover                      #当用户操作指点设备位于被传感的形状造型上时,引发该事件
isActive                    #当指向、选取并保持选取时,引发该事件
touchtime                   #当选取,同时保持且释放指点设备时,引发该事件
hitpoint_changed            #造型表面的点空间坐标
hitnormal_changed           #点所在的单位法向量
hittexcoord_changed         #点所在的位置的纹理坐标
}
```

2）平面传感器

功能：平面传感器主要用于检测用户操作指点设备的动作,并将指点设备的选取、移动解释为造型在局部坐标系 xOy 平面上的平移。

```
PlaneSensor{
  enabled true
offset 0.0 0.0 0.0
autooffset true
minposition 0.0 0.0
maxposition -1.0 -1.0
isActive
trackpoint_changed          #出事件,事件值是当前单击点的坐标位置
translation_changed         #出事件,事件值是当前造型平面移动的坐标位置。
}
```

3）球体传感器

功能：球体传感器节点用来检测用户操纵指点设备的动作,并转换成围绕造型的某一点为中心的一个球体表面上所产生的旋转,使浏览者在一个转动的球体上进行观察。

```
spheresensor{
  enabled true
  offset 0.0 1.0 0.0 0.0
autooffset true
isActive true
trackpoint_changed          #出事件,用于移动
```

```
rotation_changed          #出事件,用于旋转
}
```

4）圆柱体传感器

功能：圆柱体传感器节点用来检测用户操纵指点设备的动作,并转换成在围绕造型的某根轴为旋转轴的一个圆柱面上所产生的旋转,使浏览者在围绕着一根轴旋转的一个圆柱体上进行观察,该旋转轴主要为 y 轴。

```
cylindersensor{
   enabled true
    offset 0.0
    autooffset true
   minangle 0.0
   maxangle -1.0
   diskangle 0.262
   isActive
   trackpoint_changed
   rotation_changed
}
```

2. 感知型传感器

1）可视传感器

功能：用来从浏览者所在的方位感知一个立方体区域在当前场景中何时可见、何时不可见,并输出多种事件输出。

语法：

```
VisibitySensor{
  enable true
  center 0.0 0.0 0.0          #当前坐标系中一个被感知空间区域的中心点的三维坐标
  size 0.0 0.0 0.0            #被感知空间区域的大小尺寸
   isActive                   #出事件
  entertime                   #出事件
  exittime                    #出事件
}
```

2）接近传感器

功能：用来从浏览者所在的方位感知用户何时进入、退出和移动于当前坐标系内的一个立方体区域。

语法：

```
ProximitySensor{
enabled true
center 0.0 0.0 0.0
size 0.0 0.0 0.0
isActive
entertime
```

```
exittime
position_changed
orientation_changed
}
```

3）碰撞传感器

功能：Collision 节点用于从浏览者所在的方位感知用户与该组中任何子节点造型发生碰撞动作。

语法：

```
Collision
  children []              # exposedfield MFNode
  collide   TRUE           # exposedfield SFBool
  proxy NULL               # SFNode
  bboxCenter 0 0 0         # SFVec3f
  bboxsize -1-1-1          # SFVec3f
}
```

例 4.10　旋转的圆锥体

```
# VRML V2.0 utf8
DEF T Transform {
    children [
      Shape {
        appearance Appearance {
            material Material {
              diffuseColor  1 1 0  }
                  } geometry Cone{ height 0.5
                              bottomRadius 0.5}
                  }
  DEF touch TouchSensor {}
              ]
          }
DEF P OrientationInterpolator {
key [0, 0.5 1]
keyValue [0 0 1 0, 0 0 1 3.14, 0 0 1 6.28 ]
}
DEF TS TimeSensor {
cycleInterval  3
stopTime  -1
loop FALSE
}
ROUTE touch.touchTime TO TS.startTime
ROUTE TS.fraction_changed TO P.set_fraction
ROUTE P.value_changed TO T.set_rotation}
```

运行该程序，可以看到静止的黄色圆锥体，鼠标单击该圆锥体，圆锥体对象开始旋转

一周后停止。效果如图 4.15 所示。

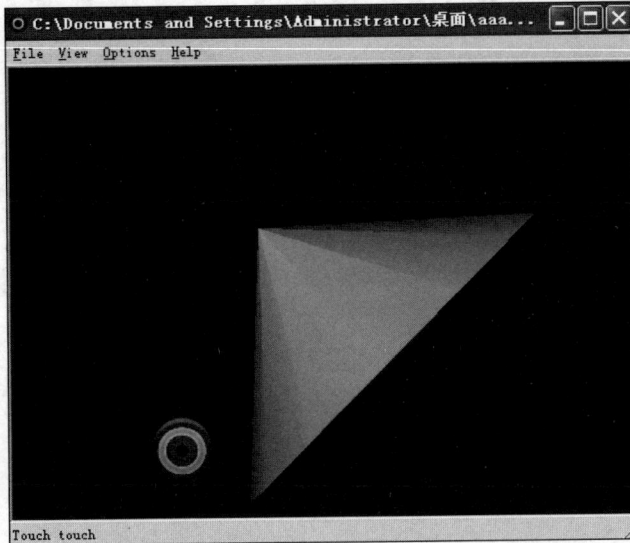

图 4.15　圆锥体旋转效果图

例 4.11　视点动画

```
#VRML V2.0 utf8
    DEF view1 Viewpoint {
        position 0 0 20
        description "view1"
    }
    DEF view2 Viewpoint {
        position 5 0 20
        description "view2"
    }
Group {
    children [
      DEF box Transform {
          translation 5 0 0
              children [
                  Shape {
                      appearance Appearance {
                      material Material { diffuseColor 1 0 0}
          }
                      geometry Box {}
          }
        DEF touchBox TouchSensor {}
        ]
      }
          DEF sphere Transform {
              translation 0 0 0
```

```
                children [
                    Shape {
                        appearance Appearance {
                        material Material { diffuseColor 0 1 0}
                }
                        geometry Sphere {}
            }
            DEF touchSphere TouchSensor {}
            ]
        }
        DEF cone Transform {
          translation - 5 0 0
             children [
                 Shape {
                     appearance Appearance {
                     material Material { diffuseColor 0 0 1 }
                 }
                     geometry Cone {}
             }
         ]
         }
     ] # end of Group children
 }
 ROUTE touchBox.isActive TO view2.set_bind
 ROUTE touchSphere.isActive TO view2.set_bind
```

　　运行该程序，效果如图 4.16 所示。单击视图中的立方体或者是球体，将触发视点的改变，物体对象产生跳变。其基本原因是当用户选中立方体并按下鼠标左键时，接触传感器被触发，接着接触传感器从事件出口 isActive 送出一个事件"TRUE"，这个事件通过路由进入视点节点 view2 的事件入口 set_bind，view2 收到"TRUE"后成为当前视点，所以在视图的场景中发生了变化。

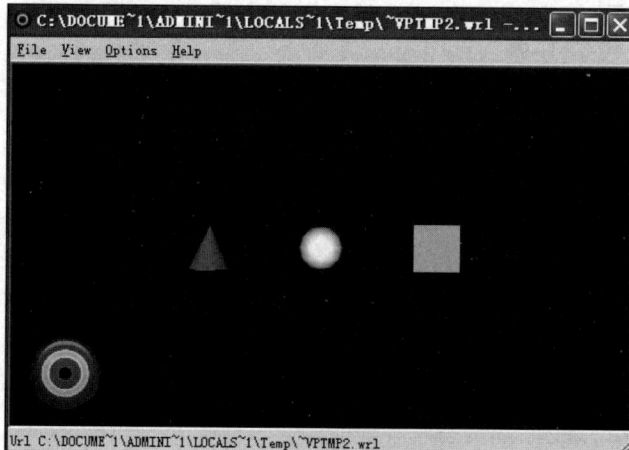

图 4.16　视点动画

当松开鼠标左键时,可以看到场景恢复到原方位,这种功能称为视点回跳。其原因是松开左键后接触传感器向 view2 发送了一个 FASLE 事件,这样 view2 当前的触发信号被解除,原来的视点又成为当前视点。如果要阻止视点回跳,可以在程序中插入脚本。

4.6.3 脚本应用

VRML 提供了 script 节点,用于实现脚本语句的编程,以方便对事件的高层处理和动画的扩展控制。一个 script 节点可以包含一段脚本程序,脚本程序则可以接收输入事件,处理事件中的信息,并产生基于处理结果的事件输出。

使用 script 节点可以描述一个由用户自定义制作的传感器或插补器,这些传感器或插补器使用相关的入事件、域和出事件并进行相应的处理,执行所需的运算。

```
DEF <节点名>  script{
 mustevaluate false
 directoutput false
 eventIn                            #入事件
 eventOut                           #出事件
 field type field name   initial Value      #内部定义的变量
 url <脚本语言声明>:
   脚本语言程序        }
```

script 节点说明如下。

1. 格式要点

其中,DEF <节点名> 从语法上讲,不属于必选项,但是在实际应用中,人们习惯上一般总会用到。另外,节点名的命名规则确定节点名必须由字母和数字序列组成,但一定要以字母开头,字母区分大小写并允许使用下画线,但不能使用单引号、双引号、数字运算符号、英镑符号和 VRML 中的关键字等。

script 节点主要可分为两部分,前面是有关的域、输入事件、输出事件的定义,主要是为脚本程序的运行做准备工作,建立脚本程序和场景之间的联系。对于域、输入事件、输出事件定义的格式一般是:

```
field   <域类型>   <域名>
eventIn  <入事件类型><入事件名>
eventOut  <出事件类型>  <出事件名>
```

其中,域、入事件、出事件没有个数的限制,域名、入事件名和出事件名都可以自由定义。

2. 处理事件

当 script 节点接收到一个输入事件时,它将事件值和时间戳传递给与输入事件同名的函数和方法,函数则通过赋值给予输出事件同名的变量向外发送输出事件。一个输出事件与调用发出输出事件函数的输入事件有相同的时间戳。

script 节点处理输入事件的一般方法是:为 script 节点内的每一个输入事件都定义一个函数。当输入事件一到,浏览器即调用同名函数进行相应的处理。

191

3. 简略提示

url 域的域值用于设定一个 URL 列表,该列表中的 URL 值所指定的程序脚本可以是由任何 VRML 浏览器支持的语言写成的。通常 VRML 浏览器支持的语言有 Java、JavaScript、VRML Script 等,其中,VRML Script 实际上是 JavaScript 的一个子集,应用时除特例外,一般和 JavaScript 没有什么差别。

JavaScript 的函数有的可以直接使用,如数学函数;有的需要先定义再应用,如日期函数;有的函数不能使用。Java 的应用和上面的格式有差异,限制小,灵活性很大。

mustEvaluate 域的域值用于设定程序脚本如何进行求值。当该域值为 TRUE 时,每当由节点的 eventIn 事件接收到一个新值时,浏览器就立即对该程序脚本进行计算。当该域值为 FALSE 时,则浏览器在此脚本不影响环境中任何可视部分的情况下,推迟对脚本的计算,直到合适的时间到来。该域值的默认值为 FALSE。

directOutput 域的域值用于设定说明程序脚本的输出是否受到限制。当该域值为 TRUE 时,程序脚本可以直接对它能访问的任何节点的可见域进行写操作或对任何节点的 eventIn 事件发送事件值,另外还可以在 VRML 场景中增加或删除一条通路。当该域值为 FALSE 时,程序脚本不能直接发送事件,不过可以访问。通常情况下,将 directOutput 域值设为 FALSE。该域值的默认值为 FALSE。

field、eventIn 和 eventOut 分别用于定义由 url 域值显示在 script 节点与程序脚本间的接口。field 域用于定义一个带有数据类型的接口域,包括一个接口域名和一个初始化值。eventIn 用于定义一个带有数据类型的 eventIn 接口和 eventIn 接口名。eventOut 用于定义一个带有数据类型的 eventOut 接口和 eventOut 接口名。

例 4.12 旋转的立方体

```
#VRML V2.0 utf8
   Background {                              #创建背景颜色
       skyColor [  0.3 0.8 0.3    ]
   }
  DEF box Transform {
   children [
     Shape {
appearance Appearance{
   material Material{
       diffuseColor 0.2 0.2 0.6               #蓝色
           }
         }
     geometry Box{                          #几何立方体
       size 1.0 1.0 1.0  }
         }
DEF touch TouchSensor{ }                     #创建触摸节点
           ]
         }
Transform{
   translation 1.0 0.0 0.0
```

```
        children [
          Shape {
            appearance Appearance{
              material Material{
                diffuseColor 0.5 0.3 0.2
                          }
                    }
              geometry Text{                           #设置文字
                string "Welcome"
                fontStyle FontStyle{
                  family "TYPEWRITER"
                  style "ITALIC"
                        }
                  }
              }
            ]
          }
DEF clock TimeSensor{                           #创建时间传感器节点
      cycleInterval 2.0
      loop TRUE
          }
DEF way Script{                                 #创建脚本节点
      eventIn SFTime clicked                    #clicked 是函数
      eventIn SFFloat now                       #now 也是函数
      eventOut SFRotation rotation
      eventOut SFVec3f  translation
      eventOut SFVec3f  scale
      field SFBool on FALSE                      #定义 on 为布尔型数据变量
      url " javascript:                         #使用 JavaScript 语句
      function initialize()                     #初始化函数
      { rotation[0]=0;                          #rotation 有 4 个参数,给 x 轴赋初值
        rotation[1]=0;                          #给 y 轴赋初值
        rotation[2]=1;                          #给 z 轴赋初值
        rotation[3]=0.0;                        #角度值
        on = 0;
      }
    function  clicked(time)
      {
    on=TRUE;
      }
    function now(fraction)
      {
    if(on)
      {
    rotation[3]=(fraction * 6.28);
```

```
                    }
              } "                              #脚本结束
        }
     ROUTE touch.touchTime TO clock.startTime
     ROUTE touch.touchTime TO way.clicked
     ROUTE clock.fraction_changed TO way.now
     ROUTE way.rotation TO box.set_rotation
     ROUTE way.translation TO box.set_translation
```

需要注意的是，VRML 脚本的书写语法规定，function initialize()｛…｝表示函数的初始化，同样，function shutdown()｛…｝表示函数关闭。在 script 节点中的每一个 eventIn 事件都必须定义一个处理者。这个处理者就是一个有两个变量的函数，这个函数有着 eventIn 一样的名称。这两个变量为事件的值和时间戳。该函数将执行脚本时收到相应的事件。

运行上述程序后，单击图中的几何立方体，立方体即刻旋转起来，效果如图 4.17 所示。

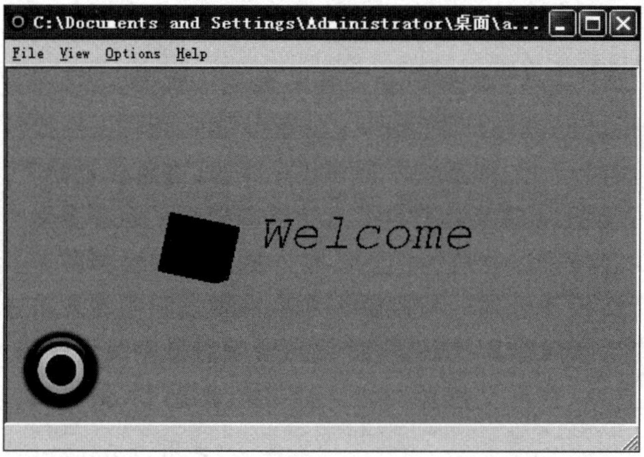

图 4.17　立方体旋转效果图

4.6.4　实例分析

例 4.13　太阳系

```
#VRML V2.0 utf8
     Background {
          skyColor [ 1.0 1.0 1.0 ]
     }
Group{
     children[
Viewpoint{
     position  30.0 5.0 9.0
     orientation 0.8 0.8 1.0 2.1
```

```
                description "sevp"
                fieldOfView   0.8
            },
#太阳
    DEF Sun Transform {
            translation 0.0 0.0 0.0
              center 0.0 0.0 0.0
            children Shape{
                appearance Appearance{
                material Material {
                    diffuseColor 1.0 0.0 0.0
                        }
                    }
            geometry Sphere{
                radius 1.2
                }
            }
        },
#水星
    DEF Planet1 Transform{
        translation 1.548 0.0 0.0
        center -1.548 0.0 0.0
        children Shape{
            appearance Appearance{
            material Material{
                diffuseColor 0.8 0.9 1.0
                    }
                }
            geometry Sphere{
                radius 0.12
                }
            }
        },
#金星
    DEF Planet2  Transform{
        translation 2.9 0.0 0.0
        center -2.9 0.0 0.0
        children Shape{
          appearance Appearance{
           material Material{
                diffuseColor 1.0 0.8 0.0
                }
            }
          geometry Sphere{radius 0.3}
            }
```

```
        },
    #地球+月球
        DEF Planet3 Transform{
            translation 4.0 0.0 0.0
            center - 4.0 0.0 0.0
            children [
                    Shape{
                    appearance Appearance{
                    material Material{
                        diffuseColor 0.0 0.0 1.0
                            }
                        }
                        geometry Sphere{
                    radius 0.4
                    }
                }
                    DEF Moon Transform{
                        translation 0.6 0.0 0.0
                        center - 0.55 0.0 0.0
                        children Shape{
                            appearance Appearance{
                    material Material{
                        diffuseColor 1.0 1.0 0.0
                            }
                        }
                    geometry Sphere{
                    radius 0.05
                        }
                    }
                }
            ]
        },
    #火星
    DEF Planet4 Transform{
            translation 6.09 0.0 0.0
            center - 6.09 0.0 0.0
            children Shape{
                appearance Appearance{
                    material Material{
                        diffuseColor 1.0 0.0 0.2
                            }
                        }
                geometry Sphere{
                    radius 0.15
                        }
```

```
        }
    },
#木星
  DEF Planet5 Transform{
      translation 16.0 0.0 0.0
      center -16.0 0.0 0.0
      children Shape{
            appearance Appearance{
          material Material{
              diffuseColor  0.4 0.5 0.1
                }
            }
            geometry Sphere{
            radius 0.8
                }
        }
    },
#动画时钟
DEF Clock0 TimeSensor{
        cycleInterval 10.0
        loop TRUE
        },
DEF Clock1 TimeSensor{
          cycleInterval 1.0
          loop TRUE
        },
DEF Clock2 TimeSensor{
        cycleInterval 3.0
        loop TRUE
        },
DEF Clock3 TimeSensor{
        cycleInterval 4.0
        loop TRUE
        },
DEF ClockM TimeSensor{
        cycleInterval 0.4
        loop TRUE
        },
DEF Clock4 TimeSensor{
        cycleInterval 8.6
        loop TRUE
        },
DEF Clock5 TimeSensor{
        cycleInterval 50.0
        loop TRUE
```

```
        },
#动画路线
DEF PlanetPath0 OrientationInterpolator{
        key[0.0 ,0.50,1.0]
        keyValue[
                0.0 0.0 1.0   0.0,
                0.0 0.0 1.0   3.14,
                0.0 0.0 1.0   6.28
            ]
        },
DEF PlanetPath1 OrientationInterpolator{
        key[0.0 ,0.50,1.0]
        keyValue[
                0.0 0.0 1.0   0.0,
                0.0 0.0 1.0   3.14,
                0.0 0.0 1.0   6.28
            ]
        },
DEF PlanetPath2 OrientationInterpolator{
        key[0.0 ,0.50,1.0]
        keyValue[
                0.0 0.0 1.0   0.0,
                0.0 0.0 1.0   3.14,
                0.0 0.0 1.0   6.28
            ]
        },
DEF PlanetPath3 OrientationInterpolator{
        key[0.0 ,0.50,1.0]
        keyValue[
                0.0 0.0 1.0   0.0,
                0.0 0.0 1.0   3.14,
                0.0 0.0 1.0   6.28
            ]
        },
DEF PlanetPath4 OrientationInterpolator{
        key[0.0 , 0.50, 1.0]
        keyValue[0.0 0.0 1.0   0.0,
                0.0 0.0 1.0   3.14,
                0.0 0.0 1.0   6.28   ]
        },
DEF PlanetPath5 OrientationInterpolator{
        key[0.0 ,0.50,1.0]
        keyValue[0.0 0.0 1.0   0.0,
                0.0 0.0 1.0   3.14,
                0.0 0.0 1.0   6.28        ]
```

```
        },
DEF PlanetPathM OrientationInterpolator{
        key[0.0 ,0.50,1.0]
        keyValue[0.0 0.0 1.0   0.0,
                 0.0 0.0 1.0   3.14,
                 0.0 0.0 1.0   6.28       ]
            },
        ]
}
ROUTE Clock0.fraction_changed   TO PlanetPath0.set_fraction
ROUTE Clock1.fraction_changed   TO PlanetPath1.set_fraction
ROUTE Clock2.fraction_changed   TO PlanetPath2.set_fraction
ROUTE Clock3.fraction_changed   TO PlanetPath3.set_fraction
ROUTE Clock4.fraction_changed   TO PlanetPath4.set_fraction
ROUTE Clock5.fraction_changed   TO PlanetPath5.set_fraction
ROUTE ClockM.fraction_changed   TO PlanetPathM.set_fraction
ROUTE PlanetPath0.value_changed   TO Sun.set_rotation
ROUTE PlanetPath1.value_changed   TO Planet1.set_rotation
ROUTE PlanetPath2.value_changed   TO Planet2.set_rotation
ROUTE PlanetPath3.value_changed   TO Planet3.set_rotation
ROUTE PlanetPath4.value_changed   TO Planet4.set_rotation
ROUTE PlanetPath5.value_changed   TO Planet5.set_rotation
ROUTE PlanetPathM.value_changed   TO Moon.set_rotation
```

运行该程序，可以看到中间的太阳，四周有其他的星球围绕旋转，效果如图 4.18 所示。

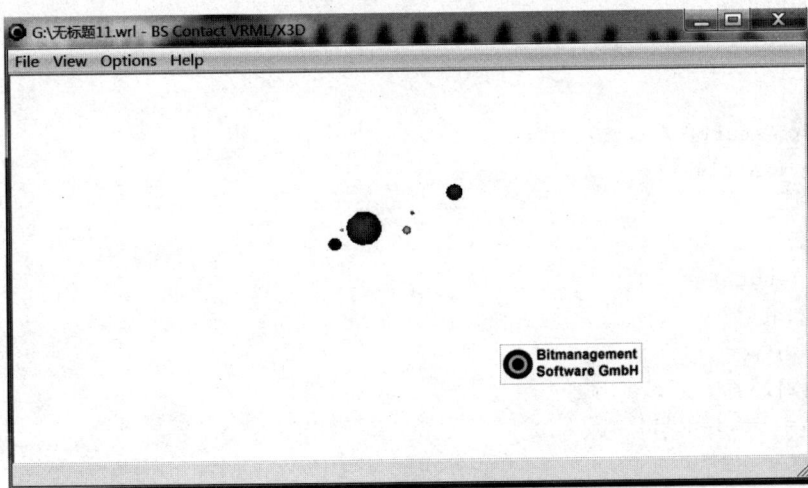

图 4.18　太阳系效果图

例 4.14　电脑桌

```
#VRML V2.0 utf8
PROTO zuozi    [
```

```
field MFFloat _milestones_[]
field MFInt32 _miletypes_[]
eventIn SFTime start
eventIn SFTime skipBack
eventIn SFTime skipForward
eventIn SFBool toggle
eventOut SFTime signal
eventOut SFFloat _fraction_
field SFTime CycleTime 1    ]
{   DEF SC Script   {
url "vrmlscript:
function skipBack(val,ts){
if(!tm.isActive){
i=-1;
lt=0;
ct=0;
nkf=true;
_frac_=0;
}
}
function skipForward(val,ts){
if(!tm.isActive){
i=-1;
lt=0;
ct=0;
nkf=true;
_frac_=1;
}
}
function start (val,ts){
if(!tm.isActive){
f=-1;
ct+=lt;
if(ms.length){
if (nkf){
if(i>=0)
ct=ms[i];
if(++i==ms.length)
i=0;
}
nkf=true;
for(f=ms[i]-ct;f<=0;f+=tm.cycleInterval);
}
tm.startTime=ts;
tm.stopTime=ts+f;
```

```
}
}
function toggle (val,ts){
if(val)
start(ts,ts);
else if(tm.isActive)
nkf=false,tm.stopTime=ts,lt=ts-tm.cycleTime+1e-5;
}
function onTick (val){
_frac_=(val+ct/tm.cycleInterval)%1.000001;
}
function onFire (val,ts){
if(!val&&nkf){
if(mt[i]&2)
signal=ts;
if(!(mt[i]&1))
start(ts,ts);
}
}
"
field SFNode tm DEF TM TimeSensor
{
cycleInterval IS CycleTime
loop TRUE
startTime -1
}
field MFFloat ms IS _milestones_
field MFInt32 mt IS _miletypes_
field SFTime ct 0
field SFTime lt 0
field SFInt32 i -1
field SFBool nkf TRUE
eventIn SFTime start IS start
eventIn SFTime skipBack IS skipBack
eventIn SFTime skipForward IS skipForward
eventIn SFBool toggle IS toggle
eventIn SFBool onFire
eventIn SFFloat onTick
eventOut SFTime signal IS signal
eventOut SFFloat _frac_ IS _fraction_
}
ROUTE TM.fraction_changed TO SC.onTick
ROUTE TM.isActive TO SC.onFire
}
```

201

```
PROTO OutlineObject    [
exposedField MFNode children[]
field MFNode shapes[]
field MFNode contours[]
field SFInt32 flags 15    ]
{  Group  {
children IS children   }
}
OutlineObject
{  children    [
DEF Q3 Transform {
center 1.10962 0.496 0.0683647
children  [
Group    {
children   [
DEF sz1 Shape {
appearance DEF Q9 Appearance  {
material Material  {
ambientIntensity 0
diffuseColor 0.8 0.631 0
emissiveColor 0.137 0.11 0
specularColor 0.502 0.502 0.502    }
}
geometry DEF Q5 Extrusion  {
crossSection  [
0.2 -0.009,-0.2 -0.009,-0.2 0.009,
0.2 0.009,0.2 -0.009    ]
spine[1.10962 0.571 0.3,1.10962 0.421 0.3]
        }
}
DEF Q6 Shape {
appearance Appearance {
material Material  {
ambientIntensity 0.0933
diffuseColor 0.89 0.73 0.34
shininess 0.31
specularColor 0.27 0.13 0.13   }
}
geometry Extrusion    {
beginCap FALSE
crossSection  [
-0.005 0.065,0.005 0.065,0.005 -0.065,
-0.005 -0.065,-0.005 0.065    ]
endCap FALSE
spine   [
```

0.932617 0.49 0.290527, 0.932617 0.49 −0.195313, 1.28906 0.49 −0.195313,

1.28906 0.49 0.290527   ]

}

}

DEF Q7 Shape {

appearance Appearance {

material Material {

ambientIntensity 0

diffuseColor 0 0 0

specularColor 0.631 0.922 1   }

}

geometry Extrusion   {

creaseAngle 0.768

crossSection [

0.05 −0.0251234, 0.04 −0.0251234, 0.0322163 −0.00970745,

−0.0323653 −0.00970745, −0.04 −0.0251234, −0.05 −0.0251234,

−0.0424236 −0.00823223, −0.0283867 −0.000215406, 0 0.005,

0.029847 0.000157123, 0.0438839 −0.00902199, 0.05 −0.0251234

]

spine[1.11008 0.49354 0.33, 1.11008 0.485911 0.33]

}

}

DEF Q8 Shape {

appearance Appearance

{

material Material

{ ambientIntensity 0

diffuseColor 1 0.68 0.35

emissiveColor 0.27 0.18 0.09

shininess 0   }

}

geometry Extrusion   {

beginCap FALSE

crossSection[−0.175 0, 0.18 0]

endCap FALSE

spine[1.10779 0.45 0.296021, 1.10779 0.45 −0.195313]

}

}

]

}

DEF Q4 TouchSensor   { }

]

}

DEF Q10 Transform {

center 1.10962 0.346 0.0683647

```
children   [
Transform  {
center 1.10962 0.496 0.3
children    [
Group   {
children [
DEF sz2 Shape {
appearance DEF Q11 Appearance {
    material Material {
ambientIntensity 0
diffuseColor 0.8 0.631 0
emissiveColor 0.137 0.11 0
specularColor 0.502 0.502 0.502     }
}
geometry DEF Q12 Extrusion    {
crossSection  [
0.2 -0.009,-0.2 -0.009,-0.2 0.009,
0.2 0.009,0.2 -0.009      ]
spine[1.10962 0.571 0.3,1.10962 0.421 0.3]
}
}
]
}
]
translation 0 -0.15 0
}
Transform {
center 1.11084 0.49 0.0461281
children    [
DEF Q13 Group   {
children    [
DEF Q14 Shape   {
appearance Appearance   {
material Material {
ambientIntensity 0.0933
diffuseColor 0.89 0.73 0.34
shininess 0.31
specularColor 0.27 0.13 0.13 }
}
geometry Extrusion    {
beginCap FALSE
crossSection   [
-0.005 0.065,0.005 0.065,0.005 -0.065,
-0.005 -0.065,-0.005 0.065      ]
endCap FALSE
```

```
spine [
0.932617 0.49 0.290527, 0.932617 0.49 - 0.195313, 1.28906 0.49 - 0.195313,
1.28906 0.49 0.290527    ]
}
}
]
}
]
translation 0 - 0.15 0
}
Transform  {
center 1.11008 0.489726 0.319938
children  [
DEF Q15 Group  {
children  [
DEF Q16 Shape {
appearance Appearance  {
material Material   {
ambientIntensity 0
diffuseColor 0 0 0
specularColor 0.631 0.922 1      }
}
geometry Extrusion     {
creaseAngle 0.768
crossSection [
0.05 - 0.0251234, 0.04 - 0.0251234, 0.0322163 - 0.00970745,
- 0.0323653 - 0.00970745, - 0.04 - 0.0251234, - 0.05 - 0.0251234,
- 0.0424236 - 0.00823223, - 0.0283867 - 0.000215406, 0 0.005,
0.029847 0.000157123, 0.0438839 - 0.00902199, 0.05 - 0.0251234 ]
spine[1.11008 0.49354 0.33, 1.11008 0.485911 0.33]
}
}
]
}
]
translation 0 - 0.15 0
}
Transform {
center 1.11029 0.45 0.050354
children  [
DEF Q17 Group  {
children  [
DEF Q18 Shape  {
appearance Appearance {
material Material   {
```

```
ambientIntensity 0
diffuseColor 1 0.68 0.35
emissiveColor 0.27 0.18 0.09
shininess 0          }
}
geometry Extrusion {
beginCap FALSE
crossSection[-0.175 0,0.18 0]
endCap FALSE
spine[1.10779 0.45 0.296021,1.10779 0.45 -0.195313]
}
}
]
}
]
translation 0 -0.15 0
}
DEF Q19 TouchSensor      { }
]
}
DEF Q20 Transform   {
center 1.10962 0.196 0.0683647
children   [
Transform   {
center 1.10962 0.496 0.3
children [
Group   {
children   [
DEF sz3 Shape   {
appearance DEF Q21 Appearance {
material Material   {
ambientIntensity 0
diffuseColor 0.8 0.631 0
emissiveColor 0.137 0.11 0
specularColor 0.502 0.502 0.502      }
}
geometry DEF Q22 Extrusion {
crossSection   [
0.2 -0.009,-0.2 -0.009,-0.2 0.009,
0.2 0.009,0.2 -0.009      ]
spine[1.10962 0.571 0.3,1.10962 0.421 0.3]
}
}
]
}
```

```
]
translation 0 -0.3 0
}
Transform    {
center 1.11084 0.49 0.0461281
children    [
USE Q13        ]
translation 0 -0.3 0
}
Transform  {
center 1.11008 0.489726 0.319938
children  [
USE Q15
]
translation 0 -0.3 0
}
Transform  {
center 1.11029 0.45 0.050354
children   [
USE Q17
]
translation 0 -0.3 0
}
DEF Q23 TouchSensor     { }
]
}
DEF Q24 Transform   {
center 0.554688 0.6 0.129688
children   [
Group {
children   [
DEF sz4 Shape {
appearance DEF Q25 Appearance
{
material Material {
ambientIntensity 0
diffuseColor 0.8 0.631 0
emissiveColor 0.137 0.11 0
specularColor 0.502 0.502 0.502      }
}
geometry Extrusion {
ccw FALSE
crossSection [
-0.009 -0.2, 0.009 -0.2, 0.009 0.2,
-0.009 0.2, -0.009 -0.2      ]
```

```
spine[0.238281 0.6 0.129688,0.871094 0.6 0.129688]
    }
    }
    ]
    }
DEF Q26 TouchSensor    { }
] scale 1.02558 1.02558 1.02558
translation -0.00385463 0 0
    }
Group   {
children [

DEF Q36 zuozi {
_milestones_[1,2]
_miletypes_[1,3]
CycleTime 2
    }
DEF Q27 PositionInterpolator {
key[0,0.5,1]
keyValue[0 0 0,0 0 0.255331,0 0 -0.000335015]
    }
    ]
    }
Group {
children [
DEF Q37 zuozi
{
_milestones_[1,2]
_miletypes_[1,3]
CycleTime 2
    }
DEF Q28 PositionInterpolator
{
key[0,0.5,1]
keyValue[0 0 0,0 0 0.292928,0 0 -0.000335015]
    }
    ]
    }
Group
{
children
[
DEF Q38 zuozi
{
_milestones_[1,2]
```

```
_miletypes_[1,3]
CycleTime 2
}
DEF Q29 PositionInterpolator
{
key[0,0.5,1]
keyValue[0 0 0,0 0 0.335539,0 0 -0.000335015]
}
]
}
Group  {
children  [

DEF Q39 zuozi {
_milestones_[1,2]
_miletypes_[1,3]
CycleTime 2      }
DEF Q30 PositionInterpolator {
key[0,0.5,1]
keyValue[-0.00385463 0 0,-0.00385463 0 0.211553,-0.00385463 0 -0.00651483]
}
]
}
DEF sh1 Shape {
appearance DEF Q2 Appearance {
material Material {
ambientIntensity 0
diffuseColor 0.149 0.149 0.149
emissiveColor 0.137 0.137 0.137
specularColor 0.502 0.502 0.502
}
}
geometry Extrusion    {
crossSection  [
-0.009 -0.31,-0.009 0.31,0.009 0.31,
0.009 -0.31,-0.009 -0.31   ]
endCap FALSE
spine[0 0 0,0 0.72 0]
}
}
DEF sz5 Shape  {
appearance DEF Q31 Appearance {
material Material  {
ambientIntensity 0
diffuseColor 0.8 0.631 0
```

```
emissiveColor 0.137 0.11 0
specularColor 0.502 0.502 0.502
}
}
geometry Extrusion    {
crossSection [
-0.009 -0.35, -0.009 0.35, 0.009 0.35,
0.009 -0.35, -0.009 -0.35   ]
spine[-0.04 0.72 0, 1.36 0.72 0]
}
}
DEF sh2 Shape  {
appearance USE Q2
geometry Extrusion     {
beginCap FALSE
crossSection [
0.205 -0.009, -0.205 -0.009, -0.205 0.009,
0.205 0.009, 0.205 -0.009   ]
endCap FALSE
spine[0.2 0.512973 -0.23, 0.9 0.512973 -0.23]
}
}
DEF sh3 Shape {
appearance USE Q2
geometry Extrusion
{
beginCap FALSE
crossSection   [
-0.009 -0.31, -0.009 0.31, 0.009 0.31,
0.009 -0.31, -0.009 -0.31 ]
endCap FALSE
spine[0 0.0518644 0, 0.201356 0.0518644 0]
}
}
DEF sh4 Shape   {
appearance USE Q2
geometry Extrusion {
crossSection [
-0.009 -0.23, -0.009 0.31, 0.009 0.31,
0.009 -0.23, -0.009 -0.23   ]
endCap FALSE
spine[0.9 0.1 0, 0.9 0.72 0]
}
}
DEF sh5 Shape {
```

```
appearance USE Q2
geometry Extrusion    {
crossSection   [
0.21 -0.009,-0.21 -0.009,-0.21 0.009,
0.21 0.009,0.21 -0.009    ]
endCap FALSE
spine[1.11034 0.1 -0.229873,1.11034 0.72 -0.229873]
}
}
DEF sh6 Shape {
appearance USE Q2
geometry Extrusion    {
beginCap FALSE
crossSection   [
0.21 -0.009,-0.21 -0.009,-0.21 0.009,
0.21 0.009,0.21 -0.009    ]
spine[1.1089 0.11 -0.228559,1.1089 0.11 0.307373]
}
}
Transform {
children [
DEF Q32 Group   {
children  [
DEF Q1 Shape   {
appearance DEF Q33 Appearance   {
material Material   {
ambientIntensity 0
diffuseColor 0.149 0.149 0.149
emissiveColor 0.137 0.137 0.137
specularColor 0.502 0.502 0.502      }
}
geometry Extrusion {
crossSection   [
-0.009 -0.31,-0.009 0.31,0.009 0.31,
0.009 -0.31,-0.009 -0.31   ]
endCap FALSE
spine[0 0 0,0 0.72 0]
}
}
]
}
]
translation 1.32 0 0
}
Transform {
```

```
children [
USE Q32      ]
translation 0.2 0 0
}
DEF sh7 Shape {
appearance DEF Q34 Appearance   {
material Material   {
ambientIntensity 0
diffuseColor 0.149 0.149 0.149
emissiveColor 0.137 0.137 0.137
specularColor 0.502 0.502 0.502     }
}
geometry Extrusion {
beginCap FALSE
crossSection   [
-0.009 -0.31, -0.009 0.31, 0.009 0.31,
0.009 -0.31, -0.009 -0.31   ]
endCap FALSE
spine[0 0.551864 0, 0.201356 0.551864 0]
}
}
DEF sh8 Shape {
appearance DEF Q35 Appearance {
material Material   {
ambientIntensity 0
diffuseColor 0.149 0.149 0.149
emissiveColor 0.137 0.137 0.137
specularColor 0.502 0.502 0.502        }
}
geometry Extrusion {
beginCap FALSE
crossSection [
0.21 -0.009, -0.21 -0.009, -0.21 0.009,
0.21 0.009, 0.21 -0.009     ]
spine[1.1089 0.58 -0.228559, 1.1089 0.58 0.307373]
}
}
]
shapes[
Group   {
children [
USE Q1
USE sh1
USE sh2
USE sh3
```

```
USE sh4
USE sh5
USE sh6
USE sh7
USE sh8
]
}
Group {
children   [
USE sz1
USE sz2
USE sz3
USE sz4
USE sz5     ]
}
]
contours
[
IndexedLineSet
{
coord Coordinate
{
point [
-0.001 0 -0.311,-0.001 0 0.31,-0.001 0.72 -0.311,
-0.001 0.72 0.31,-0.001 0.729 -0.35,-0.001 0.729 0.349 ]
}
coordIndex
[  5,4,2,0,1,3,5,-1      ]
}
IndexedLineSet {
coord Coordinate {
point
[ -0.04 0 -0.35,-0.04 0 0.349,1.36 0 -0.35,
1.36 0 0.349    ]
}
coordIndex
[ 3,2,0,1,3,-1   ]
}
IndexedLineSet
{
coord Coordinate
{
point
[  -0.009 0 0,-0.009 0.72 0,-0.04 0.729 0,
1.36 0.729 0,0.2 0.307 0,0.899 0.307 0,
```

```
0 0.042 0,0.201 0.042 0,0.89 0.1 0,
1.32 0.099 0,1.32 0.719 0,1.328 0 0      ]
}
coordIndex
[ 11,10,3,2,1,0,6,7,4,5,8,9,11,-1 ]
            }
        ]
}
ROUTE Q39._fraction_ TO Q30.set_fraction
ROUTE Q30.value_changed TO Q24.translation
ROUTE Q38._fraction_ TO Q29.set_fraction
ROUTE Q29.value_changed TO Q20.translation
ROUTE Q37._fraction_ TO Q28.set_fraction
ROUTE Q28.value_changed TO Q10.translation
ROUTE Q26.touchTime TO Q39.start
ROUTE Q36._fraction_ TO Q27.set_fraction
ROUTE Q23.touchTime TO Q38.start
ROUTE Q27.value_changed TO Q3.translation
ROUTE Q19.touchTime TO Q37.start
ROUTE Q4.touchTime TO Q36.start
```

在该程序中，电脑桌的板材构建主要由 USE sh1～sh8 及 sz5 等组成，三个抽屉由 USE sz1～sz3 构建了三个抽屉的面板，运行该程序并且单击抽屉的面板，可以打开抽屉，再次单击抽屉面板，则可关闭抽屉，同样放置键盘的面板也可以单击后推出，再单击则收回。效果如图 4.19 所示。

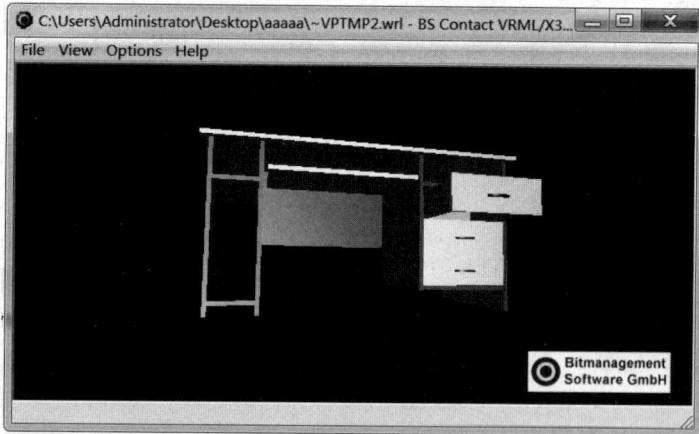

图 4.19　电脑桌

VRML 文件一般在发布前都要进行优化处理，对 VRML 的优化处理包括两个方面：一是减少文件大小；二是提高渲染速度。

1. 减少文件大小的方法

（1）多采用 DEF、USE 方法。

（2）使用原型节点。

（3）多使用简单节点。

（4）压缩文件。

2. 提高渲染速度的方法

（1）简化场景，例如，以纹理代替多边形，减少光源的使用。

（2）采用 Inline 节点、Anchor 节点将大型场景分段，以便浏览器渲染时能进行优化。

（3）有效使用 Script 脚本。

习题

1. 填空题

（1）VRML 编程的第一行语句是_____。

（2）VRML 定义了_____种基本节点。

（3）VRML 场景中的对象能对用户动作做出反应，称为_____，一个 script 节点包含一个叫作_____的域。相对原坐标系形成新的子坐标系，再在_____坐标系中创建所要平移的几何体就达到了平移几何体的目的。

2. 选择题

（1）SpotLight 节点创建的是（　　　）。

　　A. 锥光源　　　　　B. 平行光源　　　　　C. 点光源　　　　　D. 头顶灯

（2）建立组节点的关键字是（　　　）。

　　A. Shape　　　　　B. Transform　　　　　C. Inline　　　　　D. Group

（3）使用节点（　　）可以加载图像纹理，使用节点（　　）可以加载视频纹理。

　　A. ImageTexture　　B. PixeTexture　　　C. MovieTexture　　D. Fog

（4）建立一个虚拟场景时，如果不加控制，则虚拟人可以穿透任何的物体，为了虚拟场景能更真实地反映现实，可以使用（　　）节点进行碰撞检测。

　　A. Collision　　　　B. Route　　　　　C. children　　　　D. geometry

3. 判断题

（1）VRML 2.0 标准中，路由是节点。　　　　　　　　　　　　　　　　（　　　）

（2）在同一个场景中创建多个造型时，必须要用上编组节点 Group 节点，将场景中的各个造型进行编组。　　　　　　　　　　　　　　　　　　　　　　　　　　（　　　）

（3）角度单位是用来计量坐标旋转角度的大小的。在 VRML 中角度单位通常使用的是弧度制。　　　　　　　　　　　　　　　　　　　　　　　　　　　　　　（　　　）

（4）大多数的 VRML 浏览器所支持的表面材质的几种图像格式为 JPEG、MPEG、GIF 和 BMP。　　　　　　　　　　　　　　　　　　　　　　　　　　　　　（　　　）

4. 简答题

（1）怎样使场景中的物体产生动画效果？

（2）如何用多个 VRML 文件组装成一个物体？

第 5 章　三维全景技术

全景(Panorama)技术是目前全球范围内迅速发展并逐步流行的一种视觉新技术。由于它给人们带来全新的真实现场感和交互式的体验,因而它在互联网上得到了广泛的应用。

三维全景图也称为 360°全景图、全景环视图,是一种运用数码相机对现有场景进行多角度环视拍摄之后,再利用计算机进行后期缝合,并加载播放程序完成的一种三维虚拟展示技术。三维全景图由多角度拍摄数张照片后,使用专业三维平台建立数字模型,然后使用全景工具软件制作而成。可以使用浏览器或播放软件在普通计算机上观看,并用鼠标控制观察的角度,可任意调整远近,仿佛置身真实的环境之中,获得全新的感受。

从人类的视觉角度出发,人们在观看三维环境和三维物体对象时,相比观看二维平面对象的效果具有更大的真实感,更容易理解和识别,更好地进行判断和结论分析。一直以来,人们为了获取三维对象模型,通常采用复杂的编程技术,或者是通过三维建模软件进行仿真建模,但无论采用什么方式,其逼真度都受到技术的限制,难以达到照片的表现效果。全景技术就是利用照相方式,对环境或物体对象进行全方位的摄像,然后将各个角度的照片进行后期缝合,使人观看物体对象时,仿佛身临其境,并可实时交互,具有最完美的真实感。

5.1　全景技术概述

采用全景技术制作的全景图,由于具有独特的效果和种类各异的多个形式,以及广泛的适用范围,成为虚拟现实技术中的一个重要分支。

5.1.1　全景技术的特点

(1) 真实感强,通过实景采集获得的是完全真实的场景。全景图片不是利用计算机生成的模拟图像,而是通过对物体进行实地拍摄,对现实场景的处理和再现,因而展现的是完全真实的场景。相比于建模得到的虚拟现实效果,它更加真实可信,更能使人产生身临其境的感觉,从而很好地满足了对场景真实程度要求较高的应用(如数字城市展示、工程验收、犯罪现场信息采集等)。

(2) 快捷高效的制作流程。全景的制作流程简单快捷,免去了技术复杂的建模过程,

通过对现实场景的采集、处理和渲染,快速生成虚拟的场景。与传统的虚拟现实技术相比,效率提高了十几倍,具有制作周期短、制作费用低等特点。

(3)有较好的交互性,使用鼠标或键盘控制环视的方向,可以进行上下、左右、前后范围的漫游式浏览。

(4)一般不需要单独的插件,可以采用 Flash 文件格式直接在浏览器中观看。有些文件格式的全景照片,需要下载一个很小的插件通过浏览器在 Internet 上观看。

5.1.2　全景技术的分类

目前,虚拟全景技术的发展异常迅速。全景技术的种类依照全景图的外在形式可以分为柱形全景、球形全景、立方体全景、对象全景、球形视频等。

1. 柱形全景

柱形全景是最为简单的全景虚拟。所谓柱形全景,可以理解为以节点为中心,具有一定高度的圆柱形的平面,平面外部的景物投影在这个平面上。用户可以在全景图像中进行浏览,在水平方向上,可在左右 360°范围内任意切换视线,也可以在一个视线上改变视角,来取得接近或远离的效果。换句话说,就是用户可以用鼠标或键盘操作环水平360°(或某一个大角度)观看四周的景色,并放大与缩小(推拉镜头),但是如果用鼠标进行上下拖动时,上下的视野将受到限制,就是习惯上的说法,上看不到天顶,下也看不到地,如图 5.1 所示。

柱形全景图的真实感有限,但制作简单,属于全景图的早期模式应用。

2. 球形全景

球形全景是指其视角为水平 360°,垂直 180°,称为全视角 360×180°。在观察球形全景时,观察者好像位于球的中心,通过鼠标、键盘的操作,可以观察到任何一个角度,让人融入到虚拟环境之中。因为特殊的外形,球形全景照片的制作比较复杂,首先必须用专业的鱼眼镜头拍摄 2~6 张照片,然后再用专门的软件把它们拼接起来,做成球面展开的全景图像,最后把全景照片作品嵌入网页中。球形全景产生的效果较好,所以有专家认为球形全景才是真正意义上的全景。球形全景在技术上实现较为困难。由于球形全景效果较完美,被作为全景技术发展的标准,已经有很多成熟的软硬件设备和技术,如图 5.2 所示。

图 5.1　柱形全景示意图　　　　图 5.2　球形全景图

217

球形全景图会因拍摄效果或软件缝合时的不同，产生比较大的差异，如图5.3所示均为球形全景图的不同表现形式。

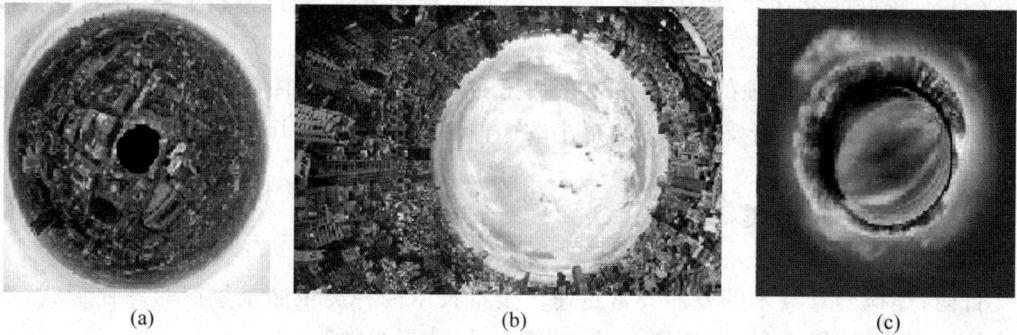

(a)　　　　　　　　　　　　(b)　　　　　　　　　　　　(c)

图 5.3　球形全景

3. 对象全景

与球形全景观察景物的视角相反，球形全景是从空间内的节点来看周围360°的景观空间所生成的视图，而对象全景则反之，它是以一件物体为对象中心，观察者的视点横向围绕着对象物体进行360°的观看，纵向呈球面方式来看该物体，从而生成该对象的全方位的图像信息。基于观察方式的不同，对象全景在应用场合上与其他的全景图有所区别。

对象全景技术提供了一种在因特网上逼真展示三维物体的新方法。它与其他全景技术的方法不同：拍摄时瞄准对象，然后转动对象，每转动一个角度，就拍摄一张照片，拍摄完成后，如图5.4所示，需要使用专业计算机软件进行编辑，用户可用鼠标来控制物体旋转以及对象的放大与缩小，也可以把它们嵌入网页中，发布到网站上。采用对象全景技术进行商品展示，相比其他方式效果更加精彩。

从技术应用的角度看，对象全景技术更适合在Internet上的电子商务（E-Commerce）业务中，因为在电子商务的买卖过程中，与实体商店交易相比，电子商务中的商品图片缺少对商品的真实信息的表述，人们只能通过观看虚拟的图片

图 5.4　对象全景示意图

来判断商品的质量优劣，这一点对许多客户来说是有顾虑的。而对象全景技术则可以更全面地表现商品对象的外观。尽管目前电子商务依然采用传统的商品展示方法，即以二维的图片为主，但随着技术的进步，特别是用对象全景技术可进行三维效果的展示，相比传统模式具有无可比拟的优势。特别是在诸如服装、工艺品、电子产品、古代与现代艺术品等方面的展示。

4. 立方体全景

这是另外一种实现全景视角的拼合技术，和球形全景一样，视角也为水平360°，垂直180°。与球形全景不同的是，立方体全景保存为一个立方体的6个面。与其他几种全景

图制作方法相比,立方体全景照片的制作比较复杂。首先,在拍摄照片时,要把上、下、前、后、左、右6个面全部拍下来,也可以使用普通数码相机拍摄,只不过普通相机要拍摄很多张照片(最后拼合成6张照片)。然后,再用专门的软件把它们拼接起来,做成立方体展开的全景图像。最后,把全景照片嵌入到展示的网页中,如图5.5所示。

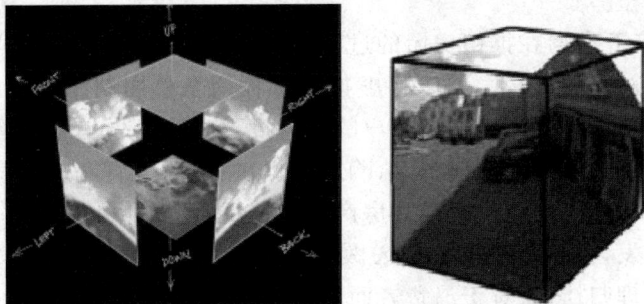

图5.5　立方体全景示意图

5. 球形视频

球形视频是目前全景技术的发展方向,生成的是动态的全景视频。该技术带给人们的是一种全新的感受,其效果表现为全动态、全视角、带音响的全景虚拟,目前正在快速的发展过程之中。

5.1.3　全景技术的应用

三维全景技术是目前迅速发展并逐步流行的一个虚拟现实分支,可广泛应用于网络三维业务,由于它的最大特点为图像清晰,表现视角范围广阔,可交互,因此在宣传产品、引导用户行为、辅助展示主题方面具有很大的发展空间,可简单归纳为以下几个方面。

1. 旅游景点虚拟导览展示

高清晰度全景三维效果,可以真实地展现景区的优美环境,给观众一个身临其境的体验,结合景区游览图导览,可以让观众自由穿梭于各景点之间,是旅游景区、旅游产品宣传推广的最佳创新手法。

在利用全景技术制作旅游景点虚拟导览时,为了更好地引导观众游览,还可对景区不同季节美景进行全方位的图片拍摄,并以四季中景区最有代表性的景色予以命名,使观众通过网络浏览美景后难抑心中的向往,纷至沓来。

2. 酒店网上三维全景虚拟展示应用

在互联网订房已经普及的时代,在网站上用全景技术展示酒店宾馆的各种餐饮和住宿设施,是吸引顾客的好办法。利用网络,客户可远程虚拟浏览宾馆的大楼外景、酒店内的大厅、客房、会议厅等各项服务场所,展现宾馆优美、舒适的环境,给客户以实在感受,促进客户预订客房。

客户通过网站选中了酒店后,还可以直接选择酒店住房进行预订,单击鼠标可事前通过全景图360°观看各个客房的设施条件,更方便客户确认和挑选客房。由于有了全景展示,客户可快速了解酒店大楼布局和火灾逃生通道,使客户对酒店服务迅速建立良好

印象。

3. 房产三维全景虚拟展示应用

房产开发销售公司可以利用虚拟全景浏览技术，展示楼盘的外观、房屋的结构、布局、室内设计，置于网络终端，购房者在家中通过网络即可仔细查看房屋的各个方面，提高潜在客户购买欲望。

目前，许多房产开发商在推销房屋的过程中，先建立一个装修好的样板间，引导客户实地看房，而采用虚拟全景技术，可以将虚拟的样板间全景图制作成多媒体光盘赠送给看房者，带回家与更多的人分享，增加客户的满意度、忠诚度，做更精准有效的传播；也可以制作成触摸屏或者大屏幕现场演示，给购房者提供方便，节省交易时间和成本；在房交会现场用全景展示无疑可以使人感受到房产公司技高一筹的宣传效果。

如果是多期开发，将已有的成品小区做成全景漫游，对于开发者而言也是对已有产品的一种数字化整理归档；而对于消费者而言，可以增加信任感，促进后期购买欲望。因此，采用全景技术制作的数字化全景图是具有最高性价比的房产广告宣传新选择。

4. 公司展示宣传

公司在招商引资、业务洽谈、人才交流等时机场合如果采用全景展示宣传公司的环境和规模，洽谈对象、客户不是简单地通过零碎照片或效果图做出决定，也不需要逐行逐字地研究公司的宣传文字，新奇的全景展示会一目了然地彰显公司的实力和魅力。

5. 商业空间展示宣传

有了三维全景虚拟展示，商城中的服装与日常用品，以及商品的陈列厅、专卖店、旗舰店等相关空间的展示就不再有时间、地点的限制，三维全景虚拟展示使得参观变得更加方便、快捷，单击鼠标就像来到现场一样，大大节省成本，提高效率。

6. 娱乐休闲空间三维全景虚拟展示应用

美容会所、健身会所、咖啡、酒吧、餐饮等环境的展示，借助全新的虚拟展示推广手法，把环境优势清晰地传达给顾客，营造超越竞争对手的有利条件。

7. 汽车三维全景虚拟展示应用

汽车内景的高质量全景展示，可展现汽车内饰和局部细节。汽车外部的全景展示，可以让人们从每个角度观看汽车外观，可以在网上构建不落幕的车展，并可以进行虚拟试驾，使更多的人真实感受车的性能，使汽车销售更轻松有效。

8. 博物馆、展览馆、剧院等三维全景虚拟展示应用

在博物馆方面，传统文字图片往往难以直观地体现馆内众多的信息，文物信息管理并不轻松。通过三维实景技术，可将博物馆内的文物信息全面直观地记录下来，方便文物信息管理。以博物馆建筑或者剧院的平面或三维地图导航，结合全景的导览应用，观众可以自由穿梭于每个场馆之中，只需轻轻单击鼠标即可全方位参观浏览，配以音乐和解说，更加身临其境。结合物体三维全景展示技术，游客不仅可以在科博馆内浏览参观，更可以单独选择其感兴趣的文物（通过实景拍摄，不方便拍摄的可以利用三维模型软件来建模），任意旋转并放大缩小后来近距离欣赏。虚拟导览系统做成光盘，可以作为光盘礼品或宣传品赠送。同时对博物馆加以数字化保存，也极富收藏价值。

9. 虚拟校园三维全景虚拟展示应用

在学校的宣传介绍中，有了三维全景虚拟校园展示，可以实现随时随地地参观优美

的校园环境,展示学校的实力,吸引更多生源。虚拟校园三维全景可以发布到网络,也可以做成学校介绍光盘。

将校园的三维实景照片制作成领导的电子名片光盘,学校领导在与贵宾交换名片时就可以把学校的多媒体宣传介绍交给对方,提升形象,一举多得。

三维实景漫游系统,亦可助力于学校教学应用。例如,可对学校各实验室制作全景展示,发布到网络。学生通过网络浏览即可提前直观地了解实验室的位置、布局、实验要求安排等信息。

10. 政府开发区环境展示

将政府开发区投资环境做成虚拟导览,可发布到网上进行展示,把开发区的建设环境带到世界各地,一目了然,说服力强,可信度高。

全景技术目前的应用非常广泛,例如,在谷歌和百度的地图搜索中,对我国的大城市就采用了全景技术,通过平面地图,人们可以搜索到某个地点,然后可切换到三维界面或全景图界面,极大地方便了人们的出行。

客观地说,全景图还不是真正意义上的 3D 技术,其交互性能也十分有限,所以它也并不能算作真正意义上的虚拟现实技术,从这一点出发,该技术还有进一步改进和发展的必要。

5.2　全景技术常用的硬件与软件

全景技术是基于数字图像的一门专业技术,由于其特殊的性能特点,全景技术中所采用的软硬件内容也拥有自身的特点。

5.2.1　常用硬件

1. 数码相机

数码相机(Digital Camera,DC)是一种利用电子传感器把光学影像转换成电子数据的照相机。与传统胶片相机比较,它的拍摄成本非常低,成像快,可直接进行数字化编辑,因而广泛应用于全景技术。另一方面,现在除了专用的数码相机,许多电子设备也有拍照功能,如手机等。

数码相机的工作原理:①经过镜头光聚焦在 CCD 或 CMOS 上;②CCD 或 CMOS将光转换成电信号;③经处理器加工,记录在相机的内存上;④通过计算机处理和显示器的光电转换,便形成数码影像。

其中,CCD 称为电荷耦合装置(Charge Coupled Device),CMOS 称为互补金属氧化物半导体(Complementary Metal Oxide Semiconductor)。它们都是由光敏元件构成的具有光电转换和信号放大功能的集成电路块,是数码相机的核心部件。数码相机的分辨率取决于 CCD 或 CMOS 元件的性能。一般情况下,CCD 芯片的图像质量优于 CMOS 芯片的图像质量,但拍摄速度慢于 CMOS 芯片。

2. 鱼眼镜头

鱼眼镜头指视角接近或等于180°的镜头,视角为众多镜头之冠。绝大部分的鱼眼镜头均是定焦镜头,只有少部分是变焦镜头。其镜面似鱼眼向外凸出,所视的景物,像鱼由水中看水面的效果。鱼眼镜头一般用来拍摄广阔的风景或于室内拍摄,如图5.6所示。

鱼眼镜头与常用数码相机的广角镜头具有不同的构造。鱼眼镜头又称全景镜头,属于超广角镜头,视角等于或大于180°。鱼眼镜头分为两种,一种是圆形鱼眼镜头,另一种是对角线鱼眼镜头。而广角镜头分为托普岗广角镜头、鲁沙广角镜头、达歌广角镜头,它们之间的构造均不同。

鱼眼镜头与广角镜头的差异还表现在:鱼眼镜头的焦距变化少,超广角镜头的焦距变化情况多。超广角与其他镜头一样,竭力校正画面边缘出现的畸变,力争使拍出的画面与实物相一致。而鱼眼镜头则有意地保留影像的桶形畸变,用以夸张其变形效果,拍出的画面除了中心部位以外,其他所有的直线都会变成弯曲的弧线。

3. 全景头

全景头又名全景云台,是区别于普通相机云台的高端拍摄设备。此类云台都具备两大功能:①可以调节相机节点在一个纵轴线上的转动;②可以让相机在水平面上进行水平转动拍摄;从而达到使相机拍摄节点在三维空间中的一个固定位置进行拍摄,保证相机拍摄出来的图像可以使用造景师软件进行三维全景的拼合。另一方面,全景云台需有三角支架作支撑。全景头如图5.7所示。

图5.6 鱼眼镜头示意图

图5.7 全景头示意图

从应用角度看,全景头的应用主要是用于三维全景展示及虚拟漫游制作的前期拍摄中,另外也可以进行普通照片的高端拍摄。

从工作原理看,首先,全景云台须具备一个具有360°刻度的水平转轴,可以安装在三脚架上,并对安装相机的支架部分可以进行水平360°的旋转;其次,全景云台的支架部分可以对相机进行全面的移动,从而达到适应不同相机宽度的完美效果,由于相机的宽度直接影响到全景云台节点的位置,所以如果可以调节相机的水平移动位置,那么基本就可以称之为全景云台或全景头。

全景头可以分为以下两类。

(1) 专用全景头。也就是专门为某种型号的相机设计,如Kaidan的kiwi990,就是专门为Nikon Coolpix990设计的;上海杰图软件的JTS-1500是专门为Nikon Coolpix4500设计的。

(2) 通用全景头。例如,manfrotto(曼富图)302 QTVR全景头,是一种三向可调节

的全景头,可以根据不同相机进行具体调节。

4. 旋转平台

要制作对象全景作品,必须获得对象物体的一系列多个角度的图片。在拍摄时为了得到较好的效果,通常使用普通数码相机或数码摄像机进行拍摄,可采用旋转平台辅助拍摄,以保证旋转时围绕着物体的中心,如图5.8所示。它通常由步进电机来驱动底盘的转动,拍摄时使物体的中心轴线放在底盘的圆心上,高档的旋转平台还可以精密控制旋转的角度和进行升降控制。

图5.8　旋转平台示意图

5. 其他辅助设备

拍摄过程中,有时因为需要从空中进行图像拍摄,需要某些特种设备,如航拍飞行器等,如图5.9所示。

图5.9　航拍飞行器示意图

航拍飞行器的原理是一个集单片机技术、航拍传感器技术、GPS导航航拍技术、通信航拍服务技术、飞行控制技术、任务控制技术、编程技术等多技术并依托于硬件的高科技产物,因此要能设计好一个飞控系统,上述技术一个都不能少。

航拍飞行器的特点:无人直升机化,设备微型化,动力可持续化,飞控简单自动化,摄像清晰效果好。

航拍飞行器的发展趋势:无人机航拍摄影技术作为一个空间数据获取的重要手段,具有续航时间长、影像实时传输、高危地区探测成本低、高分辨率、机动灵活等优点,在国内外已得到广泛应用。

随着我国信息化建设和科学技术的不断进步和发展,无人机的研究发展在总体设计、飞行控制、组合导航、中继数据链路系统、传感器技术、图像传输、信息对抗与反对抗、

发射回收、生产制造和实际应用等诸多技术领域都有了长足的进步,达到了很高的实际应用水平,产量和种类均为世界前列。

5.2.2　常用软件

目前从事全景技术开发的公司有很多,开发此类软件的著名软件公司有 Pixround,IPIX,3dvista,Ulead(中国台湾友立),Iseemedia,Arcsoft(虹软)等。

(1) 国外开发的常见全景软件有:3DVista Studio,Corel Photo-Paint,MGI Photo Vista, Image Assembler, IMoveS. P. S., VR Panoworx, VRToolbox, PTGUI, iPIX, Arcsoft Panorama Maker,Photoshop Elements,Photo Vista Panorama,PixMaker Lite,PixMaker,OTVRA.Studio,REALVRZ Stitcher,Powerstitch,PanEdit,Hotmedia。

(2) 国内常见的全景软件有:杰图造景师软件,Ulead C00l 360(中国台湾),大连康基数码的 ReLive,浙江大学的 Easy Panorama,北京全景互动科技有限公司的观景专家与环视专家,虚拟无忌网站(www.86VR.com)的环球坊等。

(3) 代表性的全景技术软件。

① QuickTime VR。QTVR 是 QuickTime Virtual Reality 的简称,它是美国苹果公司开发的跨平台的虚拟现实技术,支持各种格式的影片、图片、流媒体、动画、声音、虚拟现实以及具有互动效果的文件的虚拟实境技术。可以说是一种在个人计算机平台上使用,基于静态图像处理的初级虚拟实境技术。

QTVR 技术有以下三个基本特征。

* 从三维造型的原理上看,它是一种基于图像的三维建模与动态显示技术。
* 从功能特点上看,它有视线切换、推拉镜头、超媒体链接三个基本功能。
* 从性能上看,它不需要昂贵的硬件设备就可以产生相当程度的 VR 体验。

② iPIX 全景技术。iPIX 全景技术是由美国 iPIX 公司(Internet Pictures Corporation)研制开发的一种图像浏览技术,该技术原来在美国航空航天上应用,后来转为民用。

iPIX 全景技术的整体解决方案是它利用具有 iPIX 专利技术的鱼眼镜头拍摄两张180°的球形图片,再通过 iPIX World 软件把两幅图像拼合起来,制作成一个 iPIX 360°的全景图片,是一款"傻瓜型"制作技术。其作品可运行于网络上,产生非常逼真的环视效果,沉浸感好。

③ PixMaker 全景。PixMaker 为拍摄全景图片提供了完整而简易的解决方案。在无需昂贵专业器材或额外浏览器插件软件的情况下,即可在 Internet 上浏览互动的网上虚拟环境。

PixMaker 对相机型号没有特别要求,制作者可用普通相机拍下照片,就可用 PixMaker 软件制作全景 360°图片上传到 Internet 上。它的最大优点是操作的简易性。制作者只需将一组照片通过拍摄、拼接、发布 3 个步骤,即可制作出 360°环绕的画面,让网上浏览者随心所欲地利用鼠标观看空间、对象的每一个角落。另外,其发布形式多样化,根据用户的需要可以制作成 Web、PDA、EXE、JPG 等格式。PixMaker 工作界面如图 5.10 所示。

图 5.10 PixMaker 工作界面

主界面中 3 个主要按钮功能如下。

Snap：导入图片。

Stitch：拼接图片。

Publish：发布。

5.3 全景图的制作

全景图的种类多，采集的素材图片形式不一，因而制作时同样也有各种方法，通常情况下，制作软件可以利用通用的 Photoshop 或其他专业软件。

5.3.1 照片的采集

全景照片是指视场较宽的照片，并不一定是 360°全景。在传统摄影中有三种拍摄全景照片的方法，一是使用专用的全景相机，在快门开启的同时，相机会左右或上下转动，记录下的图像就是全景照片；二是一些相机有全景功能（尤其是 APS 相机，曾是其宣扬的卖点），其实是遮幅，用视角很宽的广角镜头拍摄，上下遮幅，形成长条全景图像。

但是，并不是随意拍摄的任何照片都可以拼接成全景图像，应该遵循以下几个原则进行拍摄。

（1）首先选择中段距 35～55 的范围拍摄。拍摄的时候一般选择在一个高点或者是场景的中央，为了能获取更多的场景信息，该点需视野开阔。另外，全景观看的时候是要

旋转的,所以选择场景的几何中心,是为了避免旋转过程中给观赏者带来失重的感觉。

(2) 如果采用手动模式拍摄,好处是其快门和光圈都是固定的,不会因为测光的变化而变化。如果使用其他模式拍摄,可能会因为从太阳照射的一端一直拍到背对太阳的另一端时,会产生较大的明暗变化效果。

(3) 拍摄时要按一定顺序依次拍摄一组连贯的照片(从左到右、从上到下,如001,002,003,004等),相邻的照片要有一定范围(约20%)的重叠,要使用相同或相近的曝光组合,使用相同的焦距,相同的白平衡,最好使用三脚架均匀转动,这样拼接时会方便很多,无须过多调整。如果相机没有全景功能,拍摄时遵循这个原则就可以了。

(4) 得到系列所拍摄的照片,每张照片都通过目测得到相应的公共边界,这是拼接图片所必需的。如果是手持拍摄,那么公共边界可以少一些;如果是在三脚架支持下的拍摄,边界可以留的更多一些,因为手持拍摄可能会因为手的轻微旋转导致画面歪斜无法拼接。

5.3.2　照片的后期制作

例5.1　通过Photoshop CS4进行处理。

(1) 启动Photoshop CS4,进入主界面,如图5.11所示。

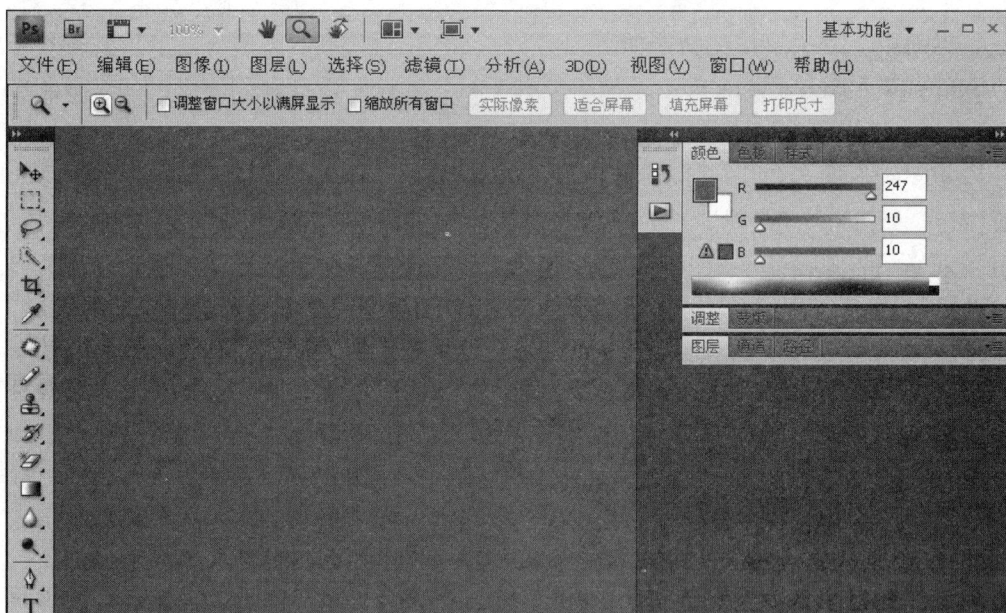

图5.11　主界面

(2) 单击"文件"→"自动"→Photomerge,打开Photomerge对话框。单击"浏览"按钮,找到图片,全部选中加入进来。

(3) 把要拼接的图片选上,从上至下为1.jpg、2.jpg、3.jpg,如图5.12所示。需要注意对话框左侧有6个选项:自动、透视、圆柱、球面、拼贴和调整位置。可选中任一种选项,本例选"自动",单击"确定"按钮,Photoshop CS4系统自动进行拼接图片,如图5.13

所示。

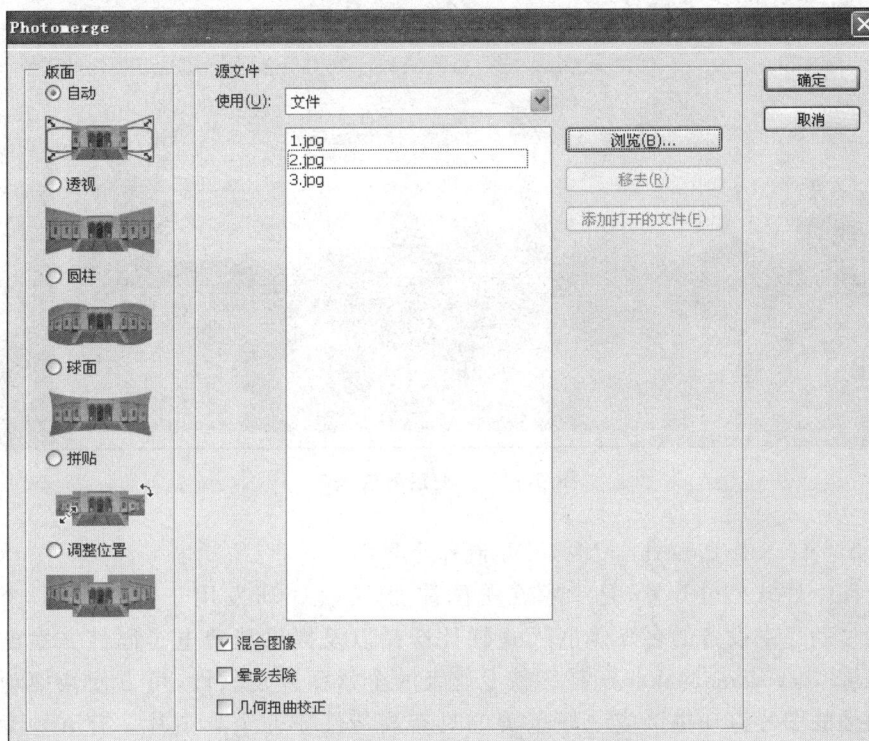

图 5.12　加入照片

图 5.13　自动拼接图片

（4）再通过裁剪工具，将图片的边缘进行平滑处理，裁剪后如图 5.14 所示。

（5）单击"文件"→"另存为"命令，将该图片保存为"湖景风光.jpg"。

图 5.14　裁剪后的效果图

例 5.2　Arcsoft PanoramaMaker 6 制作全景图。

该软件由虹软公司开发，是一家在美国注册，专注于研发用于数码相机、个人计算机、外设、移动终端设备的多媒体嵌入式软件产品以及提供消费电子固件方案的著名公司。Arcsoft PanoramaMaker 6 是一款专业级的全景图开发软件，可方便快捷地将一系列重叠拍摄的图片自动拼接成一幅精美的具有高清性质的全景图片。有五种专业的全景图拼接模式，分别为：自动、横向、360°、平铺、纵向。其主要特点如下。

(1) 图片自动排序和无缝拼接。

(2) 支持手动对齐拼接点与手动调整拼接位置。

(3) 添加边框、标题与版权信息至拼接后的图片，用于打印与共享。

(4) 提供微调控键，调整拼接图片的亮度与对比度并进行裁剪与导正操作。

(5) 支持多种 RAW 格式。

(6) 在水平、垂直与 360°全景图模式下，支持不限制图片数量的拼接操作。

(7) 支持横幅和分页打印图片。

操作步骤如下。

(1) 启动 Arcsoft PanoramaMaker 6 软件，进入其工作界面，如图 5.15 所示。

在工作界面的左边是文件夹窗口，该窗口下方有 8 个按钮，单击这些按钮，可以打开其余的多个窗口，分别是收藏夹、等级、标签、操作记录、日历、导入历史记录、已保存的查询条件窗口。打开后，显示在文件夹窗口下方。右边是工作区窗口，编辑与显示效果均在该窗口中执行。

操作时，首先通过文件夹窗口找到存放系列照片的文件夹，然后在工作区窗口中，选择参与编辑的所有照片，如图 5.16 所示。

(2) 单击屏幕右下方的"下一步"按钮，系统自动将选择的图片进行连接。连接时，系统会检查图片大小、数量、图片之间的覆盖关系。如果图片太小、图片数量少或者图片相互之间覆盖关系不够，就会提示原因而不能进入下一步操作，如果符合条件，就自动排列拼接，并显示拼接效果，如图 5.17 所示。

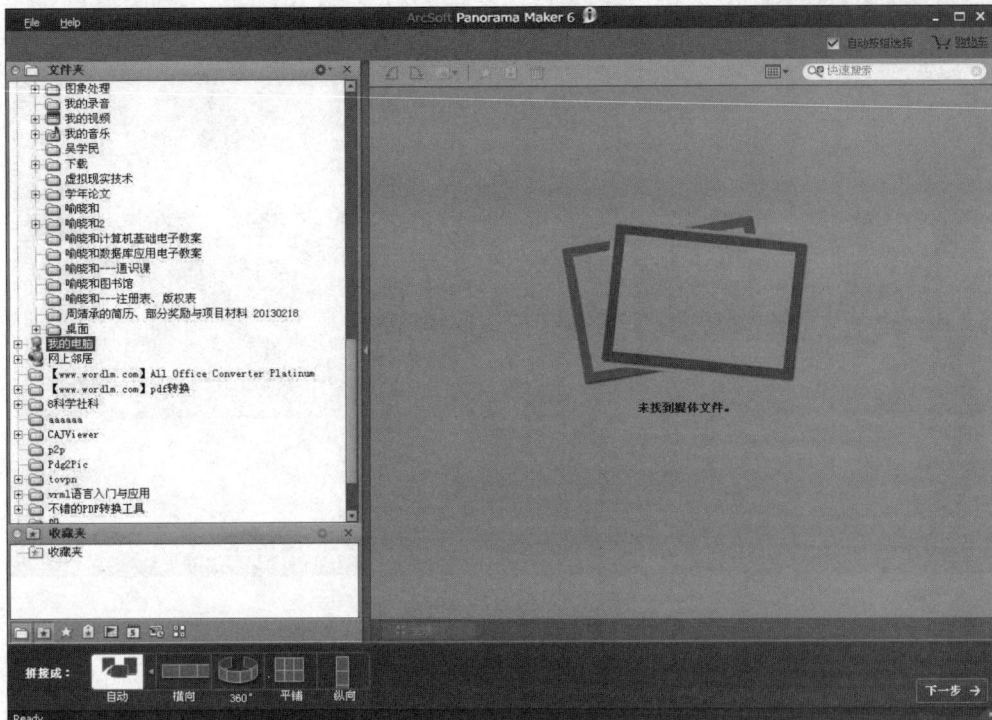

图 5.15 Arcsoft PanoramaMaker 6 工作界面

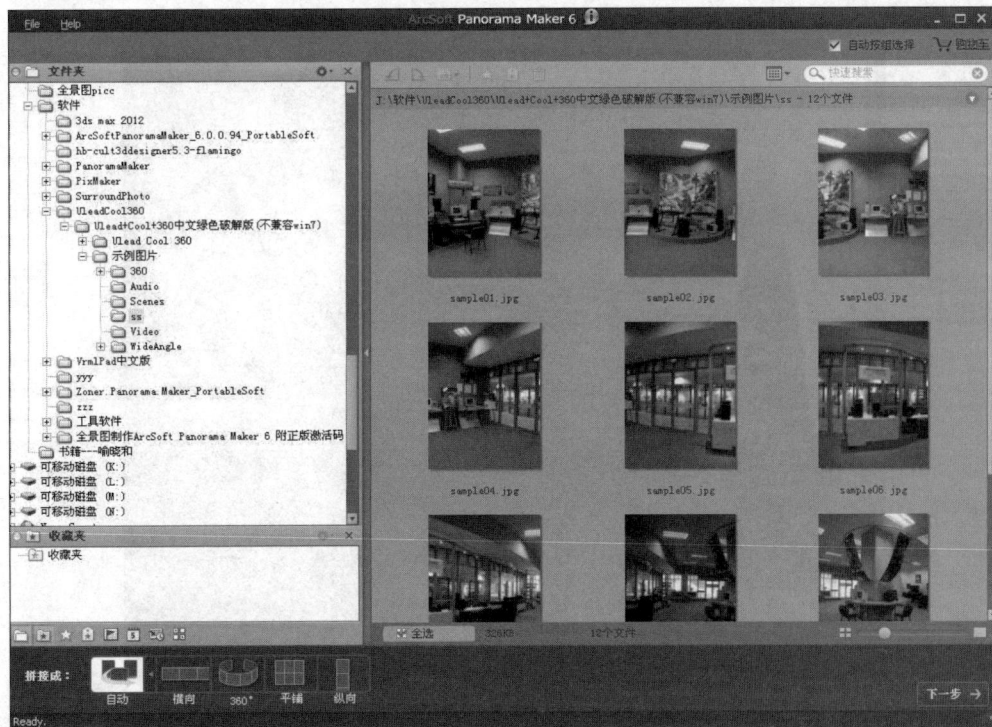

图 5.16 选择图片示意图

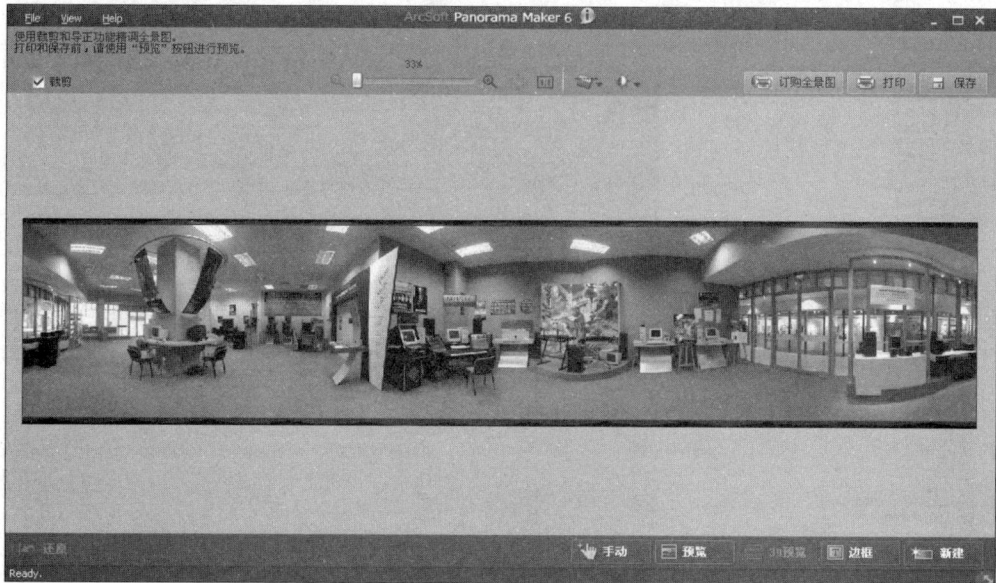

图 5.17　拼接效果示意图

（3）在拼接效果图中，下方有"手动""预览""边框""新建"四个按钮。如果单击"手动"按钮，则可以重新排列图片之间的顺序，排列完成后，单击"完成"按钮退出。如果单击"边框"按钮，则给连接后的图片原黑色边框换成白色边框。如果单击"预览"按钮，则进入演示界面，如图 5.18 所示。

图 5.18　演示界面

（4）单击████按钮，再单击🔍按钮，可以左右移动显示的画面。

（5）单击 按钮，再单击 按钮，可以左右循环移动显示的画面。

（6）单击 ⊠ 按钮，退出演示界面，回到拼接后的界面，单击"保存"按钮。打开保存对话框，如图 5.19 所示。

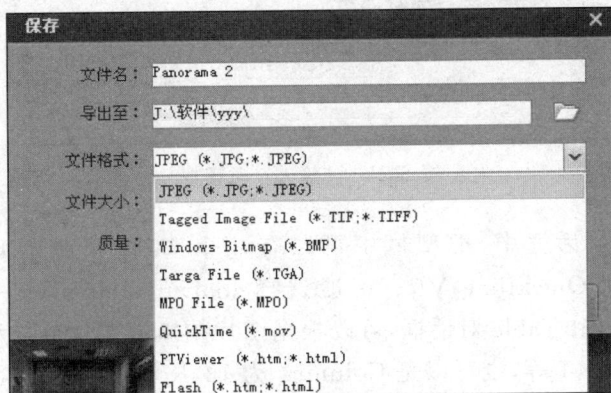

图 5.19 "保存"对话框

单击"文件格式"下拉按钮，可以看到，系统可导出保存为多种格式的文件。

例 5.3 对象全景图的制作。

对象全景图与普通全景图不同，普通全景图是以观察者为中心，对四周浏览拍摄；对象全景图是以物体对象为中心，观察者环视物体进行拍摄。因此环物拍摄通常要求拍摄的图片比较多，缝合图片的软件也要求不同，Object2VR 是制作对象全景图的常用软件之一，下面对该软件进行介绍。

（1）启动 Object2VR 3.0 打开主界面，如图 5.20 所示。

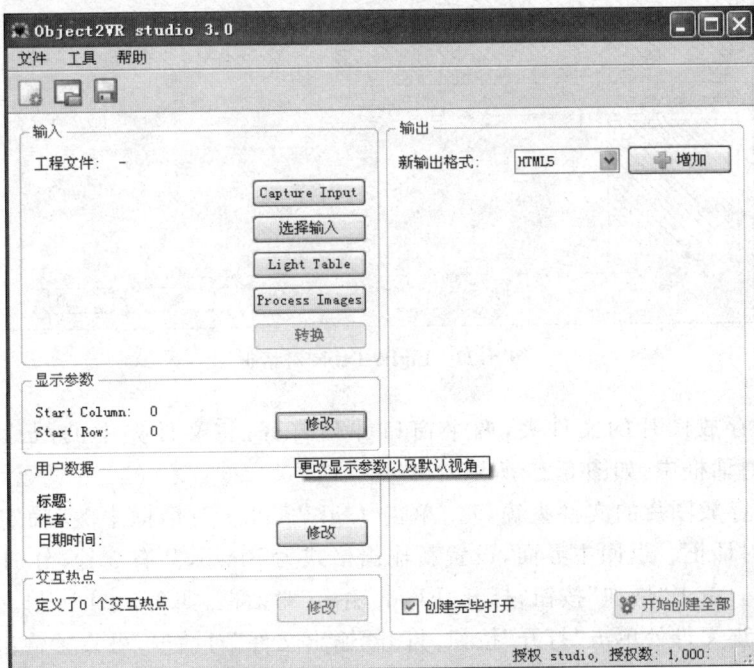

图 5.20 Object2VR 3.0 主界面

（2）单击"选择输入"按钮，打开"输入"对话框，如图 5.21 所示。

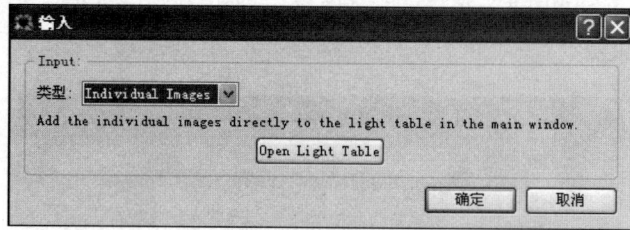

图 5.21　"输入"对话框

（3）在"输入"对话框中，类型框中可以有 3 个选项，分别为 Individual Images、Images Sequence 和 Quicktime VR。一般选择 Individual Images。单击 Open Light Table 按钮，打开 Light Table 对话框，可以根据图片拍摄的照片数量和拍摄的角度进行设置，如列×行为 12×1 等，也可以是 Columns 为 12，Rows 为 3。单击 Update 按钮，如图 5.22 所示。

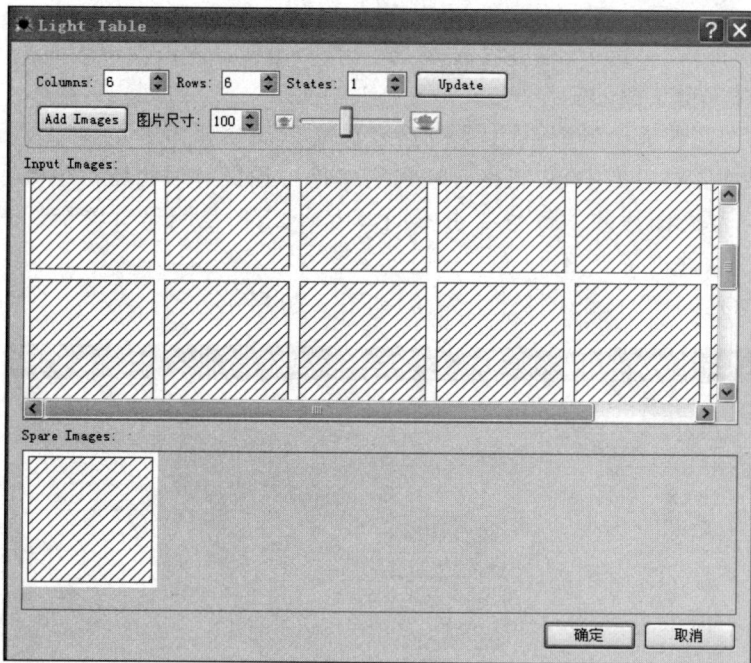

图 5.22　Light Table 对话框

（4）打开存放图片的文件夹，两个窗口并列打开，将文件夹中的图片依次拖曳到 Light Table 对话框中，如图 5.23 所示。

（5）关闭存放图片的文件夹窗口。单击 Light Table 对话框中的"确定"按钮，关闭 Light Table 对话框。返回主界面，设置新输出格式为 Flash，共有 3 种，分别为 HTML5、Flash、QTVR。单击"增加"按钮，打开"Flash 输出"对话框，如图 5.24 所示。

（6）在输出文件处单击"打开"按钮，打开"输出文件"对话框，可设置输出文件的保存位置（路径）和文件名。单击"保存"按钮后返回。单击"确定"按钮，出现一个问讯对话

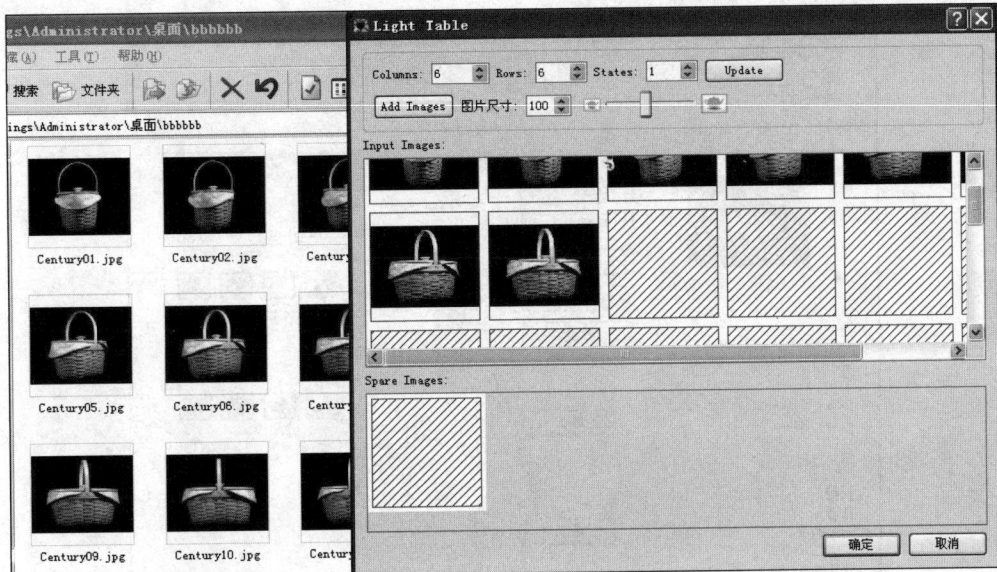

图 5.23 两个窗口并列打开

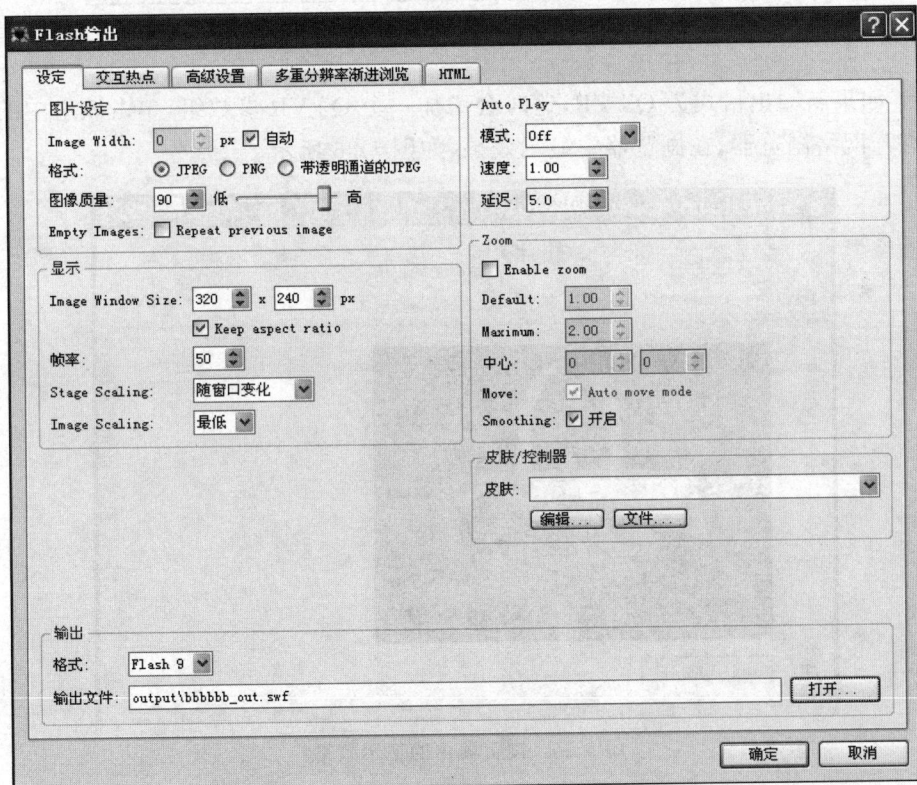

图 5.24 "Flash 输出"对话框

框,单击"是"按钮。返回主界面,如图 5.25 所示。在主界面的输出参数组下方增加了一
个 Flash 参数组。

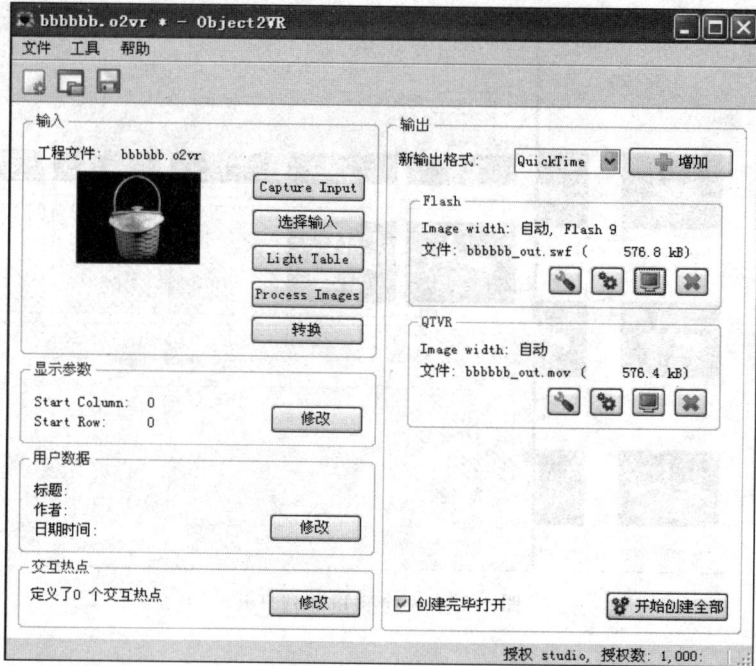

图 5.25　主界面

（7）如果新输出格式为 QTVR，这时会增加一个 QTVR 参数组，单击该组中的 █ 按钮，将打开网络浏览器，在浏览器中显示效果，如图 5.26 所示。

图 5.26　浏览器中的显示效果

（8）使用鼠标，可交互式调节竹篮的显示角度，或者说是旋转该竹篮对象。单击显示区域，上方出现提示字符，单击"小窗口播放"按钮，变为小窗口播放模式，如图 5.27 所示。单击"最大化"按钮，则切换为全屏播放模式。按 Esc 键返回小窗口播放。如果单击"设置"按钮，则打开设置选项菜单，可进行多项参数的设置。

图 5.27　小窗口播放

（9）单击"关闭"按钮，返回到主界面。单击 Flash 参数组中的![按钮]按钮，打开"Flash 输出"对话框。在"皮肤"处单击下拉按钮，有 4 个选项，可选择任一个，如选择 controller_object_popup ggsk，如图 5.28 所示。单击"确定"按钮，则重新计算，覆盖原保存的文件。再进入小窗口播放模式，在播放窗口的下方，会增加一些控制播放的按钮，如图 5.29 所示。

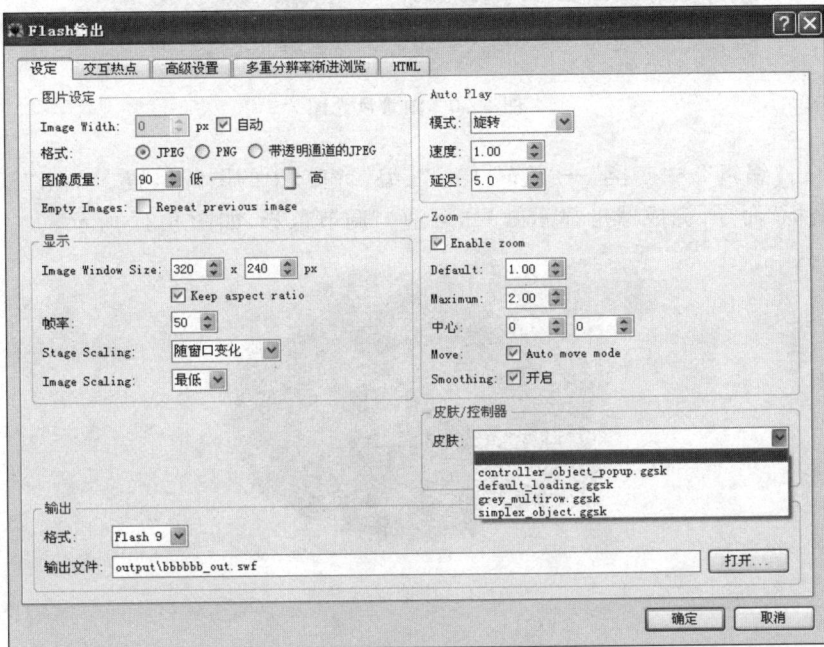

图 5.28　设置皮肤

图 5.29　小窗口播放

（10）单击"＋"按钮放大图像，单击"－"按钮缩小图像。单击方向按钮，可调整观察对象的视角，其他还有旋转、全屏幕等按钮。

例 5.4 球形全景图的制作。

实际上，有很多软件可以制作球形全景图，本例中继续使用 Photoshop CS4 进行处理。

（1）启动 Photoshop CS4，打开前面保存的"湖景风光.jpg"文件。在"图层"面板中双击该图片的图层，将锁住的背景图层变为可编辑图层。并用剪切工具将图片适当剪短，如图 5.30 所示。

图 5.30 湖景风光图

（2）单击"编辑"→"变换"→"旋转 180°"，编辑窗口中的图片倒置。单击"滤镜"→"扭曲"→"极坐标"命令，完成球形显示效果，可适当调节色彩，如图 5.31 所示。

图 5.31 球形显示效果

5.4 全景视频简介

全景视频，又名 720°或者 360°全景视频，它是从 720°或者 360°的球形全景图技术之上发展延伸而来。与球形全景图相比，球形全景视频是一种新的技术显示形式，并已经快速流行起来。如果说球形全景图给用户提供了静态的观摩方式，人们在观看球形全景图时，仿佛站在视图的中心位置，浏览水平 360°，垂直 180°的空间范围，那么球形全景视频则是一种动态的视觉效果，映入眼帘的是水平 360°，上下 180°，无缝衔接的视频影像，

用户仿佛站在一个线性移动的点上,同时观看周边各方向上的景观。此时的视频影像通过全景播放器进行播放时,用户可以通过单击鼠标、触摸屏幕或其他的方式实现上下、左右、放大、缩小的无死角浏览的视频模式。

在全景视频中,视频景象内容显示的是观察视点 360°周边的多幅画面效果,多幅画面内容是相互关联的、同步地不断跟随的变化景物,同时视频画面有景深效果和声音伴随。用户观赏时会体验到很强的沉浸感。如图 5.32 所示为某广场的全景视频图。

图 5.32 某广场的全景视频图

5.4.1 全景视频的应用

全景视频是一种新型的显示模式,具有信息量大、视野开阔、观赏效果沉浸感好的特点,因而在许多行业发挥着其他技术无可替代的作用。全景视频目前运用较多的部门有数字展馆、数字城市、场馆仿真、地产漫游、教学科研设计、旅游景区、文物古迹、道路桥梁、水利水电、网上产品、影片拍摄等。全景视频作为当前一种爆发性很强的技术,在国外的许多著名网站上已经成为展示 3D 对象的主导方式之一,主要应用如下。

(1) 在名胜古迹、旅游景区的作用。

随着人们生活水平的日益提高,探访名胜古迹、游览旅游景区也成为平民大众喜爱的选项之一,同时也给名胜古迹、旅游景区提供了宣传和竞争的大好机会。名胜古迹、旅游景区的管理部门在宣传过程中,如果采用普通的方式,很难全面展现名胜古迹、旅游景区的丰富信息,而采用全景视频的方式,放置在旅游网站上,则可以较低的成本,提供给民众最大的信息量,从而更好地引导民众认识名胜古迹、旅游景区的民族文化特色,绚丽多彩的奇特山水构造。因此,以动态的全景视频展现旅游景区的山川地貌,犹如民众亲历游览一般,可以将最美、最奇、最独特的风光尽览眼中。

(2) 在监控领域的作用。

监控作为国家治安环境的重要构成,已经广泛应用到大城市的交通、银行、企业、小区、地铁、火车和商店等。可以这样说,需要安全的地方几乎都不可缺少监控探头的安装和存在。但是现在的监控普遍都存在盲区,也就是还有的地方因各种原因而监控不到。如果将全景视频的技术运用到监控领域,那么像很多行业的许多地方就没有必要安装如此多的摄像头了,一方面大大减少了硬件设备的投入费用,另一方面也提高了监控的工作效率。可以说,全景视频技术运用到监控领域,对于各行各业的安全保障无疑是一种福音。

(3) 在汽车交通方面的应用。

汽车360°全景环视系统是传统倒车可视系统的升级版。传统的倒车可视系统采用一个摄像头和一个显示器构成。当系统工作的时候,屏幕上会显示两条不会变化的标尺线,倒车行驶时,驾驶人难以判断车后障碍物的距离,容易发生碰撞事故。

随着图像和计算机视觉技术的快速发展,越来越多的技术被应用到汽车电子领域,新的汽车360°全景环视系统为了扩大驾驶人的视野,采用了四个摄像头分布于汽车的四边,使驾驶人能够感知360°全方位的环境。汽车360°全景环视系统配备有多个视觉传感器,它们相互协同配合作用然后通过视频合成处理,形成全车周围的一整套全景视频图像,并集中显示在汽车的中控台上。泊车时,无论是车头先进、车尾先进、侧方停车都能精准到位,有效防止停车时的剐蹭。驾驶人通过全景视觉辅助系统倒车、泊车时的安全性、可操控性大大增强,未来必将取代传统的倒车可视系统。汽车全景环视系统中控显示如图5.33所示。

图5.33　汽车全景环视系统中控图

5.4.2　全景视频的制作

全景视频属于视频范畴,与图形或图像不同,具有数据量大、非线性的特点,因此需要采用特殊的软、硬件设备作支撑。全景视频制作的流程是:全景视频拍摄,全景视频拼接,视频剪辑与特效加工,跨平台发布。

1. 全景视频的硬件设备

随着科技的发展,单镜头的数字摄像技术日益成熟,随着全景视频的流行,基于全景视频应用的多镜头数字摄像机迅速发展起来。由于全景视频要求720°或360°方向上的视频图像在行进中必须同步,且无缝连接,因此多镜头的数字摄像机需要内置图像处理单元实时地矫正和拼接所摄视频,使其直接形成一幅动态的全景视频。多镜头数字摄像机如图5.34所示。

图5.34　多镜头数字摄像机

2. 全景视频的编辑软件

全景视频作为一种全新的媒体展示形式,一亮相就受到了广大受众的喜爱,用户不仅是被动观看,在播放器的支持下,还可以上下滚动观看,也可以左右旋转360°观看。因此与传统的视频编辑软件相比,全景视频编辑软件要求较高,只有专业的视频编辑软件才能较好地进行编辑。目前流行的全景视频编辑软件不是很多,主要有Object2VR Studio Edition、Kolor Autopano Video Pro。另外,Adobe公司在2016年4月宣布,将在Adobe Premiere Pro CC的新推版本中,新增VR 360°全景视频编辑功能。此外,该公司的相关软件After Effects CC and Audition CC也将很快会有相应的更新。

更新后的Premiere Pro将可以通过"视野"模式来导入特殊视频,可以让编辑在平面视频和立体视频的模式中自由切换。在导出时用户将可以设置VR-related标签,以保证视频播放器的兼容性。

　　为了加快编辑过程,它允许人们在音频和视频剪辑时仍然可以导入素材,还可以设置常见键盘快捷键。Premiere 的其他改变包括支持导出至 Twitter、升级 Lumetri 色彩校正模块,还有其他更多标注选项的添加,并可支持 8K 分辨率、HDR、HFR 的内容。

3. Kolor Autopano Video Pro 简介

　　Kolor Autopano Video Pro 作为一款制作 360°全景视频的软件,为用户提供了视频制作的友好界面。Autopano 视频是目前最新的视频拼接软件,通过该软件,可以将几个视频组装成一个单一的覆盖率高达 360°×180°的新视频。软件的工作流程为:拖放源视频,选择一个拼接模板(包括 GoPro 模板)并适当调整一下全景参考点后就可以进行播放演示。

　　Kolor Autopano Video Pro 中文特别版功能强大,对于导入的多个全景视频素材部件,可以自动缝合和创建成 360°全景图视频。简单易用的软件界面可以让每一个零基础用户轻松上手,操作中只需要拖放源视频,选择一个拼接模板,然后进行几个简单的设置,就能制作出画面正醋的全景视频了。

　　Autopano Video Pro 创建的 360°环绕视频身临其境感强,能够将多个镜头组合到一起,对镜头进行渲染处理。Autopano Video Pro for Mac 为用户提供了无障碍的工作流程,同时以更快的时间利用 GPU 渲染处理。

习题

　　1. 什么是全景技术?

　　2. 全景技术的类型有几种? 各有何特点?

　　3. 常见全景软件有哪些? 请列出常用的 3 个软件,并介绍其基本特点。

　　4. 常用的全景设备有哪些? 请列出常用的 3 个,并介绍其基本特点。

　　5. 动手拍摄素材,制作一个 360°全景图。

第 6 章　虚拟现实建模工具 3ds Max

　　虚拟现实系统中需要大量的三维模型,因此如何构建三维模型成为整个虚拟现实的基础。虽然使用 VRML、VC++ 以及 OpenGL 等语言可以编写出一个交互式的三维模型,但这种采用程序代码设计的方式对许多人来说是不易掌握的,工作量也是巨大的。因此有必要通过更简便的方法,即借助于某种通用的平台或集成工具帮助用户制作三维场景和模型、动画等,并使应用系统的开发可以在已有的建模软件基础上进行。目前用于虚拟现实建模的工具软件有很多,比较常见的有 3ds Max、Maya、Rhino 以及 Multigen Createor 等。

6.1　3ds Max 基础知识

　　3D Studio Max,一般简称为 3ds Max。3ds Max 原由加拿大的 Discreet Logic 公司开发,该公司后被美国 Autodesk 公司收购,目前为 Autodesk 公司基于 PC 系统开发的全功能的三维计算机图形软件。它运行在 Win32 和 Win64 平台上,从 2007 年以后几乎年年有升级版本推出。

　　由于 3ds Max 的出现,使得早期高雅、复杂的 CG 制作变为大众化的技术。该软件功能上集三维建模、材质调制、灯光设置、摄像机布局、光影粒子特效、动画表现以及渲染为一体,因此广受用户欢迎,并已大量地运用在计算机游戏和影视大片的特效制作中。据媒体报道,美国经典大片《2012 世界末日》就采用了该软件制作,留下了划时代的不朽影视作品。

　　3ds Max 的技术特点如下。

　　(1) 功能强大,扩展性好。建模功能强大,在角色动画方面也具备很强的优势。另外,丰富的插件也是其一大亮点。

　　(2) 操作简单,容易掌握。与其他的同样具有强大功能的软件相比,3ds Max 可以说是最容易学习的 3D 软件。

　　(3) 能够很好地与其他相关软件配合运作。

　　(4) 效果非常好,制作的模型外观逼真,同时可进行物理仿真设计。

　　基于以上特点,3ds Max 可以说是目前虚拟现实中的必备工具软件之一。

6.1.1　3ds Max 的工作界面

在 Windows 7 中启动运行 3ds Max 2010,就可进入 3ds Max 2010 的工作主界面,如图 6.1 所示。与过去的灰色背景界面不同,3ds Max 2010 的工作界面背景呈黑色,前景为灰白色。其组成可以分为:上方有标题栏、菜单栏、主工具栏、选项卡栏;中部有工作视图区、命令面板;下方有时间轴和时间滑块,再下方从左至右可分为:Max 脚本输入区、绝对坐标显示区、动画设置区和视图控制区。

其中,中部的视图区分为四个关联的窗口,分别是顶视图、前视图、左视图和透视图,是建模、动画和渲染显示的主要区域。在视图区中,每个视口中均有红绿蓝三色组成的坐标系,红色表示 x 轴、绿色表示 y 轴、蓝色表示 z 轴。采用世界坐标系表示物体对象的位置。其中,顶视图中的内容是人从物体对象的正上方看到的图像,前视图是从物体正前方看到的图像,左视图是从物体对象的正左方看到的图像,透视图是人从物体对象的左上前方看到的图像,看点与三个视图面呈 45°夹角。

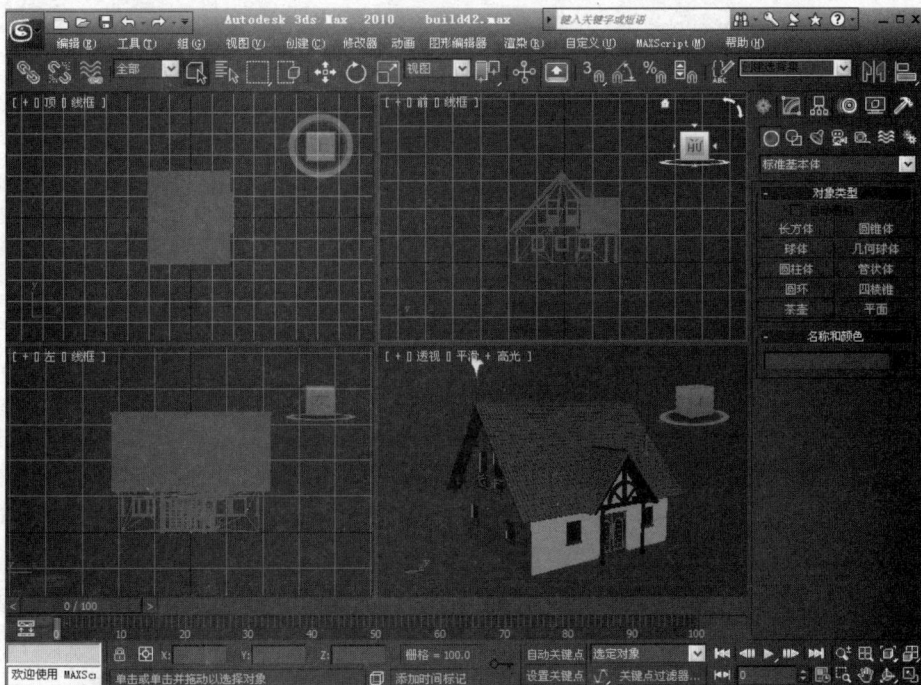

图 6.1　3ds Max 2010 工作界面

1. 标题栏

标题栏位于最上方,左边是传统的"应用程序"按钮 ⑥、快速工具访问栏,中间是文件名称,右边是信息区。其中,"应用程序"按钮代替了过去的"文件"菜单按钮,单击"应用程序"按钮,可打开下拉菜单,如图 6.2 所示。

其中,常用命令"重置"表示清除视图中的对象,恢复到初始状态。"首选项"命令可将外部参照系插入当前场景中。"导入"是将其他作图软件编辑的文件导入 3ds Max 场

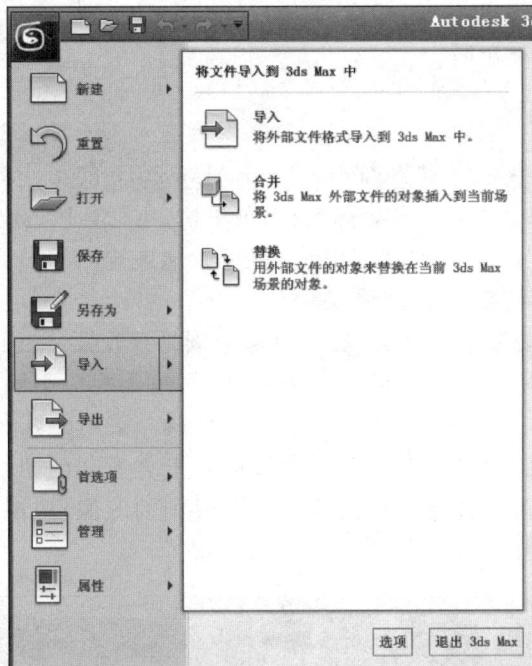

图 6.2 "应用程序"按钮下拉菜单

景中进行编辑;同样,"导出"是将编辑好的对象保存为其他软件格式的文件,便于其他软件编辑。

信息区中主要有"搜索""访问会员中心""通信中心""帮助"等。

2. 菜单栏

3ds Max 2010 的菜单栏中有 12 个项目:编辑、工具、组、视图、创建、修改器、动画、图形编辑器、渲染、自定义、MAXScript、帮助。

(1)"编辑"菜单中的命令主要用于选择和变换场景中的对象,主要有撤销、删除、全选、反选、旋转、移动等。重点是克隆,克隆的实质是复制,但不同于过去的剪切、复制和粘贴方法。单击"克隆"命令时,会打开一个对话框,可选择复制、实例、参考等方式进行复制。

如果选择"复制"进行克隆,则两个对象是独立的;如果选择"实例"进行克隆,则两个对象关联,即修改任一个对象,另一个对象同步变化;如果选择"参考"进行克隆,则源对象变化时,目标对象也跟随变化,而目标对象变化时,源对象不变化。

(2)"工具"菜单中有许多管理器启动命令。该菜单中常用的有四个用于空间复制的命令,分别是:镜像、阵列、快照,以及对齐中的间隔、克隆并对齐等。需要注意的是,这些复制对象的命令在复制对象的过程中,还完成对象在空间的布局过程。另外一个常用命令是"对齐",空间物体进行对齐操作不容易进行,利用该命令非常方便准确。

(3)"组"菜单中主要用于处理群组和非群组的关系,常用的"成组"命令可以将多个对象的相对关系固定下来。

(4)"视图"菜单中常用的主要有"视口背景"命令,通过该命令可以控制场景是否显示背景图片。

（5）"创建"菜单中提供了大量的基本模型、系统对象等,均可通过该菜单直接选择绘制。例如,菜单中的 ACE 对象下面,有植物、栏杆、楼梯等。

（6）"修改器"菜单中封装了控制面板中的所有编辑修改器。

（7）"动画"菜单将动画控制面板中的组件功能封装其中,利用该菜单可以设置正向运动、反向运动、创建骨骼和虚拟物体等。

（8）"图表编辑器"菜单中主要有"轨迹视图""图解视图"两个子命令项。轨迹视图可以观察和设计模型对象的运动轨迹;图解视图可以观察场景中所有对象的层次和链接关系。

（9）"渲染"菜单中提供了所有的着色渲染场景的功能,主要有渲染形式和参数的设置、环境及特效的设定、光线跟踪的设置以及渲染器的选择、Video Post 后期合成的运用等。

（10）"自定义"菜单提供用户定制操作界面的相关命令,同时也可以在"首选项"窗口中完成一些系统的配置工作。

（11）MAXScript 菜单里面提供了 MAX 的脚本编辑环境,通过脚本设计可以完成3ds Max 的建模、材质贴图、动画等设计工作。

（12）"帮助"菜单提供 3ds Max 2010 中的一些帮助菜单命令,包括在线帮助、系统中的插件信息及版本信息等。

3. 主工具栏

3ds Max 2010 的主工具栏默认位置在 3ds Max 工作窗口的第三行,只有在 1280×1024 的分辨率下屏幕才能完整地显示出工具栏上的所有按钮,否则主工具栏上的一部分按钮将被隐藏,需要左右拖动工具栏才能将隐藏的按钮显示出来。如果工具按钮的右下角有一个小黑三角,那么按住该小黑三角略微拖动,就会弹出扩展按钮。主工具栏如图 6.3 所示。

图 6.3　主工具栏

下面仅对部分常用工具按钮予以介绍。

（1）按钮。选择对象。

（2）按钮。按对象的名称选择。

（3）按钮。只需部分框住了的对象被选择。

（4）按钮。按钮矩形框选。

（5）按钮。选择并移动变换;按钮为选择并旋转变换。

（6）按钮。选择并等比缩放;按钮为选择并不等比缩放。按钮为选择并挤压。

（7）按钮。三维捕捉开关;按钮为二维捕捉开关。

（8）按钮。镜像选定对象。

（9）按钮。对齐按钮。

（10）▦ 按钮。打开曲线编辑器。▦ 按钮为显示关联物体的父子关系视图。

（11）▦ 按钮。材质编辑器。

（12）▦ 按钮。渲染设置。

（13）▦ 按钮。快速渲染。

（14）▦ 按钮。打开石墨建模工具。单击该按钮，屏幕显示选项卡。

6.1.2 视图区

视图区是 3ds Max 2010 中最重要的区域，不但效果在此体现，许多操作也是在视图区中进行的。视图区默认为四个视图窗口，各视图窗口作用如下。

（1）顶视图。显示三维场景中正上方的平面观察效果。

（2）前视图。显示三维场景中正前方的平面观察效果。

（3）左视图。显示三维场景中正左方的平面观察效果。

（4）透视图。模拟人眼从西南方向俯视 45°观察三维场景的正常视觉效果，并提供了立体影像的透视效果。

1. 布局调整

3ds Max 2010 的系统默认布局为四方格形，用户可以根据需要调整布局。单击“视图”→“视口配置”，打开“视口配置”对话框，在该对话框中选中“布局”选项卡，如图 6.4 所示。

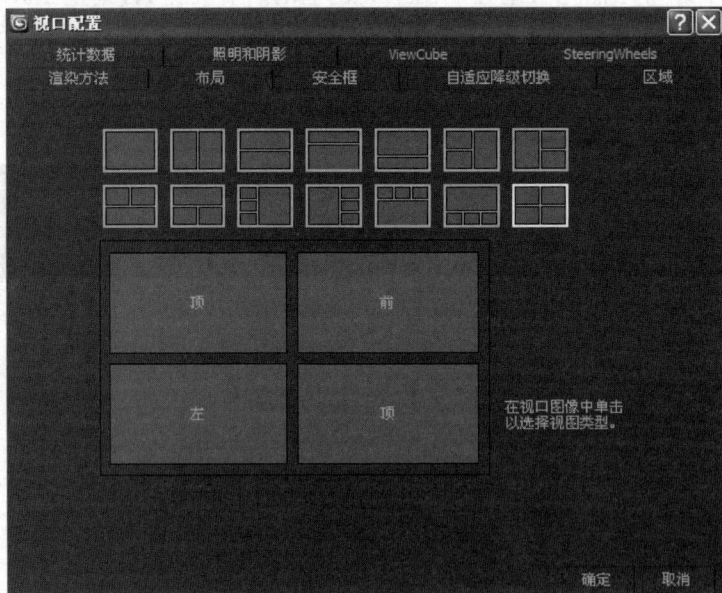

图 6.4 “视口配置”对话框

如果用户选择某种布局窗口，单击“确定”按钮，随即调整为当前窗口。

2. 视图调整

在三维对象的建模过程中，可以对各个视图进行灵活的显示控制。3ds Max 2010 会

按激活视图的不同类型,在视图调整工具区中,自动组合成不同的视图调整按钮。视图调整工具区放置在工作界面的右下角,与主工具栏按钮相似,视图调整按钮下方有小黑三角的,可以拖出隐藏的按钮来。视图控制工具名称及功能如下。

(1)"缩放"按钮 ![按钮]。拖动鼠标或滚动鼠标中键可以对视图进行缩放操作。

(2)"缩放所有视图"按钮 ![按钮]。同时缩放除摄影机视图外的所有视图。

(3)"最大显示"按钮 ![按钮]。将当前激活视图中的所有对象以最大化方式显示。

(4)"所有视图最大化"按钮 ![按钮]。在所有视图中将对象以最大化方式显示。

(5)"视野"按钮 ![按钮]。调整透视图的 FOV(视野)值改变视图的透视效果。

(6)"平移视图"按钮 ![按钮]。拖动鼠标或滚动鼠标中键对视图进行平移操作。

(7)"圆弧形旋转"按钮 ![按钮]。拖动鼠标可对透视图进行旋转操作。

(8)"最大化视图切换"按钮 ![按钮]。将激活视图在最大化与最小化显示之间进行切换。

(9)"缩放区域"按钮 ![按钮]。拖动鼠标创建的矩形区域中的对象被最大化显示。

6.1.3　命令面板、快捷键

1. 命令面板

命令面板位于工作界面的右边,有 6 个标签对应不同的命令操作面板,从左向右依次为创建面板、修改面板、层级面板、运动面板、显示面板和工具面板,如图 6.5 所示。

命令面板中最重要的是创建面板,在该面板下通过 7 个按钮,可以进入创建几何体、图形、灯光、摄影机、辅助对象、空间扭曲和系统对象等环境中。单击某个类型的按钮后,在"对象类型"卷展栏中直接给出了各种子类别对象。单击一个子类别对象按钮就可以在视图中创建对象。

在"对象类型"卷展栏上方有一个下拉菜单,通过这个下拉菜单又可以选择其他类型的子类别对象。在"名称和颜色"卷展栏中,不但显示了视图中被激活对象的名称和颜色,还可以对对象的名称和颜色进行修改。

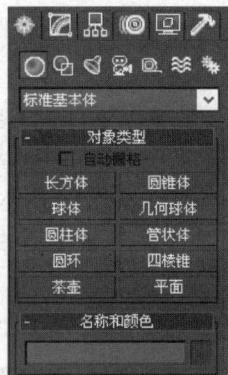

图 6.5　命令面板

其次,命令面板中常用的面板就是修改面板,进入修改面板后,视图区中选中的对象的参数就展现出来,便于修改。同时通过下拉列表给出系统的所有与对象有关的修改器,当用户给视图区对象加载了某个修改器后,调节修改器的参数,可进行模型的创建。

再次,运动面板也是一个常用面板,通过该面板可以直接设置视图中选中对象的轨迹运动,或给对象添加动画控制器。

显示面板主要完成视图中某些对象的隐藏与显示。

2. 快捷键

3ds Max 2010 中快捷键非常多,仅将部分常用快捷键功能介绍如下。

(1)F10。打开"渲染"菜单。

（2）Alt＋6。显示/隐藏主工具栏。

（3）Ctrl＋A。选择所有物体。

（4）B。切换到底视图。

（5）C。切换到摄像机视图。

（6）Shift＋C。显示/隐藏摄像机物体（Cameras）。

（7）D。冻结当前视图（不刷新视图）。

（8）Ctrl＋D。取消所有的选择。

（9）F。切换到前视图。

（10）G。隐藏当前视图的辅助网格。

（11）L。切换到左视图。

（12）Shift＋G。显示/隐藏所有几何体（Geometry）（非辅助体）。

（13）Shift＋L。显示/隐藏所有灯光（Lights）。

（14）Ctrl＋L。在当前视图使用默认灯光（开关）。

（15）M。打开材质编辑器。

（16）P。切换到等大的透视图（Perspective）视图。

（17）Q。选择模式（切换矩形、圆形、多边形、自定义）。

（18）Shift＋Q。快速渲染。

6.1.4 石墨建模工具

单击主工具栏上的█按钮，打开"石墨建模工具"选项卡，这个模块曾经是独立的脚本插件 PolyBoost，现在被整合进了 3ds Max 2010，并更名为"石墨建模工具"。该工具为 3ds Max 2010 的 Poly 建模提供了飞跃式的增强。无论是点、边、面的操作还是选择形式，都能面对最苛刻的制作需求。

石墨建模工具分为三个部分：石墨建模工具、自由形式和选择。当鼠标放置在对应的按钮上，就会弹出相应的命令面板，如图 6.6 所示。

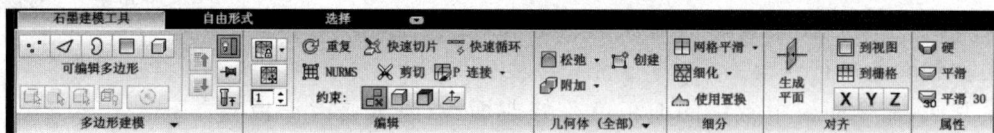

图 6.6 "石墨建模工具"面板

值得注意的是，这套工具中还提供了雕塑和直接绘制贴图的功能。其中，雕塑功能和 Zbrush 软件的操作方式相似，可以随意控制模型表面的凸起和凹陷。

1. "石墨建模工具"选项卡

"石墨建模工具"选项卡包含最常用于多边形建模的工具，它分成若干不同的面板，可供用户方便快捷地进行访问。

2. "自由形式"选项卡

"自由形式"选项卡提供用于徒手创建和修改多边形几何体的工具，可在"多边形绘

制"和"绘制变形"面板上使用这些工具。另外,正常情况下,"自由形式"等选项卡下的工具面板将处于隐藏状态,但可通过右键单击菜单将其显示在"自由形式"选项卡上。

3."选择"选项卡

Modeling Ribbon 的"选择"选项卡提供了专门用于进行子对象选择的各种工具。例如,操作时可以选择凹面或凸面区域、朝向视口的子对象或某一方向的点等。

6.1.5　简单对象编辑应用

3ds Max 中编辑的对象以三维物体为主,系统提供了 10 种基本体和 13 种扩展基本体,针对这些基本体,可以直接进行简单的选择、复制、删除、变换、平移、旋转等操作,下面以阵列复制为例,领略 3ds Max 的强大功能。

例 6.1　阵列复制

阵列复制是 3ds Max 中复制对象功能最强大的命令,它可以完成一维阵列、二维阵列、三维阵列和旋转阵列复制,即它不仅使得对象由一个复制成多个,在复制过程中,还完成对象在空间上的自然分布。

1.一维阵列

(1)默认情况下,命令面板位于"创建"面板,"几何体"下拉列表为"标准基本体",单击"茶壶"按钮,在顶视图中画一个小的茶壶。

(2)在前视图选中该茶壶,单击"工具"→"阵列",打开"阵列"对话框。在"阵列"对话框中,上部为阵列变换时的参数设置区,下部为对象类型、阵列维度、预览区域。在如图 6.7 所示对话框中填入参数。

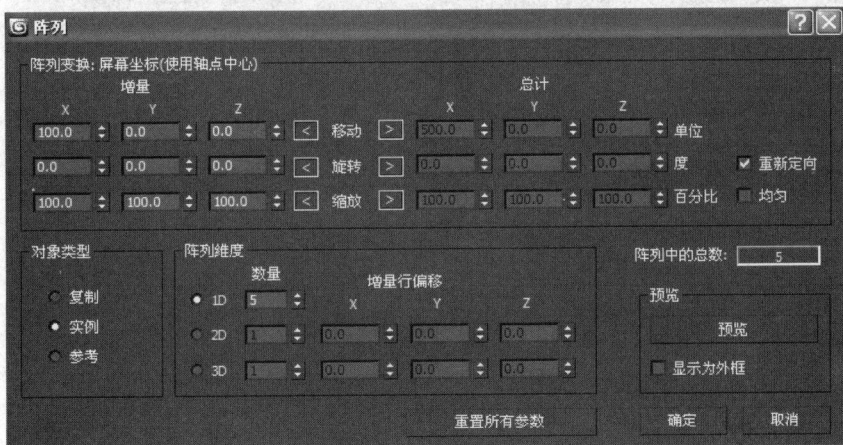

图 6.7　一维阵列参数

(3)参数填入方法为:在"阵列"对话框中,增量区中,X 轴向对应移动行的方格中输入 100。阵列维度区中,选择 1D,数量格中填入 5。单击"确定"按钮,效果如图 6.8 所示。

2.二维阵列

(1)单击"应用程序"按钮→"重置",单击"创建"面板→"几何体"→"标准基本体"中的"茶壶"按钮,在顶视图中画一个小茶壶。

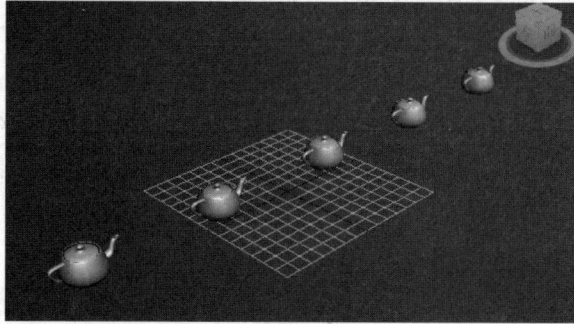

图 6.8 一维阵列效果图

(2) 选中前视图中的茶壶,单击"工具"→"阵列",打开"阵列"对话框。在"阵列"对话框中,填入如图 6.9 所示参数。输入参数方法为:增量区域中,X 轴向对应移动行的方格中输入 100。阵列维度区中,选择 2D,数量格中第一行填入 5,第二行填入 8。并在"增量行偏移"的 Y 轴向下输入 100。

(3) 单击"确定"按钮,效果如图 6.10 所示。

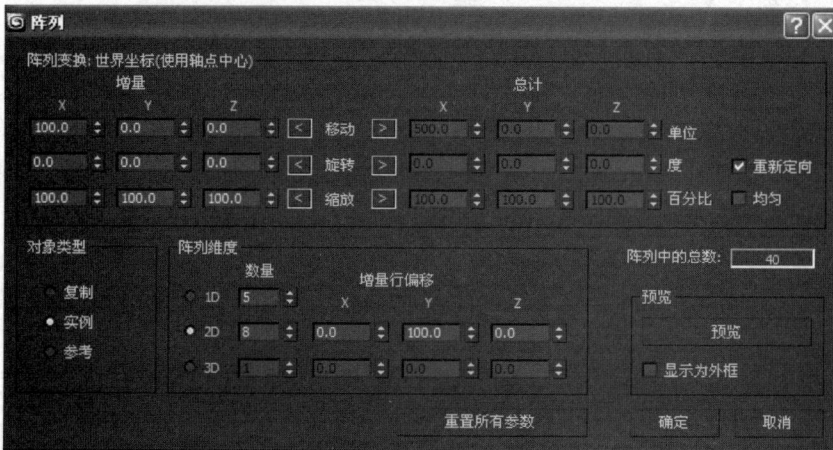

图 6.9 二维阵列参数

图 6.10 二维阵列效果图

3．三维阵列

（1）单击"应用程序"按钮→"重置"，单击"创建"面板→"几何体"→"标准基本体"中的"茶壶"按钮，在顶视图中画一小茶壶。

（2）选中前视图中的茶壶，单击"工具"→"阵列"，打开"阵列"对话框。在"阵列"对话框中，填入如图6.11所示参数。参数输入方法为：增量区域中，X轴向对应移动行的方格中输入50。阵列维度区中，选择3D，数量格中第一行填入5，第二行填入4，第三行中填入3。并在"增量行偏移"的Y轴下输入50，Z轴下第2行中输入40。

（3）单击"确定"按钮，效果如图6.12所示。

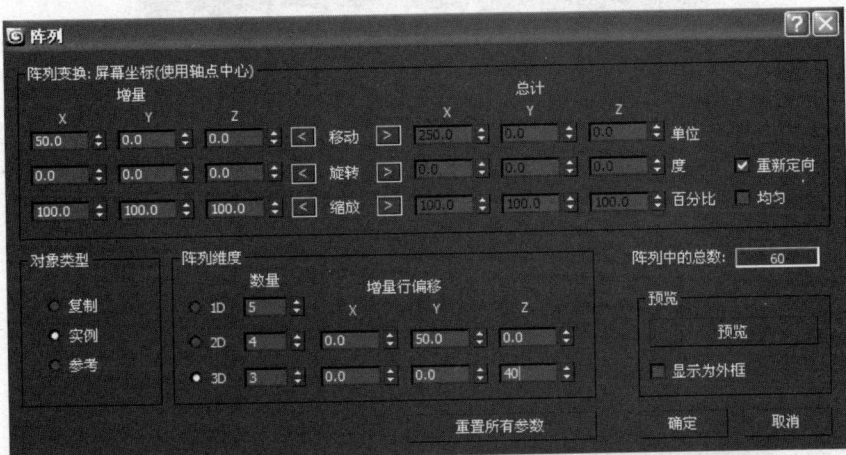

图6.11　三维阵列参数

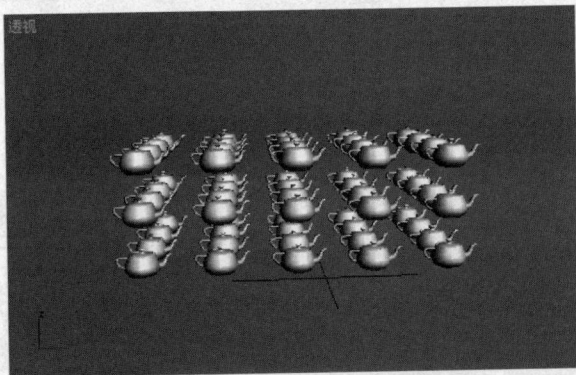

图6.12　三维阵列效果图

4．旋转阵列复制

（1）制作一个方桌子、一把椅子，顶视图如图6.13所示。

（2）如果椅子是由多个部件组成的，一定要框选椅子的全部组件，单击"组"→"成组"。再单击命令面板中的"层次"按钮，打开"层次"面板，单击"仅影响轴"按钮。

（3）单击主工具栏中的 按钮，选中椅子的坐标轴，平移到方桌的中心位置，如图6.14所示。

（4）单击"工具"→"阵列"，打开"阵列"对话框。在"阵列"对话框中，填入如图6.15

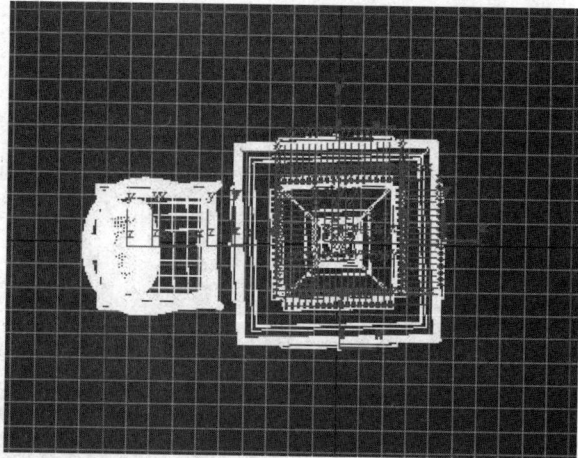

图 6.13　桌子椅子关系图

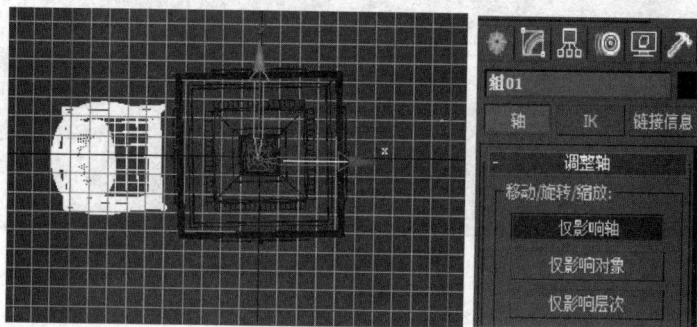

图 6.14　平移坐标轴示意图

所示参数。参数输入方法为：增量区域中，Z轴下旋转行中输入 90，阵列维度区域中选择
1D，数量下输入 4。

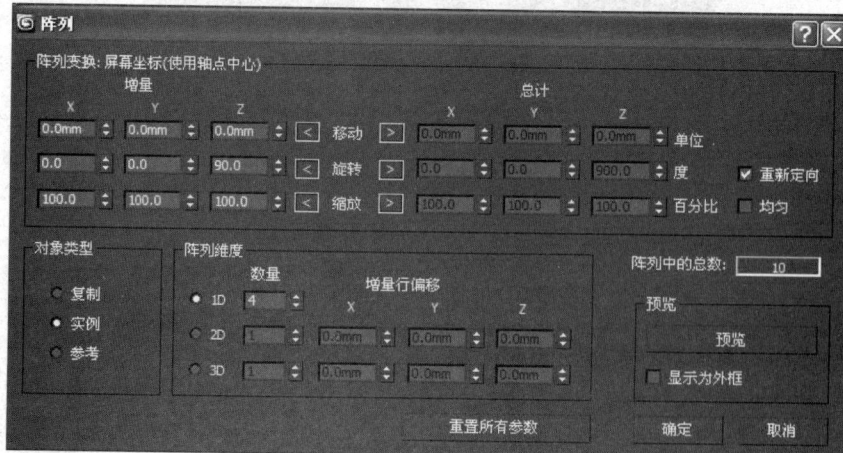

图 6.15　旋转阵列复制参数

（5）单击"确定"按钮，效果如图 6.16 所示。

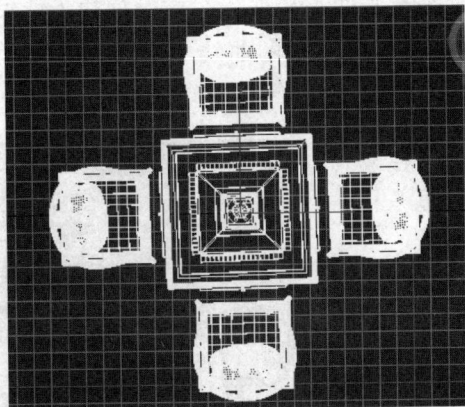

图 6.16 旋转阵列复制效果图

6.2 二维图形与编辑

在 3ds Max 中，不仅是只有三维模型，还有二维的元素点、线、圆、文字等基本对象，并可在场景中对其进行编辑、组合后转变为三维模型。

6.2.1 创建二维图形

二维图形是一种线性图元，属于三维物体的分支，也是三维物体对象的基础。3ds Max 2010 提供了 11 种基本样条线图元对象和两种 NURBS 曲线。其中包括线、矩形、圆、椭圆、心形等规则形状图形，如果要创建复杂图形，就要在创建规则形状图形的基础上对图形进行编辑。线可以直接在顶点层级、线段层级、样条线层级进行编辑，其他图形则要转换为可编辑样条线或添加编辑样条线修改器，再在不同编辑层级进行编辑。

用鼠标指针单击创建面板中的"二维图形"按钮，则出现二维图形面板，如图 6.17 所示。

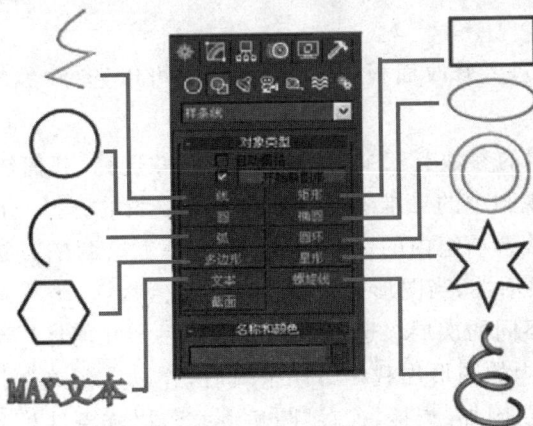

图 6.17 二维图形面板

当绘制样条线时,单击创建面板中的"二维图形"按钮 ,单击"线"按钮,在命令面板下方出现对应的参数区,可折叠为四个卷展栏,打开"创建方法"卷展栏,如图 6.18 所示。

如果绘制的曲线是直线或有棱有角的曲线,可选择角点方式绘制曲线;如果绘制的是比较平滑的曲线,如圆弧形的曲线就可以选择平滑方式,如图 6.19 所示。

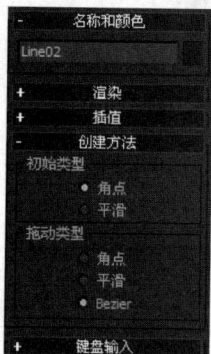

图 6.18 "线"的参数区

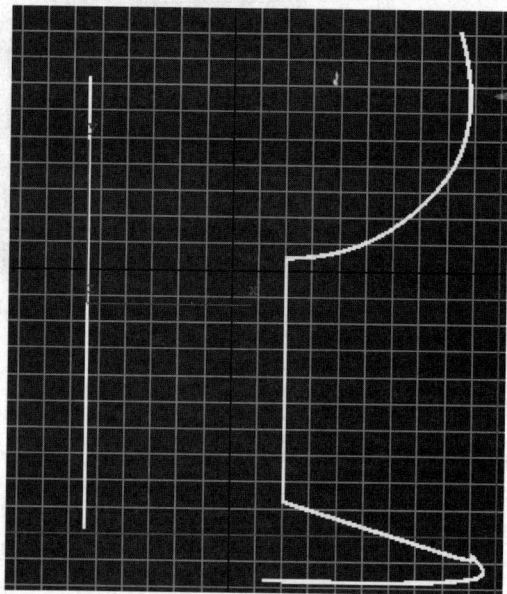

图 6.19 线段图

调整"渲染"卷展栏中厚度、边数、角度值,可以修改线条的粗细、光滑度等渲染效果。需要注意的是,在"渲染"卷展栏中,要勾选"在渲染中启用"和"在视口中启用"两个复选框。

6.2.2 二维图形的编辑

3ds Max 2010 系统中的 11 种基本样条线图元,可以通过修改器"编辑样条线"进行任意的变换与组合。调用"编辑样条线"修改器的方法如下。

(1) 单击创建面板中的 按钮,单击某个图形按钮,如"多边形"。在顶视图中拖曳,绘制出多边形。

(2) 单击 按钮,进入修改面板,从下拉列表中可以选择"编辑样条线"。完成该修改器的加载。

编辑样条线修改器的参数有三个卷展栏:选择、软选择、几何体。

① 选择:能够对视图中的二维图形进行 3 个次层级的选择,有点、分段、样条线。

② 软选择:通过该选项组内的命令,可以通过手工绘制的方法设定选择区域,大大提高了选择次对象的灵活性,当图形变化时,可以更平滑。

③ 几何体:当从不同的次层级选择了二维图形后,"几何体"卷展栏中给出相关的命令按钮。例如,对视图中的图形加载编辑样条线后,并以点模式选择,"几何体"卷展栏中对应常用按钮有创建线、附加、焊接、连接、圆角等。若以样条线模式选择,"几何体"卷展

栏中对应常用按钮有创建线、附加、轮廓、布尔、镜像、隐藏等。同时,以分段、样条线模式选择,会自动增加一个"曲面属性"卷展栏。

例 6.2 二维图形布尔运算

(1)在创建面板中,单击 按钮。单击"矩形"按钮,在顶视图中创建一个长、宽适中的矩形。

(2)单击"圆"按钮,在矩形的左部重叠处绘制一个圆图形,如图 6.20 所示。

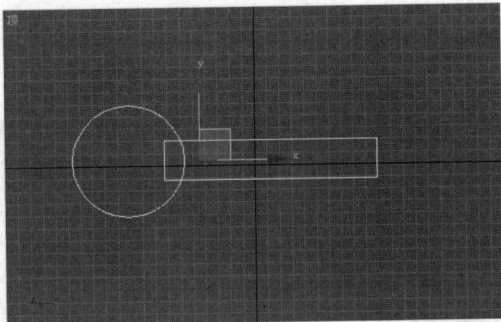

图 6.20 矩形、圆相交图

(3)选中矩形,单击"命令"面板上的 按钮,在"修改"面板的下拉列表中选择"编辑样条线"修改器。在"选择"卷展栏中,单击 按钮,即样条线方式。

(4)展开"几何体"卷展栏,单击"附加"按钮,再在视图中选择圆图形。将两个图形完成关联,再次单击"附加"按钮,将其关闭。

(5)再次在视图中选中矩形,然后在几何体卷展栏中,单击"布尔"按钮边上的 按钮,再单击"布尔"按钮,第 3 步单击视图中的圆图形,于是完成样条线的并集,如图 6.21 所示。

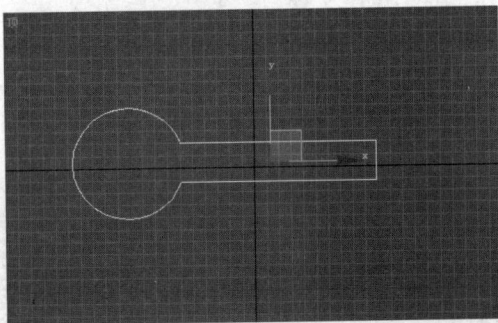

图 6.21 两个图形并集结果

注意:在"布尔"按钮边有三个按钮:"并集"按钮 ;"差集"按钮 和"交集"按钮 。

6.2.3 图形转三维模型

将二维图形转换为三维模型,使用的修改器有挤出、车削、倒角。

1. 挤出

"挤出"修改器的功能是以二维封闭的图形为轮廓,制作出相同形状,但厚度可以调

节的三维模型。例如,长方形可以挤压成长方体,圆形可以挤压成圆柱体,只要是某个方向上横截面不变的对象,都可以使用挤出方法。除了"挤出"修改器以外,也有一些其他修改器具有挤出功能。

例 6.3 制作牌匾

(1)单击标题栏中的 ⑤ →"重置"。单击创建面板下的 ⊕ 按钮,再单击"文本"按钮。在"文字参数"卷展栏中的文本框中输入"3ds MAX",并将字的大小设置为 60。在前视图中单击,输入文字于前视图中。

(2)再单击"矩形"按钮,在前视图中画一矩形,调整图形位置,使得文字位于矩形中央,如图 6.22 所示。

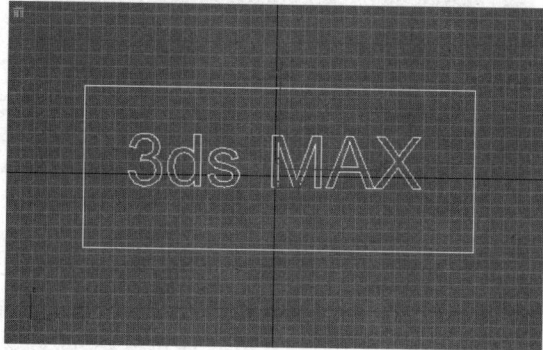

图 6.22 文字与矩形图

(3)单击命令面板上的 ⊘ 按钮,切换到修改面板,在下拉列表中选择"编辑样条线"修改器。

在"选择"卷展栏中,单击 ⌄ 按钮,即选样条线方式。选中矩形,单击"几何体"卷展栏中的"附加"按钮,再单击前视图中的文字,使得矩形与文字相互关联。再次单击"附加"按钮和样条线选择图案,将其关闭。

(4)在下拉列表中选择"挤出"修改器。在"挤出"修改器的参数面板中,将"数量"的值改为 10。单击工具栏中的"快速渲染"按钮 ⊙,透视图中渲染效果如图 6.23 所示。

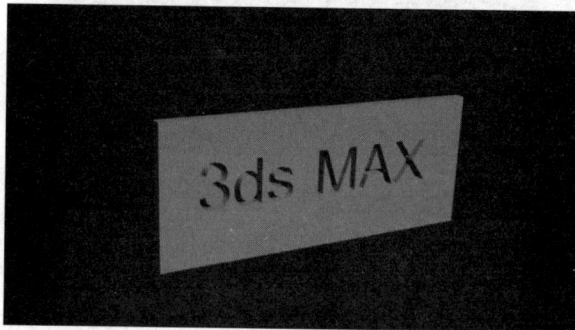

图 6.23 牌匾渲染效果图

2. 倒角

倒角与挤出功能相似,以平面图形为轮廓,增加高度,同时在高度变化时,对上面的轮廓进行缩放。

例6.4 制作五角星

（1）单击创建面板下的 ⊙ 按钮，再单击"星形"按钮。在顶视图中画一个星形，默认情况下，星形有6个角。

（2）单击创建面板下的 ⊿ 按钮，切换到修改面板，修改星形的参数，设置半径1为100，半径2为50，点为5。

（3）在下拉列表中选择"倒角"修改器。修改倒角的参数面板，如图6.24所示。级别1中，高度为2，轮廓为—1。勾选级别2，高度为20，轮廓为—50。

（4）调整五角星的颜色和方向，效果如图6.24所示。

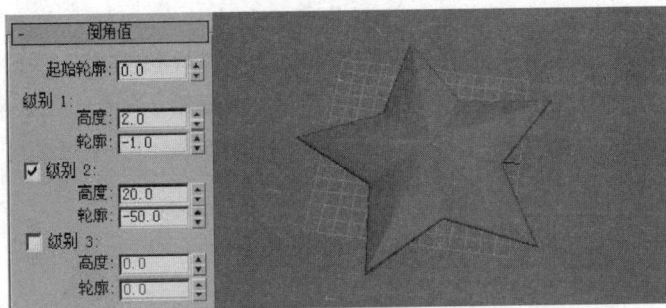

图6.24 倒角的参数面板及效果图

3. 车削

车削的功能是使二维图形沿着轴心旋转一周，从而塑造出物体的轮廓。

例6.5 酒杯

（1）单击创建面板上的"图形"按钮 ⊙，进入创建图形面板。单击"线"按钮，在前视图中创建酒杯的轮廓样条线，如图6.25所示。

（2）选定轮廓线，单击创建面板下的 ⊿ 按钮，切换到修改面板，在下拉列表中选择"车削"修改器，在车削的参数面板中设置"度数"为360，勾选"焊接内核""翻转法线"复选框，设置"方向"为 y 轴，"对齐方式"为最小，分段设置为24。

（3）右击透视图左上角的标签中的＋号，在弹出的快捷菜单中选择"配置"，在"视口配置"对话框中选择"强制双面"复选框，显示高脚杯内、外效果，如图6.26所示。

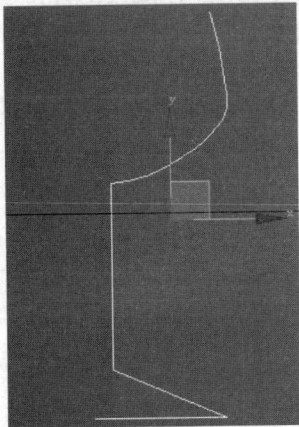

图6.25 绘制酒杯的轮廓线

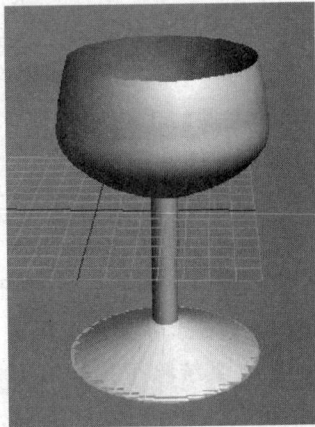

图6.26 酒杯模型

255

（4）单击"文件"→"保存"，将该例保存为"酒杯"。

注意："强制双面"选项只应用于视口显示，如果要使对象在渲染时也有双面效果则需要使用双面材质。

6.3　三维建模

三维建模是基础。3ds Max 2010 提供了 10 种类型的标准几何体对象和 13 种扩展基本物体对象，每一种标准几何体都有控制其形状和大小的参数。单击"创建"命令面板中的几何体按钮，在下拉菜单中选择"标准基本体"，在"对象类型"卷展栏中提供了长方体、圆锥体、球体、几何球体、圆柱体、管状体、圆环、四棱锥、茶壶、平面等 10 种标准几何体按钮，如图 6.27 所示。单击一个按钮后在视图中拖动鼠标即可创建对应几何体。对于几何体来说，有两类参数：大小尺寸，分段数。

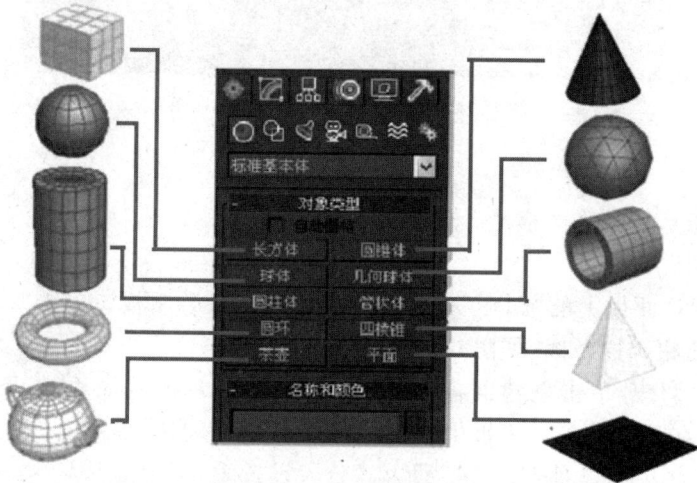

图 6.27　标准基本体

对于同样的一个标准基本体对象，如果它的参数不同，会有很大的外形变化。例如，在视图中绘制一个长方体对象，调整它的参数，可以绘制成一个地板平面，也可以绘制成一堵墙，还可以是一个长方形柱体或一个正方体等。

另外的 13 种类型的扩展基本体，每一种扩展基本体同样都有控制其形状和大小的参数。创建扩展基本体的方法是单击"创建"命令面板中的"几何体"按钮，然后在下拉菜单中选择"扩展基本体"，在"对象类型"卷展栏中提供了异面体、环形结、切角长方体、切角圆柱体、油罐、胶囊、纺锤、L-Ext、球棱柱、C-Ext、环形波、棱柱、软管等 13 种扩展几何体按钮，如图 6.28 所示。单击一个按钮后在视图中拖动鼠标即可创建对应扩展基本体。创建这些对象时，大多数可在顶视图中绘制。然后单击"调节视图"按钮囲。

3ds Max 2010 系统除了提供有基本几何体和扩展基本体之外，系统还给出了 ACE 扩展对象，包括植物、建筑物体对象、粒子、图形、辅助对象、角色及骨骼对象等。

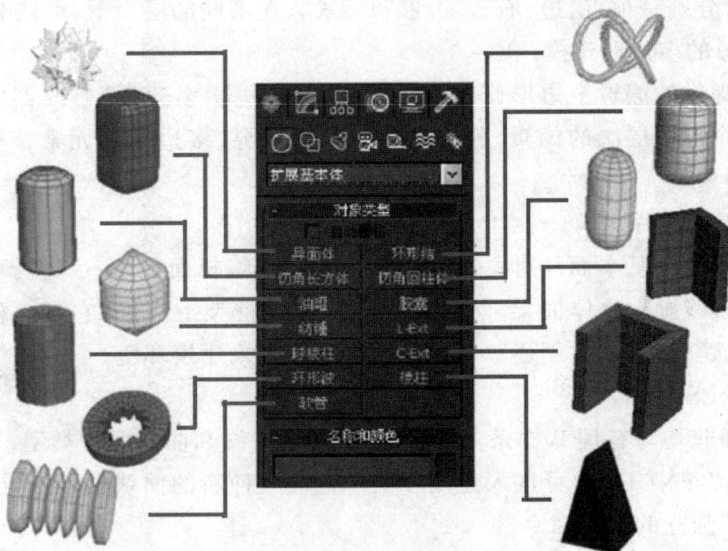

图 6.28　扩展基本体

6.3.1　建模方法

大千世界万物多样，3ds Max 2010 系统提供的基本几何体对象非常有限，因而更多情况下需要用户通过修改、编辑以及复合等方式重构基本体，使其满足各种模型的需要。同时，系统也提供了多种多样的建模方法和手段，简单概括如下。

（1）参数化的基本物体对象建模。

直接通过调节基本物体、扩展物体对象的参数，组合完成建模过程。

（2）参数化的门窗、楼梯等对象的建模。

同样，利用系统提供的模型对象，用户调节其参数可完成建模。

（3）二维图形转换三维建模。

利用系统提供的二维图形功能，画出基本平面图形的截面，再通过倒角、挤出、车削等方法完成建模。

（4）修改器建模。

系统提供了许多常用修改器命令，将它们加载到物体对象上，调节修改器的参数完成建模。

（5）基本工具的编辑建模。

利用系统提供的阵列、复制、组合、对齐等工具完成建模。

（6）复合对象建模。

利用系统提供的功能，将两个或多个基本物体对象结合起来完成建模。其中，布尔运算、放样等功能强大。

（7）可编辑的网格建模。

将物体对象转换为网格模型进行建模。"编辑网格"修改器可对几何体对象进行五

个层次的编辑,分别是顶点、边、面、多边形和元素。在不同的层级下,可调节多种参数。

（8）可编辑的多边形建模。

利用系统提供的编辑多边形修改器进行建模。"编辑多边形"修改器同样可对几何体对象进行五个不同层次的编辑,分别是顶点、边、边界、多边形和元素。在不同的层级下,可调节多种参数。

（9）可编辑的面片建模。

利用系统提供的基本面片对象,加载高级修改器"编辑面片"命令进行建模。该方法还可以利用样条线画出物体框架,然后将面片搭建在框架上完成,它是一种高级建模方法,可完成角色建模。单击"创建"→"面片栅格",可进入建模环境。

（10）NURBS 建模。

NURBS 即非均匀有理 B 样条曲线,有 NURBS 曲线和曲面两种类型。

单击"创建"→NURBS,可进入建模环境。它是一种新的曲线曲面标准,因此系统对 NURBS 提供了独立的编辑命令。

（11）石墨建模。

石墨建模方式作为系统新增的一项,也称为建模功能区,提供了编辑多边形对象所需的所有工具。其界面提供专门针对建模任务的工具,并仅显示必要的设置以使屏幕更简洁。功能区包含所有标准编辑/可编辑多边形工具,以及用于创建、选择和编辑几何体的其他工具。此外,还可以根据自己的喜好自定义功能区。

在上述建模方法中,（1）～（6）为基本建模方法,（7）～（11）为高级建模方法。复合建模中的放样也属于高级建模。

6.3.2　常用修改器建模

常用修改器通常功能比较单一,参数比较简单,例如弯曲、挤出等。当某一个常用修改器加载到几何体对象上以后,可直接调节修改器的功能参数,使得几何体对象变形。需要注意的是,这类修改器在编辑几何体对象时,有一个重要的前提,就是几何体对象要有一定的分段,分段数越大,变形效果越好,反之变形效果差。一个几何体对象上可加载多个不同的常用修改器。

例 6.6　钻头

（1）单击创建面板上的"几何体"按钮⚪,在下拉列表中选择"标准基本体",单击"长方体"按钮,在顶视图中创建一个长、宽、高分别为 50、50、200 的长方体,设置高度分段数为 20。

（2）选定长方体,单击"修改"按钮⚙进入修改面板,为长方体添加"扭曲"修改器,设置扭曲角度为 720°,使长方体上表面旋转 720°,产生扭曲,呈现钻头上的螺纹效果。选定限制分组中"限制效果"复选框,设置上限为 200、下限为 50,将扭曲范围限制在 50～200,区别钻头的头部和尾部。具体参数设置及效果,如图 6.29 所示。

（3）再次添加"锥化"修改器,锥化数量为 -1,使用限制效果,设置限制范围 50～200。将钻头上端缩小为一个点,产生钻头尖端效果,如图 6.30 所示。

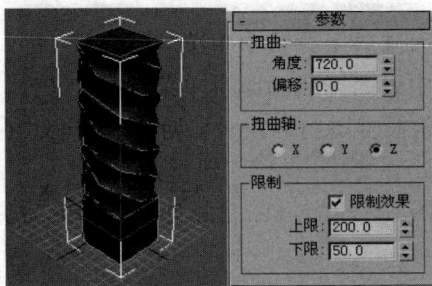

图 6.29 扭曲效果

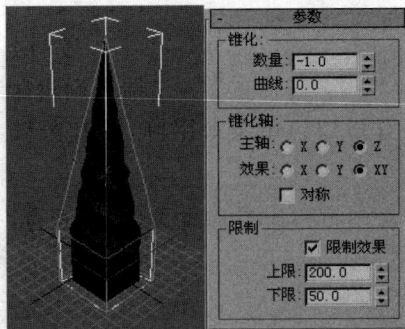

图 6.30 钻头效果

6.3.3 高级修改器建模

高级修改器主要有编辑网格、编辑多边形等,它们常常联合使用。

1. 编辑网格

网格建模修改器的特点是将一个物体对象转换为网格物体,然后对网格物体中的"格"部分进行分开建模。场景中的源物体本是一个整体,添加"编辑网格"修改器后,物体对象被网格化了,就成为许多个小的部分,然后按需要,可选用不同的次级方式对源物体对象进行修改。次级方式有顶点、边、面、多边形、元素等五个。在不同次级模式下,"编辑网格"修改器的"几何体"卷展栏中给出大量相关命令按钮。

2. 编辑多边形

编辑多边形的特点与"编辑网格"修改器相似,同样有五个次级编辑方式:顶点、边、边界、多边形、元素。与网格相比,网格建模侧重于几何体的元素对象,多边形建模针对几何体的表面进行,它们两个之间参数中的二次编辑方式和功能上也有差异。

例 6.7 双发战斗机

(1)单击创建面板上的"几何体"按钮 ⬜,在下拉列表中选择"标准基本体",单击"圆柱体",在左视图中,画一个圆柱体,设置半径为 18,高度为 330,高度分段为 11,端面分段为 3,边数为 15,如图 6.31 所示。

(2)切换到修改面板,添加编辑网格修改器。在点模式下,在前视图中选中左边的两个小格,往左边拉伸约 30 个单位,并用均匀压缩工具进行压缩,如图 6.32 所示。再把右边 3 格略微压缩,如图 6.33 所示。

(3)选择多边形模式下,在前视图中,按住 Ctrl 键,左部起第 3 格连续选中中间的小格,直到最后,如图 6.34 所示。挤出 10,挤出 10,挤出 10,完成连续 3 次挤出操作,透视图如图 6.35 所示。

(4)把前视图切换为后视图,在步骤(3)的前视图中反面对应的地方选择后同样 3 次挤出 10。再返回前视图,透视图效果如图 6.36 所示。视图切换方法为:右击前视图标签中的"前"字,在打开的快捷菜单中可选择其他视图,单击"后"字,即可切换到后视图。

(5)在前视图中,再次按住 Ctrl 键,从左部起第 4 格连续选中中间的小格,仅选 4 格,如图 6.37 所示。再挤出 130,透视图如图 6.38 所示。

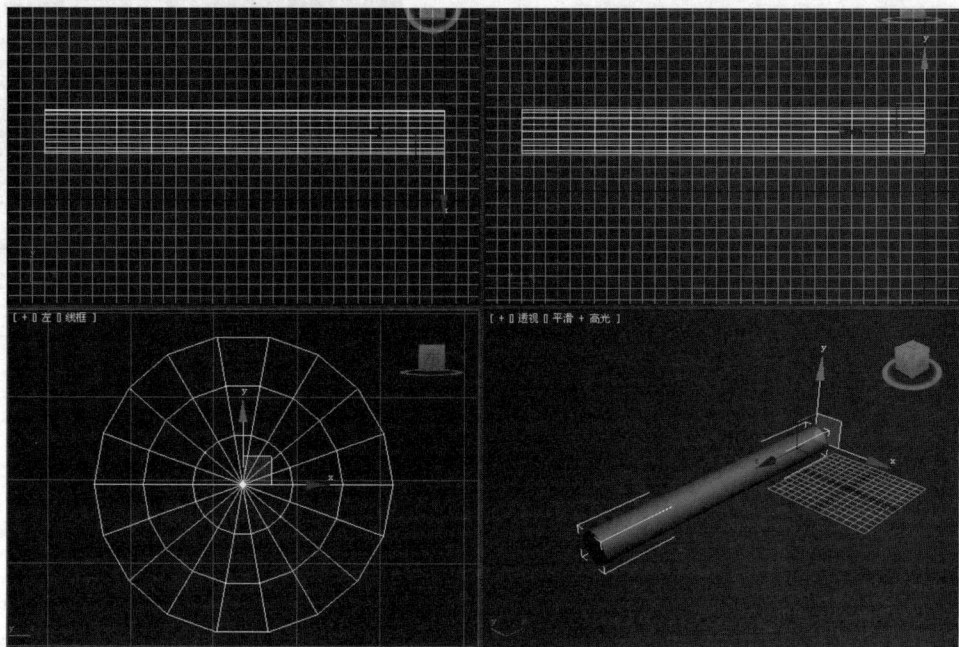

图 6.31 绘制圆柱体

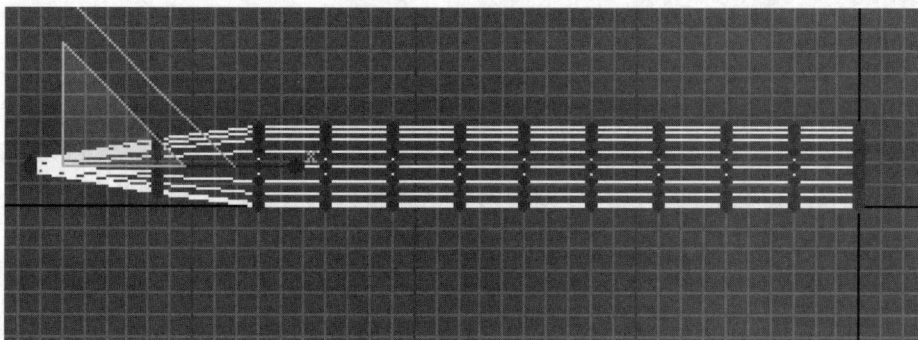

图 6.32 向左拉伸并压缩

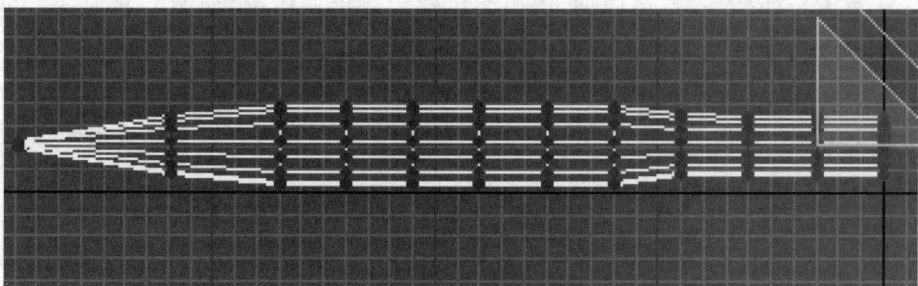

图 6.33 压缩右边

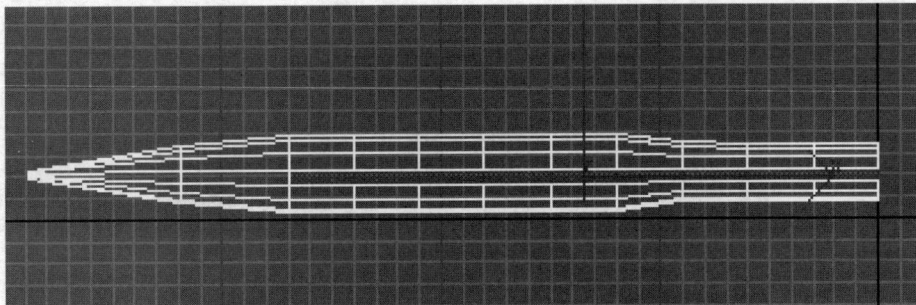

图 6.34　前视图

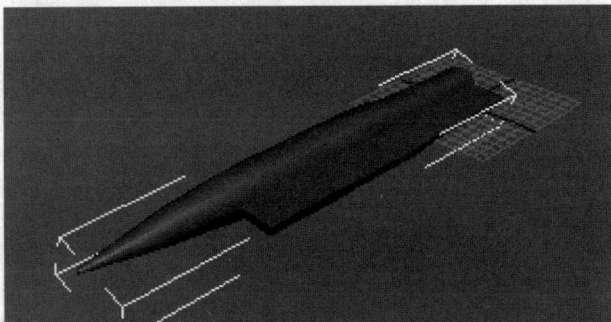

图 6.35　透视图

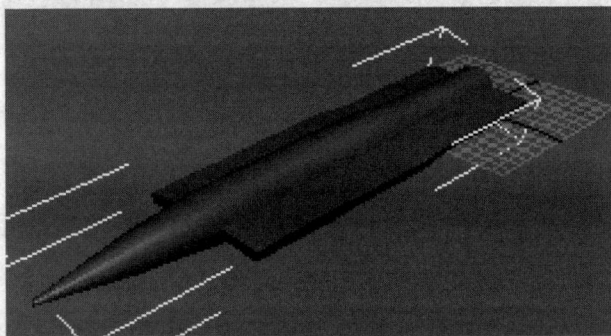

图 6.36　透视图

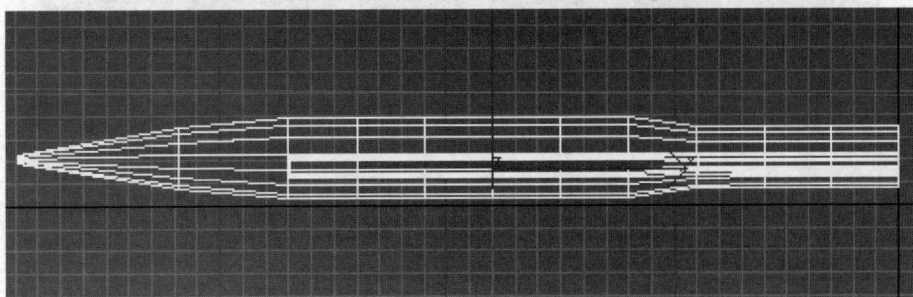

图 6.37　前视图

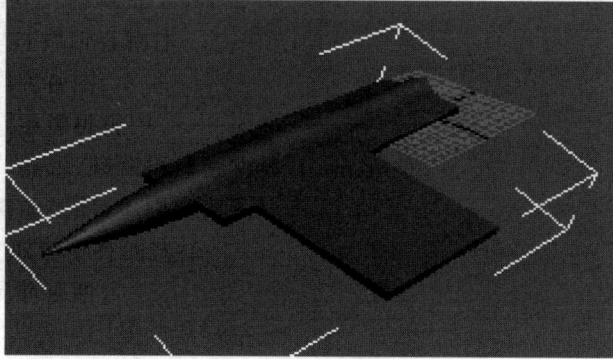

图 6.38　透视图

（6）把前视图切换为后视图，在步骤（5）的前视图中反面对应的地方选择后，同样挤出 130。透视图效果如图 6.39 所示，同时，完成上述操作后，将后视图返回为前视图。

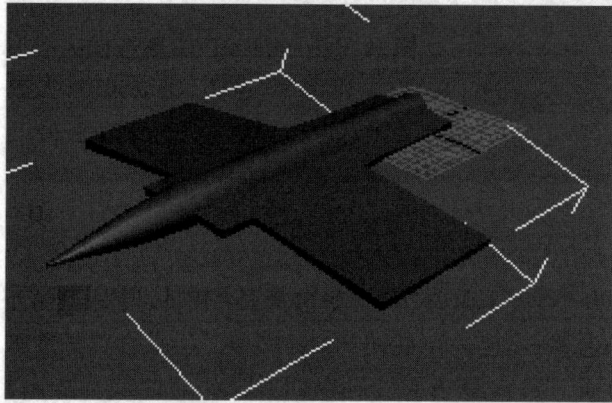

图 6.39　透视图

（7）将左视图切换为右视图，按住 Ctrl 键，选择飞机尾部的边，如图 6.40 所示。挤出30，顶视图如图 6.41 所示。

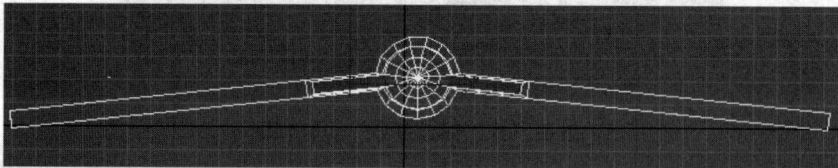

图 6.40　右视图

（8）把顶视图切换到底视图，按住 Ctrl 键，选择飞机下部的区域，如图 6.42 所示。

（9）挤出 30，并将底视图返回为顶视图。在右视图中选择挤出部分的区域，如图 6.43 所示。

（10）倒角-3，挤出 170。透视图效果如图 6.44 所示。

（11）把右视图转变为左视图，选择挤出的部分区域，如图 6.45 所示。

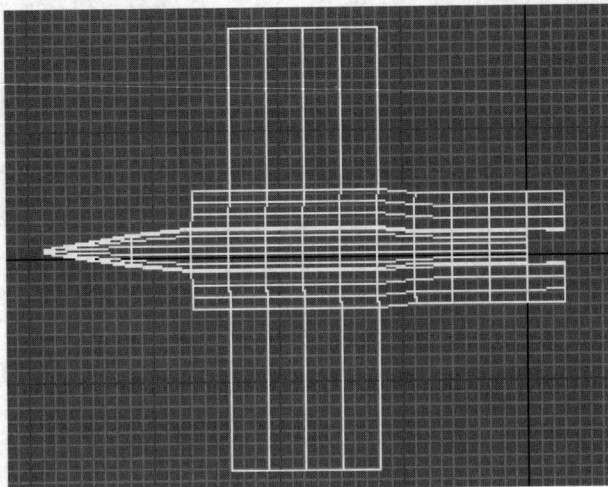

图 6.41 顶视图

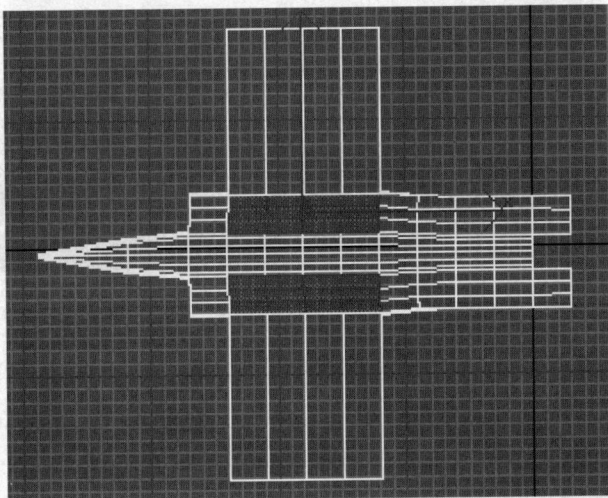

图 6.42 底视图

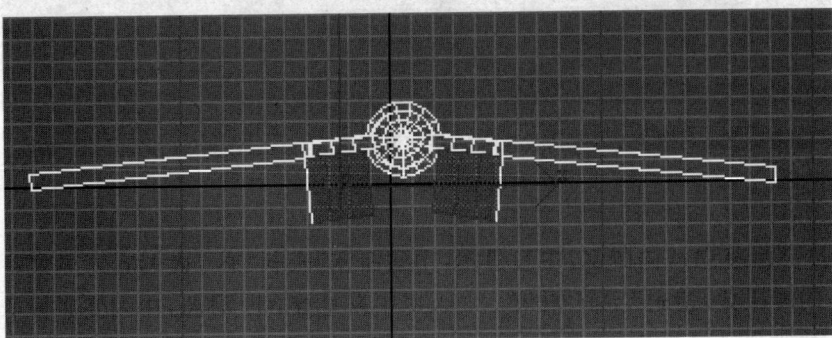

图 6.43 右视图

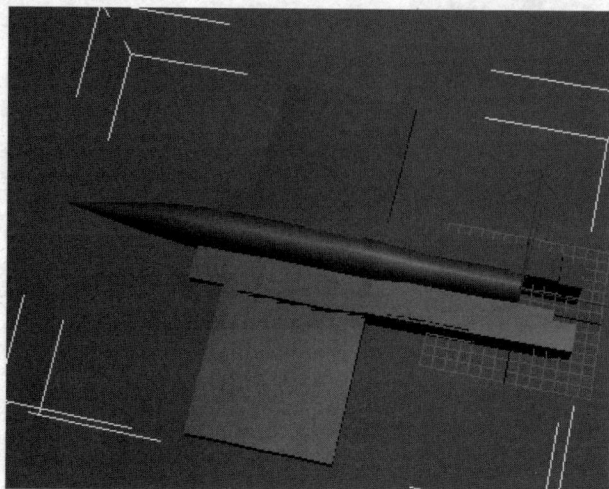

图 6.44　透视图

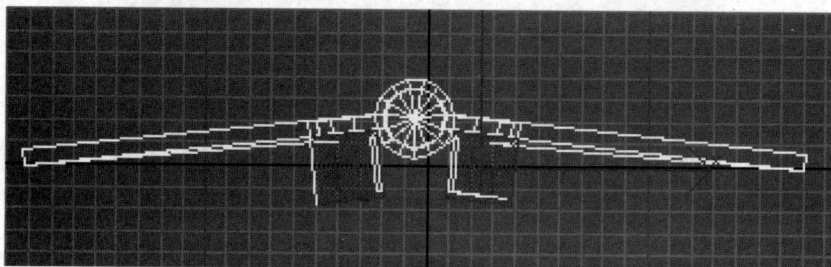

图 6.45　左视图

（12）倒角−5，挤出−10，单击"隐藏"按钮。切换为点模式，在前视图中选择飞机下部进气口下面一个点，如图 6.46 所示，单击工具栏中的 ✛，将该点向右略拖一点儿，使得进气口为斜面。

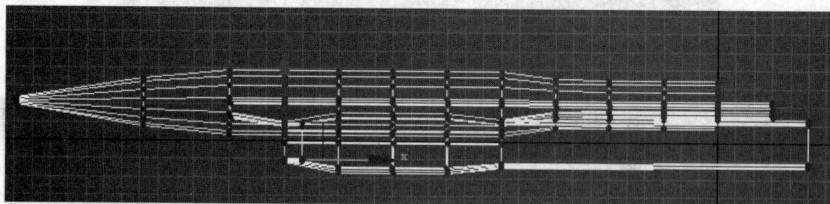

图 6.46　前视图

（13）变换为多边形模式下，选择顶视图中的如图 6.47 所示的区域，挤出 70。透视图如图 6.48 所示。

（14）在前视图和后视图中，选择尾翼区域的 3 个小格，挤出 65。透视图如图 6.49 所示。

（15）变换到点模式下，在顶视图中同时选择机翼的边点，并用工具栏上的非均匀压缩工具 ⬛ 进行压缩，如图 6.50 所示。

再用移动工具 ✛ 将机翼向右移动至右边缘为直线，如图 6.51 所示。

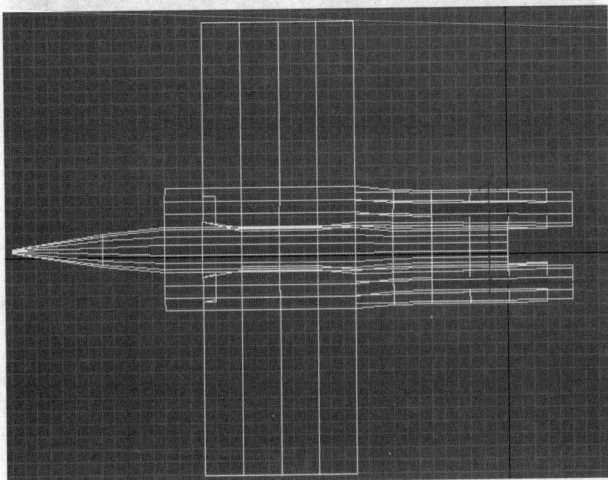

图 6.47 顶视图

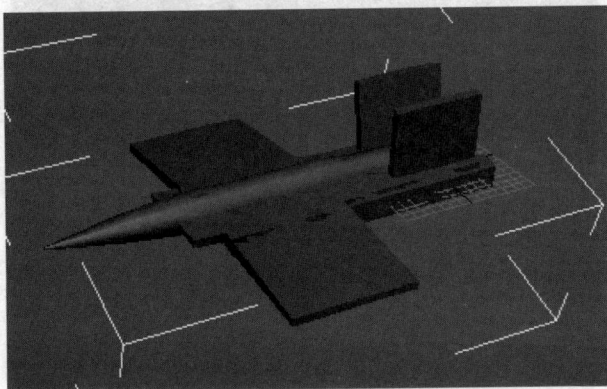

图 6.48 透视图

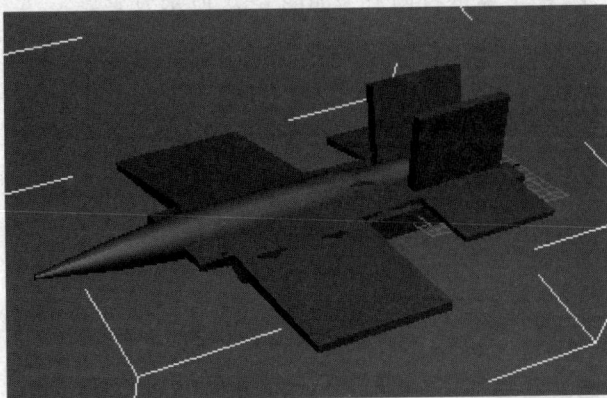

图 6.49 透视图

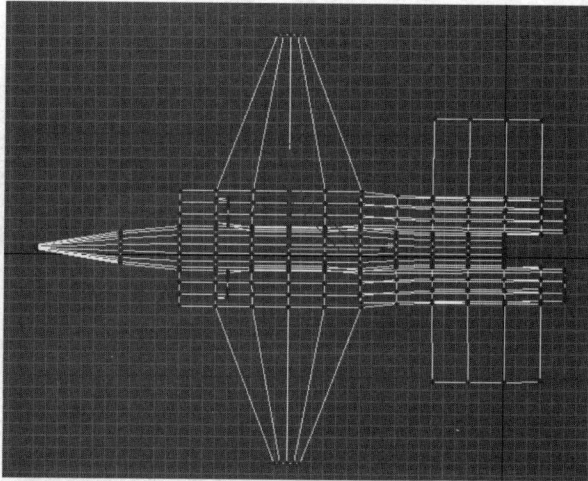

图 6.50　顶视图（一）

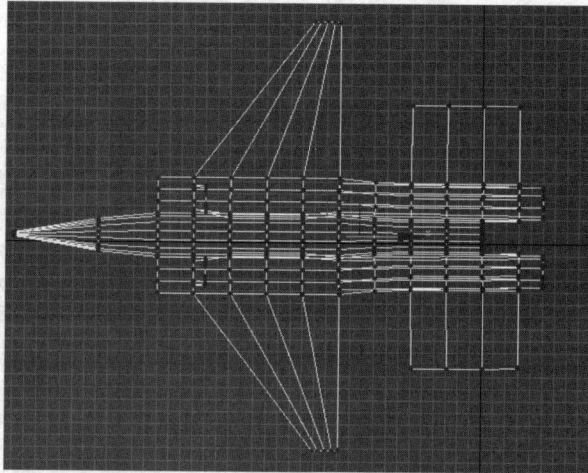

图 6.51　顶视图（二）

（16）同样的方法，把尾翼进行调节为如图 6.52 所示效果。

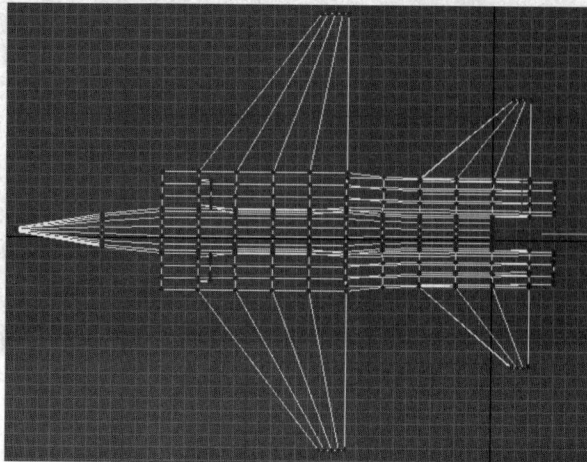

图 6.52　顶视图（三）

（17）在前视图中，用同样的方法，把尾部的方向翼进行调节，如图6.53所示。

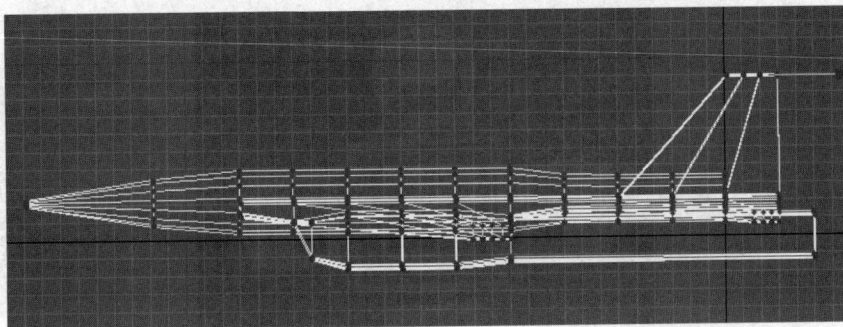

图6.53 前视图

（18）在右视图中，在点模式下，把飞机的方向翼向两边拉开一点儿，如图6.54所示。

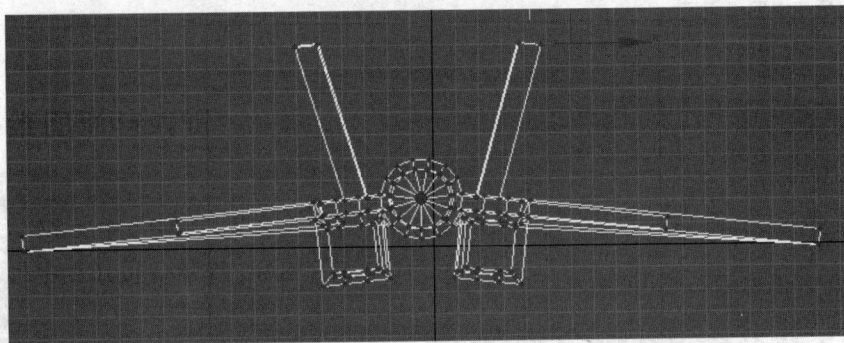

图6.54 右视图

（19）在元素模式下，选择飞机整体，添加网格平滑修改器，透视图如图6.55所示。

图6.55 透视图

（20）在顶视图中画一半球体，半径用非均匀压缩工具压缩为长形，放置在飞机前部，在左视图中画一管状体，半径1为12，半径2为8，高度为50，边数为9。给管状体添加一个锥化修改器，数量为0.5，复制一个，将两个均安装在飞机尾部，作为喷口。通过布尔运

算，全部一体化。并添加一个蓝天白云的背景图片。效果如图6.56所示。

图6.56 效果图

6.4 复合对象建模

利用系统中两个以上的基本对象进行运算结合，完成构造建模。在创建面板→几何
体下，在下拉列表中选择复合对象，有12种复合对象的运算形式，
如图6.57所示，分别为变形、散布、一致、连接、水滴网格、图形合
并、布尔、地形、放样、网格化、ProBoolean、ProCutter，其中最常用
的为布尔运算和放样运算。

"变形"是一种动画特技，类似于2D动画中的中间动画技术，
通过将一个网格对象中的顶点插补到第一个网格对象的顶点位置
上，从而创建变形动画。它可以用几个三维模型进行连续、均匀的
过渡，从一个形态变形到另一个形态，模拟出真实的动作变化过
程。制作变形动画时，原始对象称为原对象，第二个对象称为目标
对象，一个原对象可以变形为几个目标对象。需要注意的是，原对
象和目标对象都必须有相同的顶点数，才能进行变形，否则不能进
行变形。

图6.57 "复合对象"
面板

"散布"对象是将一个对象的多个副本散布到目标对象的表面
的对象。散布的对象称为散布分子，散布对象放置的区域称为目标对象。通过散布控
制，可以将散布分子及大量副本以各种方式散布到目标对象的表面。它是一种非常快捷
有用的建模工具，常用于制作需要大量杂乱复制，但使用阵列命令却达不到效果的地方，
例如，在制作草地、森林和头发等时。

"一致"复合对象可以将一个对象的表面投影到另一个对象上，用来创建包裹动画，
如用纸包裹食品、用布包裹静物等。在创建"一致"复合对象后，被修改的对象称为包裹
器对象，被包裹的对象是包裹对象。包裹器对象和包裹对象必须是网格对象或是可以转
换为网格对象的物体，但它们可以不具有相同的顶点数。创建"一致"对象时，可选择要
作为包裹对象的物体，在参数展卷栏中单击"选取包裹对象"按钮后在视图中选择包裹器
对象。

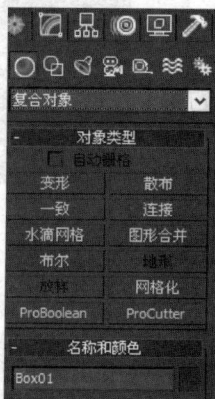

"连接"对象可以创建两个删除面对象之间的封闭表面,并且可以进行连接面的光滑处理。每个"连接"对象都必须有开放的面或边界来作为两个对象连接的位置,因此要将两个表面完整的三维模型连接,则先要用"编辑网格"修改器删除它们的一部分面。选择其中一个对象,单击"连接"按钮,从而进入连接系统修改面板,可快速将两个对象连接起来。

"水滴网格"对象是个简单的球体,可以直接在视图中单击进行创建。创建单个的"水滴网格"对象不会产生任何效果,但是如果使用参数设置创建"水滴网格"集合,并将其融合在一起就会形成类似流动的液体或柔软的有机体效果,可以模拟水银形状的金属或其他类似物体。创建"水滴网格"对象时可以使用"水滴对象"列表下方的"拾取"或"添加"按钮在视图中选择对象。

"图形合并"复合对象是将二维投射到一个三维对象的表面,才产生相交或相减的效果。只有在视图中创建了网格对象或样条曲线时,这个按钮才会处于激活状态。二维图形与三维模型的相互位置至关重要。在视图中选择一个网格对象后,单击"拾取操作对象"展卷栏中的"拾取图形"按钮,在视图中选择样条曲线,即可创建"图形合并"对象。

"地形"对象是根据一组代表海拔等高线的样条曲线来创建的地形对象。这些代表等高线的样条曲线既可以在 3ds Max 中直接创建,也可以使用 AutoCAD 等其他的一维绘图软件来创建,再通过 DWG 之类的格式将样条曲线导入到 3ds Max 2010 中,但无论使用哪种软件创建等高线都必须是封闭的曲线。创建好不同高度的样条曲线后,选定所有的样条曲线并单击"地形"按钮,即可创建"地形"对象,或者通过单击"拾取操作对象"展卷栏中的"拾取操作对象"按钮来选择要添加到"地形"对象中的样条曲线,以创建地形对象。

使用"网格化"复合对象可以将程序对象转换为网格对象。这个特性可以说是对于粒子系统的一个补充。把对象转换为网格对象以后,就可以应用"扭曲产生贴图坐标"等编辑修改器。还可以对一个"网格化"对象应用几个复杂的编辑修改器并把它捆绑到一个粒子系统中。"网格化"对象在修改面板中只包含一个参数展卷栏。

布尔运算是计算机图形学中表达物体的重要方法,它是基于英国数学家 George Boole 发明的 Boolean Algebra(布尔代数)的原理。布尔运算是一种逻辑数学运算方式,原来应用于工程上体积的计算,即当两个物体在体积相互交叉时,可以得出三种不同的体积结果。布尔运算包括并集、差集和交集运算方式,利用两个三维模型进行布尔运算,从而得到新的三维模型,同时可以将运算过程制作为动画。

布尔运算中的"并集"是将两个三维模型合并为一个新的三维模型,删除它们交叉的部分,其网格焊接为一个新的完整网格体,与"附加"命令相似。

"交集"将两个三维模型相交叉的部分生成面,成为一个新的三维模型,删除它们不相交的部分。

"差集"将两个三维模型相交叉的部分删除,同时删除其中的一个三维模型。相当于在另一个三维模型进行腐蚀或切割得到一个新的三维模型。此功能最为强大。选择的对象用 A 来表示,拾取的对象用 B 来表示,其运算方式有两种,即"A-B"或"B-A"。

"ProBoolean"和"ProCutter"复合对象提供将 2D 和 3D 形状组合在一起的建模工具,这是很难或不可能使用其他工具做到的。"ProBoolean"对象通过对两个或多个其他

对象执行布尔运算将它们组合起来,还可以自动将布尔结果细分为四边形面,这有助于将网格平滑。与传统的 3ds Max 布尔复合对象相比,它具有更好的网格质量、更快捷和更容易操作等优势。"ProCutter"对象能够执行特殊的布尔运算,主要目的是分裂或细分体积,它的运算结果尤其适合在动态模拟中使用。

在 3ds Max 中,放样建模是一种功能强大的建模方法。它来源于古希腊的造船术,是一种造船工业的术语。造船工匠为了保证船体形状的正确性,先确定主要位置的截面形状图样,按图样制造出若干个截面,用支架连接各个截面,将其固定,形成光滑的曲面过渡,从而完成整个船体的造型。放样造型被很广泛地应用于虚拟现实软件的二维建模领域,在早期的 3ds Max 版本中就已经成为三维建模的锐利武器。它可以以较简单的方法取得卓越的三维模型效果,造型细腻而曲面质量优良,使很多复杂的模型可以一次成型。放样建模在三维建模中有至关重要的地位。放样建模的造型原理是先给出一个或几个平面图形作为放样的形,再将这些形沿指定的路径放置,通过插值计算,完成放样体的造型。形和路径可以是封闭图形,也可以是不封闭的线,但必须是二维图形。形可以有一个或多个,但路径只能有一条。

例 6.8 制作圆桌

(1) 单击创建面板上的"图形"按钮 ，进入创建图形面板。单击"星形"按钮,在顶视图中创建一个星形。单击"圆"按钮,在顶视图中创建一个圆,设置星形参数:半径 1 为 80,半径 2 为 100,点为 40,圆角半径 1 为 10,圆角半径 2 为 10。再设置圆的参数:2 为 80。

(2) 在前视图中画一垂直线,选择该直线,单击创建面板上的"几何体"按钮 ，进入创建几何体面板,在下拉列表中选择"复合对象",单击"放样"按钮,在"创建方法"卷展栏中单击"获取图形"按钮,单击顶视图中的"圆"形曲线,再在路径参数卷展栏中设置路径为 100,再次在"创建方法"卷展栏中单击"获取图形"按钮,单击顶视图中的"星形"曲线,于是完成两次放样操作,效果如图 6.58 所示。

经过放样变换,单击 按钮,进入修改面板,有 5 个卷展栏,分别为创建方法、曲面参数、路径参数、蒙皮参数、变形。打开"变形"卷展栏,如图 6.59 所示,有 5 个按钮,单击其中某个按钮,将打开对应的编辑窗口。

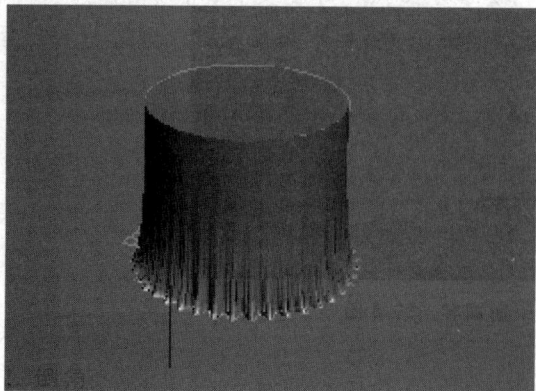

图 6.58 圆桌效果图

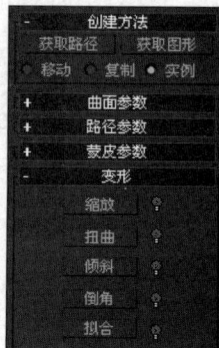

图 6.59 "变形"卷展栏

五个编辑按钮功能如下。

① 使用缩放变形可以沿着放样对象的 X 轴及 Y 轴方向使其剖面发生变化。

② 扭曲变形控制截面图形相对于路径旋转。操作方法同缩放方法。

③ 倾斜变形工具能够使截面绕着 X 轴或 Y 轴旋转,产生截面倾斜效果。

④ 倒角变形工具同 Scale 工具非常相似,都可改变放样对象的大小。

⑤ 拟合是五个变形工具中功能最为强大的一个,使用拟合工具,只要绘出对象的顶视图、侧视图和截面图就可以创建出复杂的几何体对象。

6.5 NURBS 建模

NURBS 是非统一有理 B 样条线的英文缩写。NURBS 基本形体有两种:NURBS 曲线和曲面。NURBS 曲线又可分为两种,一种为受"点"控制的点曲线,另一种为受 CV 控制的 CV 曲线。同样曲面也有两种:受"点"控制的点曲面,受 CV 控制的 CV 曲面。与传统建模的基本体比较,NURBS 建模更适合表面精细、平滑的模型。

1. 创建 NURBS 对象方法

建立 NURBS 基本对象是建模的第一步,常用方法如下。

(1) 在创建面板下的图形面板中,从下拉列表中选择 NURBS 曲线。

(2) 在创建面板下的几何体面板中,从下拉列表中选择 NURBS 曲面。

(3) 单击菜单"创建"→NURBS,可以选择 NURBS 曲线或曲面。

(4) 右击视图中的二维图形样条线,在打开的快捷菜单中,选择转换为 NURBS。

(5) 右击视图中的三维几何体对象,在打开的快捷菜单中,选择转换为 NURBS。

2. NURBS 工具箱

单击创建面板上的"几何体"按钮![],进入创建几何体面板。在下拉列表中选择"NURBS 曲面",单击点曲线或点曲面,在顶视图中拖画,可产生对应的 NURBS 对象。单击![]按钮,进入 NURBS 修改环境,会自动打开 NURBS 工具箱。如果没有打开,可以单击![]按钮,打开如图 6.60 所示的 NURBS 工具箱。工具箱分为三个部分:点区域中的按钮主要针对点次物体进行编辑,曲线区域中的按钮主要针对曲线次物体编辑,曲面区域中的按钮主要针对曲面次物体编辑。

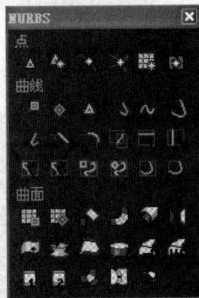

图 6.60 NURBS 工具箱图

工具箱部分按钮功能说明如下。

(1) ![] 创建点。可在视图任意位置上创建点。

(2) ![] 创建曲线点。可在曲线上添加点。

(3) ![] 创建曲面点。可在曲面上加点,点只能在该曲面上移动。

(4) ![] 创建 CV 曲线。可在视图任意位置上创建 CV 曲线。

(5) ![] 创建变换曲线。单击选择曲线,可进行复制。

(6) ![] 创建混合曲线。可在两条曲线之间建立连接。

（7）![图标] 创建 CV 曲面。可在任意位置创建 CV 曲面。

（8）![图标] 创建规则曲面。可在两条曲线之间创建曲面。

（9）![图标] 创建封口曲面。可将封闭的曲面加盖进行封顶或封底。

（10）![图标] 创建 U 向放样曲面。可在两条曲线之间创建 U 向曲面。

例 6.9 制作饭钵

（1）单击创建面板下的![图标]按钮，再单击"圆"按钮。在顶视图中画一圆，按住 Shift 键，单击主工具栏中的![图标]按钮，在前视图中垂直拖放复制，打开"克隆选项"对话框，复制 5 个副本，6 个圆成一纵列排列。

（2）单击工具栏中的"均匀缩放"按钮![图标]，对圆进行适当的等比缩放，如图 6.61 所示。并在前视图中，同时选中所有圆样条线，右击鼠标，在打开的快捷菜单中选择"转换为"→"转换为 NURBS"。

（3）单击命令面板上的![图标]按钮。单击![图标]按钮，单击 NURBS 工具箱中的![图标]按钮，在前视图中，从上往下移动，依次单击第 1 条曲线，再单击第 2 条线单击，最后单击第 6 条线，完成放样建模，效果如图 6.62 所示，但未封底和顶。

（4）单击 NURBS 工具箱中的![图标]按钮，选择圆口处，再在参数面板中勾选"翻转法线"复选框，完成封口。

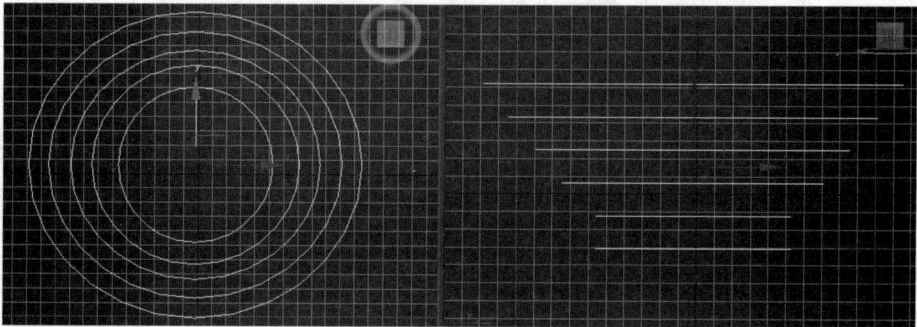

图 6.61 圆等比缩放图

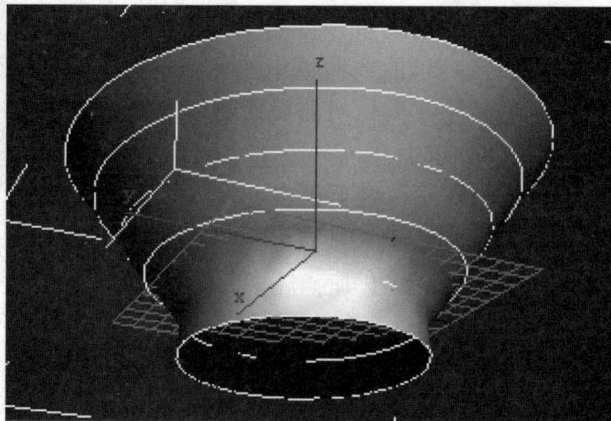

图 6.62 未封底图

（5）单击透视图的标签中的加号，单击"配置"→"强制双面"，单击主工具栏上的 🫖
按钮，效果如图 6.63 所示。

图 6.63　饭钵效果图

6.6　材质与贴图

物体模型不仅表现在外观的几何形状上，更有颜色和材质的表达。为了精确表现物体对象的外在属性，系统提供了材质与贴图两种编辑方式，它实际上也是建模过程中的重要组成部分。

灯光是展现物体模型效果的重要方法，它的照射表现了一种环境效果，可起到营造、烘托氛围的作用，使几何造型物体完美展现自身的品质。

6.6.1　材质与贴图编辑窗口

在主工具栏上，单击 🞕 按钮，或是按 M 键，可打开"材质编辑器"窗口，如图 6.64 所示。

从"材质编辑器"窗口中可以看出，材质编辑器可分为 4 个部分：材质样本球区域、控制工具栏、编辑工具栏和材质参数区。

1. 材质样本球区域

默认情况下，样本球视窗内显示 3×2 个样本球。拖动滚动滑块可显示 6×4 个样本球。

2. 编辑工具栏

（1）🞕。单击该按钮，弹出材质/贴图浏览器。

（2）🞕。单击该按钮，将当前样本球上的材质赋给场景中选中的物体对象。

（3）🞕。把编辑工具器中的各选项恢复到系统的默认设置。

（4）🞕。单击该按钮，在场景中显示材质贴图。

（5）🞕。单击该按钮，将编辑操作转移到当前材质编辑器的上一层。

注意：材质有单一材质，也有复合材质，复合材质是由多个子材质合成的，子材质又可由子材质进行复合，形成了一层层的层次关系。

3. 材质参数区

"材质编辑器"窗口的下方为材质参数卷展栏，分别为：明暗器基本参数、Blinn 基本参数、扩展参数、超级采样、贴图、动力学属性、DirectX、mental ray 连接等。前两个为基

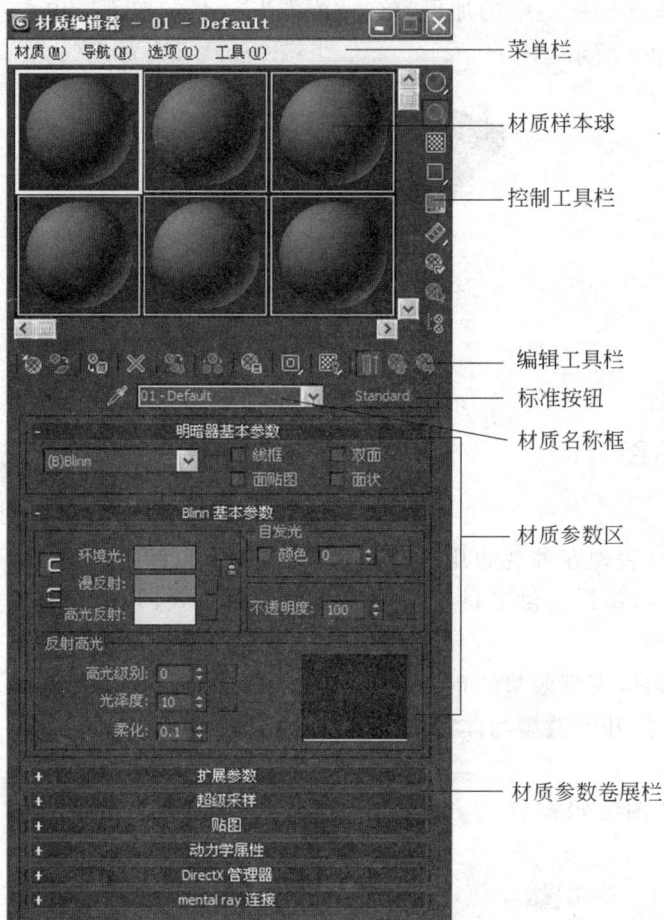

图 6.64 "材质编辑器"窗口

本参数，可完成绝大多数的材质效果编辑，其次为贴图卷展栏最为常用。

（1）明暗器基本参数卷展栏中，主要是其下拉列表框中提供了 8 种渲染方式，如果勾选"双面"，渲染器将忽略物体表面的法线方向，对所有的面都进行双面渲染。

（2）第二个基本参数卷展栏中的内容随着第一个基本参数卷展栏中下拉列表的选择而有不同的形式和参数。主要有下面三个非常重要的参数。

① 环境光：用来控制材质阴影区的颜色，为样本球右下角区域。

② 漫反射：用来控制材质漫射区的颜色，为样本球左上角的大部分区域。

③ 高光反射：代表高光部分的颜色。

在三个参数的右边都有颜色块，单击它们可以打开颜色选择器。在环境光与漫反射之间、漫反射与高光反射之间，各有一个锁定按钮，单击锁定按钮，则被锁定的两个反射色发生相同的变化。在三个参数颜色块的旁边有三个按钮，它们是材质浏览器的开关。另外，单击漫反射、环境光或高光反射边的色块可以打开颜色选择器，如图 6.65 所示。

"颜色选择器"对话框可分为左、中、右三个部分，左边为一个大调色板，移动小三角块可直接选定某种颜色，中部的色条可以控制所选颜色的纯度，而右边则通过各个颜色分量来精确定义所需颜色。

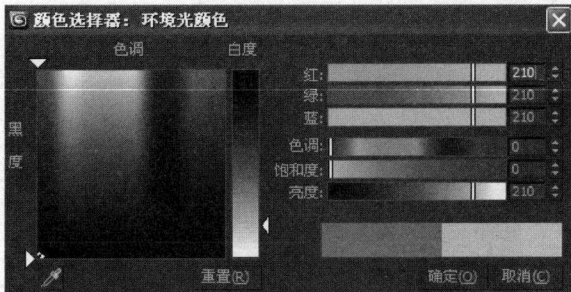

图 6.65　颜色选择器

　　"贴图"卷展栏中,系统提供了 12 个贴图通道,如图 6.66 所示,可针对物体的不同部位和特性选择使用不同的贴图通道。贴图通道可分为两大类:以真彩色或灰度为界。环境光颜色、漫反射颜色、高光颜色、过滤色、反射、折射等以颜色方式来计算,而自发光、不透明和凹凸是以灰度来计算的。

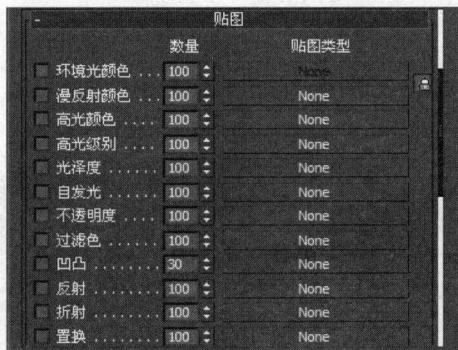

图 6.66　贴图通道

例 6.10　制作黄铜圈

　　(1) 单击标题栏中的⑥按钮,单击打开菜单中的"重置"命令,恢复到系统场景的默认设置。

　　(2) 单击创建面板下的◯按钮,单击"圆环"按钮,在顶视图中画一圆环。

　　(3) 选定圆环,切换到"修改"命令面板,设置其半径 1 为 100,半径 2 为 20。

　　(4) 单击主工具栏上的◉按钮,打开材质编辑器。

　　(5) 在"明暗基本参数"卷展栏中的下拉列表中,选择"金属"。

　　(6) 在"金属参数"卷展栏中,设置如下。

　　① 环境光:红 196,绿 187,蓝 91;漫反射:红 176,绿 166,蓝 52。

　　② 高光级别:85;光泽度:70。

　　(7) 接着再打开下面的"贴图"卷展栏,勾选"反射"复选框,设置数量为 40,单击左边的 None 按钮,打开材质/贴图浏览器,选择"光线跟踪"贴图。

　　(8) 单击◉按钮,返回上级。单击◉按钮,将编辑的颜色材质赋予场景中的圆环。如图 6.67 所示。

图 6.67　黄铜圆环

6.6.2　材质库的应用

在 3ds Max 2010 系统提供的材质库中，预先为用户准备了大量的材质，同时，它还允许用户根据需要更新和制作新的材质加入到材质库中来。其材质功能十分强大。单击材质编辑器中的█按钮，即可打开材质/贴图浏览器，如图 6.68 所示。

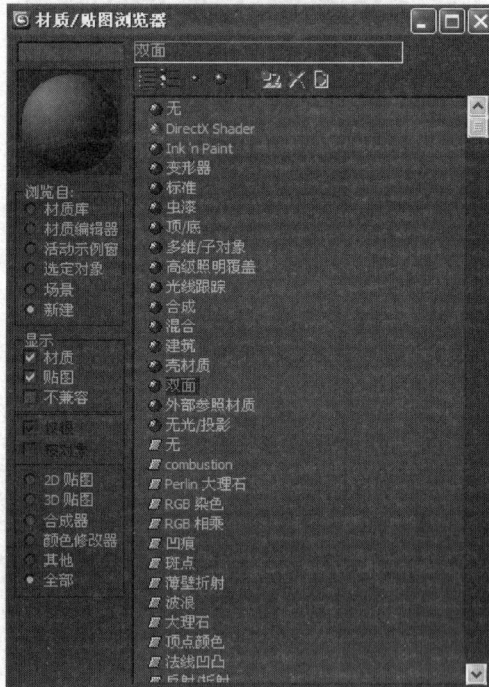

图 6.68　材质/贴图浏览器

材质/贴图浏览器的左部有四个选择区域，控制浏览器的不同属性，右部则为材质列表区，显示不同的材质和贴图。

1. 材质/贴图浏览器的左部

（1）材质名输入框。左边最上方的白色框，可输入材质名以查找材质。

（2）材质/贴图预览框。预览右边选中的材质。

（3）"浏览自"选项区域。选择材质/贴图的来源。来源依次为"材质库""材质编辑器""活动示例窗""选定对象""场景"和"新建"。

（4）"显示"选项区域。前三个复选框用于显示材质和贴图，第4、5个复选框可对复合材质进行显示。"仅根"表示只显示根材质，"按对象"表示按场景中的物体显示材质。

2. 材质/贴图浏览器的右部

（1）视图列表。以列表形式显示材质和贴图。

（2）图标式列表。以列表的形式显示材质图标。

（3）查看小图标。以小图标形式显示材质。

（4）查看大图标。以大图标形式显示材质。

（5）库更新。该项仅对材质库有效。该命令可对材质库中的材质进行调整。

（6）从库中删除。该项仅对材质库有效。该命令可删除库中的选定材质。

（7）清除材质库。该项仅对材质库有效。该命令将整个库中材质都删除。

在列表区中，以蓝色标签开头的为材质，以绿色标签开头的为贴图。其中，贴图又可分为5个部分，分别为2D贴图、3D贴图、合成器贴图、颜色修改器贴图、其他贴图。

例6.11　制作魔方

（1）单击标题栏中的⊙按钮，单击打开菜单中的"重置"命令，恢复到系统场景的默认设置。

（2）单击创建面板下的◯按钮，选择"长方体"命令，在顶视图中画一正方体。

（3）单击命令面板上的✎按钮，设置长、宽、高均为50，长、宽、高分段均为3。

（4）右击透视图中的正方体，从弹出的对话框中选择"转换为"→"转换为可编辑多边形"命令。同时，用框选方式选择正方体的所有面。

（5）切换到"修改"命令面板，选择"多边形"子对象层级。在修改面板的"编辑多边形"卷展栏下，单击"倒角"边的设置按钮，打开"倒角多边形"对话框，在倒角类型中选择"按多边形"，高度为2，轮廓量为−1，单击"确定"按钮。

（6）按M键，打开材质编辑器，并激活第一个样本球。

（7）单击标有"Standard"（标准）的按钮，打开材质/贴图浏览器，选择"多维/子对象"材质双击。

（8）在打开的"替换材质"对话框中，选择"丢弃旧材质"项，单击"确定"按钮。

（9）接着打开如图6.69所示的"多维/子对象基本参数"对话框。

（10）单击"设置数量"按钮，在"设置数量"窗口中设置材质数量为6。

（11）可给6个颜色通道设置不同颜色的材质。

（12）单击⬚按钮，将编辑的颜色材质赋予

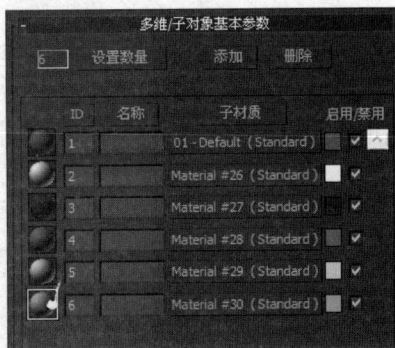

图6.69　"多维/子对象基本参数"对话框

277

场景中的魔方。

(13) 单击主工具栏上的 按钮,渲染效果如图 6.70 所示。

如果在系统中设置的渲染器默认为 mental ray 渲染器,则按 M 键打开材质编辑器,单击 Standard 按钮,打开材质/贴图浏览器,在列表区中,以黄色标签开头的则为模板,利用系统预设的模板材质制作效果更好,更便利。

例 6.12 制作玻璃酒杯

(1) 打开实例 6.5 制作的酒杯,设置默认渲染器为 mental ray,同时材质编辑器也变更为 mental ray。

(2) 按 M 键打开材质编辑器。

(3) 单击 Standard 按钮,打开材质/贴图浏览器,在列表区中,双击 Arch & Design (mi),在模板卷展栏中的"选择模板"下拉列表中,选择"玻璃(薄几何体)"选项。

(4) 单击 按钮,将模板材质赋予场景中的圆环,单击 按钮,渲染效果如图 6.71 所示。

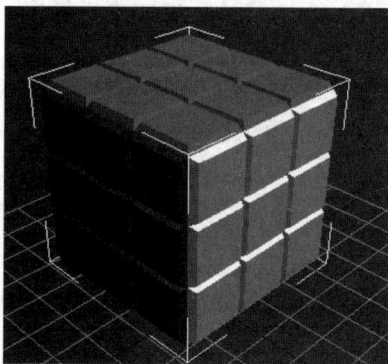

图 6.70 魔方效果图

图 6.71 玻璃酒杯

注:设置渲染器的方法是,单击"渲染"→"渲染设置",打开渲染设置对话框,展开下面的指定渲染器卷展栏,在产品级文本框中设置为 mental ray 渲染器,单击"确定"按钮。

6.7 灯光的应用

在场景中,灯光不仅可以照明,还能够影响材质的颜色和纹理。在 3ds Max 2010 中,系统提供了三大类型的灯光。不同光源的差异主要表现在它们发光时的形式不同,光源外观不同,而它们的参数形式也不相同。

6.7.1 场景灯光介绍

在建模过程中,3ds Max 2010 系统给场景提供了默认的光源和光照效果,当场景中没有用户设置的光源时,系统的默认光源起照明作用。如果用户在场景中设置了自己的光源,系统的光源将自动关闭,而删除用户设置的光源后,系统默认的光源又会自动

打开。

系统默认的光源可以是一盏灯,或是两盏灯,设置方法如下。

鼠标右键单击视图标签中的加号,在打开的快捷菜单中,单击"配置",打开"视口配置"对话框,选择"照明和阴影"选项卡,选择"默认灯光"单选框,从中可选"1个灯光"或"2个灯光"单选项,如图 6.72 所示。

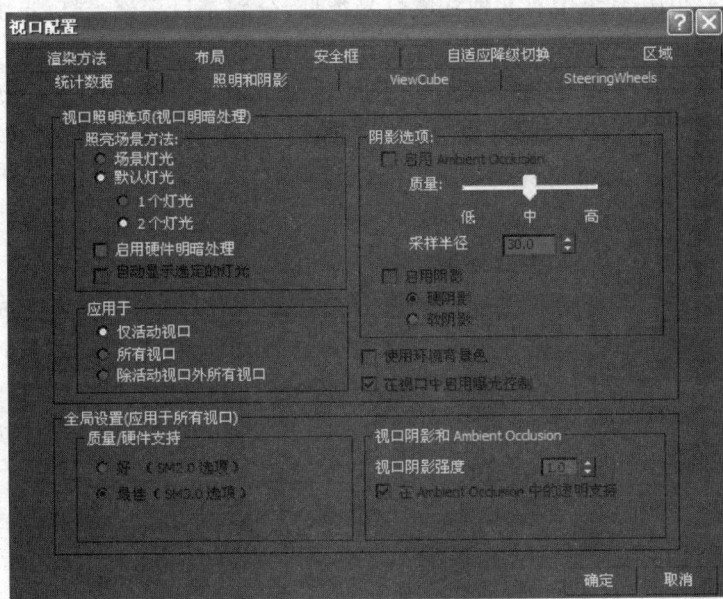

图 6.72 场景灯光设置示意图

6.7.2 灯光的类型

在 3ds Max 2010 系统中提供了三大类型的灯光,分别是光度学灯光、标准灯光、太阳光和日光系统。它们具有各自的特点,可应用在不同场合下。

1. 光度学灯光

光度学灯光使用光度学(光能)值,可以精确地定义灯光效能,用户可以创建具有各种分布和颜色特性的灯光,或导入照明制造商提供的特定的光度学文件。

单击创建面板中的 按钮,在下拉列表中选择"光度学",可打开光度学灯光面板,如图 6.73 所示。

在光度学灯光中,有三种光度学灯光:目标灯光、自由灯光和mr Sky 门户。

图 6.73 光度学灯光面板

(1)目标灯光在布局时,具有投射点和目标点,通过调整投射点和目标点,可以改变灯光的照射方向。

(2)自由灯光与目标灯光的不同在于它没有目标投射点,可以使用变换工具来改变灯光的照射方向。

（3）mr Sky 门户中的 mr 即 mental ray，提供了一种"聚集"内部场景中的现有天空照明的有效方法，无需高度最终聚集或全局照明设置。实际上，门户就是一个区域灯光，从环境中导出其亮度和颜色。为使 mr Sky 门户正确工作，场景中必须包含天光组件。此组件可以是 IES 天光、mr 天光，也可以是天光。

2. 标准灯光

在 3ds Max 2010 系统中有 8 种标准灯光类型，分别是目标聚光灯、自由聚光灯、目标平行光、自由平行光、泛光灯、天光、mr 区域聚光灯、mr 区域泛光灯。与光度学灯光不同，标准灯光不具有物理的强度值。

单击创建面板中的 ![按钮] 按钮，在下拉列表中选择"标准"，可打开标准灯光面板，如图 6.74 所示。

不同类型的灯光特点如下。

（1）目标聚光灯与自由聚光灯。

聚光灯的照射方式类似于现实生活中手电筒的光线照射方式。有一个锥形的光柱，目标光则比自由光要多一个灯光投射点。

（2）目标平行光与自由平行光类似于现实生活中探照灯的照射模式，有一个圆柱形的光照效果，光线平行发射，同样，目标光则比自由光要多一个灯光投射点。

图 6.74　标准灯光面板

（3）泛光灯实际上是一个点光源。照射时，光线向外部所有方向发射，照射方式与现实生活中的白炽灯相似。一般情况下，泛光灯多用于辅光布设。

（4）天光主要模拟日光照射的效果，并可以设置"天空"的色彩，另外还可以给"天空"指定贴图。当使用默认扫描线渲染器，并与"光线跟踪"和"光能传递"渲染方式联合使用时，可以达到很好的效果。但是使用 mental ray 渲染器渲染时，天光照明的对象显示为黑色，除非启用最终聚集。"最终聚集"切换选项位于"渲染设置"对话框的"最终聚集"卷展栏上。

（5）mr 区域泛光灯与 mr 区域聚光灯。

mr 区域泛光灯与 mr 区域聚光灯这两种区域灯光主要应用于 mental ray 渲染方式下，能够获得比泛光灯或聚光灯更好的效果，两者参数设置相似。

3. 太阳光和日光系统

太阳光和日光系统遵循太阳照射在地球上的物理规律，使用它可以方便地模拟出太阳光照的效果，用户可以通过设置日期、时间和指南针方向来改变日光照射效果，也可以设置日期和时间的动画，动态地模拟不同时间、不同季节太阳光的照射效果，如图 6.75 所示。

太阳光和日光系统的设置：在创建面板上，单击 ![按钮] 按钮，然后单击"太阳光"或"日光"。选择后在视图中进行拖画。如果添加"日光"系统并且当前无活动曝光控制方法时，3ds Max 系统将自动提示应进行适当的曝光控制设置。如果要获得最佳的当前渲染器的曝光控制，可做以下选择。

（1）默认扫描线。对数。

（2）mental ray。mr 摄影。

另外，太阳光的辅助对象指南针应设置在顶视图，或透视图/摄影机视图。

图 6.75　不同季节太阳光照射效果

6.7.3　灯光的参数

灯光的运用与灯光的参数设置密切相关,调整灯光的参数,可以改变对象的渲染效果。

1. 光度学灯光常用参数

当在场景中布设了光度学灯光后,单击命令面板上的 ▣ 按钮,切换到修改面板,有多个参数卷展栏,简略介绍如下。

(1) 灯光模板。

展开"模板"卷展栏,可通过下拉列表选择灯光的类型,如图 6.76 所示。

通过选择模板中的对象,可方便地完成光度学灯光的设置。

(2) 图形/区域阴影。

在该卷展栏中,可设置阴影的灯光图形,共有 6 种,如图 6.77 所示。

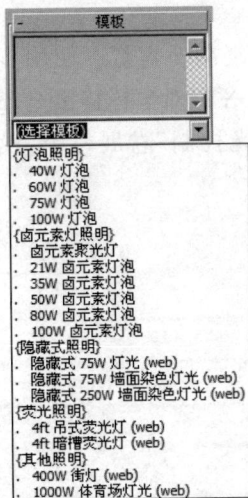

图 6.76　灯光模板

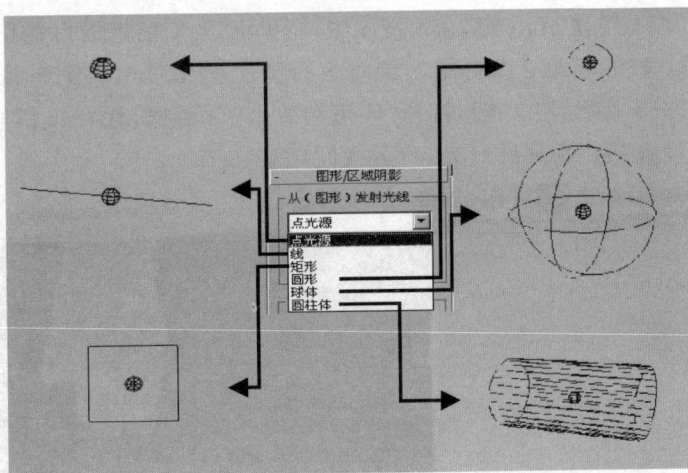

图 6.77　可设置的灯光图形

① 点光源:计算阴影时,如同点在发射灯光一样。

② 线：计算阴影时，如同线在发射灯光一样。

③ 矩形：计算阴影时，如同矩形区域在发射灯光一样。

④ 圆形：计算阴影时，如同圆形区域在发射灯光一样。

⑤ 球体：计算阴影时，如同球体在发射灯光一样。

⑥ 圆柱体：计算阴影时，如同圆柱体在发射灯光一样。

2. 灯光应用

例 6.13 灯光照明

（1）打开一个"海边别墅"max 文件，如图 6.78 所示。

（2）在创建面板中，单击 按钮，单击"自由灯光"按钮，在弹出的"创建光度学灯光"对话框中，单击"是"按钮。

（3）在顶视图中创建一盏灯，单击命令面板上的 按钮，切换到修改面板，在"模板"卷展栏中，设置灯的类型为"隐藏式 75W 灯光（Web）"。

（4）选中场景中的灯，单击菜单"编辑"→"变换输入"，在绝对坐标中输入相应数据，如图 6.79 所示。

图 6.78 海边别墅场景图

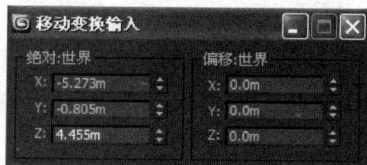

图 6.79 绝对坐标

（5）按住 Shift 键，在顶视图中，用鼠标沿 X 轴拖放灯的图标，复制 2 盏灯。使用步骤（4）的方法，将第 2 盏灯的 X 绝对坐标移至-1.273m，将第 3 盏灯的 X 绝对坐标移至 2.757。

（6）按数字"8"键，打开"环境和效果"对话框，在"mr 摄影曝光控制"卷展栏中，设置"预设置"为"物理性灯光，户外夜间"。

（7）单击 按钮，如图 6.80 所示。

图 6.80 别墅夜景图

例 6.14 阳光照明

（1）打开一个"海边别墅"max 文件，如图 6.78 所示。

（2）在创建面板中，单击 ![按钮] 按钮，单击"日光"按钮，在弹出的"创建日光系统"对话框中单击"是"按钮。

（3）在顶视图中单击，并略微拖动以创建指南针。

（4）单击命令面板上的 ![按钮] 按钮，切换到修改面板，单击"日光参数"卷展栏中的"设置"按钮，切换到运动面板，在"控制参数"卷展栏中，设置时间为 15:00。

（5）单击菜单"渲染"→"渲染设置"，打开"渲染设置：mental ray 渲染器"对话框，打开"间接照明"选项卡，勾选"启用最终聚集"选项。单击 ![按钮] 按钮，如图 6.81 所示。

（6）重新设置运动面板，在"控制参数"卷展栏中，设置时间为 18:20。

（7）设置"北向"为 345，单击 ![按钮] 按钮，如图 6.82 所示。

图 6.81 下午阳光 图 6.82 傍晚日光

6.8 渲染基础

1. 三维世界的照明

在广阔的田野上，光是沿直线传播的，但是在室内，光线的传播会产生反射、透射和折射，它们混合后，会产生斑斓的各种明暗效果和深浅不一的颜色。因此在三维世界里，可以有直接照明和间接照明两种。

直接照明：如图 6.83 所示，场景中只有一个"日光"和一个 mr Physical Sky（环境贴

图 6.83 直接照明效果

图）。从图中可以看到,有光照的地方明亮,无光照的地方则漆黑一片。这种渲染效果不真实,与现实生活差异较大。

间接照明：如图 6.84 所示,开启了间接光照算法进行渲染,除了阳光直接照射的地方明亮以外,墙壁等其他区域也因为反射而清晰可见。这种效果更接近生活中的自然现象。

图 6.84　间接照明效果

全局照明算法：在三维空间中,要更好地模拟自然环境中的光照效果,使用具有前述间接照明效果的这种算法进行计算的,被称为全局照明算法。在该模式下,系统计算光照效果时,要计算光照强度、光源方向、光线颜色、物体表面的漫反射、高光、反射和折射等多种因素形成的特殊效果。目前主流的渲染器都使用这种算法进行光照渲染。

2. 3ds Max 渲染器介绍

单击菜单“渲染”→“渲染设置”,或者按 F10 键,可以打开“渲染设置”对话框。在“公用”选项卡下,单击“指定渲染器”卷展栏,可以在其中设置当前的“产品级”渲染器,有三种可选：扫描线渲染器、mental ray 渲染器和 VUE 文件渲染器。

使用“渲染”可以基于 3D 场景创建 2D 图像或动画,从而可以使用所设置的灯光、所应用的材质及环境设置(如背景和大气)为场景的几何体着色。

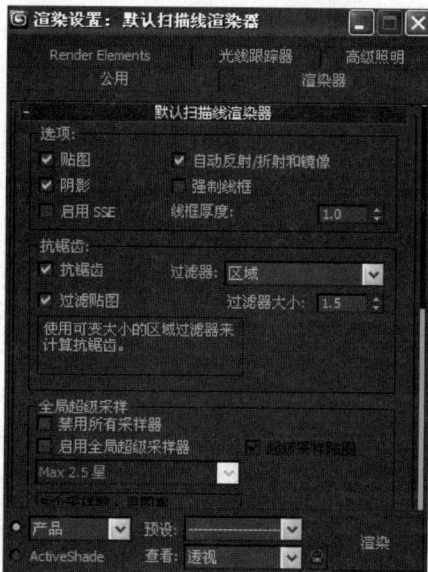

图 6.85　“渲染设置：默认扫描线渲染器”窗口

“渲染设置”对话框中具有多个面板。面板的数量和名称会因当前渲染器的不同而异,但是始终显示以下面板。

(1)“公用”面板。包含任何渲染器的主要控件,不论是渲染静态图像还是动画,在此可设置渲染输出的分辨率等。

(2)“渲染器”面板。包含当前渲染器的主要控件。

① 扫描线渲染器是 3ds Max 传统自带的默认扫描器,它实质上是一种多功能渲染器,可以将场景渲染为从上到下生成的一系列扫描线。如果 3ds Max 系统当前渲染器为扫描线渲染器,则按 F10 键,打开“渲染设置”窗口,在“渲染器”选项卡下,只有一个“默认扫描线渲染器”卷展栏,如图 6.85 所示。

在"默认扫描线渲染器"卷展栏中,有八个小组的参数,分别是选项、抗锯齿、全局超级采样、对象运动模糊、图像运动模糊、自动反射/折射贴图、颜色范围限制、内存管理等。其中,"选项"组中的参数意义如下。

贴图:禁用该选项可忽略所有贴图信息,从而加速测试渲染。

自动反射/折射和镜像:忽略自动反射/折射贴图以加速测试渲染。

阴影:禁用该选项后,不渲染投影阴影。这可以加速测试渲染。默认设置为启用。

强制线框:像线框一样来渲染场景中的所有曲面。可以选择线框厚度(以像素为单位),默认值为1。

启用SSE:启用该选项后,渲染使用"流SIMD扩展"(SSE)。使用SSE可以缩短渲染时间。默认设置为禁用状态。

从上述参数的意义可以看出,在渲染过程中,与材质贴图和光照设置密切相关。

② mental ray渲染器是德国的mental image公司最引以为荣的具有专业电影级的产品,它可以生成令人难以置信的高质量真实感图像,特别是在光线跟踪的效果展现方面更是令人赞赏。它很早就作为3ds Max的插件被集成到3ds Max系统中。

3. mental ray 渲染器

与默认3ds Max扫描线渲染器相比,mental ray渲染器可以不用"手工"或通过生成光能传递解决方案来模拟复杂的照明效果。mental ray渲染器为使用多处理器进行了优化,并为动画的高效渲染而利用增量变化。

按F10键,打开"渲染设置"窗口,在"公用"选项卡下,单击"指定渲染器"卷展栏,可以在其中设置当前的"产品级"渲染器为mental ray渲染器。可以看到在"渲染设置"窗口中,原"高级照明""光线跟踪"选项卡转换为"间接照明""处理"选项卡,如图6.86所示。打开"渲染器"选项卡,有四个卷展栏,分别是"全局调试参数"卷展栏、"采样质量"卷展栏、"渲染算法"卷展栏、"摄影机效果"卷展栏、"阴影与置换"卷展栏。

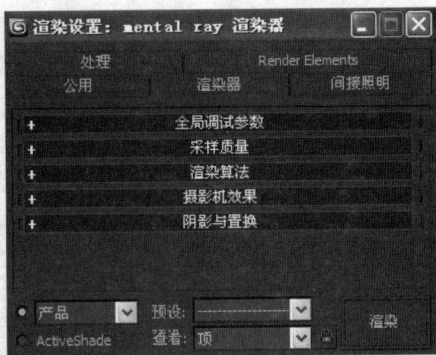

图 6.86　mental ray 渲染器

在"全局调试参数"卷展栏中,可设置软阴影、光泽反射和光泽折射参数,从而提供对mental ray明暗器质量的高级控制。

"采样质量"卷展栏上的控件,主要是影响mental ray渲染器为抗锯齿渲染图像所执行的采样方式。

"渲染算法"卷展栏上的控件用于选择使用光线跟踪进行渲染,还是使用扫描线渲染进行渲染,或者两者都使用。也可以选择用来加速光线跟踪的方法,以及跟踪深度和控制每条光线被反射、折射或同时以两种方式处理的次数。

"摄影机效果"卷展栏中的控件主要用来控制摄影机效果,可设置景深和运动模糊。

"阴影与置换"卷展栏上的控件影响阴影和阴影贴图。

使用mental ray渲染器进行渲染,更重要的是它可实现间接光照的效果,因此在"间接照明"选项卡中,有三个卷展栏功能如下。

（1）"最终聚集"卷展栏。最终聚集（简称 FG），该技术用于模拟指定点的全局照明。

（2）"焦散和全局照明"卷展栏。该卷展栏中的控件用来控制焦散和全局照明（简称 GI）。"焦散"是指当光线穿过一个透明物体时，由于对象表面的不平整，出现对象表面漫折射时产生的光子分散现象。

（3）"重用（FG 和 GI 缓存）"卷展栏。该卷展栏中的控件可减少或消除渲染动画的闪烁。

由此可见，对"间接照明"选项卡中参数的设置，能够更好地表现 mental ray 渲染器的特殊光照渲染功能。

另外，设置当前渲染器为 mental ray 渲染器后，将在材质/贴图浏览器中，提供大量的材质模板供用户编辑，在灯光系统中，也给出了 mr 区域灯光的选项。

例 6.15 钻石

（1）在创建面板下，单击 按钮，单击"平面"按钮，在顶视图中画一个大的平面，其后在下拉列表中选择扩展基本体。

（2）单击"异面体"按钮，在顶视图中画一个异面体，单击命令面板上的 按钮，切换到修改面板，打开参数卷展栏，系列选项中选择"十二面体/二十面体"，系列参数组中，设 P 值为 0.3，轴向比率中的 Q、R 的值均设置为 108。

（3）再从修改面板的下拉列表中，选择"锥化"修改器。在"锥化"参数栏中，设置数量为 2，曲线为 −0.1。并单击主工具栏中的 按钮，将钻石模型旋转一个角度，如图 6.87 所示。

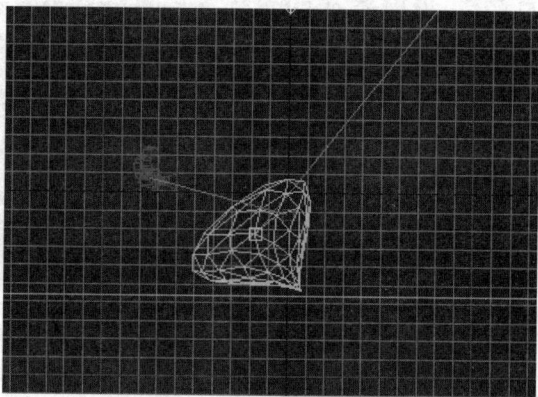

图 6.87 钻石模型前视图

（4）按 F10 键，打开"渲染设置"窗口，在"公用"选项卡下，单击"指定渲染器"卷展栏，可以在其中将当前的"产品级"渲染器设置为 mental ray 渲染器。

（5）按 M 键，打开材质编辑器，选择一个材质球，单击 Standard 按钮，打开材质/贴图浏览器，选择 Arch & Design 双击。在"模板"卷展栏中，单击"选择模板"的下拉列表，从中选择"玻璃（实心几何体）"，单击 按钮，赋给场景中的模型。

（6）设置 mr 区域聚光灯，设置摄像机，并将透视图设置为摄像机视图。

（7）选中场景中的钻石模型、灯光、摄像机，右击鼠标，在快捷菜单中，单击"对象属性"，打开"对象属性"对话框，选择 mental ray 选项卡，勾选"生成焦散"，单击"确定"

按钮。

(8) 按 F10 键,打开"渲染设置"窗口,在"间接照明"选项卡下,焦散参数组中,勾选"启用"。单击"渲染"按钮,效果如图 6.88 所示。

图 6.88 钻石效果图

"焦散"是指当光线穿过一个透明物体时,由于对象表面的不平整,使得光线折射并没有平行发生,出现漫折射,投影表面出现光子分散的效果。

例如,一束光照射一个透明的玻璃球,由于球体的表面是弧形的,那么在球体后的投影表面上就会出现光线明暗偏移,这就是"焦散"。焦散的强度与对象的透明度和对象与投影表面的距离、光线本身的强度有关。

焦散是三维软件中的一个名词,它主要在后期渲染的时候,才会被提及。它的主要作用就是产生水波纹的光影效果。为了达到真实的效果,它可以计算很精致、准确的光影。但是要得到好的效果,都是要付出渲染时间的,它的渲染是很费时间的。

焦散现在被用于很多渲染插件中,现在的几种主流渲染插件中都会发现它的身影。其中,在 mental ray 中表现得尤为突出。无论是建筑方面还是动画、游戏的渲染过程中都起到了非常重要的作用。它可以很好地模仿真实的钻石、玛瑙等贵重物品的成色效果。

6.9 动画制作

3ds Max 的动画功能为用户提供了动态观察三维场景的条件。在 3ds Max 系统中,可以制作多种形式的动画,主要有关键帧动画、路径动画、控制器动画、粒子与空间扭曲动画、动力学动画等。实际上,只要是具有参数设定的不同状态,都可以制作动画效果。

6.9.1 关键帧动画

动画的本质就是运动的画面,它利用人类视觉中所具有的视觉暂留性的特点,把一系列相关联的静止画面快速地在人们的眼前进行切换,反映到人的大脑中,这些连贯在一起的图像就形成了运动的画面效果。而其中的每一个单幅的画面则称为帧。换句话

说，帧是动画中的基本画面。动画播放时，人们看到的是画面上对象的位置、形状、颜色等发生改变的情况。这种变化是因为在不同帧上标记了不同的操作，由程序计算而产生的，而那些带有标记的帧则被称为关键帧。

1. 动画记录控制区

在 3ds Max 工作界面的右下方，是记录动画的控制区，如图 6.89 所示。

2. 关键帧过滤器

单击动画记录面板中的 关键点过滤器 按钮，将打开关键点过滤器，如图 6.90 所示。

图 6.89　动画记录控制区

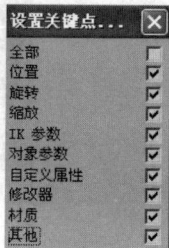

图 6.90　关键点过滤器

从该对话框中可以看到，3ds Max 系统中，可以表现位移、旋转、缩放、材质等 9 种动画效果。如果取消某个复选框中的勾选，所对应的动画形式就不能运行，从而控制动画的表现种类。

3. 动画的参数设置

单击动画控制区中的 按钮，打开"时间配置"对话框，如图 6.91 所示。

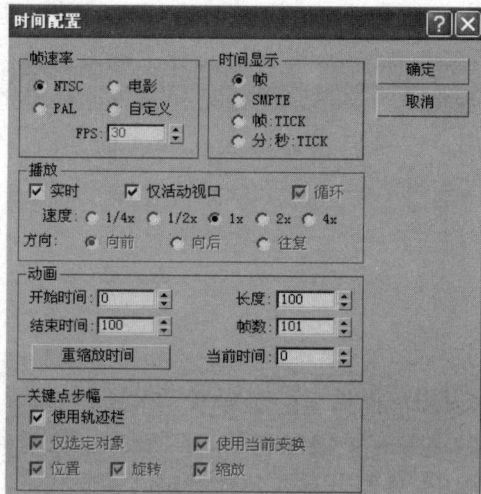

图 6.91　"时间配置"对话框

在该对话框中，可以对动画的时间、动画播放的制式、帧的数量进行设置。通常情况下，在制作动画时都应该首先对动画的参数进行设置。

4. 动画的时间轴

选择了制式并设置了起始时间、结束时间及动画的长度后，在时间轴上就会显示出

对应参数的状况,如图 6.92 所示。

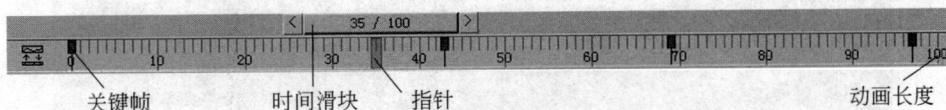

图 6.92 时间轴

在时间轴的时间滑块上,其数字表示了当前帧和动画的总帧数。跟随时间滑块的蓝色指针标记用来表示当前帧的位置,起到定位的作用。时间滑块上的两边有两个小按钮,单击小按钮,则时间滑块分别向前或向后移动一帧。

5. 创建关键帧

关键帧动画是计算机动画中应用最为广泛的一种动画形式,关键帧动画的制作原理也很简单,它根据设计需要设置好首帧与尾帧的属性,首帧和尾帧就叫作关键帧。3ds Max 会根据首帧和尾帧的设置自动计算出中间帧,如此关键帧之间就具有了平滑的过渡动作。

3ds Max 2010 具有自动关键帧模式和设置关键帧模式两种创建关键帧的方法。使用自动关键帧模式时,在动画记录控制区中,单击 自动关键点 按钮,时间轴滑道以及当前激活的 自动关键点 按钮都以红色显示,表示已经开启了自动关键帧模式,这时只要将时间滑块拖到另外一个时间点,然后对模型进行移动、旋转或缩放等操作,系统就会自动将模型的变化记录下来。按上述步骤记录动画后,再次单击 自动关键点 按钮,关闭自动记录关键帧模式。这时在时间轴中的起始时间、结束时间位置和当前帧的位置就会创建包含参数变化值的关键帧标记。关键帧标记则根据场景中物体对象变化类型的不同,用不同的颜色进行显示,红色代表位置信息,绿色代表旋转信息,蓝色代表缩放信息等。

例 6.16 材质关键帧动画

(1) 重置场景,在创建面板几何体环境下,单击“茶壶”按钮。在顶视图中画一水壶,单击 按钮。在参数面板中,去掉壶盖、壶嘴、壶把等参数,生成一个茶杯。

(2) 单击“关键点过滤器”按钮,打开“设置关键点”对话框,勾选“材质”选项。

(3) 按 M 键,打开材质编辑器,选择一个材质球,单击“漫反射”边的小按钮,打开“材质/贴图浏览器”对话框,选择“棋盘格”贴图,单击“确定”按钮。

(4) 单击 按钮,将贴图赋给茶杯。单击 自动关键点 按钮,时间滑道变红,开始记录动画。

(5) 将时间滑块移至 100 帧处,返回到材质编辑器,在“棋盘格”的“坐标”卷展栏中,将 U、V 的平铺值设置为 4。

(6) 单击 自动关键点 按钮,停止记录。单击“播放”按钮 ,动画效果中第 0、50、100 帧如图 6.93 所示。

6.9.2 动画控制器

1. 运动面板

3ds Max 2010 的运动面板,使用方便简单。在系统的工作界面下,单击“运动面板”

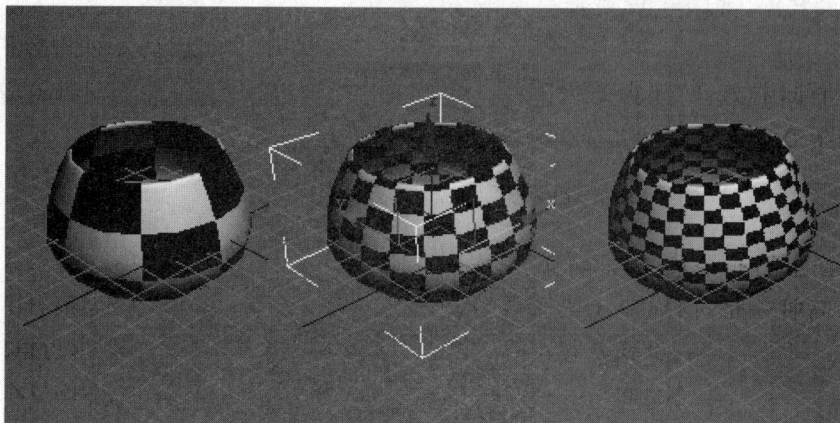

图 6.93　动画效果图

按钮![icon]，即进入如图 6.94 所示运动参数面板。

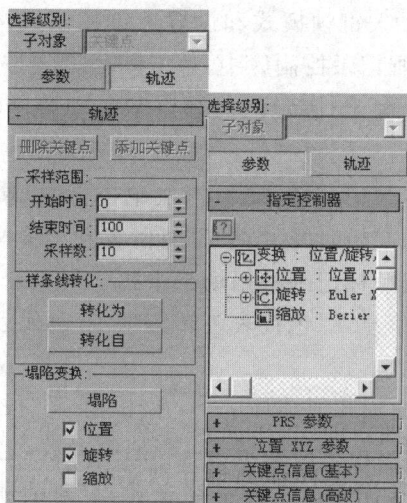

图 6.94　运动参数面板

在该面板下,有两个主要的按钮,一个是"参数",一个是"轨迹"。单击"轨迹"按钮,可设置场景中的物体对象沿着某个轨迹线路运动;单击"参数"按钮,通过对其中的参数进行设置,可完成物体对象按某种控制器的约束进行运动。控制器主要有三类,分别是位置、旋转、缩放。

2. 指定动画控制器

3ds Max 提供了两种应用动画控制器的方法,第一种方法是通过单击![icon]按钮,打开运动命令面板,单击"参数"按钮,展开"指定控制器"卷展栏,在窗口中"变换"项目组下有位置、缩放、旋转等子项,可任选一项,单击按钮,将打开对应的指定控制器对话框。用鼠标指针选中某项后,单击"确定"按钮,即可在下一步该控制器的参数面板中进行设置。

选择和进入控制器的第二种方法是打开轨迹视图,用鼠标指针在左部的项目窗口中

右击其中的一项,在弹出的快捷菜单中选择"指定控制器"选项。单击该选项后将打开相应的控制器选择对话框。

例 6.17 环视民居

(1) 自行建立或调入制作好的"民居.max"文件。场景效果如图 6.95 所示。

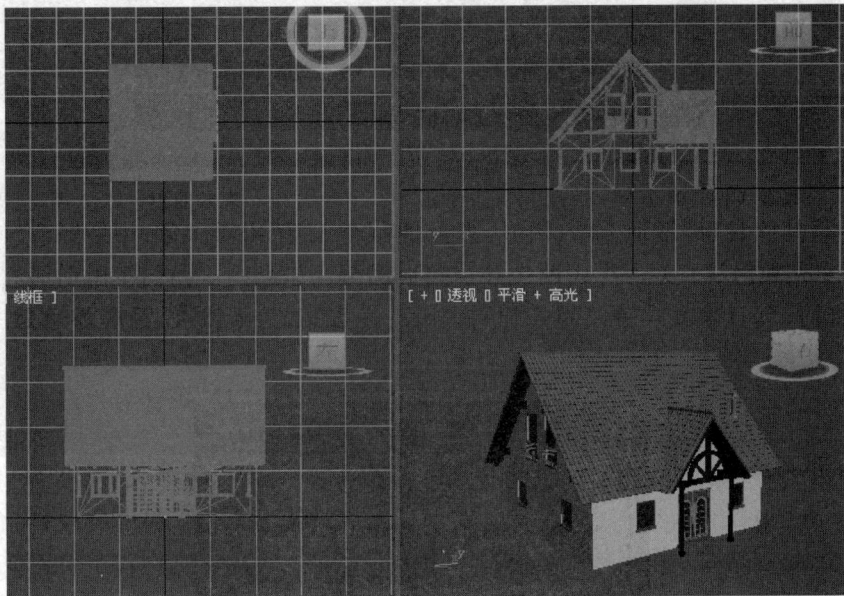

图 6.95 民居场景图

(2) 在创建面板中单击<img>按钮,单击"圆"按钮,在顶视图中画一个圆,将房屋对象圈住,并在前视图中,将圆上移至房屋对象中部高度。

(3) 在创建面板中单击<img>按钮,单击"目标"按钮,在前视图中,画一个目标摄像机,方向对准民居。

(4) 在命令面板中单击<img>按钮,单击"参数"按钮,在"指定控制器"卷展栏中,选择"位置",并单击"指定控制器"按钮<img>,打开"指定位置控制器"对话框,选择"路径约束",单击"确定"按钮。

(5) 在"路径参数"卷展栏中,单击"添加路径"按钮,单击场景中的"圆"图形。可以在"路径参数"卷展栏下方设置轴向为 Y 轴,适当调整其他参数,使得摄像机始终面向房屋对象。

(6) 单击透视图,按 C 键,将透视图切换为摄像机视图,单击"时间配置"按钮<img>,打开"时间配置"对话框,在"播放"参数组中,选择"1/4x",单击"确定"按钮。单击"播放"按钮<img>,观看环视民居效果,如图 6.96 所示。

6.9.3 reacter 动画

reactor 是 3ds Max 的一个插件,很早就集成到 3ds Max 系统中。它原由 Havok 公司开发,专门用于动力学效果的表现,可对场景中的三维对象模型定义物理属性、外力,

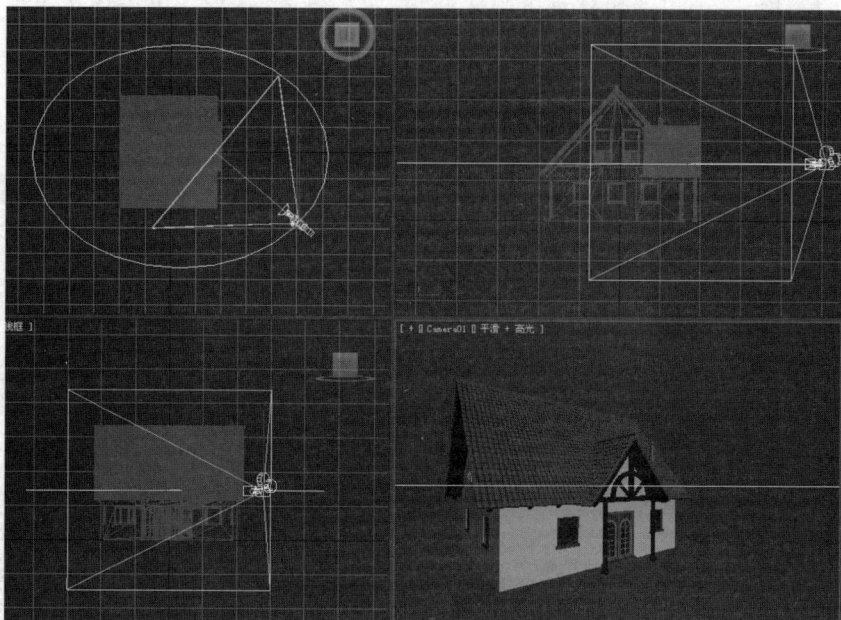

图 6.96　环视民居效果图

主要支持刚体、软体、柔体和液体的模拟等。

1. reactor 工具栏

reactor 工具栏在 3ds Max 2010 的工作界面中，以隐式方式存在，要应用该工具栏的项目，可显式调出。方法是：鼠标右击主工具栏的空白处，在打开的快捷菜单中，单击 reactor，该工具栏中按钮的主要作用为：快速创建约束和其他辅助对象，显示物理属性、生成动画及实时预览，如图 6.97 所示。

图 6.97　reactor 工具栏

工具栏中大多数按钮在场景中运用时，会在视图中产生辅助图标。其中，前面 5 个按钮应用最多，分别如下。

（1）⊞。刚体集合图标，刚体物体会抵抗外力，产生碰撞效果。

（2）⊞。织物集合图标，织物具有飘动的特性，柔软光滑。

（3）⊞。软体集合图标，软体在外力作用下会变形，外力消失后又能复原。

（4）⊞。绳索集合图标，绳索在牵拉时有一定的弹性，但不能压缩。

（5）⊞。变形网格集合图标，网格物体在外力作用下，同样也会变形。

2. 命令面板

设置 reactor 属性和制作 reactor 动画主要是通过命令面板进行。在创建面板下，单击⊞按钮，在下拉列表框中选择 reactor，则打开 reactor 设置面板。另外，在创建面板下，

单击  按钮,在下拉列表中选择 reactor,也有一个是用于"水"对象设置的空间扭曲按钮,如图 6.98 所示。

在命令面板的修改器列表中有三个 reactor 修改器,分别是 reactor Cloth(布料)、reactor Rope(绳索)、reactor SoftBody(软体)。而最为重要的部分是单击 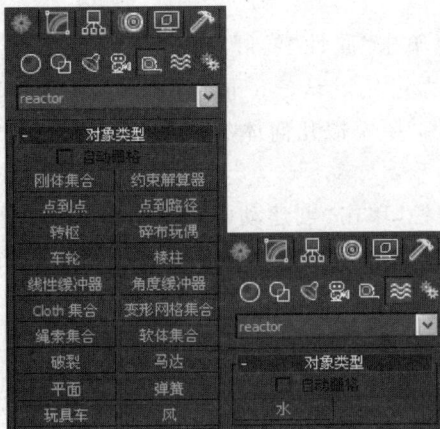 按钮,在"工具"卷展栏中单击 reactor 按钮,如图 6.99 所示。于是新增七个卷展栏,其中,"预览与动画"卷展栏中可生成 reactor 动画,"属性"卷展栏中可设置对象的物理属性。

图 6.98 reactor 属性

图 6.99 reactor 面板

例 6.18 软体的模拟

软体设置时,要求对场景中的对象要先加载软体修改器后,再添加软体集合,使其具有软体的属性。软体的特点是在外力的作用下会产生变形,外力撤去,软体则会自动复原。

(1)单击创建面板上的  按钮,在下拉列表中选择"标准基本体",单击"平面"按钮,在顶视图中创建一个平面。

(2)同样,单击"球体"按钮,在顶视图中创建一个小球体;单击"长方体",在顶视图中画一长方体,长方体的长宽高的分段数均为 5,也可以分段数更多一些。选择前视图,单击主工具栏的 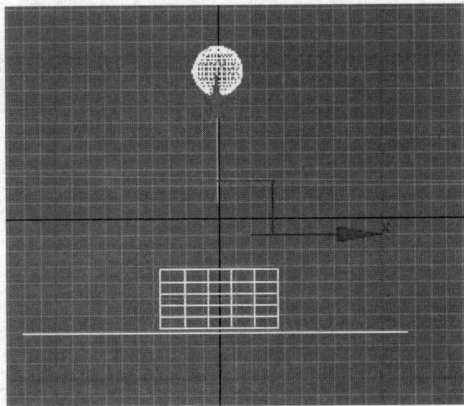 按钮,用鼠标向上拖动球体,使得球体在最上方,长方体在中间,平面在最下方,如图 6.100 所示。

图 6.100 场景前视图

（3）选择长方体，单击命令面板上的▨按钮，切换到修改面板，在"修改器"下拉列表中选择 reactor softbody 修改器，有两个参数卷展栏，分别是"属性"卷展栏和"约束"卷展栏。在"属性"卷展栏中有质量、摩擦力、阻力和避免自相交等，此处可勾选"避免自相交"。

（4）鼠标右击主工具栏的空白处，在打开的快捷菜单中，单击 reactor，调出 reactor 工具栏，再选择长方体，单击 reactor 工具栏上的▨按钮，视图中会出现对应的附属图标。

（5）选择球体和平面两个对象，单击 reactor 工具栏上的▨按钮，将球体和平面加入到刚体集中来。

（6）单击▨按钮，单击 reactor 按钮，再单击"属性"卷展栏，打开属性栏，选择前视图中上方的球体，设置质量为 10，摩擦力、阻力可用默认值。再选中场景中的平面，设置质量为 0，防止它在动画演示过程中产生下坠。在模拟几何体参数组中，可单选"凹面网格"选项。选中长方体，设置质量为 5。

（7）单击"预览与动画"卷展栏，打开该栏，单击"创建动画"按钮，待系统计算完毕，单击 reactor 工具栏上的▨按钮，按 P 键，可看到软体在刚体球的打击下演示变形的效果，如图 6.101 所示。

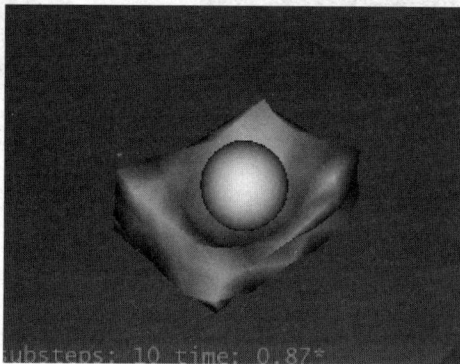

图 6.101　软体演示效果图

6.10　3ds Max 与 VRML 的数据交换

与 VRML 复杂的程序指令相比，3ds Max 则是一种快捷的建模应用软件，对于一个在 3ds Max 中创建出来的三维场景，用户可以直接将其导出到 VRML 语句中，同样也可以将 VRML 中编辑的模型对象导入到 3ds Max 中来，从而完成 3ds Max 与 VRML 之间的数据交换。

1. 将 3ds Max 的场景导出到 VRML

3ds Max 的场景可以通过导出操作，直接导出为 .wrl 格式的文件，然后再通过 VRML 编辑进行加工和修改。

例 6.19　3ds Max 场景导出到 VRML

（1）自行建立或调入制作好的"民居.max"文件。场景效果如图 6.102 所示。

（2）单击▨按钮，单击"导出"→"从当前 3ds Max 场景导出外部文件格式"，打开"选

择要导出的文件"对话框,在"保存类型"下拉列表中,选择 VRML 97(∗.wrl)。并在"文件名"栏中给文件命名为"民居",单击"保存"按钮,打开"VRML 导出器"对话框,保持对话框中的默认参数不变,单击"确定"按钮。

(3) 选择已经导出的"民居.wrl"文件,使用 BS Contact VRML 浏览器打开,效果如图 6.102 所示。

图 6.102　VRML 浏览器效果图

2. 将 VRML 的模型导入到 3ds Max

将 VRML 编辑的场景模型同样可以导入到 3ds Max 中进行再次编辑加工,以便进一步完善场景效果。

例 6.20　VRML 模型导入到 3ds Max

(1) 单击 按钮,单击"重置",使 3ds Max 系统恢复为初始状态。单击"导入"→"将外部文件格式导入到 3ds Max 中",打开"选择要导入的文件"对话框。

(2) 在"保存类型"下拉列表中,选择 VRML 97(∗.wrl)。并通过"查找范围"中的下拉列表找到.wrl 格式文件的存储位置,选中该文件,单击"打开"按钮,完成导入过程。

3. 数据交换过程的不足

在 3ds Max 与 VRML 相互之间数据的交换过程,依然存在一些不够完善的地方,有以下几个方面。

(1) 3ds Max 与 VRML 的制作单位不匹配。

(2) 对于 VRML 来说,3ds Max 的建模物体对象过于精细,使得转换到 VRML 文件中以后,数据量比较大。

(3) VRML 中的许多简便建模方法在 3ds Max 中不成立。

(4) VRML 中的许多行为、事件在 3ds Max 中无法实现。

(5) 3ds Max 中的丰富材质与贴图不能完全导出到 VRML 场景中来,但是 VRML 中的模型材质可以导入到 3ds Max 中来。

习题

1. 在 3ds Max 中，复制对象有哪些方式？试举例说出 3 种以上的方法。
2. 常用修改器和高级修改器相比，它们各自的特点是什么？
3. 试述 mental ray 插件的作用。
4. 试述焦散的特点和作用。
5. 试述 3ds Max 2010 系统中灯光的类型，太阳光和日光各有什么特点？

第7章 虚拟现实制作工具 Cult3D

虚拟现实系统的基本特点就是逼真的三维环境与自然的交互性,构建虚拟现实系统离不开三维环境的建模与交互功能的设置。传统上,Maya、3ds Max 具有几乎无所不能的建模功能,但它们的短板也是显而易见的,就是缺少交互功能,如何为栩栩如生的 3D 模型添加交互性就成为一个关键的技术。目前,在虚拟现实众多的工具软件中,Cult3D 独有的为 Maya、3ds Max 模型添加交互功能的技术特点使其成为虚拟现实应用中不可或缺的应用工具。

7.1 Cult3D 概述

Cult3D 是瑞典 Cycore 公司的一个面向电子商务的交互三维软件,主要应用于主流操作系统和应用程序的交互三维渲染,使用 Cult3D 技术,用户可以在线浏览、观察可交互的三维产品模型,同时 Cult3D 文件可以应用于网页、Office 文档、Acrobat 文档以及支持 ActiveX 的开发语言如 VB 等。

最为引人注目的是该软件对于协助电子商务提高销量,增强销售时的产品描述效果以及做好售后服务等具有很大的帮助和潜力。它在低带宽的连接上提供了高品质的渲染技术,而这对于电商公司的开拓和扩展市场运作具有非常重要的意义。目前主流的电子商务的网页上,仍然是以二维的图片展示商品,客户很难通过图片了解更多的商品信息,而如果借助该软件的开发,用户仅通过使用鼠标,就可以在网络上旋转和缩放 Cult3D 制作的产品模型,并可从任意角度观察;通过单击模型的功能按钮就可以开启产品的部件,移动部件,在显示/菜单系统中漫步,还可以倾听优美的音乐和清晰的解说,具有非常诱人的前景。

7.1.1 Cult3D 技术特点与应用

1. 技术特点

2002 年,Cycore 公司发布了 Cult3D 的最新版本 Cult3D 5.3。该版本提供了一系列更方便的交互特性,制作更容易,下载速度更快。在新版本中的主要性能指标都获得了较大的提高,特点也更加突出,具体简介如下。

(1) Cult3D 支持世界上的主流三维建模工具。例如,Autodesk 公司的 3d Max、

Maya 等；同时，Realviz 公司还专为 Cult3D 开发了 Image Modeler 软件，该软件可将平面图像转换为三维模型。

（2）使用 Cult3D 的设计工具，可以轻松地给复杂的产品添加交互动作，使用户更方便观看产品的内部结构、使用性能等。

（3）Cult3D 的内建产品配置特征，极大地方便了用户自主的开发三维产品配置和解决方案。例如，用户可以选择一间房间，然后往里面添置家具并可以浏览三维的最终效果。同样，也可以用于网络虚拟试衣间的解决方案。

（4）Cult3D 支持标准的后端系统和数据库界面，允许产品配置人员在线实施并和现有的数据库连接。产品属性、选件和价格的改变都可以立刻在页面上显示，并且这些用户配置可以存储到数据库中以供后来的用户参考。

（5）Cult3D 利用多重信息简化和压缩技术来降低 Cult3D 的文件大小，使其作品对象占用空间非常小，适合于低带宽的连接。

（6）Cult3D 文件可以直接嵌入到 HTML 页面、微软办公系列和 PDF 文档中。

（7）Cult3D 是一种基于软件的渲染引擎，可以在多数的主流平台上运行，并且在所有的平台上都保持很高的渲染速度和品质。

（8）Cult3D 使用 Java 编写的引擎，可以调用 Java 的类（class）来实现只有在 Java3D/GL4Java 中才能表现的效果——实时阴影、顶点级动画（Vector）、矩阵级动画（Matrix）、碰撞检测。

（9）系统支持 Cult3D 对象和 JavaScript 之间进行通信。开发者现在可以使用熟悉的 Web 用户界面，例如，按钮和下拉列表框控制 Cult3D 对象的外观和行为。同样地，Cult3D 对象可以被设定为接受 JavaScript 事件。例如，当一个对象的某些部分被用户单击的时候可触发动作。例如，单击冰箱的门，门就打开，用户可观看内部情况。

（10）Cult3D 软件支持高质量的输出效果。Cult3D 支持光线贴图、环境贴图，这意味着人们可以制作出真实的物体细节。值得夸耀的是，Cult3D 并不需要图形图像加速卡，因为这方面全是由软件控制的。通过和 Java 结合，可以制作出复杂的材质变化效果，如半透明、折射、镜面反射甚至模拟光线跟踪等，而且 Cult3D 还内置了一个粒子生成器（尽管该功能目前还不是很完善）。

2. Cult3D 的主要应用领域

1）电子商务和电子交易

Cult3D 可以帮助在线买卖商品。因为在电子商务买卖过程中，人们是通过虚拟的网络来了解商品对象的，传统上，卖方以二维的图片展示商品，很难使顾客掌握更多信息，而如果采用三维可交互的方式来全方位地展现一个商品对象，具有二维平面图像不可比拟的优势。可以想象，如果企业将产品以三维形式在网上发布，不仅可展现出产品外形的方方面面，再加上互动操作，演示产品的功能和操作，并充分利用互联网的优势来高速、快捷地推广公司的产品，对于网上电子商务而言，如果使顾客对产品有了更加全面的认识了解，那么顾客决定购买的概率必将大幅度增加，为销售者带来更多的利润，同时也增加了用户的满意度。

2）产品和销售展示

Cult3D 可应用于发给潜在客户的产品介绍 Office 文档或者 PDF 文档中，能增加潜

在客户对产品的认知程度和产品的演示效果,帮助更快地达成客户合作。目前,很多产品推销依靠纸制媒体或平面效果图形,很难使客户体验产品的真实感受,例如,在房地产销售展示中,使用 Cult3D 实现网络上的 VR 展示,只需构建一个三维场景,人们就能够以第一人称视角在其中穿行。场景和控制者之间能实时交互,可为虚拟展厅、建筑房地产虚拟漫游展示提供解决方案。

3) 娱乐、游戏

Cult3D 可应用于在线游戏和娱乐,增加游戏的交互性和三维特性。娱乐游戏业今后是一个巨大的社会市场。相对现在而言,动态 HTML、Flash 动画、流式音视频等技术已经广泛应用于娱乐性网站,但大多是平面的效果。三维技术的引入,不仅将带来新一轮的视觉冲击,而且更使在线娱乐方式发生质的变化。游戏公司除了用光盘发布 3D 游戏外,还可以在网络环境中运行在线三维游戏。利用互联网的优势,覆盖面可以得到迅速扩张。

4) 教育与传媒

在现代教育中,建设实体的实验室需要很高的成本,于是可进行虚拟实验室的搭建,对特殊的物理模型,以及运动效果进行模拟。同样,Cult3D 制作的交互场景效果,特别是在表现一些空间立体化的知识,如原子、分子的结构、机械运动时,三维的展现形式可使学习过程形象化,学生更容易理解和掌握。许多实际经验表明,往往"做比听更能表达和接受抽象的信息",使用具有交互功能的 3D 课件,可以让学生在实际的动手操作中得到更深的体会。对计算机远程教育系统而言,引入 3D 模型内容必将达到很好的在线教育效果。Cult3D 在传媒领域同样也具有独特的作用。

7.1.2　Cult3D 的系统组成与设计流程

1. Cult3D 系统组成

Cult3D 系统由三个程序模块组成,分别如下。

(1) Cult3D Exporter(输出器) 插件。该插件有两种,分别为支持 3ds Max 的插件和支持 Maya 的插件,其主要功能是将 3ds Max 或 Maya 制作的三维模型导出为扩展名为 .C3D 的格式文件,便于 Cult3D 的设计器进行加工,添加事件和行为,实现交互功能,以及其他如动画、声音等。

但是 Cult3D Exporter(输出器) 插件的不足之处也很明显,目前的最新版本仅支持 3ds Max 的 R6、R7、R8 等,而 3ds Max 的版本更新很快,所以 Cult3D 输出器在某些性能方面离用户的期望还有些距离。

(2) Cult3D Viewer(查看器) 插件。该插件支持 IE 等浏览器,以及 Office、Acrobat 等查看 Cult3D 作品并展示其交互性能,适用于 Windows 系列操作系统。

(3) Cult3D Designer(设计器)。该模块文件是 Cult3D 系统的核心部分,它通过导入扩展名为.C3D 的格式文件,可以将三维模型进行进一步的加工,从而添加交互功能,并可保存为 Cult3D 的工程文件,其扩展名为.C3P 的格式文件,还可以保存为面向 Internet 的文件,其扩展名为.co,可供 IE 浏览或其他软件嵌入使用。

2. Cult3D 设计流程

Cult3D 系统由三个程序模块构成，工作时，先由 Cult3D Exporter（输出器）插件将 3ds Max 或 Maya 制作的三维模型导出，生成 ∗.c3d 文件，然后由 Cult3D Designer（设计器）加工，给 3D 模型添加交互功能，再由系统生成 ∗.co 文件，同时生成 HTML 文件，这时可通过 Cult3D Viewer（查看器）插件在 IE 上浏览 Cult3D 制作的作品效果。设计流程如图 7.1 所示。

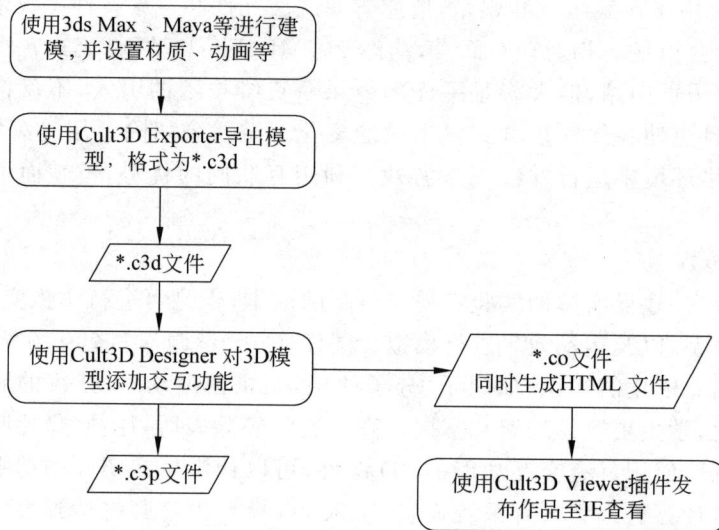

```
┌─────────────────────────┐
│使用3ds Max 、Maya等进行建│
│模，并设置材质、动画等      │
└───────────┬─────────────┘
            ↓
┌─────────────────────────┐
│使用Cult3D Exporter导出模 │
│型，格式为*.c3d            │
└───────────┬─────────────┘
            ↓
      ╱ *.c3d文件 ╲
            ↓
┌─────────────────────────┐         ╱ *.co文件        ╲
│使用Cult3D Designer 对3D模│────────→  同时生成HTML 文件
│型添加交互功能            │         ╲                ╱
└───────────┬─────────────┘                  ↓
            ↓                      ┌─────────────────────┐
      ╱ *.c3p文件 ╲                │使用Cult3D Viewer插件发│
                                   │布作品至IE查看         │
                                   └─────────────────────┘
```

图 7.1　Cult3D 设计流程

7.1.3　Cult3D Exporter 输出器

Cult3D 软件本身基本没有 3D 建模能力，3D 模型必须通过第三方的三维建模软件来进行建模，这些软件主要是 3ds Max、Maya 和 Image Modeler 等。三维模型或动画的最后输出需要借助于 Cult3D 的输出器，将模型导出为 ∗.c3d 文件格式，供 Cult3D 设计器来使用。在利用 Cult3D 的输出器进行格式输出时，应该要注意 Cult3D 输出器所对应的软件类型（3ds Max 和 Maya）和软件的版本。

Cult3D Exporter 输出器的有关操作，也是 Cult3D 系统设计操作的第 1 步。

1. Cult3D 支持的 3D 模型的属性

通常 3D 建模工具软件功能很强，运用建模软件制作的一个完整的三维场景会包含诸多信息元素。

（1）几何体模型结构。这使人们能够直接观看到三维几何体的存在、形状、空间位置。

（2）材质，贴图。材质赋予了几何体的表面属性，贴图表现出物体表面的纹理结构和颜色效果。

（3）灯光。如同现实世界中的灯光，灯光照亮了场景，反映了物体对象的明暗效果。

（4）摄像机。在三维场景中，人们通过虚拟的摄像机"看"世界。摄像机的位置决定

了人们看物体对象的角度,看物体的角度不同,看到的景象也不同。

（5）动画。即物体随时间在空间坐标的持续变化。

但 Cult3D 系统不能完全支持建模工具软件构建模型的所有属性,主要表现在以下几个方面。

（1）几何体模型结构。

Cult3D 仅支持多边形结构的几何模型,对于其他结构的几何体模型都将转换为多边形结构,因而 3D 模型最好应用多边形方式建模。另一方面,建模过程中,如果有太多的多边形,会影响到 Cult3D 作品在网络上的下载时间和演示速度,因此最好能够控制多边形的面数,即建模时要尽量优化几何体的结构。Cult3D 在导出时,会遵循 3ds Max 建模时的单位设置。

（2）材质、贴图和纹理。

Cult3D 系统支持的最大纹理贴图为 2048×2048px,如果贴图面积大于该值,则系统在导出时会自动缩减至该数值。另外,如果调节贴图的平铺参数,则必须是 2 的次方。

Cult3D 只支持 3d Max 的 Standard(标准)和 Multi/Sub-Object(多重子对象)材质类型。

Cult3D 支持的材质属性参数如下。

① Diffuse Color(直接光色)：在没有表面直接光贴图的情况下,直接光色决定了物体表面的颜色。

② Ambient Color(环境光色)：环境光对物体表面的整体影响。设置某种颜色的环境光色使物体处于那种色光氛围中。默认是没有环境光的(纯黑)。

③ Specular Color(高光色)：物体的高光部分表现出的颜色。

④ Opacity(透明)：物体的透明度。

⑤ Shininess(高光)：物体表面反射光线的面积强度大小。

Cult3D 支持的贴图类型如下。

① Diffuse Map(直接光贴图)：直接覆盖在物体表面,将直接光色覆盖。

② Reflection Map(反射贴图)：只能是指定的位图,不能是自动反射贴图。

③ Bump Map(凹凸贴图)：可以表现物体表面的凹凸纹理。

注意：反射贴图和凹凸贴图两者不能在一个材质上同时使用。

（3）着色方式。

Cult3D 的着色模式是在最后 Cult3d 输出选项面板里设置的。Cult3D 支持的着色模式有以下几种。

① Gouraud：默认的着色模式,适合于大多数情况。

② Phong：具有最好的画面生成质量。使用 Bump(凹凸)贴图时需要选择此种着色模式。

③ Flat：忽略几何体面的光滑组,显示的物体表面是棱角分明的。

④ Constant：忽略灯光对物体表面的影响,物体表面是完全自发光的,没有明暗效果。

（4）灯光。

Cult3D 系统目前还不支持 3ds Max 的自定义灯光效果,默认的灯光是照亮摄像机正前方向。

（5）摄像机。

Cult3D 可以保存多架摄像机位置、方向、运动关键帧。但在同一时刻只能有一架摄像机被激活。通过在 Cult3D Designer 中用 Select Camera Action 切换摄像机。

（6）动画。

Cult3D 支持从三维程序中建立的变换动画和节点动画。

① 变换动画：变换动画是物体在空间坐标中的位移、旋转、缩放动画。

② 节点动画：多边形网格对象的基本单元是由面构成,面又由节点位置决定,三点构成一个面。节点动画是建立在这些节点层次的单独运动,其结果是改变一个物体的表面形状。由于节点动画要记录每个节点的关键帧位置变化,需要记录的信息量比一般变换动画多得多,造成文件增大,所以要慎用。

3d Max 运用了 FFD、skin、taper、twinst、骨骼变形系统等编辑修改器后生成的动画是节点动画。

2. 3D 模型导出应用

由于 Cult3D Exporter 输出器的最新版本只能支持 3ds Max 的 R6、R7、R8 等版本,因此在本章的应用中,采用了 3ds Max 7 作为三维建模的工具软件。下面通过一个实例应用来说明 Cult3D Exporter 输出器将一个 3ds Max 导出为 *.c3d 格式文件的全过程。需要注意的是,实现 *.c3d 文件的输出时,必须已经正确安装了 3ds Max 7 和对应的 Cult3D Exporter 输出器插件。

例 7.1 3D 模型导出

（1）启动 3ds Max 7 文件,打开一个"石膏头像.max"文件,或自建一个石膏头像模型,如图 7.2 所示。

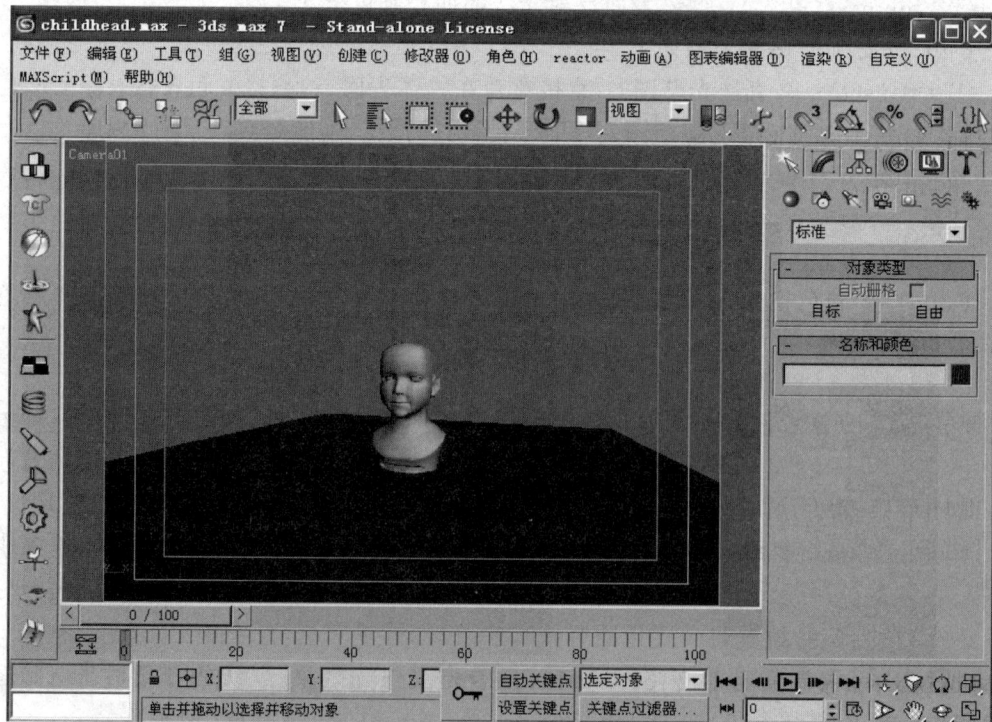

图 7.2 3ds Max 石膏头像模型

（2）单击"文件"→"导出"，打开"选择要导出的文件"对话框，在"保存类型"中选择
Cult3D Designer(* .C3D)文件格式，如图 7.3 所示。单击"保存"按钮。

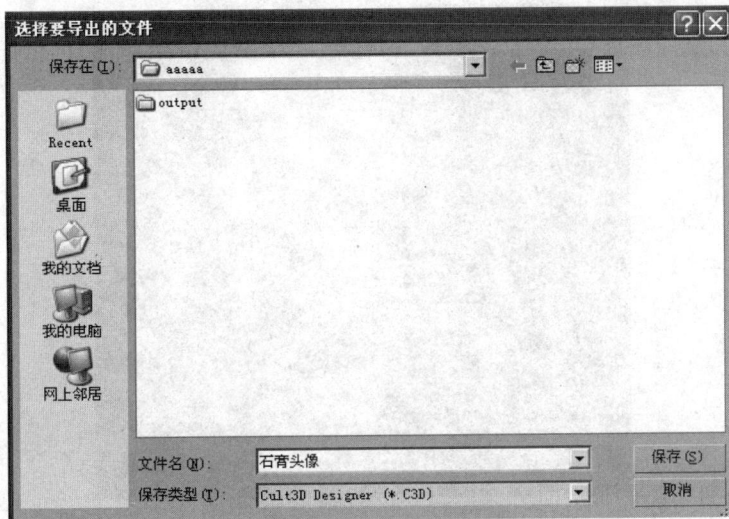

图 7.3　导出 * .C3D 文件

（3）接着弹出 Cult3D Exporter 对话框和 Viewer 预览视图。在 Cult3D Exporter 对
话框的左边是树状视图，分别为 Header、Background、Materials、Nodes、Textures 等各个
对象，用户可以选择整体，也可以选择单个个体来进行查看。右边为参数设置窗口，当在
左边选择了某个对象时，右边则显示对应的参数。例如，单击左侧的 Header，右边则显示
对应参数，如果是第一次输出对象，会要求填写作者名和组织名，如图 7.4 所示。

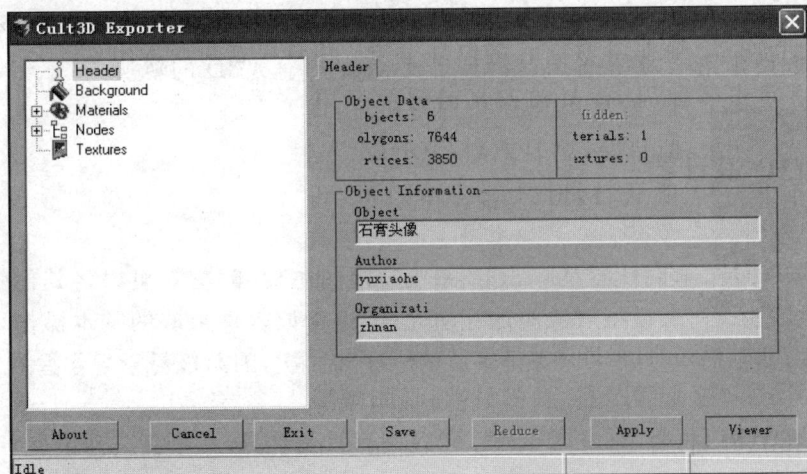

图 7.4　Header 参数

（4）同样选择 Background，在参数对话框中可以设置 Viewer 预览视图的背景颜色。
选择 Materials 时，可以设置模型材质的 Shading Type 参数，即输出 Cult3D 的着色模式。
（5）单击 Nodes，左边窗口中展开多个视图模式按钮，选择其中一个，可以在 Viewer
预览视图中切换，从不同方向查看 3D 模型的上、下、左、右等各个方面。例如，单击 Lift

View 时,Viewer 预览视图效果如图 7.5 所示。

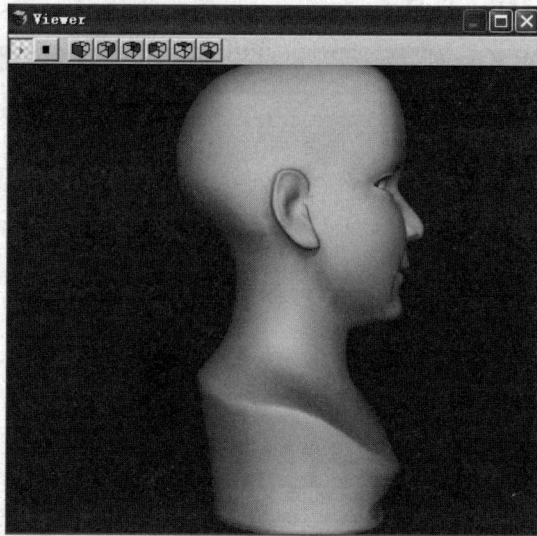

图 7.5　Viewer 预览视图

而在 Nodes 的参数方面,有三个选项卡: General 选项卡中提供了有关通过 Export 制作而成的物体模型的一般资料,可以设定 Animation 和 Visibility;Camera 选项卡中显示场景内的 Camera 的资料,可以设定摄像机的角度;Mesh 选项卡中可对各个模型进行设定,可以使多边形的数量最优,可以设定使模型自身发生变化的动画场景。

(6) 单击左边的 Texture 对象按钮,在右边的窗口中,可以对材质的大小和质量进行调整,即把空间容量优化调整到最小。

当每次调整了参数以后,都要单击对话框下方的 Apply 按钮,以保证参数的设置有效,全部参数设置完毕,单击 Save 按钮,完成 Max to ＊.C3D 的转换。

7.2　Cult3D 设计器

Cult3D Designer 设计器是 Cult3D 系统功能的主要部分,它可以将其他软件制作的 3D 模型导入后,给三维模型对象添加互动元素,由于该软件采取的基本操作是拖曳放置图标的方式,非常简单地就可以安排事件的顺序和层次,因而极易学习掌握。

7.2.1　Cult3D 界面

安装完成 Cult3D Designer 5.3 后,启动运行后界面窗口显示如图 7.6 所示。菜单栏上共有 6 个菜单项按钮,分别是文件(File)、视图(View)、工具(Tools)、窗口(Windows)、预览(Preview)和帮助(Help)等。屏幕可划分为 6 个主要子窗口,左边分别是场景窗口、行为窗口,下方是对象属性窗口,中间是事件规划窗口,右边是演示窗口、事件窗口。

菜单项命令功能简介如下。

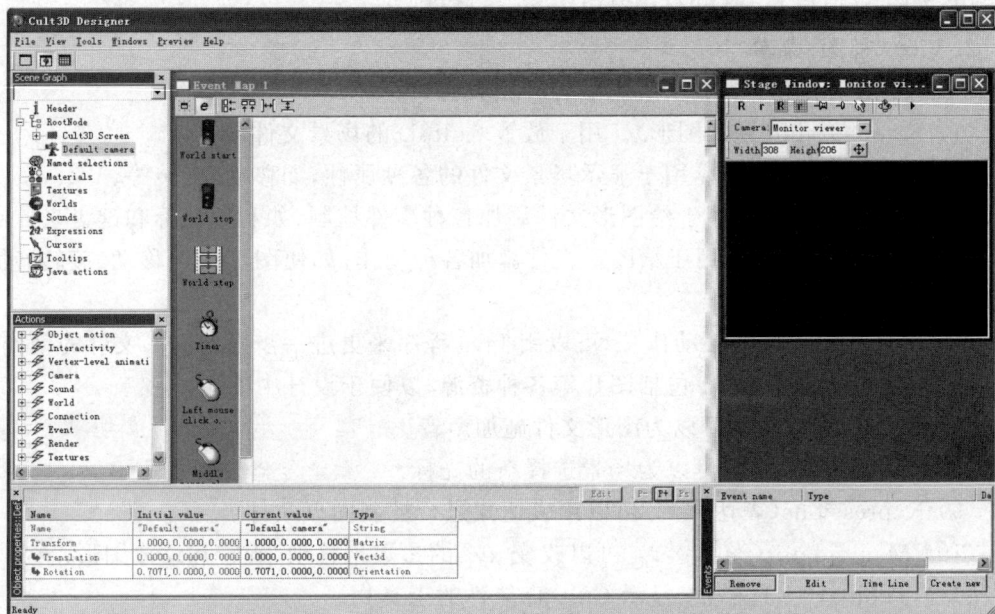

图 7.6　Cult3D Designer 5.3 界面窗口

1. File(文件)菜单

File(文件)菜单下的命令主要用于增加一个新的 ＊.C3D 文件、开始新的项目和保存项目以及最终输出成能发布的 ＊.co 文件。

(1) Add Cult3D Designer file(添加 Cult3D 设计文件)。单击此命令可以打开一个后缀为 C3D 的原始文件。 ＊.C3D 文件可由 3ds Max 或 Maya 软件中导出,或由 ImageModeler 软件生成。

(2) Remove Cult3D Designer file(移去 Cult3D 设计文件)。顾名思义,这是把后缀为 ＊.C3D 的图形文件从场景中清除。

(3) Synchronization(同步)。此命令可以把一个或多个项目文件中的对象、纹理、背景、材质进行同步控制。

(4) New Project(新项目)。开始一个新的项目。

(5) Load Project(载入项目)。载入曾经保存过的项目文件,此时的项目文件可以是没有或已经给场景中的图形文件设置了事件和行为的文件。可以随时打开继续编辑或输出后缀为.c3p 的工程文件。

(6) Save Project(保存项目)。保存项目,以便继续编辑。

(7) Save Project as(保存项目为)。以其他文件名保存此时的项目文件。

(8) Save Internet file(保存为互联网文件)。此命令可以把一个项目,也就是最后的作品保存为能在互联网上发布的特定文件,后缀是.co 的文件。

(9) Preferences(属性)。此命令可以设置项目文件、.c3d 文件、.co 文件、声音文件、Java 文件和纹理文件的存放目录。还可设置 Event Map(事件)窗口的背景、文字等颜色。

(10) Recent File(最近的文件)。此命令可以快速打开最近使用过的文件。

(11) Exit(退出)。退出 Cult3D Designer 软件。

2. View(视图)菜单

View(视图)菜单主要显示或隐藏各种相关窗口。

(1) Scene Graph(场景图形)。用于放置 Cult3D 的场景文件。

(2) Properties(属性)。用于显示场景文件的各种属性,如移动、旋转等。

(3) Events(事件)。用于给图形文件添加各种事件控制,如利用鼠标和键盘来控制。

(4) Actions(动作)。用于给图形文件添加各种动作,如使图形文件移动、旋转、动画和改变纹理等。

(5) Java Actions(Java 动作)。可以用 Java 程序来更进一步设计图形文件的动作。

(6) Resources(资源)。包括图片等各种资源,以便于设计中使用。

(7) Sounds(声音)。可以为图形文件施加声音。

(8) Cursors(光标)。可以为场景选择新的光标。

(9) Expressions(表达式)。可以用表达式进行控制图形文件。

(10) Manipulator(操纵器)。可以改变 xyz 的参数来移动、旋转和缩放图形。

(11) Toolbar(工具栏)。显示 Cult3D 软件的工具栏。

(12) Status Bar(状态栏)。显示场景中的具体操作情况。

3. Windows(窗口)菜单

Windows(窗口)菜单(窗口)菜单主要用来排列事件窗口和默认摄像机窗口。

(1) Cascade(层叠)。事件窗口和默认摄像机窗口呈上下叠加排列。

(2) Tile(平铺)。事件窗口和默认摄像机窗口呈上下或左右并排排列。

(3) Arrange Icons(重排图标)。以图标形式重新排列。

4. Preview(预览)菜单

主要用于预览给图形施加了事件和动作后的效果。

(1) Run(运行)。开始预览。

(2) Stop(停止)。停止预览。

5. Help(帮助)

(1) Register(注册)。单击该命令,打开对话框,可以注册软件。

(2) About(关于)。对软件进行版本、公司、网站主页等基本情况介绍。

7.2.2 子窗口功能简介

图 7.7 场景窗口

作为 Cult3D 系统操作的主要工作区域,6 个主要子窗口提供了事件和行为元素,以及事件设置的环境空间、演示空间等,简介如下。

1. 场景窗口

场景窗口(Scene Graph)由节点和节点分支构成,包含 Cult3D 场景文件的所有元素,如图 7.7 所示。

在该窗口中,可以进行添加、删除、重命名、选择等操作,也可以在场景中选择并重新排列元素。场景图中各节点部分元素的

意义简介如下。

（1）Header。这是一个文件标志，一般可用于指定创作者和项目名称。该标志中显示了当前场景中所用的资源，同时它也是窗口中其他元素的开端。

（2）RootNode。列出了场景中所有的几何物体，包括网络元素、摄像机和粒子系统等。

（3）Named selections。可与许多单独物体作用的动作一起作用。

（4）Materials。列出了场景中定义的材质，利用它可以编辑材质属性。

（5）Textures。包括在场景中一系列可用贴图的设置，并且能够添加新的纹理贴图。

（6）Worlds。该节点可以配合 Actions 窗口中的与场景相关的事件，与外部的 *.co 格式文件建立链接。

（7）Sounds。显示出场景中所有可用的声音素材。Cult3D 设计中支持 *.wav 和 *.mid 文件格式，使用它来载入、选择和预览场景中的声音文件。

（8）Expressions。包括场景中所有可用的表达式，表达式用于通过数值或等式来改变一个物体的属性。

（9）Cursors。用于载入和选择光标类型，在其他光标编辑工具中创建自己的光标，然后在此引入。

（10）Tooltips。当鼠标在物体上激活显示的文字。"提示"可用于标记物体或为用户提供额外的提示。

（11）Java actions。用于在设计工具中增加选择 Java 功能，Java 可用于扩展 Cult3D 的交互等功能。

（12）在场景图的上方是一个空的下拉菜单，列出了所有根节点下的元素，利用这一点可以简化定位场景图中的元素位置。单击靠近窗口的箭头，可以看见场景中所有按字母顺序排列的元素。通过按字母键，可以自动优先选中最先匹配的项目，通过按向上和向下键可以滚动这些按字母顺序排列的元素。

2. 动作窗口

动作窗口（Actions）默认位于屏幕的左侧，场景窗口的下方，如图 7.8 所示。

此窗口中包括各种行为图标，可将其拖曳到事件地图（Event Map）窗口与各事件进行链接，以控制场景对象。主要行为图标意义如下。

（1）对象运动。用于对物体和摄像机进行变换操作。

① 复位：重置一个物体的移动和旋转到原来的初始位置。

② 队列动作：设置对象连续动作。

③ 停止队列动作：设置对象停止连续动作。

④ 旋转 XYZ：在一定时间旋转物体到特定角度，也可设置成持续旋转。

图 7.8　动作窗口

⑤ 旋转对齐：控制一个物体的旋转方向，使之一个方向轴时刻指向一个物体，当目标物体改变位置时此物体也随之改变方向。

⑥ 平移 XYZ：在一定时间移动物体到特定位置，也可设置成持续移动。

⑦ 缩放 XYZ：设置对象物体在 X、Y、Z 轴上的缩小与放大。

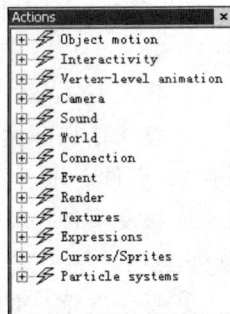

⑧ 动画播放：播放在三维软件中已建立的动画（旋转和移动）。

⑨ 动画"跳转"：跳转到在三维建模软件中已建立动画的特定时间位置。当设定的持续时间大于 0 时，建立从当前时间状态到特定时间的过渡动画。

⑩ 停止：停止在播放的动画过程（由行为引发或物体本身的动画）。

（2）交互。用于控制场景对象的交互性。

① 鼠标-控制球：在窗口中拖动鼠标时旋转或移动物体。可以设置鼠标特定键的功能，旋转轴或移动方向。默认是左键旋转物体，右键拉远、拉近物体，两键同时按下时则可以移动物体。当作用对象是摄像机时能实现控制视图的导航。

② 鼠标-扩展：可以 360°转动物体（或摄像机），也可以平移和远近拉伸。

③ 鼠标/键盘—导航：使用鼠标/键盘在场景中漫游。

（3）节点层级动画。控制网格物体的节点类型动画。

① 节点动画播放：播放物体在三维建模软件中建立的节点运动动画。

② 节点动画"跳转"：播放到特定时间点位置的节点动画。当持续时间为 0 时是跳跃到该时间状态，当持续时间大于 0 时是建立到该时间点状态的变形动画。

（4）摄像机。用于控制摄像机的切换和显示模式。

① 选择摄像机：选择（切换）当前摄像机的视点。

② 立体视觉特征：把摄像机显示模式变为 Stereoscopic（立体感）模式。

（5）声音。用于控制声音的播放和停止。

① 系统提示音：播放系统的警报声。

② 播放声音：播放一个已激活的声音文件，目前 Cult3D 支持的声音类型有 *.midi 和 *.wav。

③ 停止播放声音：停止指定声音的播放。

（6）世界。用于载入和卸载世界。

① 载入世界：载入一个 Cult3D 场景。

② 卸载世界：卸载一个 Cult3D 场景。

③ 隐藏/显示世界：隐藏/显示一个 Cult3D 场景。

（7）链接。用于载入 URL 和其他 *.CO 文件。

① 载入 URL：打开一个 URL 地址，可以选择目标窗口。

② 载入 CO：从一个 URL 地址载入 Cult3D 的 CD 文件。

③ 发送信息到主动作：给主程序传递字符串消息，如网页中的 JavaScript 函数。

（8）事件。用于管理事件的激活状态。

① 触发事件：用行为激活一个事件。主要用于激活自定义事件。只有当事件处于初始状态时才能引发。

② 复位视觉：重置一个事件到初始状态。

③ 激活事件：事件在当前状态可以是可用的或不可用的，不可用状态时则不能接收相应事件。用此行为将不可用事件激活为可用事件。

④ 解除激活事件：把可用事件变为不可用（解除事件），不能激活此事件相连的动作行为。

（9）渲染。用于显示或隐藏物体，同时也用于管理背景颜色和类型。

① 设置背景：设置场景背景的颜色、纹理图案。

② 隐藏对象：如果当前对象物体是隐藏状态，就显示行为所连接的物体。

③ 显示对象：将行为所连接的物体隐藏。

④ 双线性过滤：切换(打开/关闭)纹理的 Bilinear 过滤效果。

(10) 纹理。用于管理显示纹理的变化。

切换热区的个性标签：在物体表面的纹理上可以设置一个特定的区域作为热区，热区内的纹理可以替换为另一图像，该行为替换此热区的纹理。

(11) 表达式。用于引发表达式或检测属性中的参数值。

① 执行表达式：执行表达式运算或检测属性中的参数值。

② 条件测试：进行条件测试。对是否满足条件做相应的分支处理。

(12) 光标/指针。设置鼠标指针，改变鼠标指针形状。

(13) 粒子系统。启动或关闭粒子系统。

① 开始粒子发射：打开粒子系统的释放。

② 停止粒子发射：停止粒子系统的释放。

3. 事件规划地图窗口

用于对 Cult3D 对象的各种事件进行操作，在这个窗口中可以完成大多数的设计工作，如用鼠标或键盘来操作或控制对象的行为方式。几乎所有的设计操作都在此窗口进行，操作很简便，只需用鼠标把物体拖曳到相应的行为和事件上建立相互之间的连接。如图 7.9 所示，窗口中列出了 Cult3D 构成接收事件时的图标布局情况。

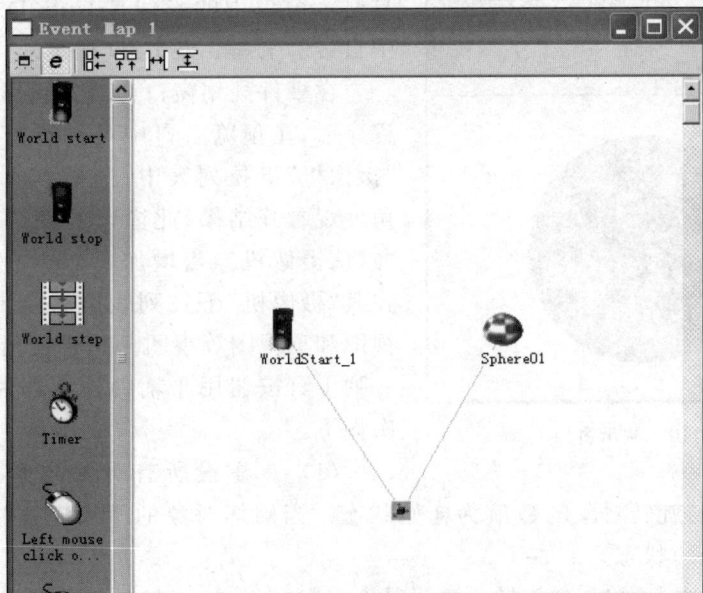

图 7.9　事件规划窗口

该窗口中左侧区域内的事件图标意义如下。

(1) 世界启动。在 Cult3D 场景初始化后激活它，当一开始要自动调用的事件都应该和它建立连接。当场景引入时首先执行。

（2）世界停止。在卸载 Cult3D 场景时激活这个事件的执行。

（3）世界步进。场景每更新一次，此事件就执行一次，该事件主要用于需要时刻监测某状态变化并激活操作的情况。

（4）计时器。该事件在一定时间后激活。双击该图标可设置要延迟的时间量。

（5）单击对象。单击一个物体时发生。该事件必须和一个几何体对象关联（拖动一个几何体到该图标上建立一连线）。

（6）鼠标中键单击对象。鼠标中键（可以设为同时按下左、右键）单击一个物体时发生。

（7）鼠标右击对象。鼠标右击物体时激活该事件。

（8）对象运动完成。当一个物体运动过程结束时激活该事件。

（9）声音播放完成。播放的声音结束时发生。

（10）键盘按键按下。按下一个或几个键时激活该事件。双击该图标设置当按下特定的键时发生。

（11）键盘按键释放。当释放特定的键时发生。双击该图标设置释放一个或几个键激活该事件。

（12）自定义。用于特定情况下由其他事件或浏览器外部事件激发。

4. 演示窗口

演示窗口（Stage Windows）如图 7.10 所示。主要用于预览和检测 Cult3D 场景在施加各种行为后的正确性及其结果。简略说明的是演示窗口中的彩球是 Cult3D Designer 系统中自带的 Example.C3D 样本。

图 7.10　演示窗口

在事件规划窗口为对象制作完所有或部分程序后，在预览窗口中可进行查看。还可以在"摄像机"下拉列表中，选择不同的视图从各个角度观看其结果，此窗口的默认视图显示的是"默认摄像机"，当增加了 Cult3D 设计文件后，在其"摄像机"下拉列表中就会出现前视图、左视图和顶视图等视图。同时在预览窗口上方的一列工具按钮用于辅助控制物体，从左到右依次如下。

（1） **R** 重设所有对象放大、缩小与旋转。重设放大、缩小与旋转对象的数值为初始状态。当破坏对象的原来模样时，可以单击此按钮恢复到原来的状态。

（2） **r** 重设放大、缩小与旋转。重设某个对象到缩放、旋转的初始状态。

（3） **R** 重置所有物体到初始位置。与 **R** 类似，但该按钮将清除所有用于物体的移动操作。物体被重置到从模型文件包中输出时的位置。

（4） **R** 重置物体到初始位置。与上一个按钮类似，但是仅对应于选中物体。

（5） **固定所有对象。单击此按钮会固定所有预览窗口的对象，即如果移动一个或多个对象位置，单击此按钮，就可以将所有预览窗口中的对象位置固定下来。

（6）![图标]固定选取对象。单击此按钮允许在预览窗口中锁定并选取对象。

（7）![图标]选择模式按钮。单击该按钮,可在预览窗口中选取对象,可以在 Scene Graph 的窗口中找到所选取的对象。

（8）![图标]对象旋转、缩放、移动状态。单击此按钮,可选择对象并拖动对象进行放大、缩小和移动等操作。如果没单击此按钮,则只能用鼠标选取对象,而不能旋转与缩放。

（9）![图标]预览开始/停止。开始预览时,单击此按钮,再次单击时结束预览。

5. 事件窗口

事件窗口如图 7.11 所示,主要反映事件规划窗口的各个事件,这是获取和编辑事件和事件数据而不使用事件图的一种可选方法,可以直接在此窗口对事件进行编辑、删除和创建新事件。当在事件规划窗口中为物体添加了事件后,就会自动在此窗口表现出来。若想改变其中的事件,只需在此窗口中单击"编辑"按钮。若想改变事件的时间顺序,单击"时间线"按钮即可。

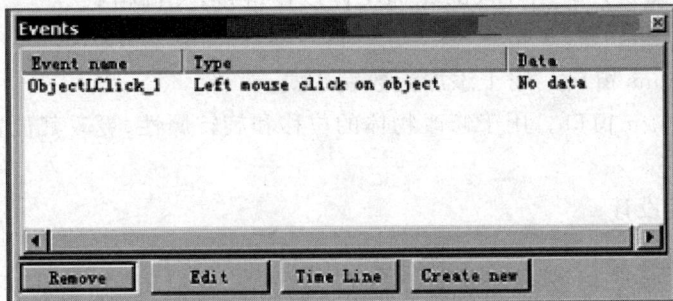

图 7.11　事件窗口

6. 对象属性窗口

对象属性窗口如图 7.12 所示,用于显示当前场景中对象的各种属性,如对象名、移动旋转的坐标位置和类型等,通过结合表达式工具和定制属性来管理场景中对象的信息。

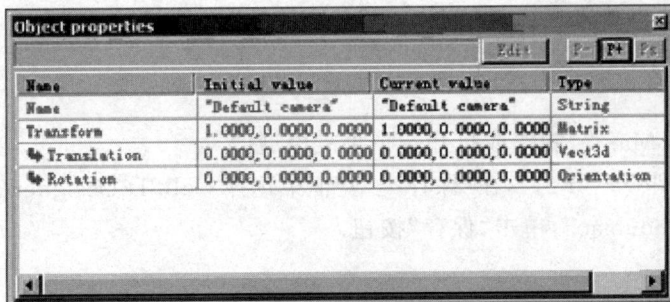

图 7.12　对象属性窗口

对象属性窗口的右上方有四个按钮,其意义如下。

（1）Edit。这一按钮用于编辑定制属性的参数值。

（2）P-。这一按钮用于删除一个定制属性。

（3）P＋。这一按钮用于添加一个新的属性。

（4）Ps。这一按钮用于为已存在的属性添加一个子属性。

7．其他工具窗口

在设计工具中还有其他的一些工具可以使用，通过在 View 菜单的下拉菜单中选取即可显示。View 菜单如图 7.13 所示。

这些窗口的功能意义如下。

（1）Java Actions 窗口。用来导入其他的 Java class 文件，在 Cult3D 中进行交互的扩充功能。

（2）Resources 窗口。显示导入的资源文件，如图片、文本、网页及电影等文件。

（3）Sounds 窗口。显示导入的声音文件，格式可以是 ＊.wav 和 ＊.mid 等，设计者也可以在此修改声音的属性和播放试听等操作。

（4）Cursors 窗口。显示导入的光标文件以作链接，文件格式可以是 ＊.ico 和 ＊.cur 等。

图 7.13　View 菜单

（5）Expressions 窗口。用于添加函数表达式。

（6）Manipulator 窗口。用于修改物体的位移和旋转属性，更改其位置。

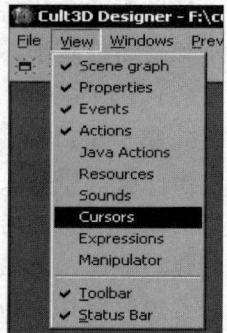

7.2.3　交互功能设计

给 3D 模型添加交互功能元素是 Cult3D 的特色功能，添加过程在事件规划窗口（Event Map）中进行，一般方法是首先单击菜单 File→Add Cult3d designer file，将 ＊.c3d 文件导入到 Cult3D 系统中，可在演示窗口（Stage Windows）中查看 3D 模型效果。如果 3D 模型显示不完整，可以在"摄像机"下拉列表中选择其他视图模式。编辑时，先将 WorldStart 图标拖放到事件规划（Event Map）窗口中，作为基本元素，WorldStart 图标的作用好比初始化，当场景载入内存中时首先执行它，因此如果要自动调用的事件都应该和它建立连接。所以首先将它拖到 Event Map 中。下面通过简单的实例进行说明。

例 7.2　给手表添加交互事件

1）制作手表

（1）启动 3ds Max 7，制作或打开一个手表模型。

（2）单击"文件"→"导出"，在"保存类型"框中选择 Cult3D Designer(＊.C3D)，在"文件名"框中输入"shoubiao"，单击"保存"按钮。

2）转换格式

系统自动打开 Cult3D Exporter 窗口，因为是 3ds Max 的静态模型，可以保留系统默认参数，直接单击 Save 按钮。

3）添加交互功能

（1）启动 Cult3d Designer，单击 File→Add Cult3d designer file，将"手表.c3d"文件导入到 Cult3D 系统中。在事件规划窗口（Event Map）中，将左侧的 WorldStart 图标拖放到事件规划（Event Map）窗口中。

（2）在动作窗口（Actions）中选择交互（Interactivity）节点下的鼠标-控制球（Mouse-

Arcball)图标拖放到 WorldStart 图标上,建立连线。拖放该图标时,一定要使下方的 WorldStart 图标出现了一个黑色方框时再松开鼠标左键。该图标的作用是添加后,使得相关 3D 模型对象可以旋转、移动和缩放。

(3) 在场景窗口(Scene Graph)中单击根(RootNode)节点下的"组 01"图标,拖放到 Mouse-Arcball 图标上,同样,当 Mouse-Arcball 图标出现黑色边框时再松开鼠标左键,如图 7.14 所示。

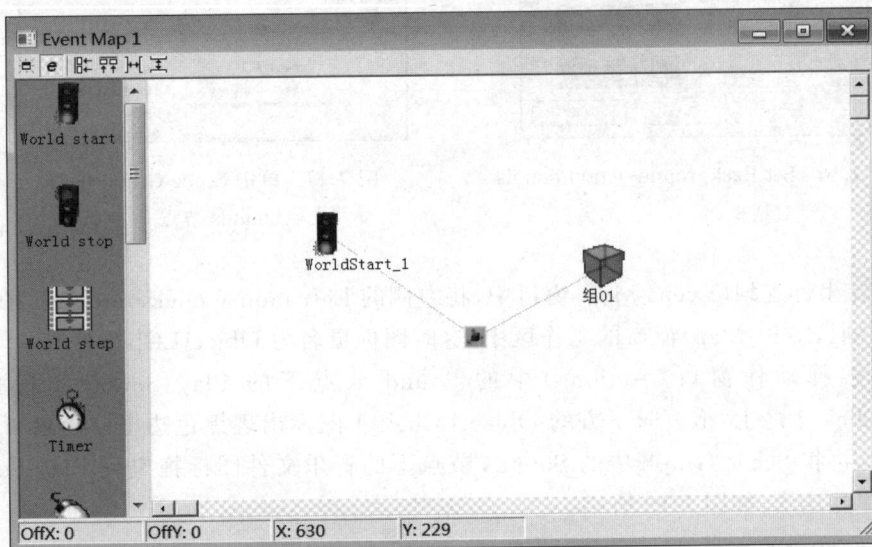

图 7.14　图标连接图

(4) 在演示窗口(Stage Windows)中,单击 ▶ 按钮,可以使用鼠标任意旋转、移动和缩放手表模型,如图 7.15 所示。

(5) 设置背景颜色,选择动作窗口(Actions)中的 Render 节点下的 Set Background,将其图标拖放到 WorldStart 图标上,建立连线。同样,拖放该图标时,下面的 WorldStart 图标出现了一个黑色边框时再松开鼠标左键。双击事件规划(Event Map)窗口中的 Set Background 图标,打开 Set Background action details 对话框,如图 7.16 所示。在该对话框中,可以设置背景效果,选项包括单色(Solid Color)、纹理(Texture)、线形渐变(Linear Gradient)、径向渐变(Radial Gradient)、角渐变(Corner Gradient)和棋盘格(Checker)等多种类型。

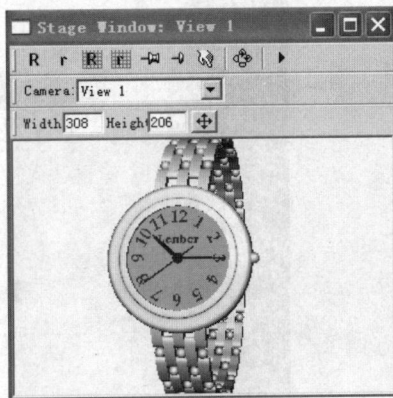

图 7.15　手表模型

设置其中一种效果后,单击 Test 按钮,可以在演示窗口(Stage Windows)中观看效果,如果满意,单击 OK 按钮,则设定背景效果。

(6) 添加背景音乐,选择场景窗口(Scene Graph)中的 Sounds 节点,单击鼠标右键,打开快捷菜单,选择 Sound,如图 7.17 所示。打开 Open sound files 对话框,可选择一个 *.wav 或 *.mid 音乐文件加入。

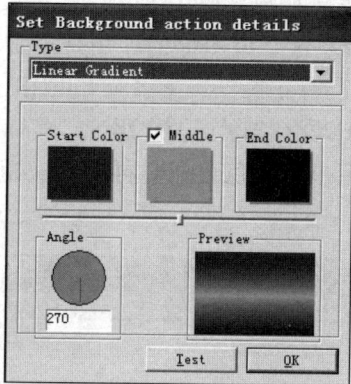

图 7.16　Set Background action details
对话框

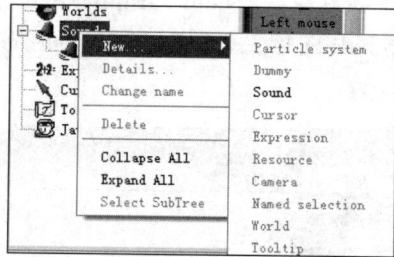

图 7.17　单击 Scene Graph 中的
Sounds 节点

（7）在事件规划（Event Map）窗口中，将左侧的 Left mouse click on object 图标拖放到事件规划（Event Map）窗口的工作区中，这时图标更名为 ObjectLClick_1。

（8）选择动作窗口（Actions）中的 Sound 节点下的 Play Sound 图标拖放到 ObjectLClick_1 之上，拖放时下方的 ObjectLClick_1 图标出现黑色边框时再松开鼠标左键。接着，再将 Scene Graph 中的 Sounds 节点下的音乐文件图标拖曳到 Play Sound 图标之上，建立连线，如图 7.18 所示。

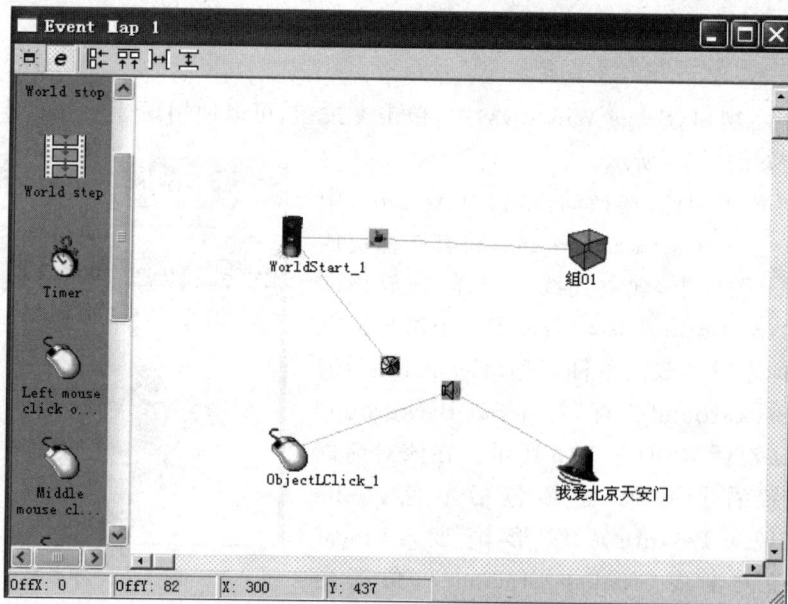

图 7.18　声音设置连线图

（9）在事件规划（Event Map）窗口中，双击 Play Sound 图标，可以打开 Play sound action details 对话框，如图 7.19 所示。在该对话框中，可以设置声音的开始时间（Starting position）和结束时间（Ending position），循环或重复次数，如果单击 Play 按钮可试听当前音乐，单击 Stop 按钮，则停止播放。

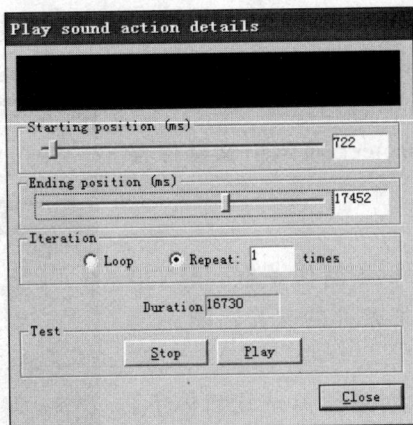

图 7.19 Play sound action details 对话框

（10）选择场景窗口（Scene Graph）中的 Root Node 下的 watchbody 下的 body 图标拖放到 ObjectLClick_1 图标上，建立连线，body 图标是手表模型中的表盘部分。这时在演示窗口（Stage Windows）中单击 ▶ 按钮。单击表盘，将听到音乐。

（11）设置音乐停止功能。在事件规划（Event Map）窗口中，将该窗口左侧的 Right mouse click on object 图标拖放到事件规划（Event Map）窗口的工作区中，在工作区中，这时图标更名为 ObjectRClick_1。选择动作窗口（Actions）中的 Sound 节点下的 Stop Sound 图标拖放到事件规划（Event Map）窗口工作区中的 ObjectRClick_1 之上，建立连线。然后将事件规划（Event Map）窗口中的音乐图标（本例中为"我爱北京天安门"）拖放到 Stop Sound 图标上，建立连线。

（12）选择场景窗口（Scene Graph）中的 Root Node 下的 watchbody 下的 body 图标拖放到 ObjectRClick_1 图标上，建立连线，body 图标是手表模型中的表盘部分。

完成上述操作后，事件规划（Event Map）窗口效果如图 7.20 所示。

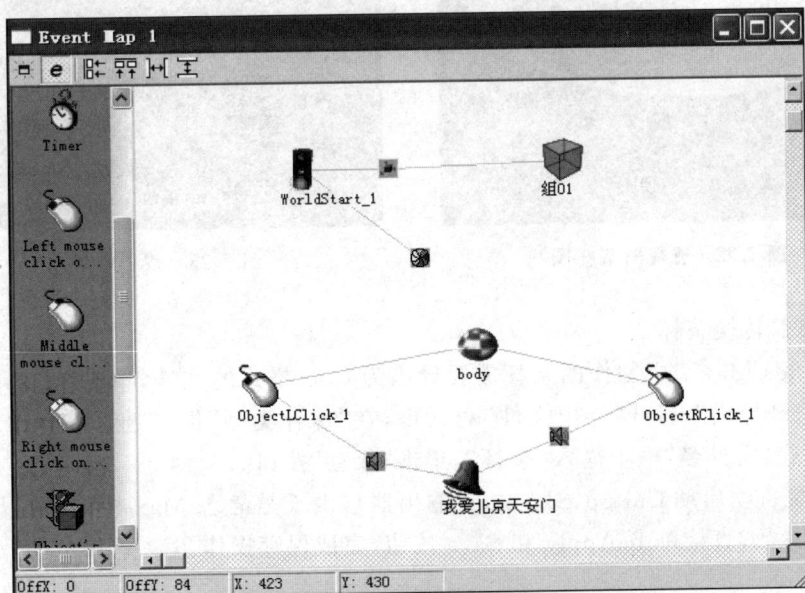

图 7.20 手表交互设计图

（13）在演示窗口（Stage Windows）中单击 ▶ 按钮。单击表盘，将听到音乐声音。右击表盘，音乐将停止播放。演示窗口效果如图 7.21 所示。

（14）单击 File→Save project，将当前文件保存为"手表.c3p"项目文件。

例 7.3 交互式茶杯

该实例分三步完成：第一步制作茶杯，第二步转换为.C3D 格式，第三步添加茶杯的交互功能。

1）制作茶杯

（1）启动 3ds Max 7，在创建面板→几何体下，单击茶壶，在顶视图画一个茶壶。

（2）切换到修改面板，设置半径为 50，分段为 8。去掉勾选壶盖、壶把、壶嘴的项。

图 7.21 演示窗口效果

（3）添加锥化修改器，设置数量为 0.8，曲线为 −1.5，透视图效果如图 7.22 所示。

（4）切换到创建面板→样条线，单击"圆"按钮，在顶视图画圆，设置半径为 62，单击工具栏"对齐"按钮，单击茶壶，使圆样条线与茶杯对齐，即把圆与茶杯的上方开口对齐。

（5）选中圆，切换到修改面板，加载"倒角"修改器。在"倒角值"卷展栏下，设置起始轮廓为 0.2，级别 1 高度为 0.5，轮廓为 1.0，勾选级别 2，设高度为 13.5，轮廓为 −61。

（6）切换到创建面板→几何体，单击球体，在顶视图画一个小球，使用工具栏的非均匀压缩工具将小圆球压缩为椭圆球，与制作的盖板先对齐，然后进行布尔并集运算成为一体。选中制作的杯盖，在名称栏中填入中文"杯盖"。最终茶杯效果如图 7.23 所示。

图 7.22 透视图茶杯图

图 7.23 茶杯效果图

2）输出器转换茶杯

（1）在 3ds Max 7 中制作的茶杯需要导出为 C3D 格式的文件，单击 3ds Max 7 界面下的"文件"→"导出"，打开"导出文件"对话框，在"保存类型"框中选择 Cult3D Designer（＊.C3D）。在"文件名"框中输入"茶杯"，单击"保存"按钮。

（2）系统自动启动 Cult3d Exporter（输出器），由于是静态 Max 模型，可以选择系统的默认设置参数，直接单击 Apply 和 Save 按钮，完成保存操作。

3）添加交互功能

（1）启动 Cult3d designer，单击 File→Add Cult3d designer file，将"茶杯.c3d"文件导入到 Cult3D 系统中，在演示窗口（Stage Windows）中，可以看到该 3D 模型的效果图，如图 7.24 所示。

（2）在事件规划（Event Map）窗口中，将左侧的 Left mouse click on object 图标拖放到事件规划（Event Map）窗口的工作区中，这时图标更名为"ObjectLClick_1"。

（3）在动作窗口（Actions）中的 Object motion 节点下的 Translation XYZ 图标拖放到 ObjectLClick_1 图标上，建立连线，再在场景窗口（Scene Graph）中的 Root Node 节点下，选择"杯盖"图标拖放到 Translation XYZ 图标上，建立连线。

（4）双击事件规划（Event Map）窗口中的 Translation XYZ 图标，打开 Translation XYZ action details 对话框，如图 7.25 所示。

图 7.24　茶杯效果图

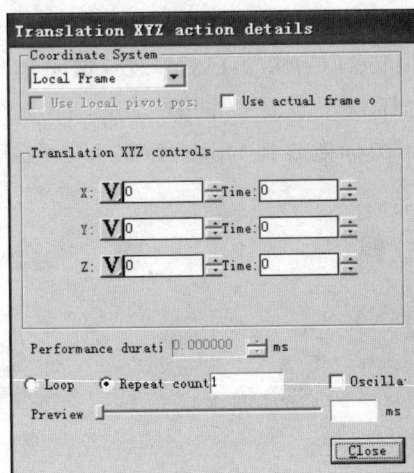

（5）在对话框中设置 Z：V 值为 0.5。在演示窗口（Stage Windows）中单击 ▶ 按钮。单击杯盖，会观看到杯盖弹起效果，如图 7.26 所示。需要注意的是，由于 Cult3D 不支持双面贴图，渲染过程中也不支持双面，因此在该效果图中，当人们看到茶杯的内部时，有破漏的感觉。如果水平旋转杯子，可以看到杯子的破损是渲染原因造成的，3D 模型是完整的。而且在 Cult3D 的用户手册中，明确表明未来新版本的 Cult3D 系统，将具有双面贴图的渲染功能。

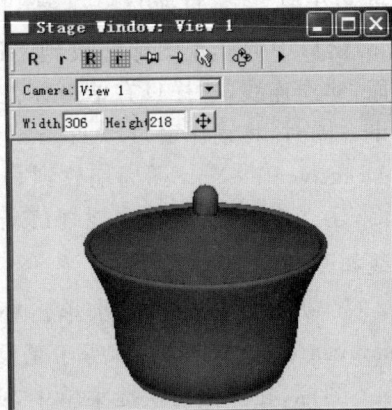

图 7.25　Translation XYZ action details 对话框

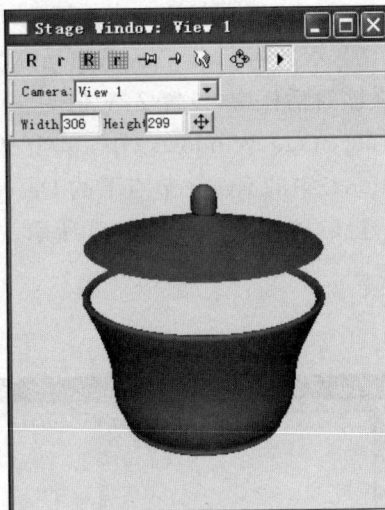

图 7.26　杯盖弹起效果图

（6）在上述步骤制作的效果图中，如果第二次单击杯盖，杯盖会继续向上弹起，这种现象不符合设计者要求，因为实际效果希望第二次单击杯盖时，杯盖放下复原。为此，需

要再次单击时，当前鼠标左键功能失效。另外，在演示窗口（Stage Windows）中，只有单击杯盖时产生杯盖弹起效果，而不希望单击其他地方时也产生杯盖弹起效果。于是，将事件规划（Event Map）窗口中的杯盖图标拖放到 ObjectLClick_1 图标上面，建立连线，这样只有单击杯盖时才产生杯盖弹起效果。同时，将动作窗口（Actions）中的 Event 节点下的 Deactiveate event 图标拖放到 ObjectLClick_1 图标上面，建立连线，这时事件规划（Event Map）窗口中的连线如图 7.27 所示。

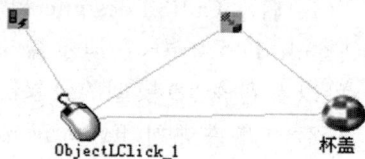

图 7.27　事件规划中的连线图

（7）要做到鼠标第二次单击杯盖时失效，还要再次将 ObjectLClick_1 图标拖放到 Deactiveate event 图标上，等于是反过来拖放一次，如果拖放成功，这时右击 Deactiveate event 图标，在弹出的快捷菜单中，单击 Parameters（参数），打开 Select 对话框，如图 7.28 所示。在该对话框中，如果有 ObjectLClick_1 参数，表明拖放操作完成，单击 OK 按钮，关闭对话框。这时，在演示窗口（Stage Windows）中，单击杯盖，第一次有效，杯盖会弹起，第二次再单击杯盖，杯盖将不动。但从设计的角度看，依然不完美，因为人们希望第二次再单击杯盖时，杯盖复位，即回到初始位置。

（8）要做到第二次再单击杯盖时，杯盖复位。方法：在事件规划（Event Map）窗口中，将左侧的 Left mouse click on object 图标拖放到事件规划（Event Map）窗口的工作区中，这时图标更名为 ObjectLClick_2。与前面的操作方法相似，将动作窗口（Actions）中的 Object motion 节点下的 Translation XYZ 图标拖放到 ObjectLClick_2 图标上，建立连线，再在场景窗口（Scene Graph）中的 Root Node 节点下，选择"杯盖"图标拖放到 Translation XYZ 图标上，建立连线。这时，因为事件规划（Event Map）窗口中有一个杯盖图标，所以第二个 Translation XYZ 图标会与事件规划（Event Map）窗口中原来的杯盖图标相连。

（9）双击第二个 Translation XYZ 图标，打开 Translation XYZ action details 对话框，在该对话框中，设置 Z:V 值为 -0.5。由于 ObjectLClick_1 已经失效，这时如果在演示窗口（Stage Windows）中，单击杯盖，会发觉杯盖下移了。同样办法，将动作窗口（Actions）中的 Event 节点下的 Deactiveate event 图标拖放到 ObjectLClick_2 图标上面，建立连线，这时连线如图 7.29 所示。

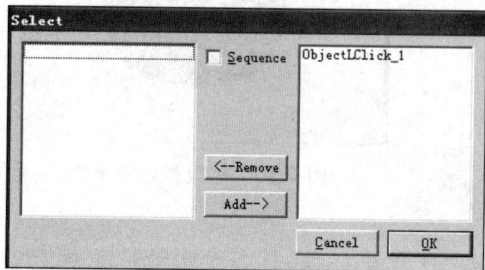

图 7.28　Select 对话框

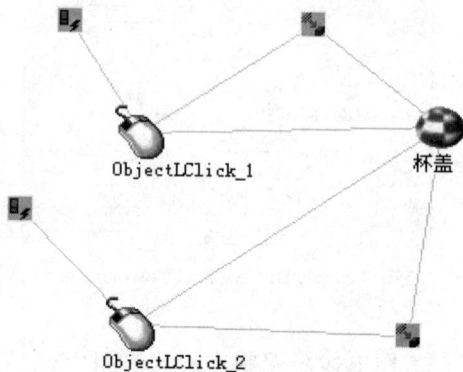

图 7.29　事件规划窗口中的连线图

（10）操作过程与前面一样，还要再次把 ObjectLClick_2 图标反过来拖放到事件规划（Event Map）窗口中的第二个 Deactiveate event 图标上，这样一个来回设置，使得 ObjectLClick_2 图标也失效了。为了不使两个鼠标控制图标产生冲突，右击 ObjectLClick_2 图标，在打开的快捷菜单中，如图 7.30 所示，去掉 Initial Activation 前的勾选，目的是保证在演示窗口（Stage Windows）中，第一次单击杯盖时，ObjectLClick_1 的图标单击有效。

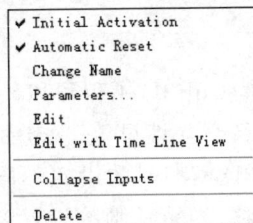

```
✔ Initial Activation
✔ Automatic Reset
  Change Name
  Parameters...
  Edit
  Edit with Time Line View

  Collapse Inputs

  Delete
```

图 7.30　快捷菜单

设计者希望 ObjectLClick_1 的图标与 ObjectLClick_2 的图标两者间交叉有效，即第 1 次单击杯盖弹起，第 2 次单击杯盖下降复位，第 3 次单击杯盖弹起，第 4 次单击杯盖复位，如此往复。但到此为止的设计步骤中，并不能做到两个鼠标控制图标，需要继续设计。

（11）将动作窗口（Actions）中的 Event 节点下的 Activeate event 图标拖放到事件规划（Event Map）窗口中的 ObjectLClick_1 的图标上，建立连线。再将 ObjectLClick_2 图标拖放到该 Activeate event 图标上，建立连线。

（12）再将动作窗口（Actions）中的 Event 节点下的 Activeate event 第二个图标拖放到事件规划（Event Map）窗口中的 ObjectLClick_2 的图标上，建立连线。再将 ObjectLClick_1 图标拖放到该 Activeate event 的第二个图标上，建立连线。如此操作将激活 ObjectLClick_1 图标。

经过上述步骤的设计与操作，在演示窗口（Stage Windows）中，第 1 次单击杯盖，将弹起杯盖，第 2 次单击杯盖下降复位，第 3 次单击杯盖弹起，第 4 次单击杯盖复位，如此往复。完全达到设计者的目的。

执行过程为第 1 次单击杯盖时，ObjectLClick_1 图标有效，杯盖弹起，触发了第 1 个 Deactiveate event 图标使得 ObjectLClick_1 图标接着失效，同时也触发了第 1 个 Activeate event 图标，激活了 ObjectLClick_2 图标。反过来，第 2 次单击杯盖时，ObjectLClick_2 的图标有效，杯盖复位，接着触发了第 2 个 Deactiveate event 图标使得 ObjectLClick_2 图标接着失效，同时也触发了第 2 个 Activeate event 图标，激活了 ObjectLClick_1 图标。如此反复交叉有效，完成了杯盖的上下运动。事件规划窗口中的最终连线如图 7.31 所示。

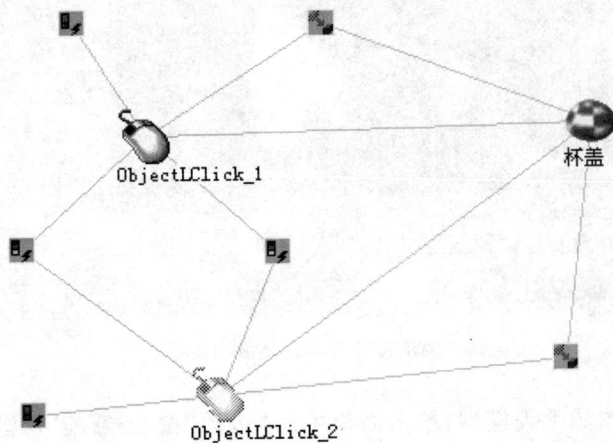

图 7.31　最终连线图

7.3 3D 动画的交互性设置

Cult3D 不仅可以给 3ds Max 的静态模型添加交互功能,还能够给 3ds Max 的动画进行交互性设置,关键的步骤在于 3ds Max 的动画模型通过 Cult3D 的输出器转换为.C3D 模型时的设置不同。3ds Max 的动画主要有三种,分别为位移、旋转、缩放。其中,位移、旋转动画的设置参数一致,缩放时参数设置略有不同。

7.3.1 3D 旋转动画的交互设置

Cult3D 功能的强大还表现为它还能够给 3ds Max 制作的动画添加交互性,使得交互性应用更加精彩、完美。

例 7.4 旋转的手表

该实例的制作同样可以分为三个部分,第一步主要是在 3ds Max 7 环境下制作手表的旋转动画,第二步进行格式转换,第三步在 Cult3D 设计器环境中设置交互功能。

1) 制作手表旋转动画

(1) 启动 3ds Max 7,打开手表.Max 文件,如图 7.32 所示。

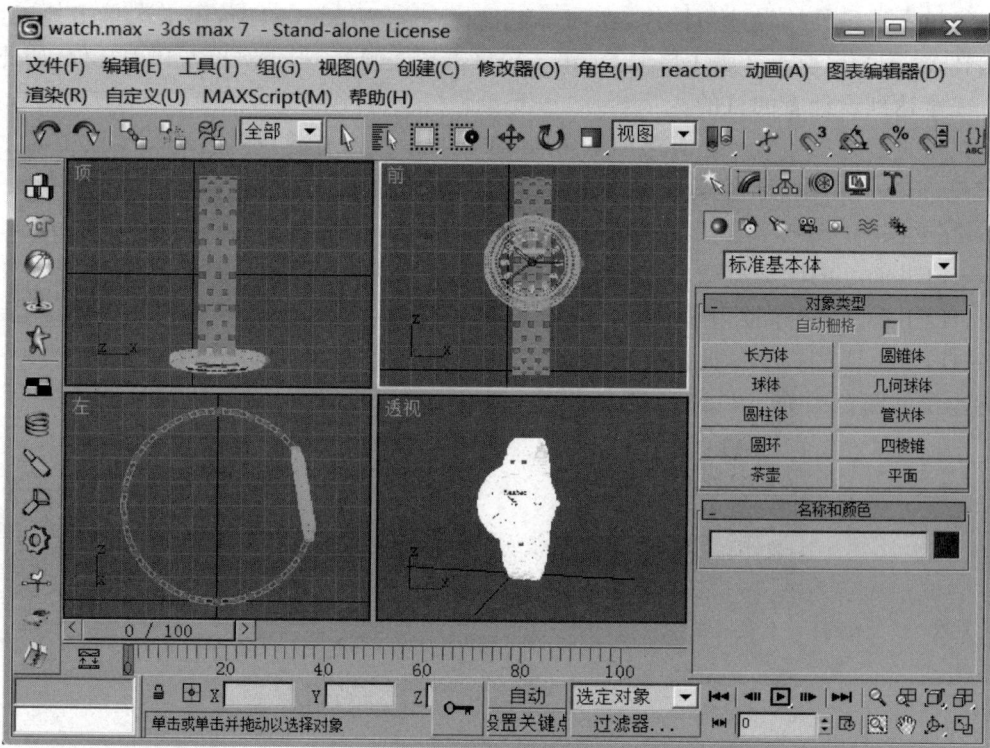

图 7.32 手表.Max 图

(2) 选定前视图的手表模型,单击面板中的"运动"按钮，进入运动面板。单击"参

数"按钮,在"指定控制器"卷展栏中选择"旋转"选项,单击"指定控制器"按钮 ⚹,在"指定旋转控制器"对话框中选择 Euler XYZ,如图 7.33 所示。

（3）选定前视图中的手表,将时间轴滑块拖动到第 0 帧,在命令面板的"PRS 参数"卷展栏中单击"创建关键点"选项组中的"旋转"按钮,添加旋转关键点。在"Euler 参数"卷展栏中"轴顺序"为 XYZ,旋转轴为 Z。在"关键点信息（基本）"对话框中设置值为 0。

（4）将时间轴滑块拖动到第 100 帧,在"PRS 参数"卷展栏中单击"创建关键点"选项组中的"旋转"按钮,添加旋转关键点。在"Euler 参数"卷展栏中"轴顺序"为 XYZ,旋转轴为 Z。在"关键点信息（基本）"对话框中设置手表的值为 360。

图 7.33 "指定旋转控制器"对话框

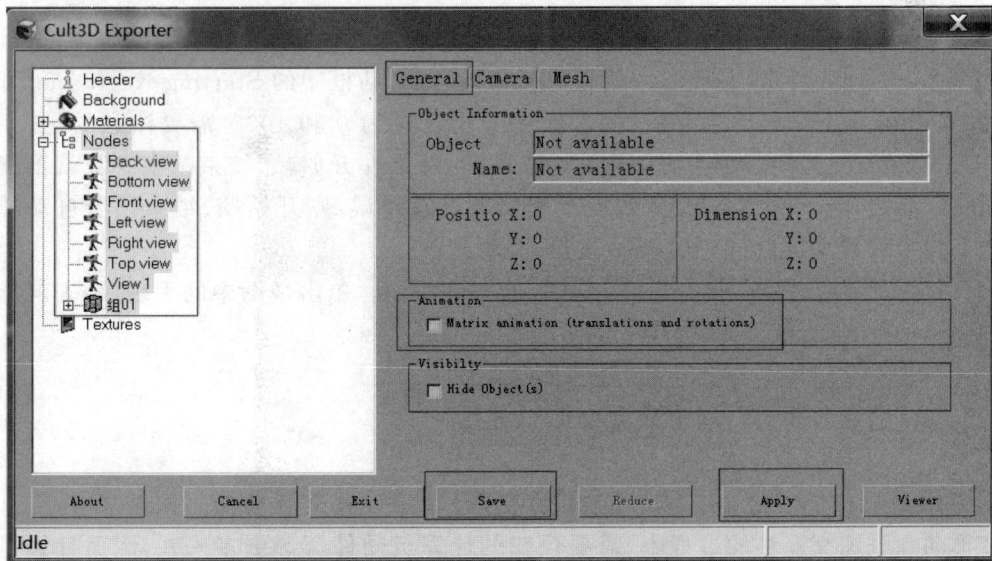

（5）单击动画"播放"按钮 ▶,观察前视图中手表旋转动画效果。

2）输出器设置

（1）单击 3ds Max 7 的"文件"→"导出"菜单命令,打开"导出"对话框,在"保存类型"框中选择 Cult3D Designer（ *.C3D）。在"文件名"选项框中填入"shoubiao",单击"保存"按钮。

（2）系统自动打开 Cult3D Exporter 对话框,单击左侧导航视图中的 Nodes 节点,展开 Nodes 节点后,选中 Nodes 节点下所有项目,右侧窗口出现了三个选项卡,分别为 General、Camera、Mesh。打开 General 选项卡,勾选 Animation 下的复选框,如图 7.34 所示。再单击下方的 Apply 和 Save 按钮。

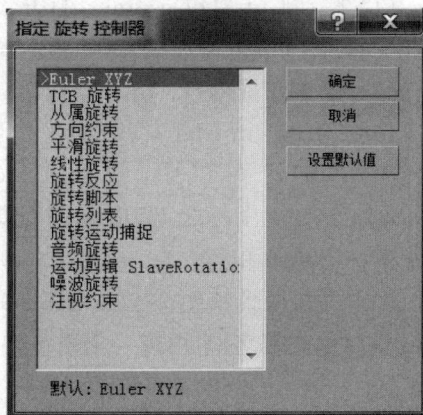

图 7.34 Cult3D Exporter 对话框

3）交互设置

（1）启动 Cult3D Designer，打开设计器窗口，单击 File→Add Cult3D Designer file 菜单命令，打开 Open file 对话框，选中 shoubiao.C3D 文件，单击"打开"按钮，完成导入。

（2）在事件规划（Event Map）窗口中，将左侧的 Left mouse click on object 图标拖放到事件规划（Event Map）窗口的工作区中，这时图标自动更名为 ObjectLClick_1。再在动作（Actions）窗口中，找到 Object motion 节点下的 Animation Play 拖放到 ObjectLClick_1 图标之上，出现一个黑色四边形框后放开鼠标，生成一个 ▶ 图标，且与第一个图标有细线相连。

（3）再在场景视图（Scene Graph）下的 Root Node 节点下，单击"组 01"拖放到 Event Map 窗口中的 ▶ 之上，出现一个黑色四边形框后放开鼠标，生成第三个图标组 01，如图 7.35 所示。

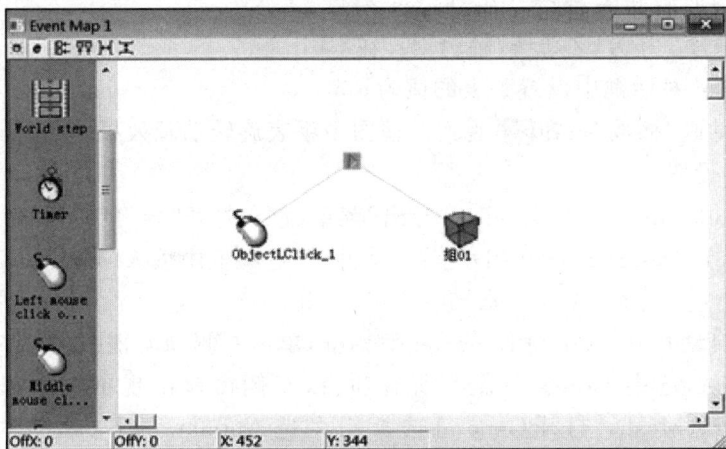

图 7.35　场景视图

（4）右击 Event Map 窗口中的 ▶ 按钮，打开快捷对话框，单击 Details 命令行，打开 Motion Keyframes Play action details 对话框，在该对话框中的 Starting Keyframe（开始帧）和 Ending Keyframe（结束帧）的参数中分别设置为 0 和 100。需要注意的是，如果 Cult3D Exporter 转换过程中有一点儿错误的话，那么在开始帧、结束帧中参数就不能设置成功。反之，Cult3D Exporter 转换过程如果没有错误，则开始帧、结束帧会自动填入参数。参数设置完成后，单击 Close 按钮，关闭窗口。

（5）在演示窗口（Stage Windows）中，单击 ▶ 按钮。单击视图中的手表，手表就旋转一周。

7.3.2　3D 缩放（变形）动画的设置

Cult3D 同样能够给 3ds Max 的缩放（变形）动画设置交互功能。相对来说，Cult3D 给变形动画添加交互性的过程中，需要耗费的计算机硬件资源更多一些，因而计算机在计算时，会有一些延时。

例 7.5 抖动的茶壶

1）制作茶壶抖动的动画

（1）启动 3ds Max 7,在顶视图中画一茶壶,选择透视图,单击🔲按钮。效果如图 7.36 所示。

图 7.36 3ds Max 7 的茶壶图

（2）选定透视图的茶壶模型,单击命令面板中的"运动"按钮⊙,进入运动面板。单击"参数"按钮,在"指定控制器"卷展栏中选择"缩放"选项,单击"指定控制器"按钮🔲,在"指定缩放控制器"对话框中选择"噪波缩放",如图 7.37 所示。先单击"设置默认值"按钮,系统会弹出一个问询框,提示用户参数情况,此时单击"是"按钮,再单击"确定"按钮。

（3）系统再次弹出一个噪波控制器对话框,可以直接关闭,单击动画"播放"按钮▶,观察透视图中茶壶抖动的动画效果。

图 7.37 "指定缩放控制器"对话框

2）转换为 C3D 格式

（1）单击 3ds Max 7 的"文件"→"导出"菜单命令,打开"导出"对话框,在"保存类型"框中选择 Cult3D Designer（ * .C3D）。在"文件名"选项框中填入"茶壶",单击"保存"按钮。

（2）系统自动打开 Cult3D Exporter 对话框,单击左侧导航视图中的 Nodes 节点,展开 Nodes 节点后,选中 Nodes 节点下所有项目,右侧窗口出现了三个选项卡,分别为 General、Camera、Mesh。打开 Mesh 选项卡,勾选 Animation 下的复选框,如图 7.38 所

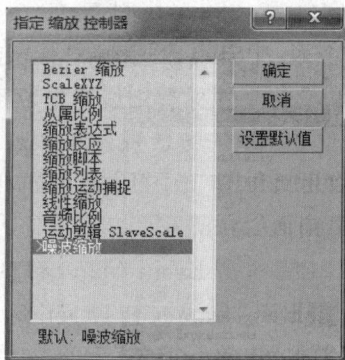

示。再单击下方的 Apply 和 Save 按钮。

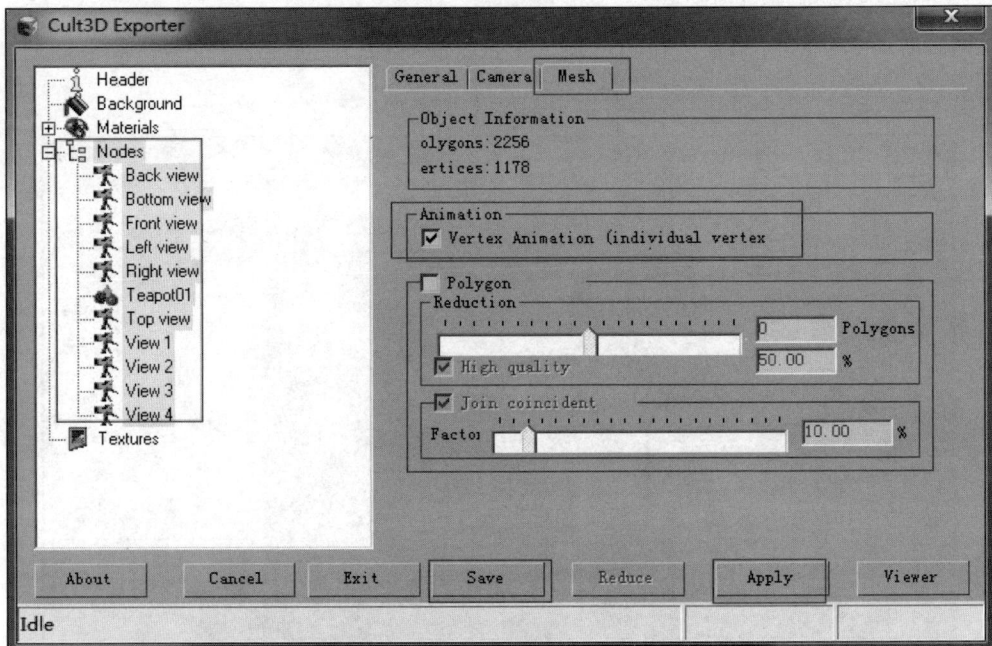

图 7.38　Cult3D Exporter 对话框

3) 交互设置

(1) 启动 Cult3D Designer，打开设计器窗口，单击 File→Add Cult3D Designer file 菜单命令，打开 Open file 对话框，选中"茶壶.C3D"文件，单击"打开"按钮，完成导入。

(2) 在事件规划（Event Map）窗口，将左侧的 Left mouse click on object 图标拖放到事件规划（Event Map）窗口的工作区中。这时图标自动更名为 ObjectLClick_1，再在动作窗口（Actions）中，找到 Vertex-level Animation 节点下的 Vertex Animation Play 拖放到 ObjectLClick_1 图标之上，出现一个黑色四边形框后再放开鼠标，生成一个 ▶ 图标，且与第一个图标有细线相连。

(3) 再在场景视图（Scene Graph）下的 Root Node 节点下，单击 teapot01 拖放到 Event Map 窗口中的 ▶ 之上，出现一个黑色四边形框后再放开鼠标，生成第三个图标组 01，如图 7.39 所示。

(4) 右击 Event Map 窗口中的 ▶ 按钮，打开快捷对话框，单击 Details 命令行，打开 Motion Keyframes Play action details 对话框，在该对话框中的 Starting Keyframe（开始关键帧）和 Ending Keyframe（结束关键帧）的参数中分别为 0 和 100 时，证明参数设置正确。需要注意的是，缩放动画与旋转动画在交互性设置过程中，除了转换时的参数不同外，动画播放器也不一样，旋转动画使用的是动画播放按钮，缩放动画是采用的节点层级的动画播放按钮。

(5) 在演示窗口（Stage Windows）中，单击 ▶ 按钮。单击视图中的茶壶，茶壶就不停地抖动起来。

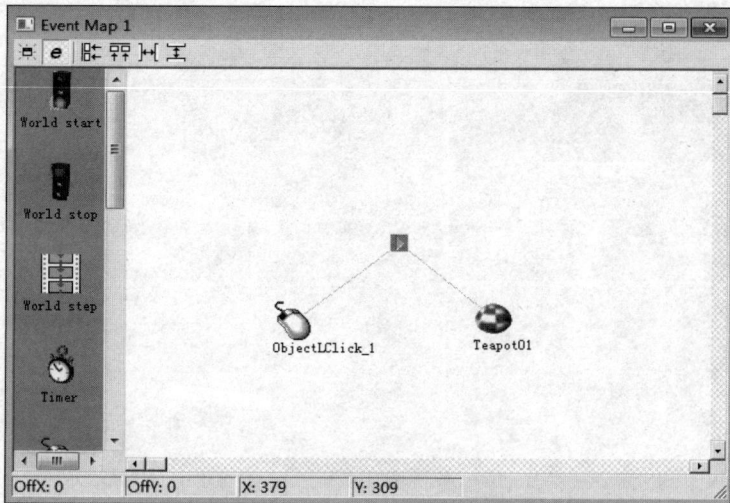

图 7.39　场景视图

7.3.3　Cult3D 的粒子动画

对于 Cult3D 来说，许多人感觉该软件没有 3D 建模功能有点儿遗憾，但实际上 Cult3D 有粒子建模功能，尽管该功能与 3ds Max 的粒子功能相比，种类没有那么丰富，参数设置变化较少，但是应用方便灵活，操作简单，同样可以模拟一些烟雾、水等特殊对象，是难得的自带的建模对象。

例 7.6　香烟与烟灰缸

1) 制作香烟与烟灰缸

(1) 启动 3ds Max 7，单击"创建"→"几何体"下的"圆柱体"按钮，在顶视图中拖画一个圆柱体，设置其半径为 100，高度为 20，端面分段为 5，边数为 24。

(2) 选中场景中的圆柱体，单击 ![按钮] 按钮。添加编辑网格修改器，在该编辑器的"选择"卷展栏下单击"多边形"按钮。在顶视图中，按住 Ctrl 键，依次选择圆柱体上外边缘的小格，选中 5 个后空 1 格，再选 5 格空 1 格，一圈后有 4 个连续的 5 格和 4 个单独的 1 格。在命令面板中的"编辑几何体"卷展栏下，"挤出"按钮旁的微调框中填入"20"，单击"挤出"按钮。再添加"网格平滑"修改器。完成烟灰缸的制作。

(3) 单击"创建"→"几何体"下"圆柱体"按钮，在顶视图拖画一个圆柱体，设置其半径为 8，高度为 120，又单击"球体"按钮，在顶视图拖画一个圆球，半径为 6，将球体通过工具移动到圆柱体的顶部，作为烟头。选中圆柱体与圆球，单击"组"→"成组"，通过移动工具，将香烟斜放置在烟灰缸上，如图 7.40 所示。

2) 转换格式

(1) 单击 3ds Max 7 的"文件"→"导出"菜单命令，打开"导出"对话框，在"保存类型"框中选择 Cult3D Designer（＊.C3D）。在"文件名"选项框中填入"xiangyan"，单击"保存"按钮。

(2) 系统自动打开 Cult3D Exporter 对话框，单击左侧导航视图中的 Background 节

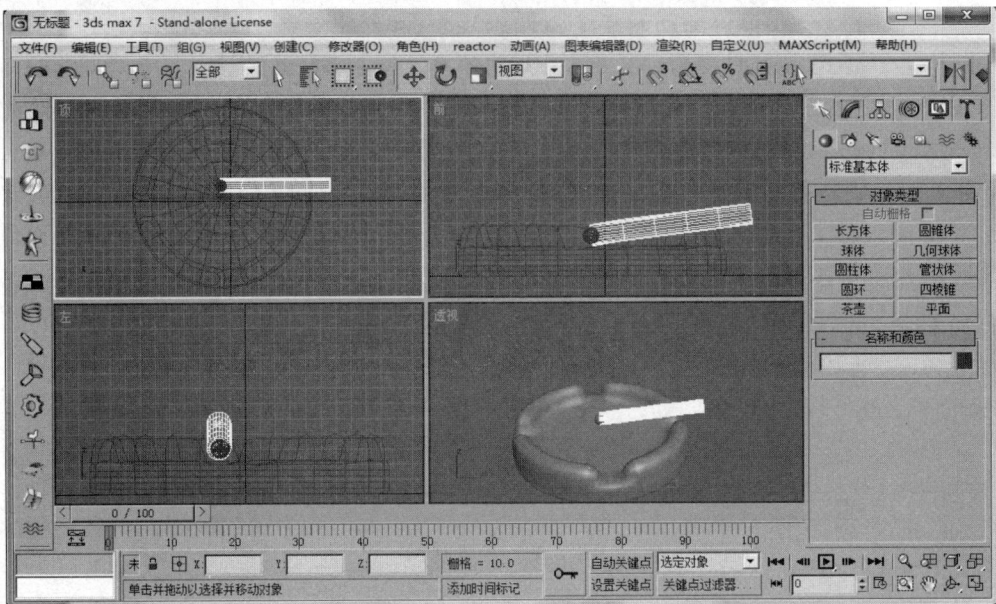

图 7.40 香烟与烟灰缸

点观察,右边视图中,单击黑色色块,将背景颜色设置为黄色,单击下方的 Apply 和 Save 按钮。完成转换。

3) 交互设计

(1) 启动 Cult3D Designer,打开设计器窗口,单击 File→Add Cult3D Designer file 菜单命令,打开 Open file 对话框,选中 xiangyan.C3D 文件,单击"打开"按钮,完成导入。

(2) 在场景视图(Scene Graph)下的 Root Node 节点下,可以看到 Cylinder01、组 01 下方有 Cylinder02、Sphere01。右击 Sphere01,在打开的快捷菜单中,单击 NEW→Particle System 命令,新建一个粒子系统,可命名为"烟头"。

(3) 在事件规划(Event Map)窗口,将左侧的 Left mouse click on object 图标拖放到事件规划(Event Map)窗口的工作区中,这时图标自动更名为 ObjectLClick_1。再在动作(Actions)窗口中,最下方找到 Particle Systems 节点下的 Start particle emission 拖放到 ObjectLClick_1 的图标上,出现了黑四边形框后再松开鼠标左键,再将场景视图(Scene Graph)中 Root Node 节点下的粒子图标烟头拖放到 Start particle emission 动作图标上,同样是有个黑色四边形框出现后再松开鼠标左键,如图 7.41(a)所示。

(4) 在演示窗口(Stage Windows)中,首先调节 Camera 下拉列表框,观察一下不同视图下的效果,如图 7.41(b)所示。当所有步骤设置完成,单击 ▶ 按钮。单击视图中的香烟,观察粒子发射情况。如果模拟烟雾效果不好,可以调节粒子发射器的参数。

(5) 右击事件规划(Event Map)窗口中的烟头图标,打开 Particle Systems details 对话框,如图 7.42(a)所示。该对话框可分为上下两个部分,上部分是设置粒子的颜色,下部是粒子系统的可调节的参数。可以一边调节粒子参数,一边随时观察演示窗口中的香烟冒烟的效果。其最终效果如图 7.42(b)所示。

4) 粒子系统应用说明

(1) Cult3D 中的粒子系统在应用过程中,需要注意粒子首先需要一个载体,如平面

(a)　　　　　　　　　(b)

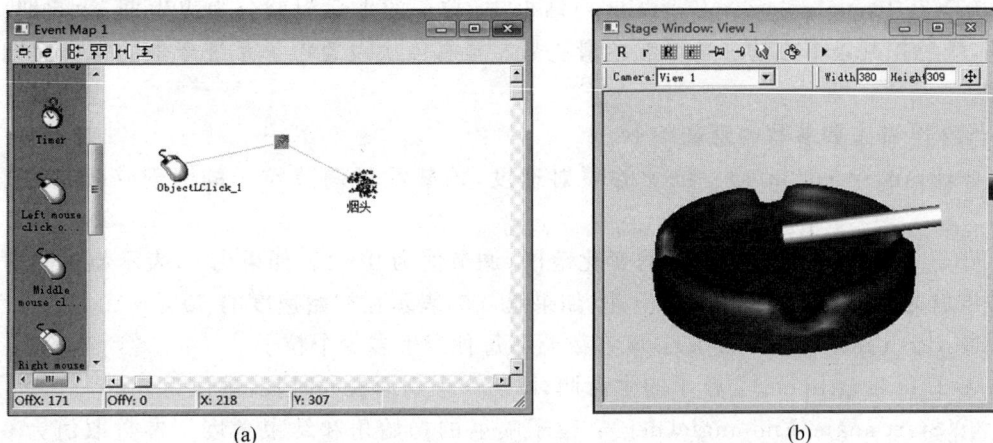

图 7.41　事件规划窗口与演示窗口

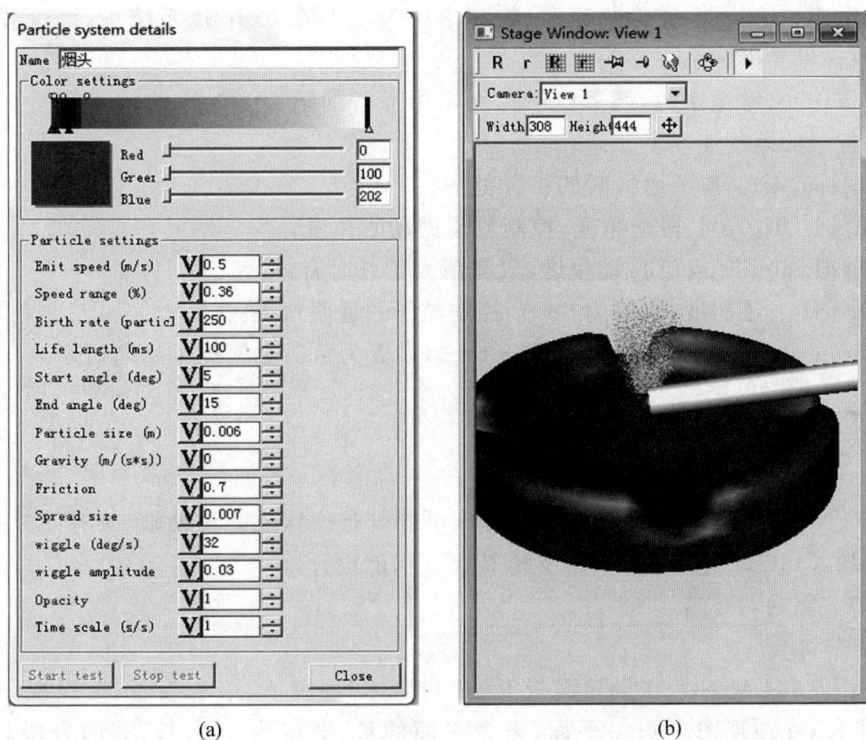

(a)　　　　　　　　　(b)

图 7-42　粒子系统参数对话框与香烟冒烟效果

等。如果载体比较大,在使用过程中可予以隐藏。操作方法是在场景视图(Scene Graph)下的 Root Node 节点下,找到粒子载体的名称,右击,在打开的快捷菜单中,单击 Tools→Hide,完成隐藏。

(2) Cult3D 中的粒子在应用过程中,默认参数下,粒子是往上发射的,如果加入重力参数,粒子会水平发射,但不会向下发射。如果用户希望制作一个茶壶倒水的动画,则基本无法完成。

(3) 在 Particle Systems details 对话框中,粒子的生命周期分为出生期、激活期、消亡期,颜色控制条下方的三角形颜色滑块从左至右依次设置粒子系统产生的每个周期的颜色。

(4) 下部主要参数的意义如下。

① Emit speed(m/s):粒子的喷射速度,该参数可调节粒子的喷射速度,单位为 m/s。

② Speed range(%):速度的变化范围,调节值为 0~1。如果为 0,表示粒子的射出的速度就是 Emit speed,即粒子出速;如果是 0.5,表示在初始速度的 50%~100%。

③ Birth rate(particles/s):该参数调节每秒产生多少个粒子。

④ Life length(ms):粒子的生命期,即从产生到消失的时长,单位为 ms。

⑤ Start angle/End angle(deg):粒子喷射的初始角和结束角度。参数取值为 0~360,如果都为 0,则粒子发射为一条直线。

⑥ Particle size(m):粒子大小,单位为 m。

⑦ Gravity(m/s^2):重力加速度,物理学中为 9.8,在 Cult3D 系统中,可设置为任何值,该参数在世界坐标系中影响 Y 轴。

⑧ Friction:摩擦系数,调节粒子在介质中通行的阻力。系统的默认值是 1.0,该参数可调节粒子的运行速度。

⑨ Spread size:粒子运行时的扩散范围。

⑩ wiggle(deg/s):振动角度,控制粒子振动的快慢。

⑪ wiggle amplitude:振动幅度,只有值大于 0 时有效。

⑫ Opacity:透明度,取值为 0~1,控制粒子的透明效果。

⑬ Time scale(s/s):取值范围为 -1~1,设置为负值会使拉子反向射来。

7.3.4 综合应用

在 3ds Max 中略微复杂一点儿的动画,可能既有位移或旋转动画,又有缩放动画,对于这类动画,Cult3D 系统同样可以支持其交互功能设计。

例 7.7 飘逸的布料

1) 制作动画

(1) 启动 3ds Max 7,在创建面板上的"几何体"环境下,单击茶壶,在顶视图画一茶壶,单击平面,在顶视图中画一平面,设置平面的长、宽均为 200,长、宽的分段均为 10。在前视图中,调节两者的方位,使平面在茶壶的上方,如图 7.43 所示。

(2) 单击命令面板上的 按钮,切换到修改面板,选择场景中的平面,在"修改器"下拉列表中选择 reactor cloth 修改器,在该修改器的参数中,有两个卷展栏,一个是 Properties(属性)卷展栏,一个是 Constraints(约束)卷展栏。展开"属性"卷展栏,勾选 Avoid Self-Intersections(避免自交叉)。单击 reactor 工具栏上的 ,将平面加入到布料集合中。再选择场景中的茶壶,单击 reactor 工具栏上 按钮,将茶壶设置为刚体。

(3) 单击"工具面板"按钮 ,单击 reactor 按钮,再单击 Properties 卷展栏,打开属性栏,选择前视图中上方的平面,设置 Mass 为 0.2,单击 Preview & Animation 卷展栏,打

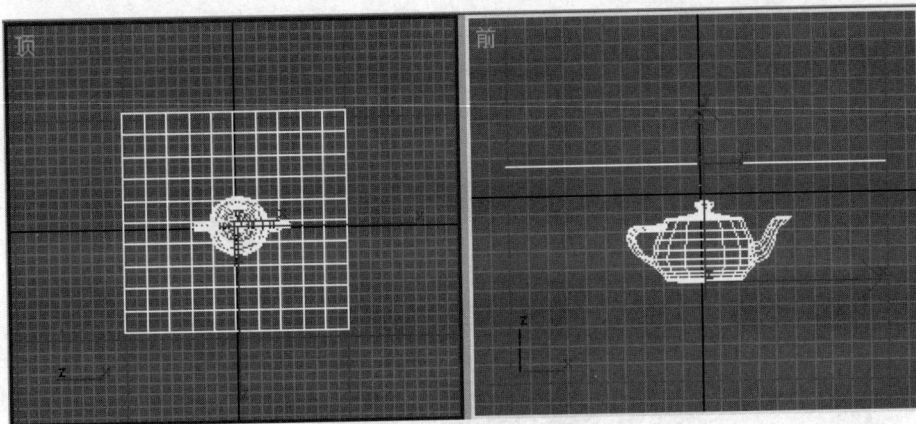

图 7.43　顶视图与前视图

开该卷展栏,单击 Create Animation 按钮,3ds Max 进行计算,完成后单击▶按钮。可以看到布料飘下来包住了茶壶。在这个过程中,布料既有位移,也有变形。

2) 转换格式

(1) 单击 3ds Max 7 的"文件"→"导出"菜单命令,打开"导出"对话框,在"保存类型"框中选择 Cult3D Designer(＊.C3D)。在"文件名"选项框中输入"buliao",单击"保存"按钮。

(2) 系统自动打开 Cult3D Exporter 对话框,单击左侧导航视图中的 Nodes 节点下所有子项,在右侧窗口中选择 General 选项卡,勾选 Animation 下的复选框,如图 7.44 所示。再单击下方的 Apply 按钮。

(3) 再打开 Mesh 选项卡,勾选 Animation 下的复选框,如图 7.45 所示。再单击下方的 Apply 和 Save 按钮。

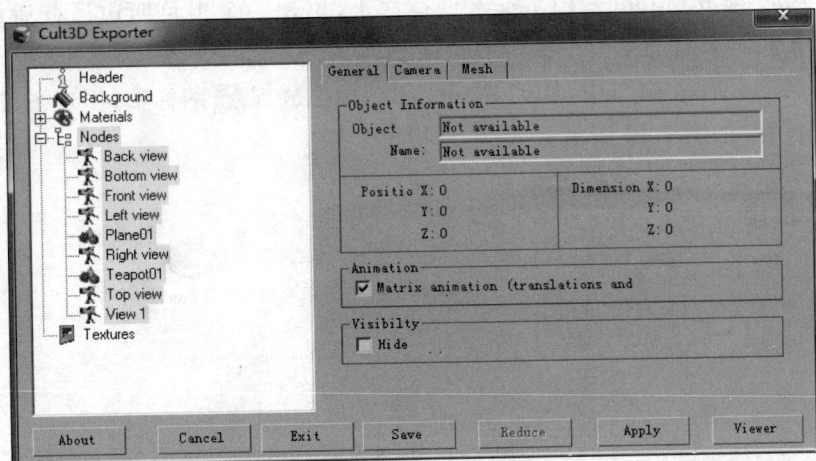

图 7.44　General 选项卡下设置

3) 交互设置

(1) 启动 Cult3D Designer,打开设计器窗口,单击 File→Add Cult3D Designer file 菜单命令,打开 Open file 对话框,选中 buliao.C3D 文件,单击"打开"按钮,完成导入。

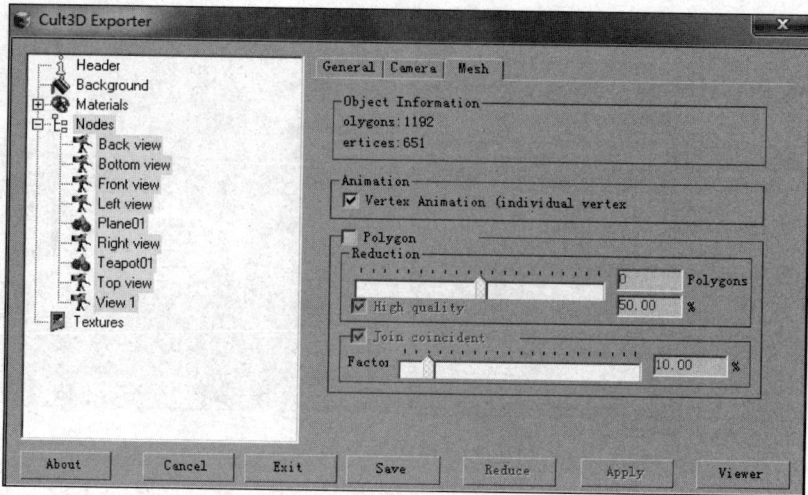

图 7.45　Mesh 选项卡下设置

（2）在事件规划（Event Map）窗口，将左侧的 Left mouse click on object 图标拖放到事件规划（Event Map）窗口的工作区中，这时图标自动更名为 ObjectLClick_1。再在动作（Actions）窗口中，找到 Object motion 节点下的 Animation Play 拖放到 ObjectLClick_1 图标之上，出现一个黑色四边形框后再放开鼠标，生成一个 ▶ 图标，且与第一个图标有细线相连。

（3）再在场景视图（Scene Graph）下的 Root Node 节点下，单击 Plane01 拖放到 Event Map 窗口中的 ▶ 之上，出现一个黑色四边形框后放开鼠标，生成第三个图标 Plane 01。

（4）再在动作（Actions）窗口中，找到 Vertex-level Animation 节点下的 Vertex Animation Play 拖放到 ObjectLClick_1 图标之上，出现一个黑色四边形框后放开鼠标，生成第四个 ▧ 图标，且与第一个图标有细线相连。

（5）在 Event Map 窗口中，找到 Plane 01 图标拖放到 ▧ 图标上，出现了黑色四边形框后再放开鼠标，如图 7.46 所示。

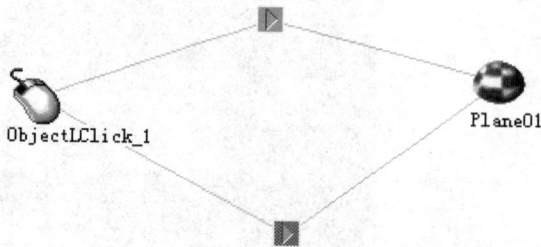

图 7.46　场景视图

（6）在演示窗口（Stage Windows）中，单击 ▶ 按钮。单击视图中的平面，平面就飘了下来，包住茶壶。效果如图 7.47 所示。

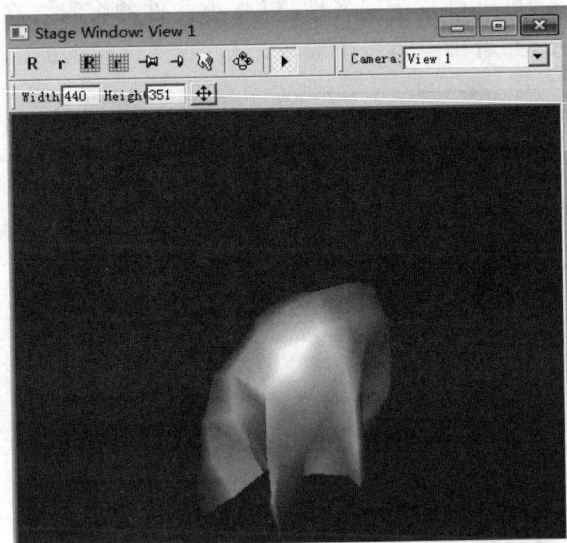

图 7.47 演示效果图

7.4 Cult3D Viewer 演示器

运用 Cult3D 制作的具有交互功能的 3D 作品完成后,可以直接发布到网络上,或者应用于其他的电子文档当中,要使 IE 浏览器能够观看 Cult3D 制作的作品,首先需要下载并安装 Cult3D Viewer 插件,安装完成后,就可以通过 IE 浏览器打开扩展名为.co 的文件了。

7.4.1 在网络上发布 Cult3D 作品

网络技术的快速发展,给互联网向三维空间发展带来可能。未来的网络世界将再也不是文字和图片的世界,人们可以在不久的将来,从网上看到林立的高楼大厦、喧嚣的闹市,而这一切都将得益于三维技术。可以制作三维网页的软件产品目前也有不少,如Cult3D、Viewpoint、Atmosphere、Shockwave 3D、Pulse 3D 等多达几十种。其中,以Cult3D 最为受到人们的重视。因为 Cult3D 具有文件小、交互性能好的特点。下面通过一个实例说明在网络上发布 Cult3D 作品的过程。

例 7.8 Cult3D 作品应用于网络

(1)启动 Cult3D Designer,单击菜单 File→Load Project,将"手表.c3p"项目文件载入。

(2)单击菜单 File→Internet file,打开 Save Cult3D Internet file 对话框,选择好路径后,设置文件名为"手表.co"后保存,这时将弹出 Save setting 对话框,如图 7.48 所示。在该对话框中,有对象运动(Object motions)、节点运动(Vertex motions)、声音(Sounds)、几何体(Geometries)和页面(Html)5 个选项卡,在不同的选项卡下可以进行参数设置,

如在"几何体"选项卡下，可以设置压缩属性，以减小文件的容量。在"页面"选项卡下，可以设置文件保存的路径，并可确定是否生成一个与.co文件同名的 HTML 文件。

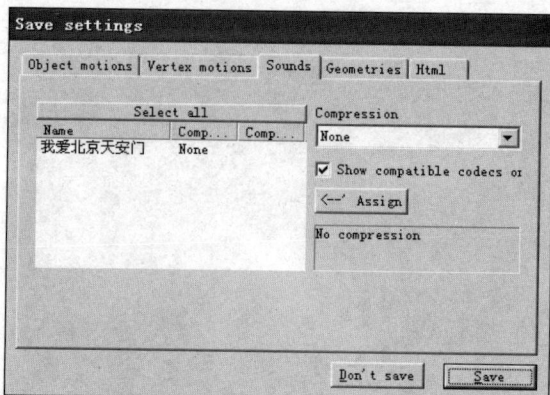

图 7.48　Save settings 对话框

（3）单击 Save 按钮完成保存。接着将进行网页的发布操作。实际上，可以直接打开上述步骤中保存的 HTML 文件，也可以在网页中嵌入 Cult3D 的.co 文件，其方法与网页中嵌入其他格式如 ∗.swf、∗.mid、∗.gif 以及 ∗.wav 等文件相同，即在网页中添加一段代码。编辑时，可用 Windows 自带的记事本或写字板进行编写。也可在 Dreamweaver 等网页编辑软件中进行。

（4）用 IE 浏览器查看"手表.html"，可以看 Cult3D 作品的网页效果。如果是未能注册 Cult3D 软件，则网页显示时上面有未授权的标记，如图 7.49 所示。

图 7.49　IE 显示"手表.html"

（5）用记事本打开"手表.html"文件，可以看到代码如下。

```
<HTML>
<HEAD>
</HEAD>
```

```
<BODY>
    <OBJECT ID="CultObject"
    CLASSID="clsid:31B7EB4E-8B4B-11D1-A789-00A0CC6651A8"
    CODEBASE="http://www.cult3d.com/download/cult.cab#version=5,3,0,212"
    BORDER="0"
    WIDTH=308
    HEIGHT=206>
    <PARAM NAME="SRC" VALUE="手表.co">
    <PARAM NAME="ANTIALIASING" VALUE="0">
    <PARAM NAME="PBCOLOR" VALUE="FFFFFF">
    <PARAM NAME="VIEWFINISHED" VALUE="0">
    <PARAM NAME="DISABLEPB" VALUE="0">
    <PARAM NAME="ANTIALIASINGDELAY" VALUE="250">

    <EMBED NAME=CultObject
        PLUGINSPAGE="http://www.cult3d.com/newuser/index.html"
        TYPE="application/x-cult3d-object"
        SRC="手表.co"
        ANTIALIASING="0"
        WIDTH=308
        HEIGHT=206
        PBCOLOR="FFFFFF"
        BORDER="0"
        VIEWFINISHED="0"
        DISABLEPB="0"
         ANTIALIASINGDELAY="250"
    </EMBED>
    </OBJECT>
</BODY>
</HTML>
```

上面的代码分为两段，一段的开头用的是 OBJECT，另一段开头用的是 EMBED。用 OBJECT 开头的表明可以被 IE 浏览器识别，用 EMBED 开头的表明可被 Netscape 浏览器识别。

7.4.2　Cult3D 作品应用于 PPT

Microsoft Office 是目前应用最为广泛的办公应用软件系统。而 Office 中，PowerPoint 在教学、专题报告、产品宣传等方面由于具有简单易用、方便灵活的特点，因而深受用户欢迎。将 Cult3D 作品嵌入到 PPT 中，无疑是一个强强合作，起到相互促进的作用。

系统环境说明：

(1) 在 PPT 中嵌入 Cult3D 作品需要插件，该插件与 IE 插件是同一安装包。

(2) 要求将 Cult3D 作品保存为 *.co 格式文件。

（3）因为 PPT 软件不同版本界面变化大，所以在此采用 PowerPoint 2010。

下面通过一个实例表达操作的步骤。

（1）启动 PowerPoint 2010。单击"文件"→"选项"→"自定义功能区"，在主选项卡下勾选"开发工具"，如图 7.50 所示。单击"确定"按钮，关闭对话框。

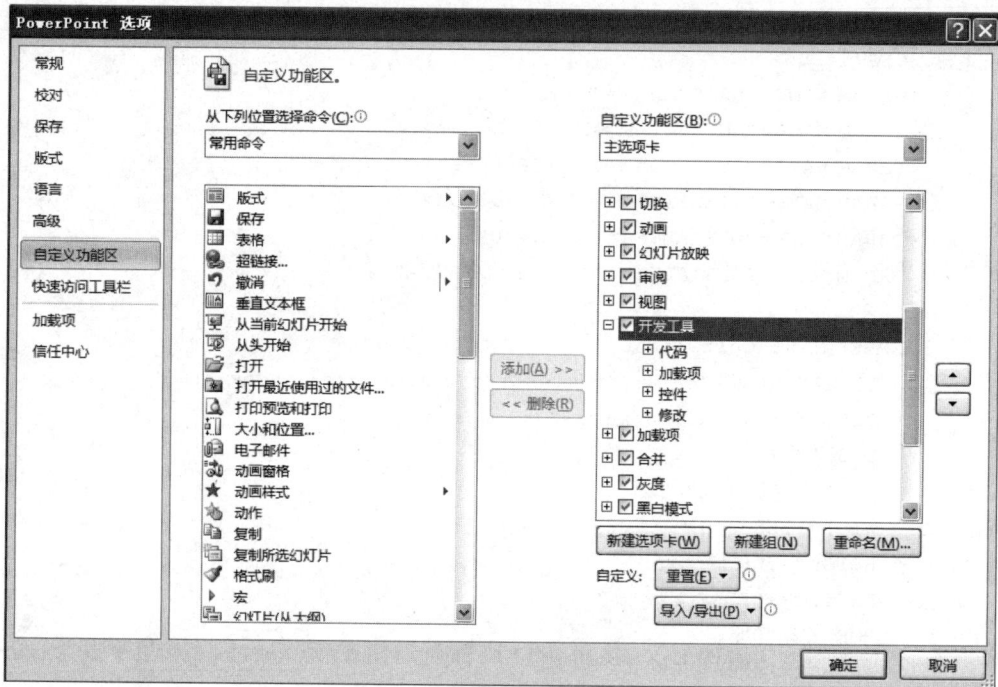

图 7.50 "PowerPoint 选项"对话框

（2）在 PowerPoint 的界面中，增加了一个"开发工具"选项卡。打开"开发工具"选项卡，可以看到有四组开发工具，分别是代码、加载项、控件和修改等，如图 7.51 所示。

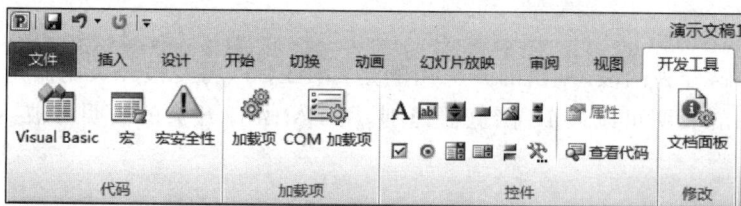

图 7.51 "开发工具"选项卡

（3）单击控件组中的"其他控件"图标，打开"其他控件"对话框，如图 7.52 所示。从列表中选择 Cult3D ActiveX Player，单击"确定"按钮，关闭对话框。

（4）在 PPT 的编辑窗口中，拖画一个矩形区域，自动形成一个灰色斜纹填充。右击该区域，在打开的快捷菜单中，单击"属性"命令，打开"属性"对话框。在"属性"对话框中选择"自定义"，单击旁边的 ... 按钮，打开"属性页"对话框，如图 7.53 所示。

（5）单击"属性页"对话框中的 Embed 按钮，打开 Embed Cult3D Object 对话框，调入"手表.co"文件，单击"确定"按钮，关闭对话框。完成设置，按 F5 键播放。

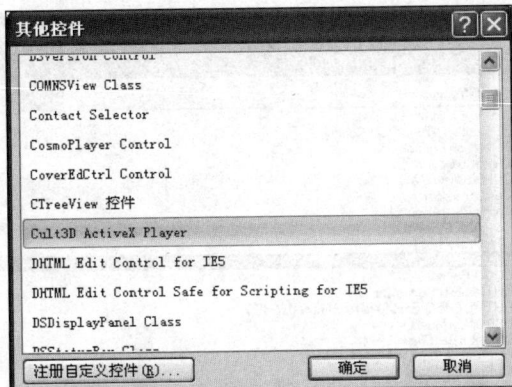

图 7.52　"其他控件"对话框

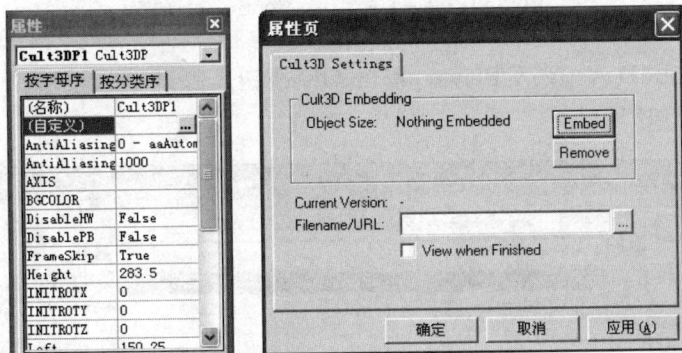

图 7.53　"属性"与"属性页"对话框

7.4.3　Cult3D 作品应用于 Authorware

Authorware 是美国 Macromedia 公司开发的一款优秀的交互式多媒体制作软件。目前在我国，无论是专业开发人员还是非专业开发人员，大多数人都把 Authorware 作为光盘视频课件编写工具的首选。目前，Authorware 已广泛地应用在多媒体教学和商业领域的新产品介绍，以及产品的模拟操作演示等方面。

Authorware 软件是一个图标导向式的多媒体制作工具，即使非专业人员也能很快地开发多媒体软件，它无需传统的计算机语言编程，只通过对图标的调用就可以编辑一些控制程序走向的活动流程图，将文字、图形、声音、动画、视频等各种多媒体项目数据汇在一起，从而达到多媒体软件制作的目的。Authorware 这种通过图标的调用来编辑流程图用以替代传统的计算机语言编程的设计思想，从某种意义上讲，正是它与 Cult3D 的操作模式具有异曲同工的地方。

将 Cult3D 作品应用于 Authorware 的步骤如下。

（1）启动 Authorware 7，单击菜单"插入"→"控件"→ActiveX，打开 Select ActiveX Control 对话框，如图 7.54 所示。这时在主流程上加入了一个 ActiveX 图标。

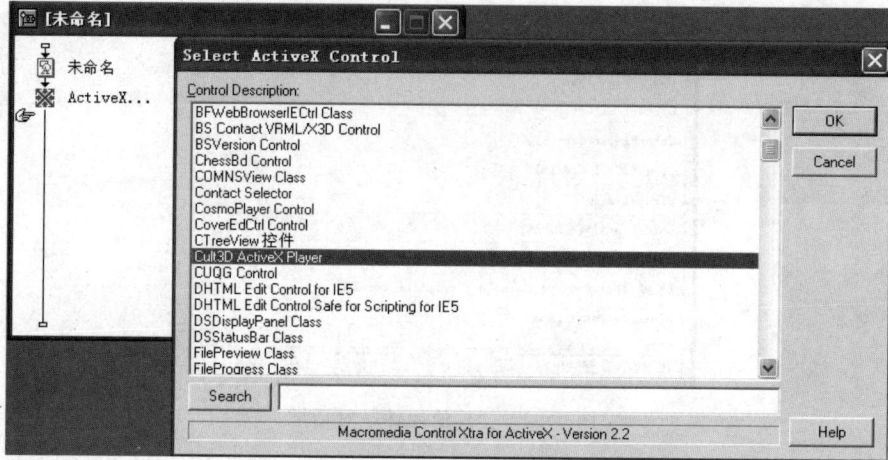

图 7.54　Select ActiveX Control 对话框

（2）选中 Cult3D ActiveX Player，单击 OK 按钮。打开 ActiveX Control Properties
对话框，如图 7.55 所示。

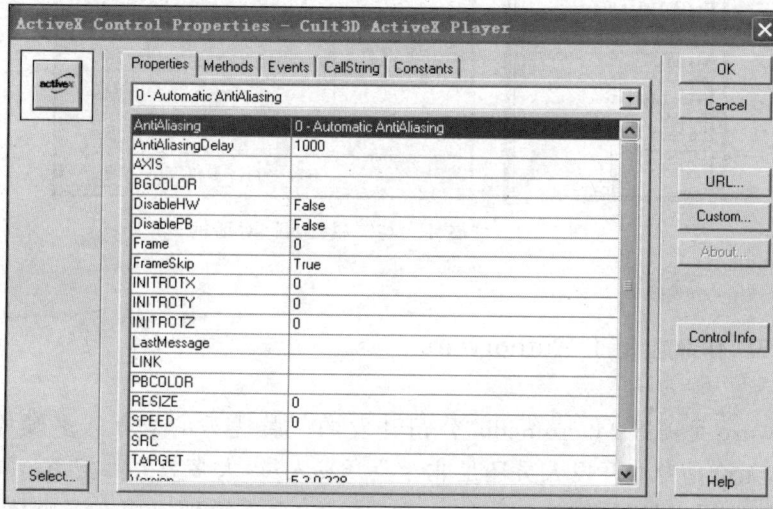

图 7.55　ActiveX Control Properties 对话框

（3）单击该对话框左边的 Custom 按钮，弹出"Authorware 属性"对话框，如图 7.56
所示。

（4）单击 Embed 按钮，打开 Embed Cult3D Object 对话框，从中可载入 *.co 文件。
本例中，打开"手表.co"文件。单击 Filename/URL 右边的…按钮，将打开对话框，同样将
"手表.co"文件的路径加入。

（5）在流程图窗口中，将 ActiveX 图标改名为"AX-co"，同时，从图标工具栏中拖放
一个计算图标放置在 AX-co 控件图标下，如图 7.57 所示。双击该计算图标，输入：
Callsprite(@"AX-co"，#Loadcult3d，Filelocation^"手表.co") 语句。

图 7.4 "Authorware 属性"对话框

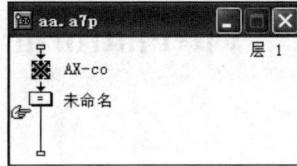

图 7.57 流程图

（6）单击菜单"文件"→"另存为"，将编辑后的 Authorware 文件保存在与"手表.co"文件同一个文件夹下。单击工具栏中的"运行"按钮，演示窗口中显示可交互的手表效果。

习题

1. 试述 Cult3D 的设计流程。
2. Cult3D 软件的主要功能是什么？
3. Cult3D Designer 软件中，Scene Graph 窗口里的节点包含哪些对象？
4. 在电子商务的展品中，应该如何展示冰箱？

第 8 章　VR-Platform 12 基础

精彩纷呈的虚拟 3D 世界呼唤着功能更强大、使用更简便的虚拟现实引擎,然而长久以来,在虚拟现实技术领域,一直是国外的虚拟现实软件统治着世界,古老文明的华夏在很长的一段时间内没有自己独立开发的虚拟现实仿真平台软件。这令人才济济的泱泱大国情何以堪。最终不服输的中国科技人员凭借自己的聪明才智,开发出了中国自主知识产权的虚拟现实软件,打破了西方的垄断,它就是中视典数字科技公司的 Virtual Reality Platform(简称 VRP)。

8.1　VR-Platform 入门

虚拟现实仿真平台(Virtual Reality Platform,VR-Platform 或 VRP)具有适用性强、操作简单、功能强大、高度可视化、所见即所得的特点。VRP 所有的操作都是以美工可以理解的方式进行,不需要程序员参与。只需要操作者有良好的 3ds Max 建模和渲染基础即可,通过对 VR-Platform 平台稍加学习和研究就可以很快制作出自己需要的虚拟现实场景。

VRP 经历了多年的研发与探索,已经在 VRP 引擎为核心的基础上,衍生出了九个相关三维产品的软件平台,分别是如下平台。

(1) VRP-BUILDER 虚拟现实编辑器。该编辑器的功能为三维场景的模型导入、后期编辑、交互制作、特效制作、界面设计、打包发布等。

(2) VRPIE-3D 互联网平台。VRPIE-3D 互联网平台(VRPIE)的功能为将 VRP-BUILDER 的编辑成果发布到互联网,并可让客户通过互联网进行对三维场景的浏览与互动。该平台具备高度真实感画质,支持大场景动态调度,良好的低端硬件兼容性,高压缩比,多线程下载,支持高并发访问,支持视点优化的流式下载,支持高性能物理引擎,支持软件抗锯齿,支持脚本编程,支持无缝升级等。

(3) VRP-PHYSICS 物理模拟系统。该平台是一款物理引擎系统,系统赋予虚拟现实场景中的物体以物理属性,符合现实世界中的物理定律,是在虚拟现实场景中表现虚拟碰撞、惯性、加速度、破碎、倒塌、爆炸等物体交互式运动和物体力学特性的核心。它可全面满足大专院校和科研单位在模拟各种物理学运动,实现如碰撞、重力、摩擦、阻尼、陀螺、粒子等自然现象时的需要,在算法过程中严格符合牛顿定律、动量守恒、动能守恒等物理原理方面的研究与应用。

（4）VRP-DIGICITY 数字城市平台。该系统主要面向建筑设计、城市规划的相关研究和管理部门,可实现建筑设计和城市规划方面的专业功能,如数据库查询、实时测量、通视分析、高度调整、分层显示、动态导航、日照分析等。

（5）VRP-INDUSIM 工业仿真平台。该系统功能为模型化、角色化、事件化的虚拟模拟,使演练更接近真实情况,降低演练和培训成本,降低演练风险,可用于石油、电力、机械、重工、船舶、钢铁、矿山、应急等行业任务。

（6）VRP-TRAVEL 虚拟旅游平台。该平台系统面向导游培训,可激发导游专业学生的学习兴趣,培养导游职业意识,诱导学生的创新思维,积累讲解专项知识,架起学生与社会联系的桥梁,全方位提升导游学生的工作能力。

（7）VRP-MUSEUM 虚拟展馆。该平台提供对各类科博馆、体验中心、大型展会等行业,将其展馆、陈列品以及临时展品移植到互联网上进行展示、宣传与教育的三维互动体验解决方案。由于该平台可将传统展馆与互联网和三维虚拟技术相结合,从而打破了时间与空间的限制,最大化地提升了现实展馆及展品的宣传效果与社会价值,使得公众通过互联网即能真实感受展馆及展品,并能在线参与各种互动体验,使网络三维虚拟展馆成为未来最具价值的展示手段。

（8）VRP-SDK 系统开发包。该系统主要面向水利电力、能源交通等工业仿真研究与设计单位,提供 C++ 源码级的开发函数库,用户可在此基础之上进行二次开发出自己所需要的高效仿真软件。

（9）VRP-STORY 故事编辑器。该故事编辑器的特点如下。

① 操作灵活、界面友好、使用方便,就像在玩计算机游戏一样。

② 简单易学易会、无需编程,也无需美术设计能力,就可以进行 3D 制作。

③ 成本低、速度快,能够帮助用户高效率、低成本地做出想得到的 3D 作品。

④ 支持与 VRP 平台所有软件模块的无缝接口,可以与以往所有软件模块结合使用,实现更酷、更丰富的交互功能。

（10）VRP-3DNCS 三维网络交互平台。三维网络交互平台(Virtual Reality Platform 3D Net Communication System,VRP-3DNCS)提供了一个允许不同地区、不同行业、不同角色实时在同一场景下交互的平台,即分布式系统。

另外,VRP 系统又由五个高级模块组成,分别如下。

（1）VRP-多通道环幕模块。多通道环幕模块主要由三部分组成:边缘融合模块、几何矫正模块、帧同步模块。该系统是基于软件来实现对图像的分屏、融合与矫正,采用融合机来实现对多通道环幕投影的过程,只要一台 PC 即可全部实现。

（2）VRP-立体投影模块。立体投影模块是采用被动式立体原理,通过软件技术分离出图像的左、右眼信息。相比于主动式立体投影方式的显示刷新率要提高一倍以上,且运算能力比主动式立体投影方式更高。

（3）VRP-多 PC 级联网络计算模块。采用多主机联网方式,避免了多头显卡进行多通道计算的弊端,而且三维运算能力相比多头显卡方式提高了 5 倍以上,从而决定了 PC 事件的延迟不超过 0.1ms。

（4）VRP-游戏外设模块。该模块支持 Logitech 方向盘、Xbox 手柄,甚至数据头盔数据手套等虚拟现实的主流外围设备,通过 VRP-游戏外设板块就可以轻松实现通过这

些设备对场景进行浏览操作,并且该模块还能自定义扩展,可自由映射。

(5) VRP-多媒体插件模块等模块。VRP-多媒体插件模块可将制作好的 VRP 文件嵌入到 Neobook、Director 等多媒体软件中,能够极大地扩展虚拟现实的表现途径和传播方式。

8.1.1　VRP12 新增功能

1. 集成了增强现实技术

(1) 稳定高效的增强现实算法库:摄像机的自动标定、实时多 mark 跟踪、实时自然图片的跟踪、实时简单 3D 物体的跟踪、实时人脸面部跟踪。

(2) 方便易用的 AR-Builder 编辑器:有好的界面编辑工具、快速定制个性化 AR 案例、支持 3ds Max 和 Maya 导出动画。

(3) 支持多种 AR 交互硬件:增强现实眼镜、头部跟踪器、骨骼跟踪器、红外传感系统、惯性传感系统、动作捕捉系统。

2. 无缝结合 VRP-MYSTORY 故事编辑器

(1) 提供大量的精美模型库、角色库、特效库。

(2) 对象化的模型操作,精美的实时渲染效果。

(3) 支持直接发布各种格式的图片。

3. 支持多种工业格式数据

(1) 支持模型直接从工业软件导入到 VRP 中进行编辑。

(2) 支持 Maya、Pro/E、Catia、Solidworks 等。

(3) 支持 VRP 模型导回到 MAX 及其他工业软件中再次修改。

4. 全新材质编辑模式

(1) 拖曳节点式的编辑模式,可编辑产生无限多种 GPU-Shader 材质效果。

(2) 材质编辑人员无须掌握 GPU 显示编程原理即可制作出所需的 GPU-Shader效果。

(3) 支持材质库功能,包含大量的金属材质、建筑类材质、织物类材质、自然类材质,满足各种需求。

(4) 针对美术人员的设计流程优化,提高制作效率。

(5) 支持时间动态材质效果,极大提高 VRP 编辑器的渲染效果。

(6) 完全支持导出 DirectX 和 OpenGL 的 GPU-Shader 效果。

5. 支持实时在线烘焙

(1) 支持场景烘焙功能和贴图烘焙功能,一键更新烘焙全场景的光照贴图。

(2) 支持基于 GPU 硬件的快速烘焙技术和基于 CPU 的光线跟踪烘焙技术。

(3) 离线渲染技术与实时渲染技术友好结合,支持 VRP 中的所有灯光类型。

(4) 丰富的采样技术:均匀采样、随机采样、抖动采样、多重采样及 Hammersly采样。

6. 支持三维的多人协作

(1) 基于事件驱动的场景制作方式,支持时间优先、主机优先的抢占式通信模式。

（2）相机数据自动同步，场景状态同步，支持画中画相机。

（3）场景数据自动统一，无需任何额外操作，各用户登录场景后的画面均可一致。

（4）支持自定义标准，可以在场景中任意添加一个标注信息，并在网络上进行实时同步。

7. 支持更多的硬件交互

（1）支持基于微软 Kinect for Windows 的动态手势识别及静态姿势识别。

（2）支持数据手套 datalove，可控制三维虚拟手在场景中抓取物体，并进行交互操作。

（3）支持反馈数据手套 CyberGlove、CyberTouch 和 CyberGrasp，具有真实触感和力反馈效果。

（4）支持 Patriot 和 Liberty 跟踪器，精确捕捉人体的位置和动作，并在场景中控制虚拟手的运动。

（5）支持头戴式显示器，让人有高沉浸感的立体视觉感受。

8.1.2　工作界面

VRP 平台编辑器的操作界面如图 8.1 所示。界面布局工整美观，由标题栏、菜单栏、工具栏、功能分类选项卡、主功能区、视图区、属性面板和状态栏等组成。其中，视图区与 3ds Max 的视图区相似，可以显示一个视图，也可切换为四个视图，四个视图则分别为透视图、顶视图、前视图和左视图。

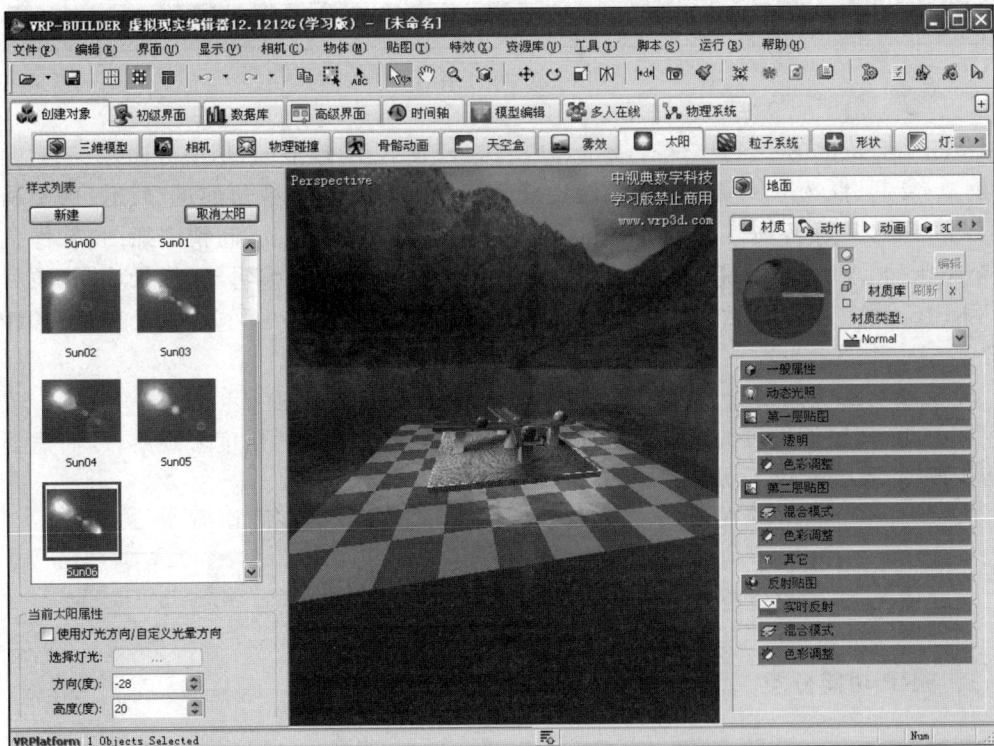

图 8.1　VRP 工作界面

1. 菜单栏

菜单栏共有 13 个菜单项,分别为"文件""编辑""界面""显示""相机""物体""贴图""特效""资源库""工具""脚本""运行""帮助"等,简介如下。

(1) 文件。除了打开、关闭、保存等常规的文件操作外,还有编译、发布、备份等操作命令。

(2) 编辑。常规的撤销、恢复及复制、删除等操作。

(3) 界面。包括对各分类的显示和隐藏命令。

(4) 显示。包括对模型显示类型的命令。

(5) 相机。包括对相机的控制命令。

(6) 物体。包括对模型控制的命令。

(7) 贴图。包括对贴图处理的命令。

(8) 特效。包括对场景中的特效命令。

(9) 资源库。包括资源上传与资源共享等命令。

(10) 工具。包括操作对象的常用命令。

(11) 脚本。包括对脚本编辑器的命令。

(12) 运行。包括对场景的设置及运行等命令。

(13) 帮助。

2. 主工具栏

主工具栏位于菜单栏的下方,可以使用鼠标进行拖动,使其变为浮动状态,如图 8.2 所示。

图 8.2 主工具栏

从左至右依次为:打开、保存场景、分割视图、显示/隐藏地面、切换界面样式、撤销操作、重做、复制、框选、显示物体编组、绕物旋转模式、视角平移、视角前进/后退、居中最佳显示、平移物体、旋转物体、缩放物体、镜像物体、尺寸测量/修改、高精度抓图、软件抗锯齿、贴图压缩、ATX 笔记器、检查贴图更新、材质库、VRP 脚本编辑器、场景诊断、项目设置、VRPIE 设置、调试、运行、编译独立执行 Exe 文件、输出为可网络发布的 VRPIE 文件。

3. 视图切换快捷键

在 VRP 环境下进行编辑的过程中,常常需要从不同视图的角度来观察,因而需要快速切换视图,系统提供了切换视图的快捷键如下。

> T=顶视图/底视图切换　　F=前视图/后视图切换
> L=左视图/右视图切换　　P=透视图

一般情况下,编辑过程均在透视图下完成。

8.1.3　VRP 功能分类

VRP 的功能可分为八大类,分别是:创建对象、初级界面、高级界面、数据库、时间

轴、模型编辑、多人在线、物理系统。在不同类别时,可完成多种操作。

1. 创建对象

在"创建对象"选项卡下方,有 11 个种类的对象可以进行建模,包括三维模型、相机、物理碰撞、骨骼动画、天空盒、雾效、太阳、粒子系统、形状、灯光和全屏特效,如图 8.3 所示。

图 8.3　"创建对象"选项卡

(1) 三维模型。可导入导出三维模型,并可对三维模型的材质、动作、动画、阴影进行设置。

(2) 相机。用于创建、选择、编辑场景中的行走相机、飞行相机、绕物旋转相机、角色控制相机、定点观察相机以及动画相机。

(3) 物理碰撞。用于设置场景中模型的物理碰撞,在行走相机和角色相机下,使相机和物体之间产生碰撞。

(4) 骨骼动画。用于创建场景中的骨骼动画,并对骨骼动画进行导入和导出。

(5) 天空盒。用于添加或修改天空盒,从而为场景添加一个周围环境。

(6) 雾效。用于添加雾效,从而模拟场景中的景深效果。

(7) 太阳。用于添加或取消太阳光晕,从而模拟真实生活中太阳光晕的效果。

(8) 粒子系统。用于添加或修改 VRP 编辑器中自带的粒子系统。

(9) 形状。用于创建或编辑矢量直线、文字标签以及折线路径。

(10) 灯光。用于给场景添加灯光。

(11) 全屏特效。用于给场景中的物体对象添加特效,系统提供了 17 种特效。

2. 初级界面

初级界面主要用于创建和编辑场景的二维页面和加载页面,主要有新建页面、加载页面、主页面及删除、更名等,如图 8.4 所示。

图 8.4　初级界面选项卡

(1) 新建页面。用于创建一个或多个新页面,常用于多方案切换。

(2) 加载页面。用于创建或编辑 VRP-DEMO 运行时的加载页面。

(3) 主页面。用于创建或编辑 VRP-DEMO 运行时的页面。

当选择项为主页面时,可进行以下设置。

① 创建新面板:用于创建交互时用到的按钮、导航图、图片、色块、指北针、开关及画中画等。

② 使用模板:用于调用 VRP 编辑器中自带的界面模板或者是保存自己设计好的界面模板,以便以后调用。

③ 面板列表:用于调整初级界面中控件的位置、属性等。

④ 对齐方式：用于调整初级界面中控件的对齐方式。

3. 高级界面

高级界面是图形用户界面中出现的一种组件，可以用这些组件增加用户与 VRP 编辑器的交互以及更多的功能交互，主要有窗口、控件、风格、菜单等四个选项卡进行人机交互，以及多个场景对齐命令按钮，如图 8.5 所示。

图 8.5　"高级界面"选项卡

（1）窗口。用于创建窗口控件，并可以对当前界面进行导入、装载、合并等。

（2）控件。用于创建、调整和删除各类控件。

（3）风格。用于各类控件的风格设置，并且可以编辑当前的设计方案。

（4）菜单。用于菜单的创建、编辑和删除。

4. 数据库

数据库的使用可以使场景的交互更加丰富，当 VR 场景连接上数据库以后，可以对场景中的物体进行实时的查询，并且可以将场景中修改的信息实时反馈到数据库中，如图 8.6 所示。

图 8.6　"数据库"选项卡

（1）连接数据库。用于连接到本地数据库文件或者网络数据库；读取并显示相关数据库信息；显示当前连接状态；设置是否把登录信息保存到 VRP 文件；以及是否在打开场景时自动连接数据库。

（2）关联操作。用于将场景的模型和数据库中的记录建立关联，以便在选择模型显示数据库信息时，确定要显示的信息。

（3）搜索查询。支持标准 SQL 语句的查询，以及在值的某一范围内查询。

5. 时间轴

时间轴主要用于对场景中的模型、相机、控件等各类对象进行动画设置，如图 8.7 所示。

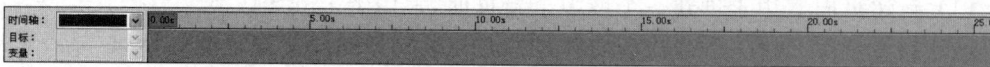

图 8.7　时间轴

与时间轴相关的主要有时间滑块、时间轴工具栏和时间轴列表等。

（1）时间滑块。用于添加时间轴的关键帧和脚本，同时也可以通过拖动滑块来预览设置好的关键帧动画。

（2）时间轴工具栏。集合了使用时间轴时常用的所有工具，例如，设置关键帧、删除关键帧、播放时间轴动画等。

（3）时间轴列表。用于时间轴的创建、显示和调整。

6. 模型编辑

模型编辑中的功能提高了用户的工作效率，可以直接在 VRP 编辑器中对模型进行编辑，并且能导入和导出 OBJ 等多种模型格式，也能将多款工业软件的模型导入到编辑器中进行编辑，如图 8.8 所示。

图 8.8　模型编辑

7. 多人在线

多人在线三维展览馆是一种全新的互联网在线展览方式，不同地域的人都可以登录到展厅中参观、交流。还可以通过服务器端的编程，实现服务器端的逻辑运算，从而实现小型网络游戏的开发。

8. 物理系统

在物理系统功能模块下，VRP 系统可以实现 3D 场景之间各物体对象的特殊计算，从而表现出物体与场景之间、物体与角色之间、物体与物体之间的运动交互和动力学特性。在物理引擎的支持下，VR 场景中的模型有了刚体效果，一个物体可以具有质量、可以受到重力、可以落在地面上、可以和别的物体发生逼真的碰撞、可以受到用户施加的推力、可以因为压力而变形、可以有液体在表面上流动等。

例 8.1　初识 VRP 系统

（1）启动 VRP 编辑器，打开 VRP 窗口界面。选择功能区的"创建对象"→"三维模型"。

（2）单击"导入"按钮，从中找到 VRP 系统自带的 simple.vrp，打开后单击工具栏上的"居中最佳显示"按钮。

（3）单击功能区的"创建对象"→"天空盒"，在天空盒列表中双击一个图片作为背景。

（4）单击菜单"运行"→"运行！"。观察效果，并关闭窗口。

（5）单击菜单"文件"→"编译独立执行 exe 文件"，打开"编译独立执行 Exe 文件"对话框，如图 8.9 所示。

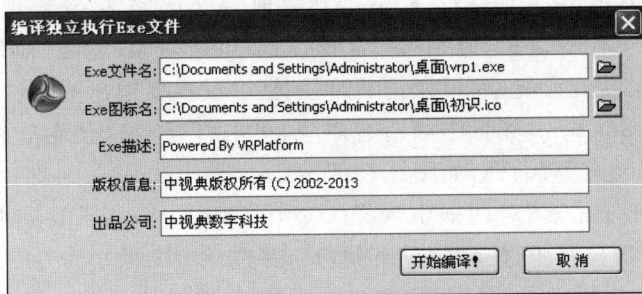

图 8.9　"编译独立执行 Exe 文件"对话框

（6）单击"开始编译！"按钮，系统进行编译，完毕后执行效果如图 8.10 所示。

图 8.10 执行效果图

8.2 烘焙

3ds Max 烘焙是将 3ds Max 制作的模型转换成为 VR-Platform 虚拟现实仿真平台可编辑场景的一个重要环节。其中,烘焙过程中的一个功能就是将 3ds Max 场景中设置的各种灯光效果变成贴图的方式并导入到 VRP 中,从而获得具有真实感的光影效果。

8.2.1 3ds Max 模型烘焙

不同版本的 3ds Max 系统在烘焙操作过程中略有不同,下面通过一个烘焙实例,以 3ds Max 2010 系统为样本进行烘焙。

例 8.2 烘焙 3D 模型

(1) 在 3ds Max 中建立场景模型或打开已有模型,并进行适当的优化,如图 8.11 所示。

(2) 在 3ds Max 中使用扫描线渲染器对透视图进行渲染,观察模型效果。

(3) 在 3ds Max 中单击"渲染"→"渲染到纹理",打开"渲染到纹理"窗口,如图 8.12 所示。该窗口中有五个卷展栏,分别为:常规设置、烘焙对象、输出、烘焙材质、自动贴图等。首先单击打开"常规设置"卷展栏,在"路径"框中设置要输出的文件夹。

(4) 其次框选 3ds Max 场景中的所有对象,单击打开"输出"卷展栏,单击"添加"按钮,打开"添加纹理元素"对话框,如图 8.13 所示。

(5) 在"添加纹理元素"对话框中选择 LightingMap 或 CompleteMap,单击"添加元素"按钮,在目标贴图位置中选择"漫反射颜色",并选择渲染大小为 512×512。

(6) 单击打开"烘焙材质"卷展栏,在其中选择"新建烘焙材质",并在下拉列表中选择"标准:(A)各向异性"。单击打开"自动贴图"卷展栏,设置"阈值角度"为 45,"间距"为 0.02。

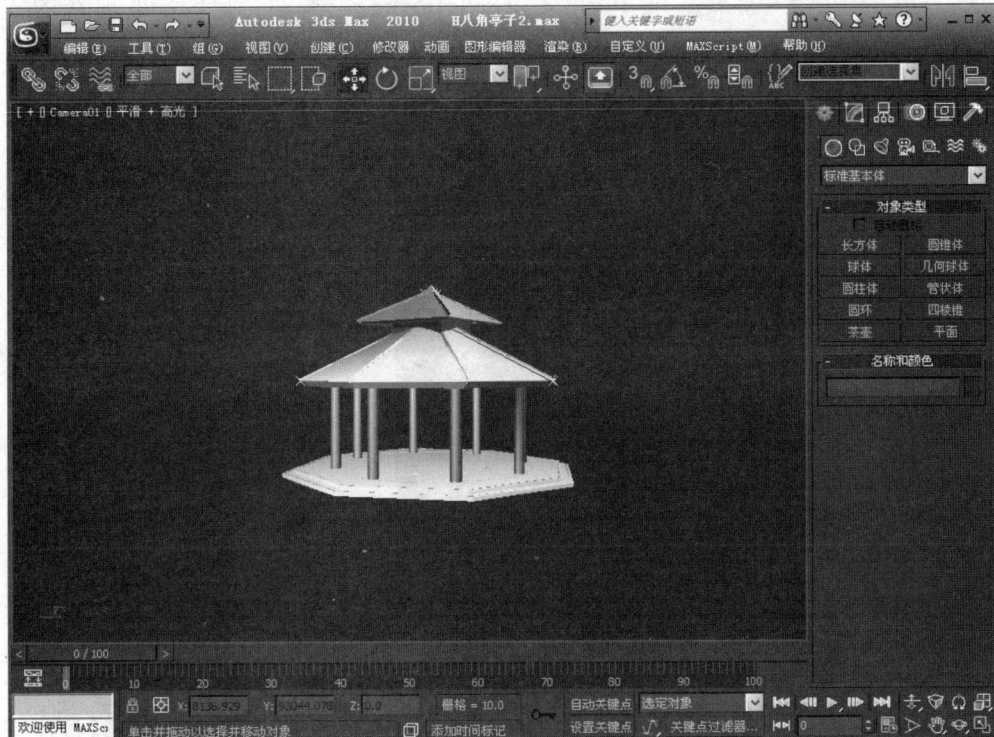

图 8.11 3ds Max 模型

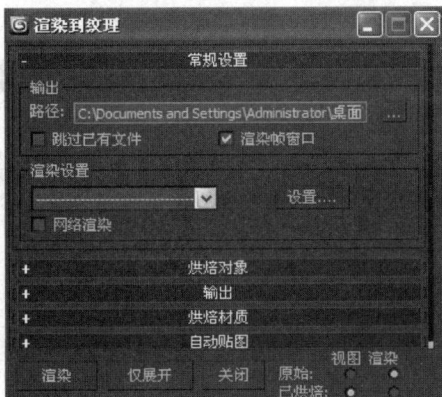

图 8.12 "渲染到纹理"窗口

图 8.13 "添加纹理元素"对话框

(7)设置完毕,可单击下方的"渲染"按钮。系统进行逐帧渲染,并显示出烘焙纹理的进度视图,渲染完毕,单击 3ds Max 命令面板的工具按钮,切换到工具窗口,如图 8.14 所示。在打开的工具窗口中,下方有三个按钮,分别为"更多""集""配置按钮集"。如果是第一次进行烘焙转换,需要单击"配置按钮集"按钮,打开左侧的工具列表,选择[* VRPlatform *],双击该按钮后,该按钮置入到了"工具"卷展栏之下。可关闭"配置按钮"对话框。

（8）单击"工具"卷展栏之下的［﹡VRPlatform﹡］按钮，在下方出现新的 VR-PLATFORM 卷展栏，如图 8.15 所示。

图 8.14　"配置按钮集"对话框　　　　　　图 8.15　VR-PLATFORM 卷展栏

（9）单击"导出"按钮，打开"导出为 VRP 文件"窗口，如图 8.16 所示。执行该步骤的过程中，需要注意的是，VRP12 所搭配的 VRP-for-max 插件只能在 Windows 7 环境下安装和使用，支持 3ds Max 2010 的 32 位系统。如果是 Windows XP 操作系统，插件安装不会成功，该步骤将无法执行。

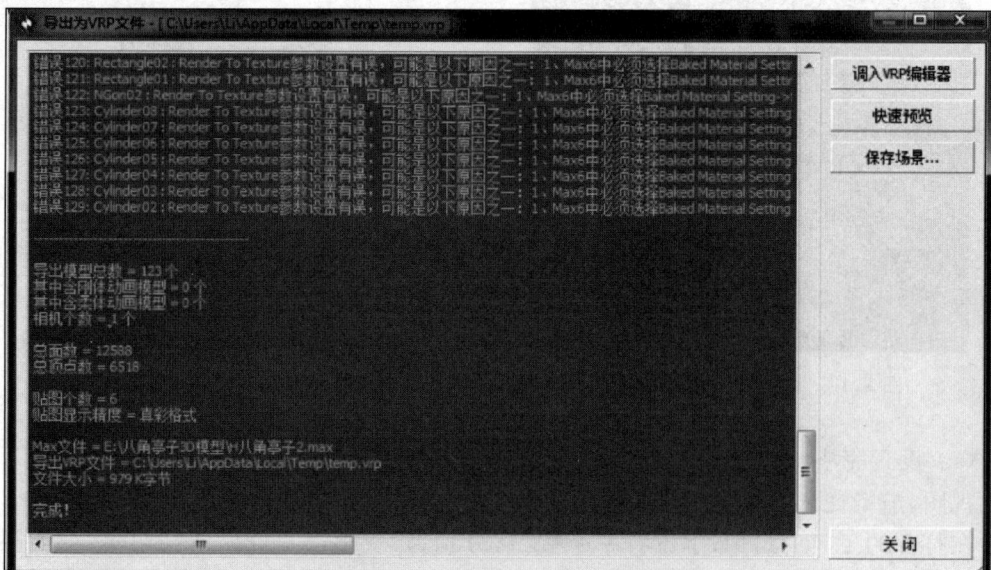

图 8.16　"导出为 VRP 文件"窗口

（10）单击"保存场景"按钮，选择保存文件的路径和命名文件名，保存后返回单击"调入 VRP 编辑器"按钮。这时将启动 VRP-Builder，并装入 3ds Max 场景模型，单击工具栏

中的"居中最佳显示"按钮,添加天空背景和太阳效果,按 F5 键运行,效果如图 8.17 所示。

图 8.17   添加背景和太阳效果

8.2.2 3ds Max 的模型优化

烘焙过程中,需要计算机进行大量的特殊计算,比较耗时,对硬件的性能也提出了更高的要求,而这些影响是可以在 3ds Max 环境中,通过对场景模型的优化来解决。

影响 VR-DEMO 最终运行速度的三大因素为:

(1) VR 场景模型的总面数。

(2) VR 场景模型的总个数。

(3) VR 场景模型的总贴图量。

1. 基本物体对象面数的精简

(1) 在用 Plane(平面)创建模型时,如果不对其表面进行异形编辑时,就可以将其截面上的段数降到最低,以精简模型的面数。

例如,默认创建的 Plane(面片)的段数是 4×4,总面数是 32;在不对其表面做其他效果的情况下,这些段数是没有存在的意义的,选中该平面,可以在参数面板中将段数降到最低,最后得到的模型面数是 2,其效果并不会因此而受到任何影响。

(2) 对于圆柱模型面的优化。同 Plane(面片)建模一样,如果不对其表面进行异形或浮雕效果编辑时,一样可以将其截面上的段数降到最低,以精简模型的面数。

例如,默认创建的 Cylinder(圆柱),其段数是 $5\times1\times18$,总面数是 216;在不对其表面做其他效果的情况下,这些段数是没有存在的意义的,这时可以对物体的 Height Segments(高度段数)和 Sides(截面)进行精简,修改后的段数为 $1\times1\times12$,这时物体的总面数是 48,其效果并不会因此而受到太大的影响,如图 8.18 所示。图中右侧为默认时圆柱体,左侧为精简后圆柱。

(3) 线模型面的正确创建。

很多时候需要用二维线来表现一些物体结构,如电线、绳索等,如果像效果图一样直

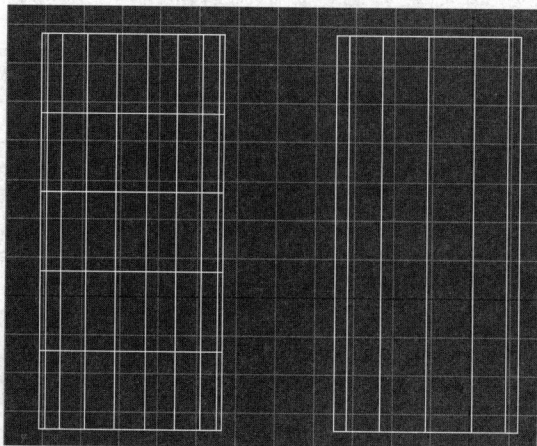

图 8.18　精简和未精简圆柱体比较图

接设置了 Rendering（渲染）面板下的 Thickness（厚度），渲染效果图是没问题，但导出到 VRP 时是不识别的。

解决方法是：先根据视觉效果设置线型物体 Rendering（渲染）面板下的 Thickness（厚度），然后再将该线型物体转换成 Editable poly（或 Mesh）后再执行"导出"操作就可以了。

（4）曲线形状模型的面数精简。

有些曲线形状的模型在制作时很麻烦，通常需要应用 Loft（放样）来实现，所以，模型的优化就需要从放样的路径及截面着手进行，在保证视觉效果不受太大影响的情况下，适度减少放样物体的 Shape Steps（形状步幅）和 Path Steps（路径步幅）参数，可达到精简放样物体总面数的目的。

2. 建模时的精简

（1）做简模，然后通过贴图的方法减少模型的复杂程度，从而减少模型的面数。

（2）删除模型之间的重叠面。

将选择物体转换成 Mesh 或 Poly，然后切换到 Polygon（面）级别下，将各个物体之间重叠的面进行删除。

（3）删除模型底部看不见的面。

将选择物体转换成 Mesh 或 Poly，然后切换到 Polygon（面）级别下，将该物体向下或其他朝向看不到的面进行删除。

（4）删除物体之间相交的面。

将选择物体转换成 Mesh 或 Poly，然后切换到 Polygon（面）级别下，将该物体向下或其他朝向看不到的面进行删除。

（5）单面窗框的创建。

窗框是室外建筑必不可少的一个组成元素，如果按常规的二维挤出一个厚度得到这个模型的话，接下来还需要再通过删除看不见的面来达到优化窗框的目的，不但工作量很大，也很烦琐。以下是一个快速创建单面窗框的方法，由此方法得到的窗框不需要再通过删除面达到优化模型的目的。

简单说来，可首先用图形中的矩形绘制，然后转换成多边形，再利用编辑多边形修改器进行建模。

8.2.3 CompleteMap 与 LightingMap 的区别

（1）LightingMap 烘焙方式优点：可以保留材质清晰的纹理特点，光感稍弱，耗显存低。

缺点：只支持 3ds Max 默认的材质（要表现出好的和表面丰富的效果，可以通过 PS 进行绘画修饰），所消耗的资源比 CompleteMap 烘焙方式多。

适用的范围：适用于大面积的砖墙、室内外的地面等，当物体面数比较多的情况下，尽量不选择 LightingMap 烘焙。

（2）CompleteMap 烘焙方式优点：烘焙出来的效果光感好，更接近于渲染图的效果。

缺点：贴图模糊，要达到好的效果，就需要烘焙的尺寸大一些才可以，否则会很模糊；耗显存高。

适用的范围：适用于小物件，及对质感要求比较高的物体。

（3）两种不同的烘焙类型在 VRP 里的形式。

LightingMap 用的是两张贴图，CompleteMap 用的是一张贴图。在烘焙尺寸同样大小时，LightingMap 要比 CompleteMap 消耗的显存量高一倍，因为是两张贴图。但经过 VRP 的优化后，LightingMap 的劣势就会转为优势了，因为 VRP 可以把 LightingMap 压缩的很小，而 CompleteMap 已经比较模糊了，再压也没多少意义了。

8.2.4 烘焙过程中的注意事项

烘焙能把在非实时环境中渲染完成的灯光材质等效果转换到实时交互的环境中去，因此烘焙纹理的质量直接影响最终效果，提高烘焙技术非常重要。影响烘焙质量的几个因素如下。

1. 物体的 UV 平铺

烘焙选项中的 Automatic Unwrap Mapping UV 能自动将物体的 UV 进行平铺。自动的、成批量的平铺是它带给我们最大的好处，但效果并不是很理想。例如，多边形和面细密的物体在被自动平铺时会产生很多非常小的簇，渲染时受精度影响而忽略这些过小的簇，其结果会出现很多黑块与黑斑。

解决方法：一是适当提高"阈值角度"的值，可以在一定程度上减少零散的簇；二是使用其他的 UV 平铺方法或工具，如手工对簇进行调节，效果也会好很多。但是手工调节是一件耗费时间和精力的事情，对于速度和质量的平衡只有熟练者才能在实际工作中处理了。

2. UV 簇在烘焙纹理中的面积

纹理的大小是有限的，簇的面积越大，空隙越少，利用率则越高，纹理的相对精度也相对有所提高。但从根本上改善的方法仍是手工调节或使用其他工具或方式。

3. 纹理大小

默认的烘焙纹理的大小是 256×256，这个参数对于烘焙次要的或小型物体是可以的，但重要的、大体积的物体则需要提高烘焙的纹理尺寸，即 512×512 或 1024×1024 甚至更高。精度提高，文件量也随之急剧增长，这对于有限的设备资源，巨大的纹理虽然让画面质量提高了，但无法进行流畅的交互也是惘然。VRP 对纹理大小原则上没有限制，完全取决于用户的硬件设备，而且还提供了高效的纹理压缩方案，可以在硬件设备不足的情况下提供合适的解决方案，考虑到各方面的兼容性，建议尽量不要超过 1024×1024。

4. 烘焙对模型的要求

3ds Max 烘焙对模型是有一定的要求的，比如它不支持 NURBS 物体，在自动平铺时对过于细小的面容易出错并产生黑斑、图像扭曲拉伸等现象。因此，用户在建模初期就要做一些必要的处理，尽量避免过于密集地分布多边形和狭长的多边形，以便烘焙工作能高质高效地完成而不必做过多的调整。

值得注意的是：烘焙纹理只是作为创造良好效果、高品质纹理的一种方式，实际上 VRP 对于使用其他方式方法绘制的纹理贴图同样是兼容的。不仅如此，VRP 还能够兼容更多的绘制纹理、拥有进一步改善纹理质量的方法或其他纹理编辑工具。

8.3　VRP 的材质编辑

构建虚拟现实环境，给场景中的三维对象赋予合适的材质，是制作虚拟现实的重要一环，因为相同物体的不同外部纹理和色彩，会给人们传递不一样的信息。

8.3.1　材质面板

"材质"面板如图 8.19 所示。材质有多种样本类型，主要用于控制实例窗口中样本的形态。材质的形态共包括球体、柱体、长方体和平面 4 种，同时，VRP 编辑器中还包括 Normal、Multipass、Bump 和 Fx shader 4 种材质类型。

通常情况下，Normal 材质类型使用得比较多，对于常用的金属、玻璃、陶瓷、地板、布料等材质都是用 Normal 材质类型；Multipass 材质类型也常用于作为水的材质，比较特殊，因而使用得不是很多，经常使用的是 Fx shader 中的菲涅尔水材质，该材质类型常用于菲涅尔水材质、法线贴图、顶点设置、高级金属反射等材质的制作；Bump 材质类型常用于凹凸材质贴图。

VRP"材质"面板下方有五个主卷展栏，分别为一般属性、动态光照、第一层贴图、第二层贴图、反射贴图等。

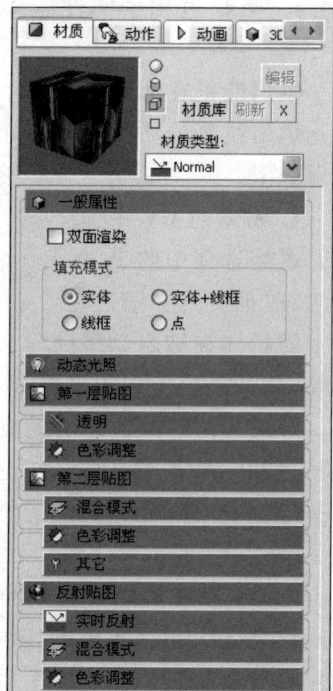

图 8.19　"材质"面板

1. 一般属性

一般属性主要用于模型的显示与填充模式的设置,勾选"双面渲染"复选栏可以让模型双面都显示材质。

模型的填充模式分别有实体、实体＋线框、线框和点四种。

(1) 实体。使选中的模型以实体的方式在视图中显示。

(2) 实体＋线框。使选中的模型以实体加线框的方式在视图中显示。

(3) 线框。使选中的模型以线框的方式在视图中显示。

(4) 点。使选中的模型以顶点的方式在视图中显示。

2. 动态光照

动态光照主要用于调节模型的动态光照的颜色属性,如图 8.20 所示。

(1) 启用。开启或关闭所选择模型的动态光照。

(2) Ambient。用于设置模型的动态光照周围的环境颜色。

(3) Diffuse。用于设置模型动态光照漫反射的颜色。

(4) 高光。用于设置动态光照后,模型所产生的高光颜色。

(5) 系数。用于设置高光的强弱程度,值越大,高光越强。

(6) 自发光。用于设置模型的自发光颜色。

(7) 启用高亮模型材质。一般结合"模型高亮模式"脚本进行使用,当模型添加了触发脚本之后,再次单击模型,在高亮模型材质显示出调整的颜色。

3. 第一层贴图

第一层贴图设置所选择的模型的第一层贴图的格式、透明、色彩调整。如果模型烘焙的是 CompleteMap 类型,该层显示的是烘焙贴图(纹理贴图与光影贴图合成后的贴图);如果模型烘焙的是 LightingMap 类型,该层显示的是纹理贴图,如图 8.21 所示。其中,展开第一层贴图卷展栏得到图 8.22(a),单击"透明"按钮,显示图 8.22(b)。

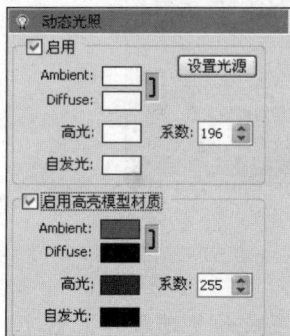

图 8.20　"动态光照"卷展栏　　　　图 8.21　"第一层贴图"卷展栏

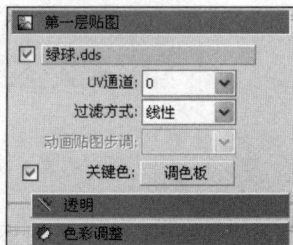

说明:在导入 VRP 编辑器之前,所有的模型贴图需要已经添加好,在经过烘焙导入到 VRP 编辑器之后,贴图只可以进行更换操作。在 VRP 编辑器中,不能对没有赋贴图的模型进行添加贴图的操作。

(1) UV 通道。设置贴图的 UV 通道(一般情况下都是自动展开,不需要用户对其操作)。

(2) 过滤方式。纹理显示的过滤方式,共包括无、线性、Mipmap 3 种方式。

其中：

无表示直接显示，没有进行特殊的算法和优化。

线性表示以线性过滤方式显示纹理贴图。

Mipmap 表示以 Mipmap 过滤方式显示纹理贴图。

说明："线性"过滤方式在运行时，会出现贴图闪烁现象，故一般最好不将"线性"过滤方式用于三维模型贴图的显示上，但可以使用在二维界面元素贴图的显示方式上。

（3）关键色。选择一个颜色，可以将贴图上面相应的颜色进行镂空显示。

（4）透明。设置模型贴图的透明模式及透明度。

其中：

整体透明表示设置模型为整体透明模式。

使用贴图 Alpha 表示打开模型材质 Alpha 通道，以显示贴图的镂空效果。

其他表示通过 Alpha 混合的方式获得各种各样的效果，比如透明效果。

不透明度表示设置所选择模型的不透明度值。255 为不透明，0 为完全透明。

Z Write 表示设置模型在 VR 场景中的深度缓冲。三维场景转到二维屏幕上需要通过这个值表现模型的 Z 坐标，要不就重叠在同一平面上了。

物体类型表示选择物体的相应类型。"其他"类型可以通过透明度为零物体透视。"是地板或地面"类型不可以通过透明度为零物体透视。

如图 8.22 所示，后面添加"其中，展开第一层贴图卷展栏得到左侧图，单击'透明'按钮，显示右侧图。"

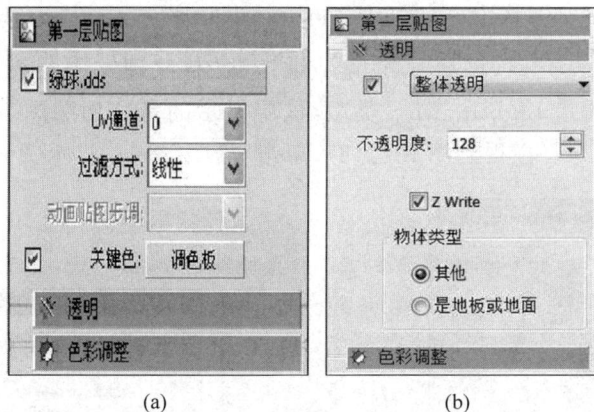

图 8.22　物体类型

说明：如果模型没有第一层贴图，则"整体透明"选项前的复选框为灰色不可选，就不能对模型进行透明属性的设置操作。另外，为了使用 Alpha 混合方式，必须设置以下两个参数：Src Mode 为 Alpha 混合系数；Ksrcdst Mode 为 Alpha 混合系数 Kdst。两者分别与当前颜色和目标颜色进行运算后才能实现各种各样的效果。

（5）色彩调整：用于调整第一层贴图色彩的比例、亮度、对比度以及 Gamma 值。

其中：

全部表示对贴图的红、绿、蓝 3 个颜色进行同时调节。

红表示对贴图的红色通道进行调节。

绿表示对贴图的绿色通道进行调节。

蓝表示对贴图的蓝色通道进行调节。

比例表示对贴图的色彩比例进行调节。向左拖动滑块,色彩比例降低;向右拖动滑块,色彩比例提高。用户也可以直接在后面的文本框中输入一个数值进行精确的调节。单击 O 按钮将恢复比例调节为 0。

亮度表示对贴图色彩的亮度进行调节。向左拖动滑块,色彩亮度降低;向右拖动滑块,色彩亮度提高。用户也可以直接在后面的文本框中输入一个数值进行精确调节。单击 O 按钮将恢复亮度调节为 0。

对比度表示对贴图色彩的对比度进行调节。向左拖动滑块,色彩对比度减小;向右拖动滑块,色彩对比度加大。用户也可以直接在后面的文本框中输入一个数值进行精确调节。单击 O 按钮将恢复对比度调节为 0。

Gamma 值表示对贴图色彩的 Gamma 值进行调节。向左拖动滑块,色彩的 Gamma 值提高。用户也可以直接在后面的文本框中输入一个数值进行精确调节。单击 O 按钮将恢复 Gamma 值降低调节为 0。

Gamma 值系数表示调节 Gamma 值系数。

还原表示将所有的调节参数恢复为原始参数 0。

试验表示用于测试并预览调节后的参数效果。

4. 第二层贴图

第二层贴图主要用于选择贴图混合模式,与第一层贴图不同的是第二层贴图可以设置贴图的混合模式,并且多了一项"其他",如图 8.23 所示。

说明:第二层贴图中与第一层贴图许多参数一样,意义也一样。下面仅对不同的参数进行解释。

(1) 混合模式。共有 13 种混合模式,主要用来设置第一层贴图与第二层贴图的混合模式。

其中,混合系数表示用于设置不同混合模型的混合强弱程度。

(2) 其他。用于设置其他的效果。

其中,交换 1、2 层贴图表示将第一层贴图与第二层贴图进行交换。

说明:交换贴图后会影响混合后输出的颜色。针对不同的混合模式,交换后的反差效果是不一样的。

5. 反射贴图

反射贴图用于添加反射贴图,用来模拟模型的反射效果,如图 8.24 所示。

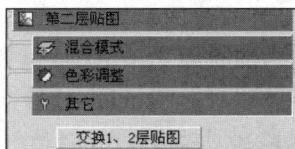

图 8.23　"第二层贴图"卷展栏　　　图 8.24　"反射贴图"卷展栏

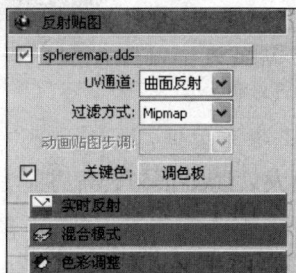

说明：反射贴图中参数与第一层贴图的参数同样有许多是相同的，下面仅对不同的参数进行解释。

(1) 实时反射。用于设置场景中实时反射的效果。

(2) 开启实时反射。开启所选模型的实时反射。

(3) 选择反射组。添加模型所反射的物体。

(4) 背景颜色。设置模型实时反射的背景颜色。

(5) 翻转法线。调整模型的法线，让反射正确显示。

说明：使用实时反射的时候，需要先开启反射，否则实时反射为不可使用状态。

8.3.2 常用材质的创建

1. 金属材质的创建

在制作项目的时候，金属材质的使用比较广泛。制作金属材质时，在 3ds Max 中可以给模型的漫反射通道添加一张纹理贴图，或者是调整漫反射颜色，两种情况可以任选其一。金属材质的模型是可以不烘焙的，然后可以结合 VRP-For-Max 插件，将其导入到 VRP 编辑器中进行编辑。下面通过一个具体的例子，在 VRP 环境中设置金属效果。

例 8.3　在 VRP 编辑器中制作金属材质

(1) 在 3ds Max 中制作或导入已制作好的模型，通过烘焙并导出到 VRP 环境中，工艺品模型如图 8.25 所示。

图 8.25　工艺品模型

(2) 在 VRP 编辑器中选择"创建对象"→"三维模型"面板，选中需要设置成金属的对象模型，本例中选择下部立方体，接着打开该模型的"材质"属性面板，设置"材质类型"为 Normal（普通）材质，然后开启动态光照，并设置 Ambient（环境色）和 Diffuse（漫反射颜色）的颜色为白色，设置时单击颜色块，打开小的颜色调节窗口，在其中把红绿蓝都调节

为最大值即可。

（3）设置高光的 RGB 值为 249、249、208，自发光为白色，系数为 5。

（4）打开"反射贴图"选项，启用反射贴图，并单击贴图通道，在弹出的菜单中单击"选择"→"从 Windows 文件管理器"命令，添加名为"金属.jpg"的图片。

（5）打开"反射贴图"选项，然后调整"UV 通道"为平面反射，接着打开"混合模式"选项，调整"混合模式"为 Use Blend Facter，设置"混合系数"为 128。

当操作步骤完成后，效果如图 8.26 所示。

2. 玻璃材质的创建

玻璃材质在实际生活中的使用非常普遍，从外墙窗户到室内屏风、门扇等都会用到。玻璃材质一般情况下是不需要烘焙的，但是如果这个玻璃是场景中主要表现的物体，为了使效果更好，可以对玻璃进行烘焙。

例 8.4 在 VRP 编辑器中制作玻璃材质

（1）继续实例 8.3 的 VRP 文件，如图 8.26 所示。

（2）在 VRP 编辑器中选择"创建对象"→"三维模型"面板，选中需要设置成玻璃的模型，本例中选择上部抽象造型部分，打开"第一层贴图"下面的"透明"选项，开启物体的透明状态，并调整为"整体透明"。

说明：在这个实例中，玻璃烘焙的是 LightingMap，因此会有两层贴图，第一层是纹理贴图，第二层是光影贴图。

（3）在"材质"面板中打开"反射贴图"选项，启用反射贴图，并单击贴图通道，在弹出的菜单中单击"选择"→"从 Windows 文件管理器"命令，添加名为"玻璃.jpg"的图片。

（4）打开"反射贴图"选项，调整"UV 通道"为"曲面反射"，接着打开"混合模式"选项，调整"混合模式"为 Use Blend Facter，设置"混合系数"为 173，效果如图 8.27 所示。

图 8.26 金属材质效果图

图 8.27 玻璃材质效果图

3. 地板材质的创建

在制作项目时，地板材质也是使用比较多的一种材质。在做虚拟现实项目时，地板材质一般只需要在 3ds Max 中给模型添加一张漫反射贴图，然后对模型进行烘焙。其他

的地板属性（如反射属性）可以在 VRP 中进行制作。下面的实例主要介绍地板的实时反射材质的制作。

例 8.5 在 VRP 中制作地板反射材质

（1）在 3ds Max 中制作一个圆桌，并赋予木纹贴图，设置一个平面为地板，赋予棋盘格贴图。烘焙并保存为 VRP 文件"圆桌.vrp"，如图 8.28 所示。

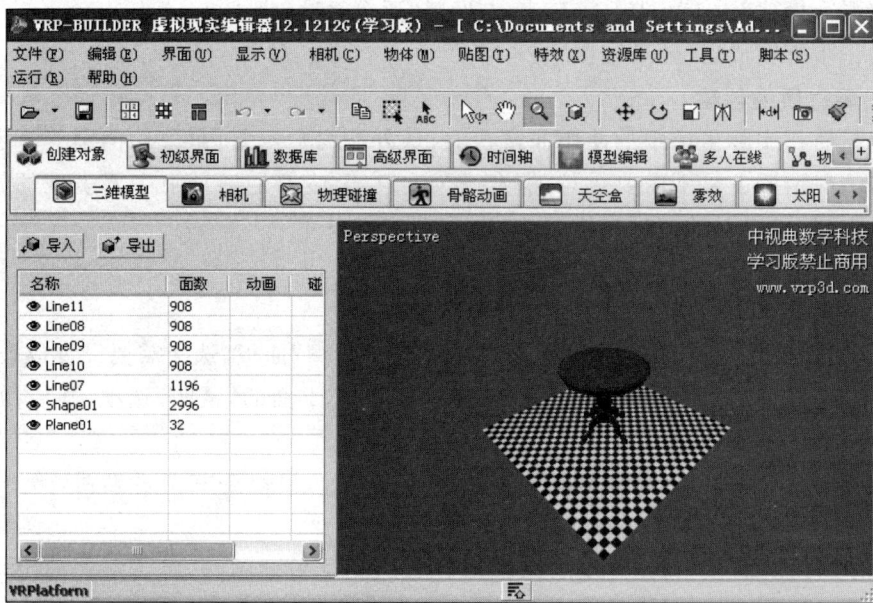

图 8.28　圆桌.vrp 效果图

（2）在 VRP 编辑器中，选择地面以上的物体，单击工具栏上的"显示物体编组"按钮，对选择的模型进行编组，并设置名称为"group1"。

（3）再选择"地面"，在"材质"面板中打开"反射贴图"选项，启用反射贴图，然后调整"UV 通道"为ComPos。

（4）开启实时反射，并添加"group1"组。

（5）打开"混合模式"选项，调整"混合模式"为Use Blend Facter，"混合系数"设置为 100。完成场景中地板的实时反射的效果制作，如图 8.29 所示。

图 8.29　地板反射效果图

8.3.3　材质库

材质在虚拟现实系统中是一个重要的内容，因而 VRP 不仅提供了材质面板，更有材质库，可以快速方便地给场景中的模型对象直接赋予各种材质，在 VRP12 系统中，共有16 种材质类型。单击工具栏中的 按钮。将打开材质库，如图 8.30 所示。

利用材质库给场景中的模型赋予材质时，方法为：选择场景中的模型对象，打开材质库，双击其中的某一个材质，该材质将赋予场景中的模型对象上。

图 8.30 材质库

8.4 角色库的应用

在 VRP 编辑器中有一个角色库,用户可以随意地从角色库里调用这些角色到 VR 场景里,并给角色添加上多种行为动作,模拟场景与角色之间的相互关系。另一方面,用户也可以将 3ds Max 里自定义的角色导入到角色库中。

8.4.1 角色库的调用

在 VRP 编辑器中将"角色库"中的角色添加到 VR 场景中比较方便,下面通过一个具体实例表示操作步骤。

例 8.6 角色库应用

(1) 启动 3ds Max 2010,在界面左侧"创建面板"→"几何体"环境下,单击"平面"按钮,在顶视图中画一平面,在左侧参数卷展栏下,设置长为 800,宽为 800。

(2) 按 M 键,打开"材质编辑器"对话框,单击材质球下方的"获取材质"按钮 ,或者是单击漫反射色块边的小按钮,打开"材质/贴图浏览器",单击棋盘格贴图,单击"确定"按钮。在"坐标"卷展栏下,"平铺"下的 U、V 值框中都输入 2。再在"棋盘格"参数卷展栏中,单击黑色的色块,设置为黄色。单击"将材质指定给选择对象"按钮 ,将棋盘格贴图赋给平面。

(3) 进行烘焙,单击"渲染"→"渲染到纹理",打开"渲染到纹理"对话框,参数设置方

法可依照例 8.2 完成。

（4）参数设置完毕，可单击下方的"渲染"按钮。渲染完毕。单击 3ds Max 命令面板中的工具按钮，切换到工具窗口，在打开的工具窗口中，选择[＊VRPlatform＊]。

（5）单击"工具"卷展栏之下的[＊VRPlatform＊]按钮，在下方出现新的 VR-PLATFORM 卷展栏，单击"导出"按钮，打开"导出为 VRP 文件"对话框，单击"保存场景"按钮，选择保存文件的路径和命名文件名为场景，保存后返回单击"调入 VRP 编辑器"按钮。这时将启动 VRP-Builder，并装入 3ds Max 场景模型，单击工具栏中的"居中最佳显示"按钮，添加显示地面、天空背景和太阳效果，场景效果如图 8.31 所示。

图 8.31　场景效果图

（6）单击功能分类中的"骨骼动画"按钮，再单击主功能区中的"角色库"按钮，在弹出的"角色库"对话框中选择某个角色模型后双击鼠标或者是将鼠标放在其角色模型上右击，在弹出的快捷菜单中单击"引用应用"命令即可将该角色模型添加到当前的 VR 场景中。本例中选择"亚洲休闲装平跟鞋女士"，如图 8.32 所示。

图 8.32　角色与场景图

8.4.2　动作库

VRP 编辑器中不仅只有角色库,还有动作库,通过动作库中对象的选择,可以给场景中的角色赋予不同的人物动作,如走路、跑步等。除此之外,用户还可以将 3ds Max 里设置的、自定义的动作导入到动作库中。

1. 动作库中的相关命令

当选择了角色后,在属性面板上,单击动作,进入到动作面板,再单击"动作库"按钮,打开"动作库"窗口。"动作库"窗口如图 8.33 所示。

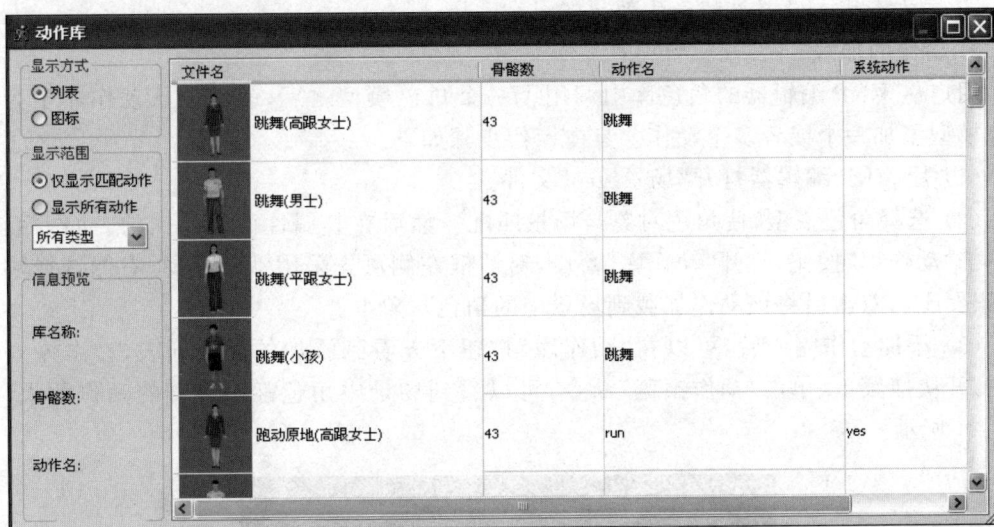

图 8.33　"动作库"窗口

在该窗口中,各参数的意义如下。

(1) 显示方式。主要是用来设置动作在动作库中的显示方式。

① 列表:设置动作在动作库中以列表的方式显示。

② 图标:设置动作在动作库中以图标的方式显示。

(2) 显示范围。主要是用来设置动作在动作库中的显示范围。

① 仅显示匹配动作:设置在动作库中仅显示与角色所匹配的动作。

② 显示所有动作:设置在动作库中显示所有的动作。

③ 所有类型:可以设置根据角色类型显示相匹配的动作。

(3) 信息预览。主要作来显示动作的相关信息。

(4) 动作设置。在动作名称上单击鼠标右键,可以在弹出的快捷菜单中对当前的动作进行设置。

① 动作预览:对当前所选中的动作进行预览。

② 添加到动作库:将当前所选中的动作添加到动作库中。

③ 设为默认动作:将当前所选中的动作设为默认动作。

④ 设为行走动作:将当前所选中的动作设为行走动作。

⑤ 设为跑步动作：将当前所选中的动作设为跑步动作。

⑥ 设为跳跃动作：将当前所选中的动作设为跳跃动作。

⑦ 修改动作名称：对当前所选中的动作名称进行修改。

⑧ 删除动作：删除当前选中的动作。

⑨ 设置表情权重：设置骨骼动作的影响范围。

（5）关节自动朝向。勾选"开始自动朝向"复选框后，下面相应项为可用状态，可设置相关参数。

① 角度范围：设置骨骼面对相机的最大角度。

② 骨骼索引：设置控制骨骼的索引号。

③ 触发范围：设置骨骼产生效果的最大范围。

2. 动作的加载

用户从 VRP 编辑器的角色库中调用了一个角色模型之后，就可以从动作库中为该角色模型添加一个或者多个动作。具体操作步骤如下。

（1）用 VRP 编辑器打开"场景.vrp"文件。

（2）选择角色模型，使角色对象与场景匹配。然后在其属性面板界面的"动作"面板中单击"动作库"按钮，打开"动作库"窗口，对话框左侧可先采用默认选择，右侧选择跳舞（平跟女士），双击后将该动作加载到场景中的角色对象上。

（3）添加动作完成后，可以在"动作库"按钮下方看到添加的动作列表，右击该列表项，打开快捷菜单，单击"动作预览"命令，可以看到场景中角色翩翩起舞的动作效果，如图 8.34 所示。

图 8.34 跳舞动作图

8.4.3 路径动画的创建

1. 路径的参数

在前述的动作设置中，其效果都是角色在原地方进行表演，没有真正的离开原地，而在路径动画中，用户可以在 VRP 编辑器中绘制一条曲线作为路径，然后将角色绑定到该路径上，控制该角色对象沿着路径进行运动，产生更加真实的行走或跑步动画效果。

绘制路径的方法是，将视图窗口从透视图切换到顶视图，按 T 键。接着将窗口中的场景图像放大，在功能区单击"形状"，在视图的左边有创建形状，单击"折线-路径"按钮，此时会弹出一个"操作说明"提示对话框，用户单击"确定"按钮就可以了，随即便可在场

景中,按下 Ctrl+鼠标左键进行路径绘制。绘制完成后,在视图右侧出现"路径编辑"面板,如图 8.35 所示。

(1) 路径编辑。主要是用来给创建好的路径添加锚点或者是删除锚点。

① 创建锚点:通过设置鼠标工具,然后在场景中按住 Ctrl+鼠标左键在当前路径尾部创建锚点。

② 添加锚点工:直接在当前选中锚点后插入一个新的锚点。

③ 删除锚点:删除当前选中锚点。

除了"路径编辑"面板以外,在属性面板下还有路径平滑系数、高程编辑工具、锚点坐标编辑、路径运动选择等 4 个参数组,如图 8.36 所示。

图 8.35　"路径编辑"面板

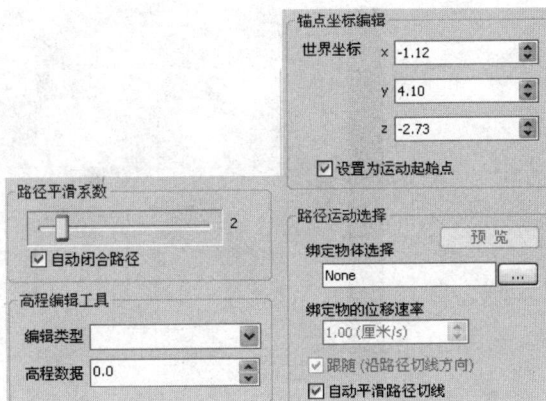

图 8.36　4 个参数组

(2) 路径平滑系数。主要用于调整路径的平滑程度。

自动闭合路径:勾选该复选框之后,绘制的路径是闭合的。

(3) 高程编辑工具。调整锚点的编辑类型与位置。

① 编辑类型:"所有点高程加上"是在 Y 轴原有的基础上再加数值;"所有点高程置为"是将 Y 轴置为 0,重新修改 Y 的数值。

② 高程数据:调整锚点 Y 轴的数值。

(4) 锚点坐标编辑。主要用于调整路径上锚点的坐标的位置。

① 世界坐标:用于设置锚点的世界坐标位置。

② 设置为运动起始点:用于将选中的锚点设置为运动的起点。

(5) 路径运动选择。主要用于设置绑定物体的路径和路径动画的速度以及方向。

① 绑定物体选择:用于将选择的物体绑定在路径上面。

② 绑定物体的位移速率:用于设置路径动画的位移速度。

③ 跟随(沿路径切线方向):勾选之后,绑定的物体是沿着路径所绘制的方向进行运动。

④ 自动平滑路径切线:勾选之后,绘制路径自动平滑。

2. 路径动画的设置

在 VRP 编辑器中创建路径动画时,可通过一个实例来学习操作方法和步骤。

例 8.7　路径动画的编辑

(1) 从 VRP 编辑器的角色库中调用一个角色模型。本例中采用了亚洲休闲装平

跟女士，然后在其属性面板界面的"动作"面板中单击"动作库"按钮，打开"动作库"窗口，在窗口左侧"所有类型"中选择"平跟女士"，其他参数可先采用默认选择，从右侧中选择"行走原地（平跟女士）"，双击后将该动作加载到场景中的角色对象上。在右边的属性栏中可以看到动作的名称列表，右击该动作名称，在打开的对话框中单击设为默认动作。

（2）绘制场景中的路径。按 T 键，首先将视图切换到顶视图，然后在功能分类中单击"形状"、单击"折线-路径"命令。按住 Ctrl 键，将鼠标放在场景中单击以绘制角色行走路径，绘制时路径会自动形成一个闭合线路，绘制完毕后双击鼠标结束路径绘制操作，如图 8.37 所示。

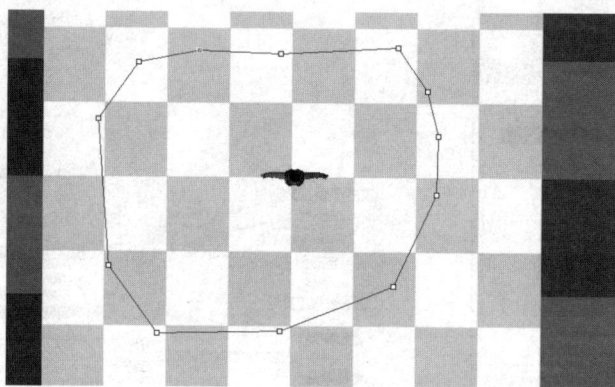

图 8.37　绘制角色路径

（3）创建完路径后，用户可以按 P 键切换到透视图进行观察。

（4）拖动路径属性面板中的"路径平滑系数"滑块，调节路径的平滑系数，以便得到一个平滑的路径。

（5）在路径属性面板中，单击"路径运动选择"下的"绑定物体选择"后面的 ⋯ 按钮，在打开的"选择物体"对话框中左边的列表中选择人物对象，右边选择"骨骼模型"，最后单击"确定"按钮即可将选择的角色模型约束到路径上，如图 8.38 所示。将角色模型绑定到路径时，角色会自动对准路径的方向。

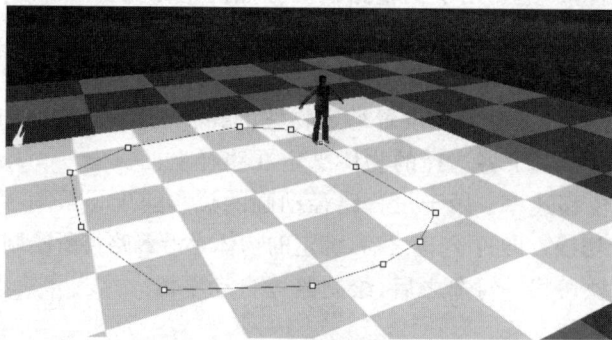

图 8.38　角色模型约束到路径

（6）设置角色模型的"绑定物的位移速率"为 100（厘米/秒），同时勾选"跟随（沿路径

切线方向)"复选框,使角色模型沿路径的方向进行行走。

（7）单击主工具栏上的"运行"按钮 ▷,可自动切换到播放器中浏览角色模型沿路径行走效果,如图 8.39 所示。

图 8.39　角色模型沿路径行走效果

8.4.4　创建路径动画的锚点事件

在 VRP 编辑中,不仅可以将角色绑定到绘制好的路径上进行行走外,还可以设置角色到达某一个锚点的时候执行另外一个动作。下面继续借用前述角色模型,使该平跟女士角色行走到达某一锚点之后,执行跳舞动作,完成这些行为之后,继续执行行走的动作。具体操作步骤如下。

（1）继续前面使用的场景文件,从角色库中调出"亚洲休闲装平跟女士",然后在其属性面板界面的"动作"面板中单击"动作库"按钮,打开"动作库"窗口,在窗口左侧"所有类型"中选择"平跟女士",其他参数可先采用默认选择,右侧选择"行走原地（平跟女士）",双击后将该动作加载到场景中的角色对象上。再选择"跳舞（平跟女士）",同样双击加载动作到角色对象上。接着把行走动作设置为默认的动作。

（2）首先要添加一个锚点,在功能区单击形状,在视图左侧的列表区中选择 path01,在视图的右侧单击"属性"按钮,如图 8.40(a)所示。打开"属性"面板,在下方的锚点中任选一个,单击添加锚点,锚点创建后,视图中的路径曲线上多了一个红点。

（3）单击"动作"按钮,如图 8.40(b)所示。在"锚点到达"边单击"脚本"按钮,打开对应的"VRP 脚本编辑器"对话框。

（4）在打开的"VRP-脚本编辑器"窗口中,单击"插入语句"按钮,打开"VRP 命令行编辑器",单击"形状"按钮,打开"形状"选项,添加"路径动画暂停"脚本,并设置路径名称为"path01",选项为"1＝暂停",如图 8.41 所示。

（5）单击"确定"按钮,返回"VRP-脚本编辑器"窗口。再单击"插入语句"按钮,单击"骨骼动画"按钮,打开"骨骼动画"选项,在选项中选择"插播骨骼动作",并设置它的各个选项,如图 8.42 所示。

（6）单击"确定"按钮,返回"VRP-脚本编辑器"窗口。单击"保存"按钮,关闭窗口,可

X值	Y值	Z值
-3.15	0.00	426.23
-143.15	0.00	374.03
-356.72	0.00	231.65
-394.69	0.00	10.97
-375.70	0.00	-200.22
-233.33	0.00	-387.68
-24.51	0.00	-401.92
174.82	0.00	-366.33
341.52	0.00	-213.27
384.82	0.00	-117.17
388.38	0.00	-41.24
397.88	0.00	105.89
350.42	0.00	260.13

(a)　　　　　　　　　(b)

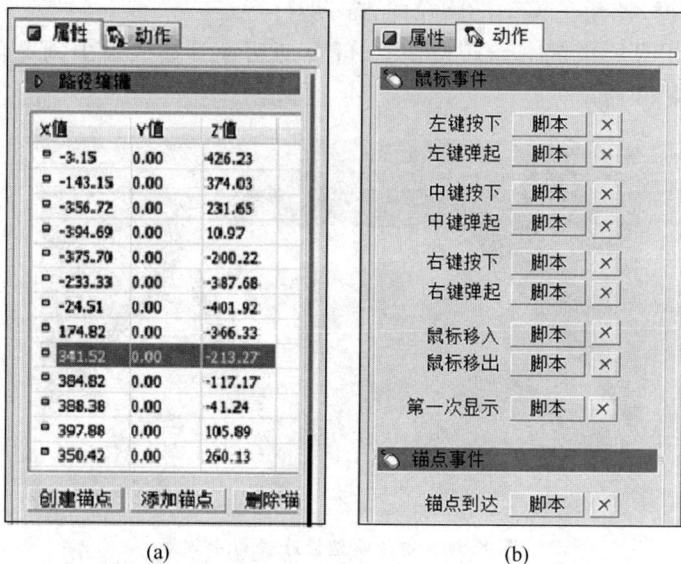

图 8.40　设置锚点

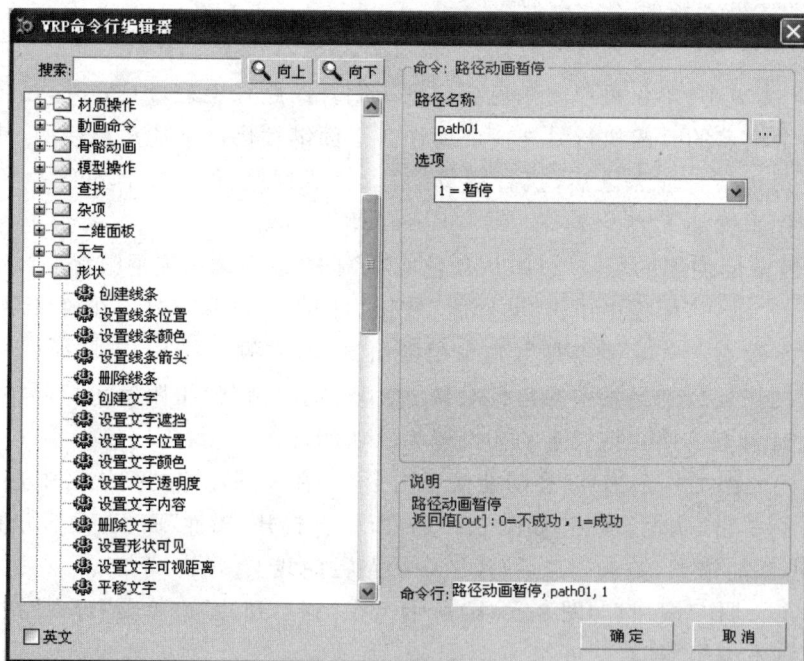

图 8.41　VRP 命令行编辑器

以预览动画效果。可以看到，平跟女士行走并在锚点到达后跳舞，完毕原地行走，没有继续前进。

　　（7）再次打开"动作"面板，在"锚点到达"边单击"脚本"按钮，打开对应的"VRP-脚本编辑器"窗口。选择"自定义函数"选项卡，单击"新建"按钮，打开"命名"对话框，命名为"001"，单击"插入语句"按钮，单击"形状"选项，添加"路径动画暂停"脚本，并设置

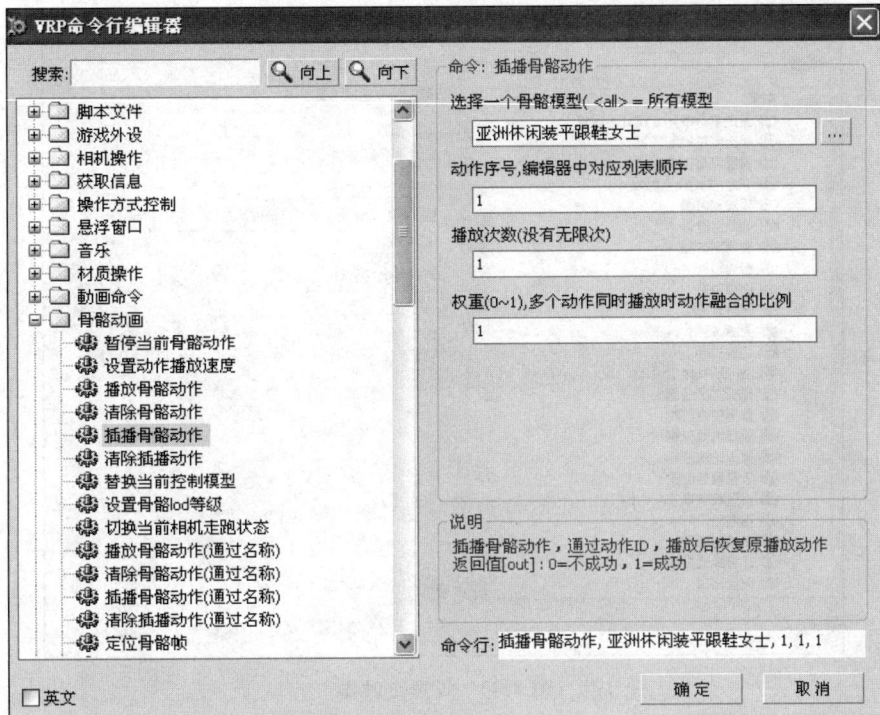

图 8.42　设置插播骨骼动作

路径名称为"path01"和选项为"0＝继续"。单击"确定"按钮,返回"VRP-脚本编辑器"窗口。再单击"插入语句"按钮,单击"骨骼动画"按钮,打开"骨骼动画"选项,在选项中选择"只播放默认动作",并设置对应的参数,单击"确定"按钮,返回"VRP-脚本编辑器"窗口。

(8) 单击"保存"按钮,关闭窗口,可以预览动画效果。可以看到,平跟女士行走并在锚点到达后跳舞,完毕原地行走,仍然没有继续前进。

(9) 这时需要添加时间控制器。方法是,打开"动作"面板,在"锚点到达"边单击"脚本"按钮,打开对应的"VRP-脚本编辑器"窗口。单击"插入语句"按钮,选择"杂项",打开后选择"删除定时器",在它的参数定时器 id 中填入 1,单击"确定"按钮,返回"VRP-脚本编辑器"窗口。再次单击"插入语句"按钮,选择"杂项",打开后选择"设置定时器",在它的参数中填入对应数据,如图 8.43 所示。

说明:在使用"设置定时器"命令时,必须先使用"删除定时器"命令,其中定时器 id 可以自选设置,但是"删除定时器"命令与"设置定时器"命令这两个定时器 id 必须一致。定时器的时间间隔设置为 5000ms,是因为跳舞正好为 5s,两者相等。定时器调用的函数是步骤 6 中自定义的函数,函数名为 001。

(10) 单击"确定"按钮,返回"VRP-脚本编辑器"窗口,如图 8.44 所示。单击"保存"按钮,关闭窗口,按 F5 键运行,可以看到平跟女士先行走一段距离后,在某个锚点停下来,跳舞 5s 后继续向前行走。

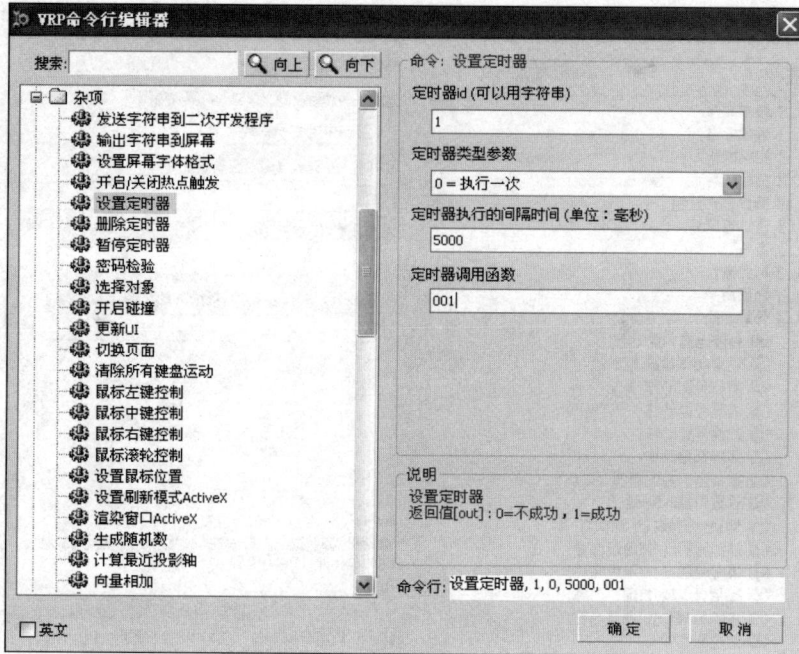

图 8.43　设置定时器

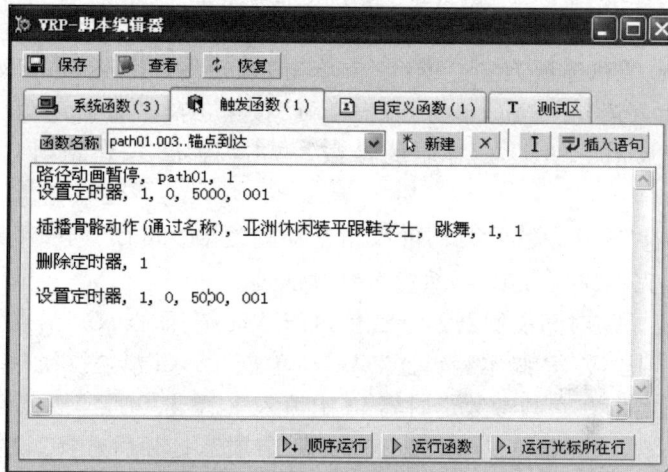

图 8.44　"VRP-脚本编辑器"窗口

8.5　VRP 相机

　　VRP 相机类似于 3ds Max 的相机的作用，主要功能是用来浏览场景。人们的视觉往往只能看到大的环境，而用相机来帮助人眼，可以自由调节方向和角度。VRP 相机分为行走相机、飞行相机、绕物旋转相机、角色控制相机、跟随相机、定点观察相机和动画相

机等,如图8.45所示。

8.5.1　各类相机简介

1. 行走相机

在制作虚拟现实场景的时候,如果用户需要以第一人称的视角进行观察,或者在整个VR场景中漫游时,就可以创建一个行走相机来实现这种功能。

1) 行走相机的创建

(1) 在主功能区中,单击"创建对象""相机"。打开相机面板。在"创建相机"列表中单击"行走相机"按钮,在弹出的Camera name对话框(如图8.46所示)中。可输入所创建相机的名称,因为在实际工作过程中,相机可能使用多个,为了不至于混乱,一般应该重新给予命名。如果不命名,VRP系统会自动将创建的相机命名为Camera01、Camera02等。

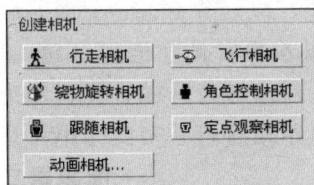

图8.45　相机列表

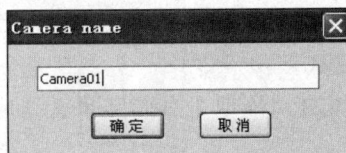

图8.46　Camera name对话框

(2) 一旦相机创建完成后,在场景中会有一个虚拟小人,首先按P键切换到透视图中,可使用工具栏中的"缩放物体"工具,适当调整相机虚拟人的位置和大小,使其在场景中的比例符合正常人的大小,如图8.47所示。

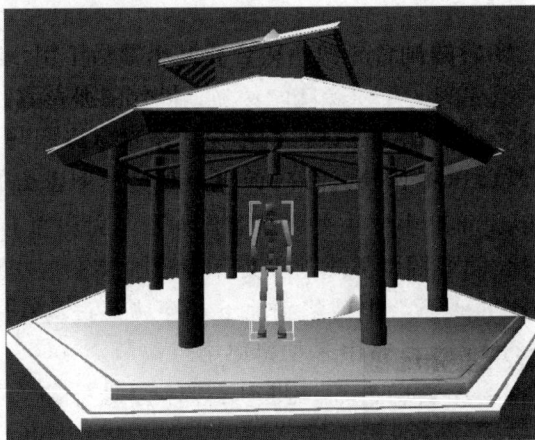

图8.47　行走相机模拟图

2) 行走相机的参数

行走相机的参数面板有四个卷展栏,分别为基本参数、移动速度、形状碰撞、立体视觉等。

（1）基本参数。主要用于设置相机的视角、长宽比及裁剪等参数。

① 水平视角：设置相机水平视角范围。一般地，正常人眼观看的范围在75°左右。

② 长宽比系数：设置相机画面的长宽比例。

③ 近裁剪面：相机视图中能看见的最近距离，从近裁剪面的值到远裁剪面的值是相机视图能观看到的范围。

④ 远裁剪面：相机视图中能看见的最远距离。

（2）移动速度。主要用于控制相机手动控制和动画播放的速率。

① 移运速度：设置相机的运动速度。

② 动画速度：这个参数是专门针对调整动画相机的速度的。1为正常的速度，2为2倍速度，以此类推。

（3）形状碰撞。主要调整相机身高和相机模式。

① 身高：设置相机的身高。

② 行走（具有重力）：设置行走相机的模式为行走模式。对于行走相机，默认切换为不加碰撞的飞行状态。

③ 飞行：设置行走相机的模式为飞行模式。如果不开启碰撞检测，相机切换为不加碰撞的飞行状态。

④ 相机自动落地：相机自动落到地面上。

（4）立体视觉。用于设置立体视觉参数。

① 显示立体相机（全局）：此复选项是针对立体模块的。勾选此复选框则可以显示立体相机。

② 双眼间距：调整立体相机双眼的间距来控制立体的视觉。

③ 参照物：用来选择参照物，参照物将会显示在屏幕画布上。

④ 固定值：设置参照物离相机的固定距离。

例8.8 行走相机应用

（1）启动VRP系统，并打开"八角亭.vrp"文件，单击"创建对象""相机"。打开相机面板。在"创建相机"列表中单击"行走相机"按钮，在弹出的Camera name对话框中，采用默认的命名。

（2）在场景中调整虚拟小人，使虚拟人与建筑物大小与位置匹配，这一点很重要。

（3）设置相应的行走相机参数，水平视角为74，身高调整到与亭子匹配。在"形状碰撞"卷展栏中，选择行走（具有重力）模式，因为选择该模式，碰撞检测就会开启，这时相机小人在VR场景中行走时再也不会出现陷到地下或穿墙而过的现象了，即使撞到墙壁上也会沿着墙壁继续向前行走。

（4）按F5键，运行过程中，按光标控制键，可以体会到人行走穿过亭子的感觉。

2. 角色控制相机

在浏览VR场景时，还可以借助于角色控制相机，实现控制一个人在场景中进行漫游。

1）角色控制相机的创建

（1）首先启动"场景vrp"，单击打开主功能区里的"骨骼动画"面板，然后单击"角色库"按钮，弹出"角色库"窗口，从该窗口中选择一个双击，如"亚洲小男孩"，将此角色添加

到场景中，如图 8.48 所示。

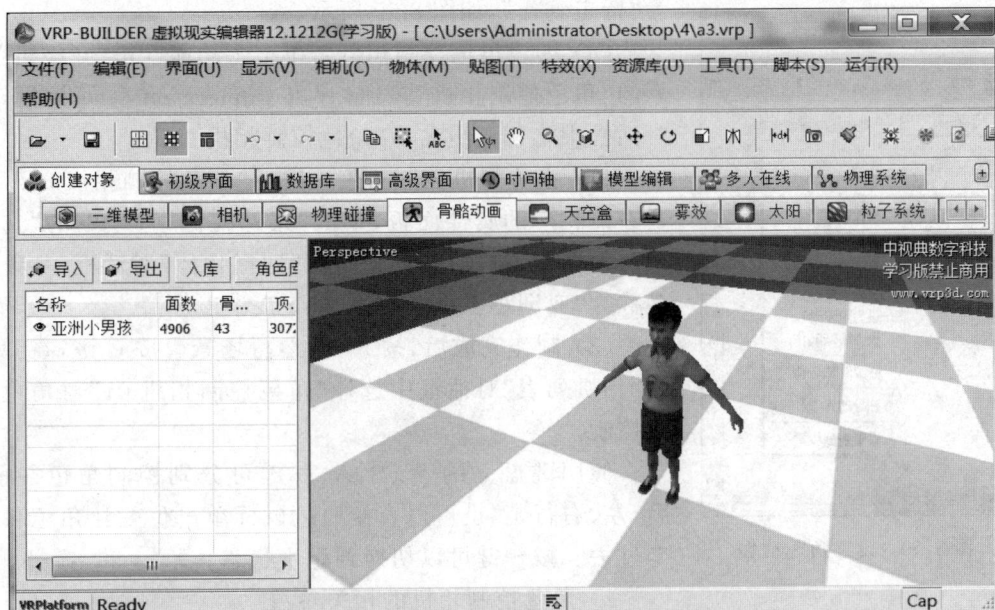

图 8.48 角色与场景视图

（2）单击工具栏中的"居中最佳显示"按钮，调整角色的大小和位置，使其比例与场景中的环境相匹配。

（3）给角色添加动作。在右侧的"动作"面板中，单击"动作库"按钮，打开"动作库"窗口中，如图 8.49 所示。

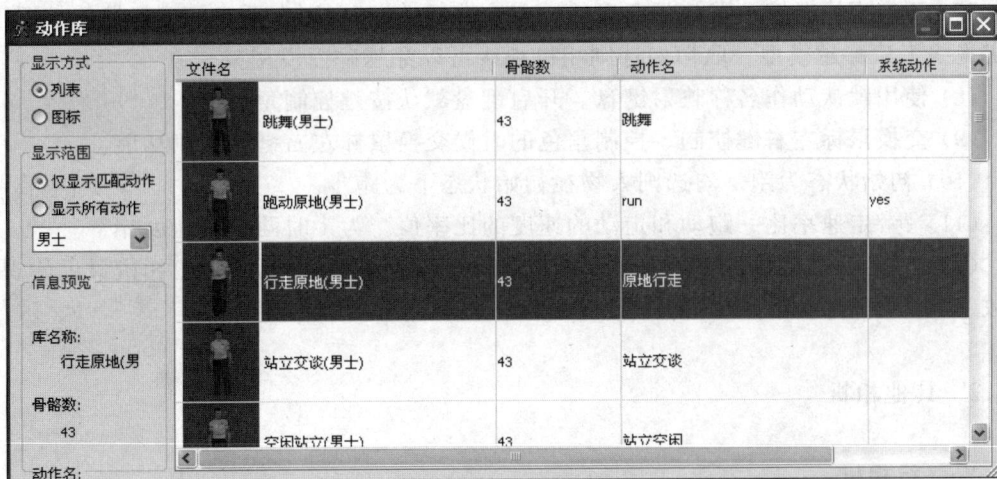

图 8.49 "动作库"窗口

（4）在左侧的"所有类型"中选择"男士"，然后在右侧双击选择"跑动原地（男士）""空闲站立（男士）""行走原地（男士）"3 个动作，并将其加入到角色模型中。

（5）设置角色动作。右键单击"跑动原地（男士）"，在弹出的快捷菜单中单击"跑步动

作"命令，用同样的方法将"站立空闲（男士）"设置为"默认动作"，"原地行走（男士）"设置为"行走动作"，如图 8.50 所示。

图 8.50　设置角色动作

（6）创建角色控制相机。单击主功能区里的"相机"栏下的"角色控制相机"按钮，弹出 Camera name 对话框，在对话框中将相机更名为"角色控制相机 01"。

（7）设置相机控制角色。选择"角色控制相机 01"，打开右侧相应的属性面板，单击"跟踪控制"选项下的"选择跟踪物体"右侧按钮，在弹出的"选择物体"对话框中，设置名称为"亚洲小男孩"，单击"确定"按钮。

（8）制作完成后，按 F5 键运行场景。按 C 键，在弹出的"相机列表"对话框中选择"角色控制相机 01"对角色进行控制。

使用键盘上的 W、S、A、D 键可分别控制角色往前、后、左、右行走，也可以直接通过鼠标单击位置让角色自行走过去。按～键可以切换到跑步状态。

2）角色控制相机的相关参数

（1）选择跟踪物体。角色控制相机要控制的对象。

（2）跟踪物体视点高度。控制相机目标点的高度。

（3）开启控制碰撞。选择是否开启角色碰撞。

（4）开启重力。选择是否开启角色碰撞。

（5）跳跃高度。设置角色在执行跳跃动作的时候跳跃的高度。

（6）重力值。设置角色的重力值大小。

（7）开启视线碰撞。默认是开启的。勾选该复选框时，则在开启模型碰撞的情况下，相机视线无法穿越模型。取消勾选则相机视线可以穿越碰撞模型。

（8）使用默认动作名称映射键盘。开启键盘默认按键控制角色。

（9）交换鼠标左右键控制。控制角色的时候交换鼠标左右键的控制功能。

（10）初始状态为跑。勾选则人物在初始状态下为跑步。

（11）跑/走速率比。跑动和走动的速度的比率值。为 1 时两者的速度相等。

（12）最远视线倍数。在角色控制相机视图下滚动鼠标中键，角色离相机最远的视线倍数。默认为 6，范围为 3.000～100.000。

8.5.2　其他相机

1.飞行相机

在制作室外 VR 场景的时候，通常用户需要对场景的整个外貌进行全局鸟瞰浏览，此时，用户就要用到飞行相机。飞行相机的创建方法与行走相机一样。飞行相机的特点是可以在场景中任意地穿越，不加碰撞检测。飞行相机的属性面板调整方法也与行走相机一样。

2．绕物旋转相机

在浏览 VR 场景时，有时会需要锁定一个目标建筑物，然后围绕这个建筑物对其进行环绕浏览。这时，用户就需要在场景中创建一个旋转相机，利用旋转相机对建筑物进行环绕浏览。绕物旋转相机的创建方法同行走相机。

与行走相机相似，有四个参数卷展栏。其中，在"旋转参数"卷展栏中，要拾取旋转的参照物，单击 None 按钮进行。

另外，该卷展栏中，参数最低高度表示设置旋转相机在 Z 轴上的旋转限制值，正值为旋转范围为 0 点以上的高度范围，负值为 0 点以下的高度范围。

3．跟随相机

在 VR 场景中，跟随相机是用来通过相机跟随目标物体（如车、人等）的移动来实现浏览场景。跟随相机的特点是相机和相机的目标点随着目标物体一起移动。

4．定点观察相机

定点观察相机的创建方法同跟随相机，属性面板和跟随相机也相同。唯一不同的是定点观察相机的相机本体不移动，只是相机目标点跟随目标移动物体一起移动。

5．动画相机

在 VR 场景中，动画相机的作用是以动画的方式来浏览整个场景。动画相机可以录制多个。

例 8.9　动画相机应用

（1）启动 VRP 编辑器，并打开系统自带的 simple.vrp 文件，按 F5 键运行场景，接着按 F11 键开始录制动画相机，运行界面的左上角有时间的提示，在录制过程中，可以用鼠标移动场景中的物体对象，快速旋转，从而产生动画效果。

（2）再次按 F11 键停止录制，此时会弹出对话框提示"动画相机录制完成，是否保留"，单击"是"按钮，弹出"请输入动画相机的名称"对话框，在其中给动画相机命名，命名完毕，在 VRP 编辑器的"相机列表"里就会出现刚刚录制好的动画相机，到这里动画相机就录制完毕。

（3）这时，按 C 键，切换到摄像机视图，可以看到先前录制的动画效果。

8.6　脚本编辑

在 VRP 系统中，为了给虚拟现实场景增加交互性能，提供了脚本编辑器，用户可以按照项目需求，给虚拟场景添加脚本语句，使得虚拟系统具有最佳的交互性能。

8.6.1　脚本编辑器

单击菜单"脚本"→"脚本编辑器"，或者按 F7 键，打开脚本编辑器，如图 8.51 所示。脚本编辑器界面简洁，以调用函数方式进行编程，简单易用。

在脚本编辑器中，各按钮功能如下。

（1）保存。保存当前编辑的脚本语句。

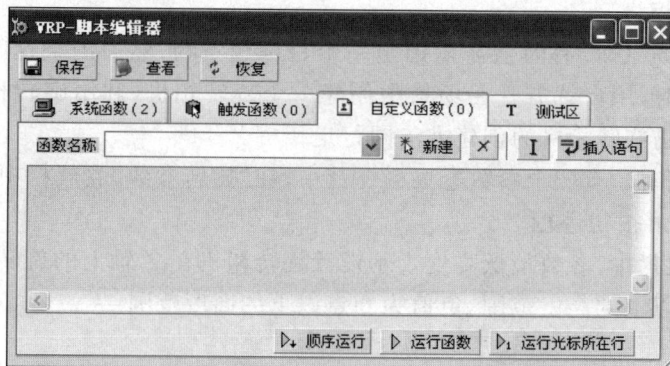

图 8.51　脚本编辑器

（2）查看。查看当前编辑的脚本语句。

（3）恢复。如果当前脚本有错误,单击该按钮可以恢复为默认值。

（4）系统函数。选项卡,可以查看当前脚本语句所调用的系统函数。

（5）触发函数。选项卡,可以查看当前脚本语句所调用的触发函数。

（6）自定义函数。选项卡,可以查看当前脚本语句中由用户自定义的函数。

（7）测试区。测试脚本函数执行结果。

（8）函数名称。显示创建或使用的函数。

（9）新建。新建一个函数。

（10）　×　。删除选择的函数。

（11）　I　。编辑光标所在行。

（12）插入语句。插入脚本语句。

（13）顺序运行。从当前命令行往下顺序执行。

（14）运行函数。运行当前脚本窗口内编辑的所有语句。

（15）运行光标所在行。只运行光标所在行的函数。

8.6.2　系统函数

　　VRP 的脚本语句是以函数调用形式来构建其基本交互功能的,而系统函数又是其中的主体部分。因此了解系统函数的性能和特点非常重要。当用户按 F7 键打开脚本编辑窗口时,再单击"新建"按钮,可以看到系统函数分为六大类,单击其中的某个按钮,将进入该类函数的对话框并可以选择具体的函数,如图 8.52 所示。

　　其中各函数的性能如下。

　　（1）窗口消息函数。指在 VRP 窗口创建和销毁时自动调用的脚本函数,用于处理 VRP 窗口创建或销毁时所进行的初始化或删除等操作。例如,窗口运行时进行的变量赋值等操作和窗口销毁时的释放变量等操作都在此处进行。

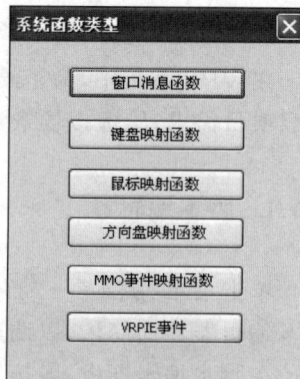

图 8.52　系统函数类型

①"♯初始化"：就是打开 VRP 播放器时，创建 VRP 窗口所进行的初始化操作。例如，DEMO 开始运行需要执行这些脚本函数，这些脚本函数都须写入"♯初始化"函数里。

②"♯关闭"：就是关闭 VRP 播放器时，VRP 窗口的销毁过程。

（2）键盘映射函数。响应键盘消息，用于处理 A～Z 键按下、弹起等事件的响应。

① 按键：选择字母按键，以针对此按键设置脚本功能。字母范围为 A～Z。

② 事件：指键盘按键处于某一状态时执行某一事件脚本函数。事件类型为按下、弹起、按下继续、弹起继续。

（3）鼠标映射函数。响应鼠标消息，用于鼠标左键、中键和右键的按下、弹起等事件的响应。

① 事件：选择相应的鼠标映射事件，设置其处于某一状态时执行某一事件脚本函数。

② 事件类型：鼠标左键按下、鼠标左键弹起、鼠标右键按下、鼠标右键弹起、鼠标中键按下、鼠标中键弹起、鼠标滚轮、鼠标移动。

（4）方向盘映射函数。响应方向盘消息，用于处理方向盘按键 1～12 按下、弹起等事件的响应（该函数的使用须系统先安装外设方向盘）。

① 事件：指方向盘按键处于某一状态时执行某一事件脚本函数。

② 事件类型："♯方向盘按键 1 按下"至"♯方向盘按键 12 按下"、"♯方向盘按键 1 弹起"至"♯方向盘按键 12 弹起"。

说明：用户可不可以使用方向盘跟用户的编辑器带没带游戏模块有关系。如果用户的编辑器中不带游戏模块，则无法使用方向盘；反之，则可以使用方向盘。

如果虚拟环境的演示现场没有鼠标、键盘，用户就可以将键盘上的按键功能映射到方向盘上，通过方向盘上的按键实现键盘按键功能。

（5）MMO 事件映射函数。此函数需要用户的编辑器中支持 MMO 多人在线模块，反之，将不能执行该函数。

（6）VPPIE 事件。此函数需要用户的编辑器中支持 VRPIE 模块，反之，将不能执行该函数。

例 8.10　设置可视距离

（1）启动 VRP 编辑器，导入 VRP 系统自带的 simple.vrp。按 F7 键，打开脚本编辑器窗口。

（2）打开"系统函数"选项卡，单击"新建"按钮。在打开的"系统函数类型"对话框中，单击"消息窗口函数"按钮，在打开的对话框中，事件选择"♯初始化"。

（3）单击"确定"按钮，返回脚本编辑器窗口，单击"插入语句"，打开"VRP 命令行编辑器"对话框，单击"调试"→"设置可视距离"，在"可视距离"框中填入"1000"，如图 8.53 所示。单击"确定"按钮，返回脚本编辑器窗口。

（4）单击"保存"按钮，关闭脚本编辑器，按 F5 键启动运行，可以看到距离近的小球显示完整，但超出距离的小球没有显示，如图 8.54 所示。

例 8.11　设置背景音乐

（1）继续使用 simple.vrp。启动 VRP 系统并打开 simple.vrp 文件。按 F7 键，打开脚本编辑器窗口。

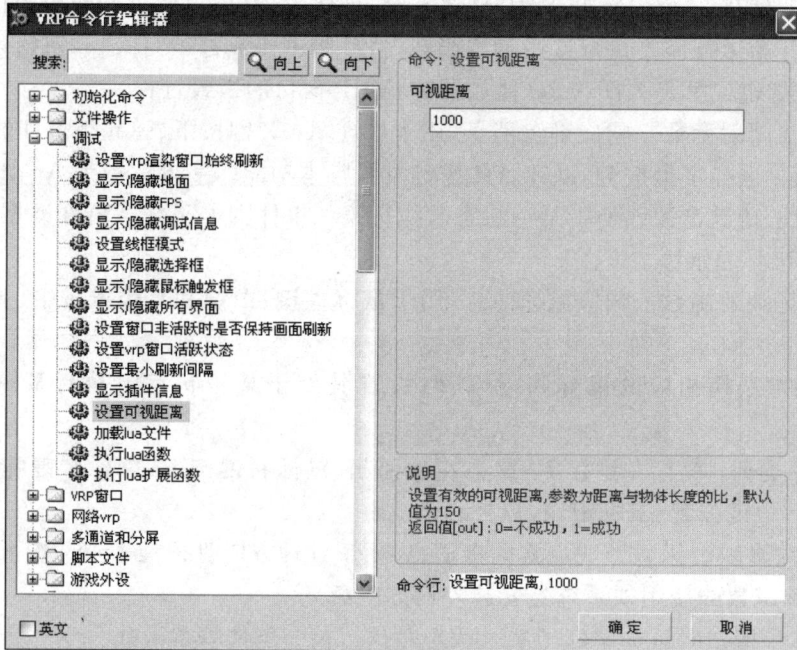

图 8.53　"VRP 命令行编辑器"对话框

图 8.54　设置可视距离脚本运行效果

（2）打开"系统函数"选项卡，单击"插入语句"，打开"VRP 命令行编辑器"对话框，单击"音乐"→"播放音乐"，打开播放音乐面板。在"音乐文件"框中可添加 mp3 或 wav 等类型的音乐文件，方法是单击旁边的小按钮，打开"音乐设置"对话框，再找到音乐文件后，单击"确定"按钮。在"重复次数"框中填入"0＝0"，表示无限循环播放，如图 8.55 所示。

（3）单击"确定"按钮，返回到脚本编辑器窗口，单击"保存"按钮，关闭脚本编辑器，按 F5 键启动运行，可听到背景音乐。

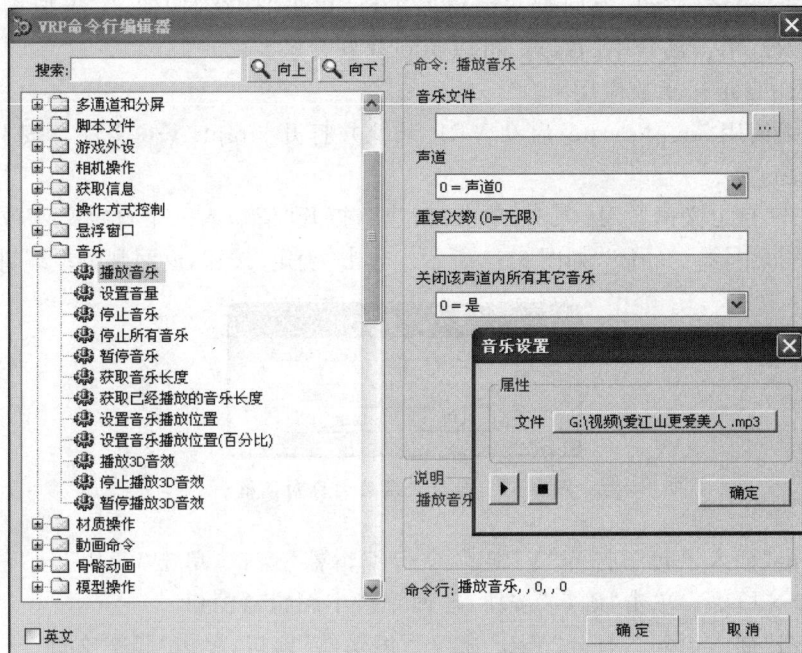

图 8.55　"VRP 命令行编辑器"对话框

8.6.3　触发函数与自定义函数

触发函数是用来对某一个物体或按钮设置一个触发事件的脚本函数。而自定义函数则是用户自己定义的一组脚本函数。下面通过两个实例说明它们的应用方法。

例 8.12　触发函数应用

（1）启动 VRP 系统并打开 simple.vrp 文件。按 F7 键，打开脚本编辑器窗口。

（2）打开"触发函数"选项卡，单击"新建"按钮，打开"创建物体事件触发函数"对话框，单击物体名称框边的小按钮，可选择当前场景中的某个对象，本例中选择"绿球"。在事件框中，设置为"鼠标左键按下"，如图 8.56 所示。

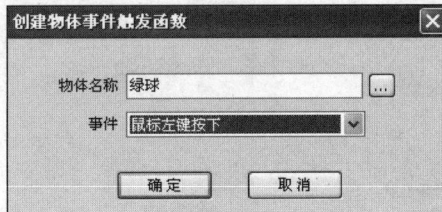

图 8.56　"创建物体事件触发函数"对话框

（3）单击"确定"按钮，返回到脚本编辑器窗口，单击"插入语句"，打开"VRP 命令行编辑器"窗口，单击"音乐"→"播放音乐"，打开播放音乐面板，在"音乐文件"框中添加一个音乐文件，方法同实例 8.11。

（4）单击"确定"按钮，返回脚本编辑器窗口，单击"保存"按钮，关闭脚本编辑器，按 F5 键启动运行，单击场景中的绿球，可以听到背景音乐。

例 8.13 自定义函数应用

（1）继续使用 simple.vrp。启动 VRP 系统并打开 simple.vrp 文件。按 F7 键，打开脚本编辑器窗口。

（2）打开"自定义函数"选项卡，单击"新建"，打开"请输入一个自定义函数名称"对话框，在该对话框中输入"stop"，如图 8.57 所示。单击"确定"按钮，返回到脚本编辑器窗口。

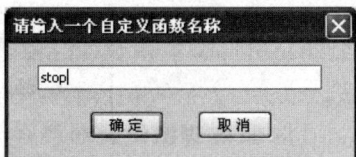

图 8.57　自定义函数名称对话框

（3）单击"插入语句"，打开"VRP 命令行编辑器"窗口，单击"音乐"→"停止所有音乐"，如图 8.58 所示。单击"确定"按钮，返回到脚本编辑器窗口。

（4）单击"插入语句"，打开"VRP 命令行编辑器"窗口，单击"脚本文件"→"执行内部函数"，在弹出的"函数名称"框中填入"stop"，如图 8.59 所示。单击"确定"按钮，返回到脚本编辑器窗口。

（5）单击"保存"按钮，关闭脚本编辑器，按 F5 键启动运行，当按下绿球听到背景音乐后，单击菜单命令"脚本"→"函数"→stop，将停止音乐，如图 8.60 所示。

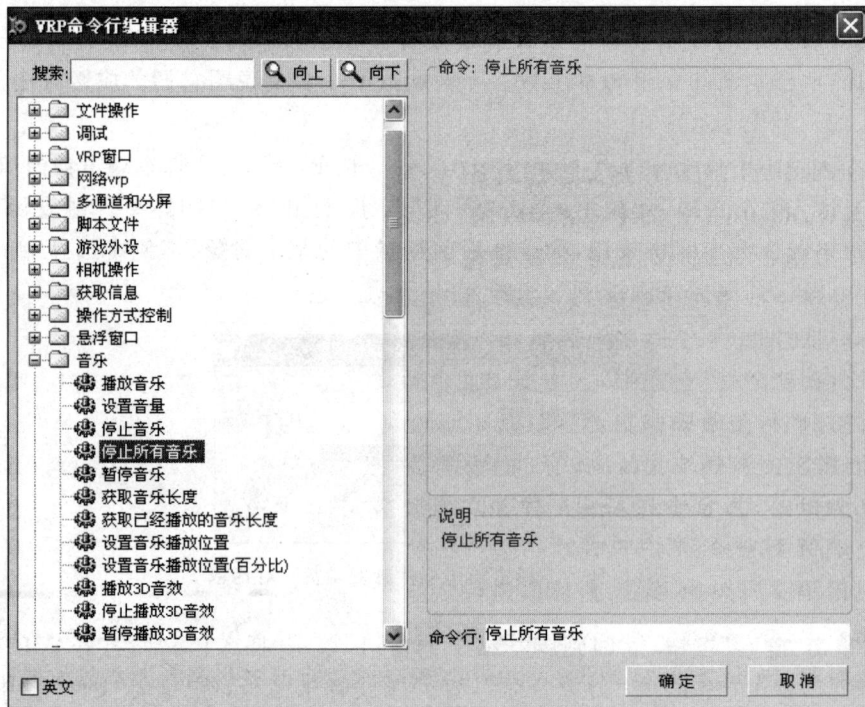

图 8.58　设置停止音乐

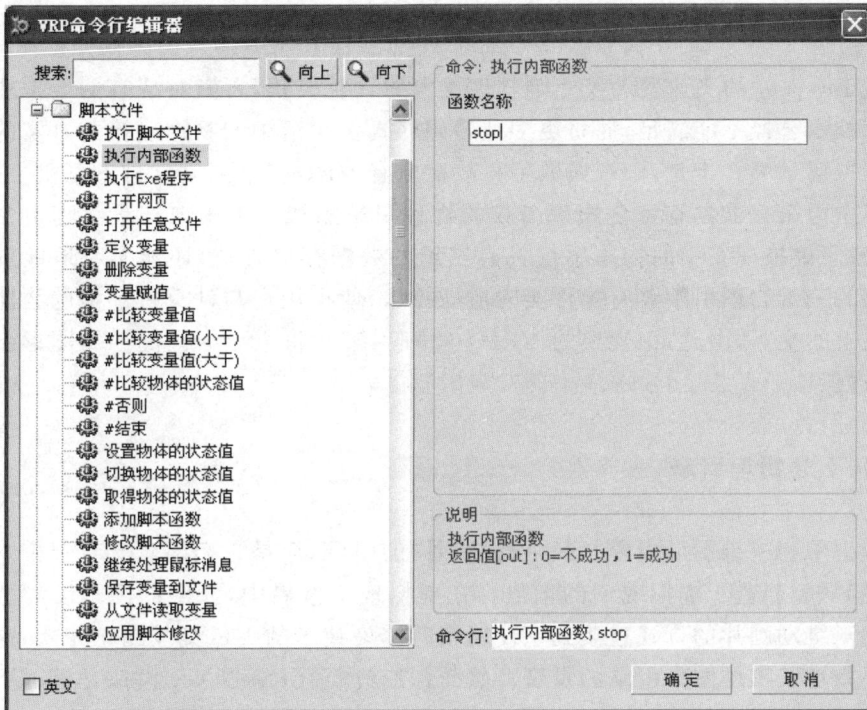

图 8.59　设置内部函数

图 8.60　自定义函数效果

8.7　VRP 物理引擎介绍

随着 Internet 的飞速发展及三维软件技术的日益成熟，人们对现有的虚拟展示与漫游式交互技术已经不能满足，而是更多地希望将真实生活中的物理碰撞与真实的粒子效果融入虚拟场景中。于是，中视典数字科技在原有 VRP 三维互动软件的基础上，又成功地开发了中国第一款具有完全知识产权的物理引擎系统。由于该三维物理引擎系统的推出，导致了虚拟现实中的物体不仅具有三维的数据存储方式，还能实时地展现在用户面前。因为三维物理引擎具有操作实时渲染技术，使得用户与计算机虚拟的物体才有了真正意义上的交互，由此，中视典的 VRP＋物理引擎也将主导中国的三维图形引擎以后的发展方向。

8.7.1　什么是物理引擎

物理引擎和三维图形引擎是两个截然不同的引擎，但是它们两者又有着密不可分的联系，它们一起创造了虚拟现实的世界。在虚拟现实世界中，人们的需求已经从观看离线渲染的三维动画片的方式过渡到了使用实时渲染技术的 VR 交互浏览方式，这一步的迈进主要归功于三维图形引擎的发展。然而，只有图形引擎的 VR 模拟是远远不能反映真实世界的复杂景观的，因为图形引擎只是一些三角形面片的涂色显示而已，虚拟世界中的物体只具有一个外表，没有内在的实体，就像一堆幽灵彼此之间无法相互作用，用户更不能和他们产生具有逼真的动作交互。物理引擎，简单地说就是计算三维场景中，物体与场景之间、物体与角色之间、物体与物体之间的运动交互和动力学特性。在物理引擎的支持下，VR 场景中的模型有了实体，一个物体可以具有质量、可以受到重力、可以落在地面上、可以和别的物体发生碰撞、可以反应用户施加的推力、可以因为压力而变形、可以有液体在表面上流动……

8.7.2　物理引擎的应用

1. 游戏领域

近日，国外一名 YouTube 用户上传了自己用虚幻 4 引擎制作的《半条命 2》场景演示视频，画面质量精彩绝伦，三维模型自然逼真，光影效果美轮美奂。特别是该部视频中所表现的各种物理仿真所带来的观感让人感到不可思议。同样，另一部游戏大作《虚幻竞技场 3》也给玩家带来了巨大的感官冲击，在该部游戏中，不光只有超震撼的游戏画面表现，在游戏关卡的安排、对战内容的强化、各种武器的设计、游戏平衡度的调整等方面都费尽了心机，这些都反映了游戏作者希望能制作出让老玩家满意、新玩家惊艳的最新作品。由于新一代的 Unreal 3.0 Engine 引擎威力强悍无比，足以支撑游戏画面同时呈现数百万个多边形，以及相当复杂的光影效果、物理运算等特性，所以营造出来的游戏画面非常惊人。

可以说近几年来,物理元素越来越多地融入各种游戏当中,同时物理引擎也被植入到了诸如 PS2、Xbox 等电子游戏机中用来增加游戏的真实感。物理引擎在游戏中起到的作用是不可忽视的:角色是否能穿越墙面、子弹是否击中目标、风吹草动等自然画面都需要进行大量的物理计算。在游戏世界中,计算机要即时演算球体碰撞、下落、弹跳等物理逻辑的画面,这些功能都是物理引擎来完成的。在没有物理引擎的时候,无论楼房受到怎样的攻击都只会按照设计好的动画方案崩溃,画面也比较简陋;现在,大楼会根据攻击的方向、力度,倒向不同方向,同时落下数以千计的尘埃和碎片,产生更为真实和震撼的画面。游戏所有对象都是"可破坏的",对象的毁坏都真实地依据"弹体""材料"和"物理"三方面来计量。对于战争类游戏,每个作战单位不但有更逼真的动作交互,而且场景中的所有建筑物也是可以破坏的,所以当玩家把作战单位躲避到建筑物后方后,就认为不会受到伤害,其实不然,因为建筑物受到攻击也是会损坏的。比如躲在建筑物后方的士兵,因建筑遭遇爆炸而出现塌陷时,士兵也会不可避免地受到伤害。物理引擎能够将这一过程淋漓尽致地表现出来。

2. 虚拟教学

物理引擎可以让虚拟现实在教学方面的应用得到更深入的发展。例如,在中学物理教学实验中,同学们不仅可以在虚拟实验室中自己组装单摆、选择自由落体物质的材料、对斜面设置不同摩擦系数的材质,还可以将实验环境搬到月球、深海或者设置世界为零摩擦状态,可以帮助同学进一步认识物理运动本质。同样,在医学教学方面,虚拟现实技术可以尝试进行一些新的医学仪器或设备来实验,比如在模拟微创手术的时候,学员可以练习使用不同的设备,对人体的虚拟器官进行手术。

在没有物理引擎的虚拟教学环境中,虚拟实验环境只能起到认识学习的目的,也就是说,用户可以从各个角度观察实验,按照预定的动画播放实验得到结果,而不能更加真实地交互参与实验。在具有物理引擎的虚拟实验环境中,用户可以直接置身于实验环境中,通过现场实时交互得到实验成果,不仅能达到认识教学的目的,还能培养使用者的实际操作经验。这对于一些价格昂贵、结果严重或者甚至根本无法实现的教学环境的虚拟教学实验完全可以达到替代作用。下面通过几个有关例子进行说明。

(1)为了体验一次手术练习课程,反映学生所操作的手术刀对虚拟人体器官所产生的影响,物理引擎将会根据操作者的动作、器械与器官碰撞的力度、人体各种器官的脆弱程度来实时计算实验结果,统计每次实验对虚拟人将会造成的危害,不仅让学员熟悉对手术刀的操作,还能根据实验经验避免手术刀对其他器官的碰触。

(2)驾校学习中,虚拟现实的应用已经比较广泛,而具有物理引擎的虚拟驾驶系统能让学员进一步体验驾驶的真实感。带有物理引擎的虚拟驾驶系统中,当汽车驶过地上的一个坑道、在高地不平的地面行驶、撞车时候的受力方位和车体的变形、撞到行人、汽车、树桩、广告 牌的感受和表现也迥然不同,转弯时汽车的打滑现象、造成的轮胎磨损程度等都能一一反 映。不仅如此,物理引擎还可以收集每次虚拟驾驶过程中的某些关键力学数据作为对一个学员的考核参考。

3. 互动展示

如今的三维技术正逐步走入网页,厂商可以将他们的物件制作为三维模型让用户六自由度的观察。但是,简单的三维显示技术在实现一些动态物体的展示方面显得力不从

心,用户能得到的动态交互都是一些预先设置好的动画效果,不能参与到与展示环境的动态交互,让虚拟作品的真实性大打折扣。例如,一个装饰品网站正在网上虚拟展示他们的风铃,除了有优秀的图形引擎来表达其漂亮的外观外,还需要具有一个物理引擎来让用户可以交互地拨弄风铃,让用户体会到风铃舞动起来时的优美,以及碰撞时产生的叮当声。又比如在进行水龙头、淋浴喷头的 3D 物品展示时,不仅可以让用户交互地调节喷发的水流大小,还可以让虚拟角色伸手过去"感受"水流的碰撞,增加更真实的互动。房地产展示时,通过物理引擎,可以设置一些互动的体育设施、一些可以拉动的弹簧门以及窗帘、一些可以参与嬉戏的喷泉、能使用起来的虚拟台球桌、能踩踏变形的草地……所有这些均能让用户感受到一个动态的充满生机的小区,而不是一个个的静止模型或动态贴图。

4. 军事模拟

军事训练中,有实战训练,也有虚拟仿真训练。虚拟战场追求各种环境下的逼真表现。目前,世界上的军事强国都已经将虚拟军事训练作为士兵培训的必修训练。而物理引擎在军事模拟中的作用显得更加重要,比如在一个战场地形中,虚拟的炸弹在某个地方产生爆炸后,物理引擎能计算出各个虚拟陆战队员的位置被该爆炸波及的程度,结构脆弱的掩体将会因为该爆炸而塌陷,从而通过虚拟演示能更好地规划战壕、掩体或者抉择进攻线路。通过物理引擎的模拟,虚拟演示可以精确到每一颗具有不同穿透力的子弹打在目标后的反映,手雷因受重力和空气阻力在空中飞行轨迹以及落地后的影响范围,不同威力的炸弹能导致不同的破坏结果等。消防和灾难救助演习中,物理引擎起着关键性的作用。例如,在消防虚拟训练中,物理引擎不仅能真实地实时模拟烟雾和火势的走向,在救助行动中,一些脆弱的结构,也会因为被焚烧或者踩踏而倒塌,增加救助行动的真实度。消防员更能主动撞开一些通道,或者挪动一些石块清理救助路线,当然这些行动如果动摇了所支撑的上层结构时,虚拟场景同样也会毫不留情地塌陷下来。

5. 工程实验

工程实验中,复杂结构的受力分析是相当复杂的。当不同的杆件通过各种连接约束构造 出一个结构后,物理引擎能够轻松地模拟出该结构体的力学传递。当结构受到某个方向的破 坏力,虚拟结构能从最脆弱的部位开始崩溃,从而可以辅助工程人员决策工程重点、预防结 构坍塌,在杆件搭建、桥梁施工等工程中都起着重要作用。

6. 管道流体模拟

管道设施在建筑和城市规划中都占有相当重要的分量。物理引擎在这方面可以实时地计算液体或者气体是如何在这些管道内流动,比如观察建筑在某层积水后,水流会如何通过管 道排放,发生火灾后产生的浓烟的走向如何,工厂的排污水流如何被净化,大坝泄洪后水流将沿着河床如何流淌。

7. 动画制作

物理引擎在动画制作中的应用已经相当成熟,3ds Max 和 Maya 都已集成了成熟的物理模块。虽然动画制作软件的离线物理计算到虚拟现实中的实时物理计算,动画制作软件和虚拟现实软件中的物理引擎用到的计算方法和技术有着显著的不同,但都有着以下共同的目的。

(1)把动画师从关键帧动画解放出来。动画师不再需要一帧一帧调节动画,不需要

定制每个物体在空中的飞行时间和路径。对动画师来说，物理引擎为他们节省了大量的时间。

（2）让动画更具有真实感。物理引擎让动画中的每个细节都能参与计算，例如，带碰撞的粒子 效果、具有扩散性的烟雾、具有吸附力的水面、爆炸碎块的碰撞以及产生的结果、刮风时引 起的细节效果……

8.7.3　VRP+ 物理引擎的特性

1. 高效的碰撞检测算法

作为物理引擎的基础，VRP的物理引擎系统具有优秀的碰撞检测属性。在进行物理模拟之前，VRP会重新组织模型面片到一种最优化的计算格式，并且能存储为文件，让再次模拟的时候无须重新计算。碰撞检测之前也经过数次过滤：场景过滤→碰撞组过滤→动/静物体过滤→包围合过滤→碰撞检测，最大可能地排除了碰撞检测时的计算冗余。

2. 可逼真地模拟刚体特性

VRP场景能够模拟真实的刚体运动，运动物体具有密度、质量、速度、加速度、旋转角速度、冲量等各种现实的物理动力学属性。在发生碰撞、摩擦、受力的运动模拟中，不同的动力学属性能得到不同的运动效果，如图8.61所示。

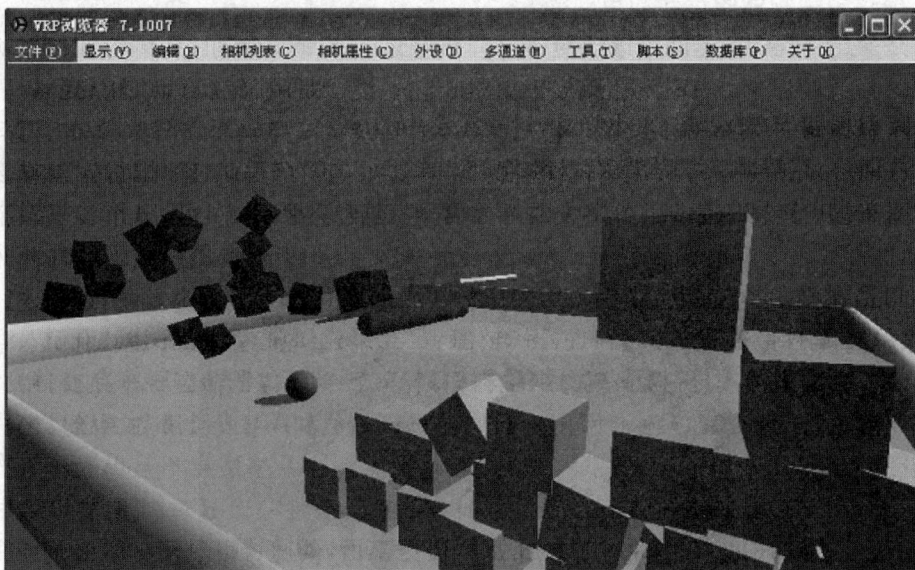

图 8.61　模拟刚体特性

3. 任意的运动材质

VRP运动物体可以具有不同的运动材质（如橡皮、铁球、冰块），用户可以任意指定物体的弹性、静摩擦力、动摩擦力、空气摩擦阻尼等多种参数达到模拟世界万物在刚体运动中具有的不同效果。

4. 支持多种高速运算的碰撞替代体

除了对模型的面片进行预处理参与碰撞检测，VRP还提供了盒形、球形、圆柱形、胶

囊型、凸多面体五种在模型形状大致相同的情况下可以使用的替代碰撞体,这些碰撞体拥有高效的碰撞计算效率,大大提高了物理模拟的实时性。

5. 多种动力学交互手段

VRP 不仅使用户可以对任意物体的任意位置施加推力、扭力、冲力等,也可以对物体动态设置速度、角速度、密度等参数。

6. 支持连续碰撞检测

如果某个物体运行速度过快,可能会导致该物体无法得到正确的碰撞检测。例如,当一个运动速度很快的子弹穿越了一个钢板,因为运动速度过快而无法检测到碰撞的通道效应将会产生。连续碰撞检测可以将物体每两帧之间的碰撞检测连续化,保证在运动路线中出现的物体都能参与到碰撞检测中。

7. 在大规模运动场景中可进行局部调度计算

物理引擎和图形引擎在局部调度方面的不同是:当你看不见一个物体的时候,他仍然在运动,也就说仍然在计算。当物理场景过大,运动刚体数量过多的时候,这样的计算量是庞大的。VRP 的物理引擎中,可以让运动稳定的物体(如静止下来的物体、匀速转动的物体、匀速运动的物体)在碰撞检测组和非碰撞检测组之间动态地调度,排除了在不会产生碰撞的物体之间进行碰撞计算的计算冗余(比如两个静止下来的物体)。同时,VRP还提供了脚本接口让用户也能参与到动态调整物体碰撞管理。

8. 提供多种物体的运动约束连接

VRP 物理引擎中,允许给运动物体之间添加连接约束。例如,一扇门通过合页连接到门框后,门只能围着轴线方向运动,而其他方向的受力将会通过合页传递到门框;又例如,我们使用的铁锁链,同样也是一环扣一环地连接上的。连接可以存在于动态运动物体之间,也可以把动态的运动物体连接到一个静态物体(实际上是连接到场景)。要创造两个物体之间的连接约束,可以先切换到物体连接标签,然后在场景中连续选择上这两个物体,进而单击"新建"按钮,选择需要创建的连接类型即可构造一个新的连接。在连接的两个物体被删除或者取消刚体角色的时候,该连接也会自动删除。

1)锚点和连接轴

无论什么类型的连接,在虚拟的时候都需要设置一个连接锚点,锚点是两个连接相互传递力和扭矩的位置,也是一些连接类型在旋转时候的中心点。锚点在场景中以蓝色菱形的标记显示。对于某些连接类型(合页、圆柱、直轨),一个锚点不足以表达其连接位置和受力情况,所以还需要确定一个连接轴。连接轴均是一条通过锚点的无线长的直线,根据连接类型的不同,连接轴所代表的含义也不同,在连接类型的介绍中,会详细说明连接轴的含义。

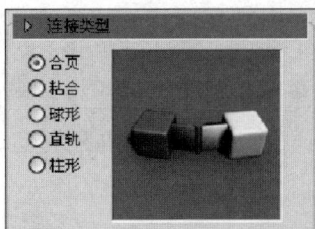

图 8.62　物体的合页连接

2)连接类型

根据约束的不同,物体的连接分为很多种约束,VRP中提供了最常用的几种连接方式。

(1)合页连接。被这种连接类型相连接的两个物体,只会以连接轴为轴产生相对旋转的角位移,约束了在轴向上产生的相对移动,也约束了其他方向的旋转、平移,如图 8.62 所示。

（2）粘合连接。该连接可以让两个物体像胶水一样粘贴在一起，无法产生任何相对移动和旋转。该连接类型没有轴。

（3）柱形连接。被这种连接类型相连接的两个物体，可以围绕其连接轴产生相对旋转的角位移，而且也能在轴向上产生相对移动，其他方向的相对旋转、平移均被约束。

（4）球形连接。被这种连接类型相连接的两个物体，可以在围绕锚点的方向上产生三自由度的任意旋转，但是约束了平移的相对移动。

（5）直轨连接。被这种连接类型相连接的两个物体，只能在其连接轴的轴向上产生相对位移，无法在其他方向上产生相对位移或者任意方向的相对旋转。

（6）可断连接。在连接的时候，受力均由锚点传递。如果当锚点传递的力度过大，VRP物理引擎提供了中断连接的功能。比如一扇门和门框以合页的方式连接在了一起，如果有一股很大的力把门踢开，因为力度过大合页中断，导致门脱离门框飞了出去，这就是运动连接中断。因为物体能承受的扭矩和拉力是不同的，所以在VRP物理引擎中，可以分别设置某个连接能承受的最大扭矩或拉力。

默认状态下，两个连接体之间是没有碰撞检测的，如果希望门不至于嵌入门框，那么可以打开连接体碰撞。

9. 可以模拟场景重力、环境阻尼等环境特性

作为虚拟现实的优势，我们可以模拟一些难以达到的或者不存在的物理环境，例如，在水下、太空、月球上的运动模拟。通过对场景的重力、环境阻尼等因素进行调节能达到各种物理实验环境。

基于物理引擎的这个特点，用户可以进行虚拟的工程实验，通过虚拟环境来表现复杂结构的受力情况，进行自动的复杂分析计算。当不同的杆件通过各种连接约束构造出一个结构后，物理引擎能够轻松地模拟出该结构体的力学传递。当结构受到某个方向的破坏力时，虚拟结构能从最脆弱的部位开始崩溃，从而可以辅助工程人员决策工程重点、预防结构坍塌，在杆件搭建、桥梁施工等工程中都起着既经济又快速高效的重要作用。

10. 逼真的流体模拟

VRP系统提供有模拟流体的属性，场景中的流体粒子不仅能够参与碰撞，还具有流体自己的动力学特性，粒子之间可表现出吸附力、排斥力、流动摩擦力等，可达到逼真的流体效果。例如，在管道、排水系统、喷泉、泄洪等案例的应用之中，如图8.63所示。

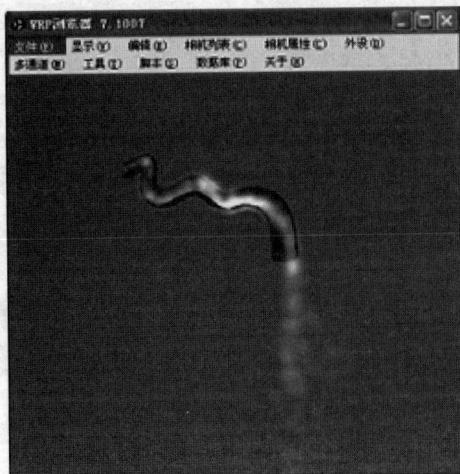

图8.63　模拟排水系统

通过该技术,在数字化城市建设方面,可以较好地模拟城市的网管系统,给、排水系统的分布,以及规划方面和城市的防洪抗旱的调配等,都可以发挥重要的模拟作用。

11. 支持硬件加速

支持 PPU 加速,通过提高硬件性能来支持大规模运动的模拟。

12. 支持各种碰撞事件的自定义设置和实时响应

在场景中的物体发生碰撞的时候,用户可以获得通知。并且用户可以自己设置感兴趣的碰撞对象和对事件绑定脚本,这样可以实现在碰撞发生时能产生声音、接触发生时播放动画的效果。

由于物理引擎能够支持各种碰撞事件的自定义设置和实时响应,这为用户开发各类游戏创造了条件,特别是游戏中的打斗过程,往往很难模拟真实过程中的碰撞现象,而通过物理引擎的该特点来实现就能够很好地进行模拟,另一方面,该技术也可以应用在军事上。例如,军事上常常需要进行大规模的实战演习,但是成本非常高,而采用虚拟现实的兵棋推演方式,就可以降低演习成本,对布置实战战术方面有着相当重要的参考作用,在美国早已经将虚拟军事训练作为士兵培训的必修训练。

物理引擎在军事模拟中的作用如此重要,有一个案例可以说明,比如在一个战场地形中,虚拟的炸弹在某个地方产生爆炸后,物理引擎能计算出各个虚拟陆战队员的位置被该爆炸波及的程度,结构脆弱的掩体将会因为该爆炸而塌陷,从而通过虚拟演示能更好地规划战壕、掩体或者抉择进攻线路。通过物理引擎的模拟,虚拟演示可以精确到每一颗具有不同穿透力的子弹打在目标后的反映,手雷因受重力和空气阻力在空中飞行轨迹以及落地后的影响范围,不同威力的炸弹能导致不同的破坏结果等。

13. 真实的布料模拟

VRP 具有相当方便的布料模拟系统。用户可以将任何三角形网格的模型设置为布料,模拟过程中,布料以模型顶点为基础,实时生成顶点动画,每个三角形面片都将参与碰撞检测与力反馈。布料模拟中,不仅可以设置布料的抗弯系数、抗拉系数来模拟不同材质的布料,还能给封闭的布料充满气体形成气球。布料能轻松地与用户发生交互,甚至可以在受到破坏力的时候被撕裂,如图 8.64 所示。

图 8.64　布料模拟

对于布料的模拟,可以通过不同的参数设置,使得布料具有不同的属性效果,这为用户制作不同属性的服装,开发不同的布料提供了很好的研究工具和研究环境。因此物理引擎给虚拟现实技术带来了革命性的突破。

14. 自由力场的模拟

能在场景中模拟刮风、水流的现象。物体处于力场中,可以因为角度不同,受到的力大小也不同,比如在迎风站立时受到较大的风力,侧风站立时则受到较小的风力。力场所作用的范围也可以随意定制,可以让用户在出门以后受到风力场,而进屋以后却没有风,感觉家的温暖。

由于物理引擎能够对各种自然力进行模拟,这为游戏开发、模拟自然环境创造了便利,同时,在虚拟教学中,过去的动画效果在表现自由落体方面很难达到逼真的演示,而物理引擎可以很容易地完成。在科研方面,更是具有无比的优越性,特别是太空环境、人体失重的效果等都可以较好地模拟。

15. 汽车等交通工具模拟

能随意地构造汽车结构,可以由任意车轮来驱动、导向行驶,具有实时的碰撞检测和碰撞力度的反馈,如图 8.65 所示。

图 8.65 构造汽车结构图

基于上述原理,可以运用虚拟现实技术开发具有新型结构的汽车,也可以运用虚拟现实技术构建具有物理引擎的虚拟驾驶系统。当用户驾驶着虚拟的汽车驶过地上的一个坑道、在高地不平的地面行驶、撞车时候的受力方位和车体的变形、撞到行人、汽车、树桩、广告牌的感受和表现迥然不同,转弯时汽车的打滑现象、造成的轮胎磨损程度等都能一一反映。不仅如此,物理引擎还可以收集每次虚拟驾驶过程中的某些关键力学数据作为对一个学员的考核参考。所以物理引擎将虚拟现实技术带到了一个新的技术层面,使人们在体验虚拟现实技术的特殊效果时,真正感受到身临其境的感觉。

8.7.4 物理引擎的发展

引擎源于人们对汽车发动机的习惯称呼,众所周知的是引擎是汽车的心脏,决定着汽车的性能和稳定性,汽车的速度、操纵感等这些直接与司机相关的指标都是建立在引

擎的基础上的。引申到了虚拟世界的游戏当中，玩家所体验到的剧情、关卡、美工、音乐、操作等内容都是由游戏的某个框架系统直接驱动和控制的，它扮演着中场发动机的角色，把游戏中的所有元素捆绑在一起，在后台指挥它们的同时有序地工作。于是人们把该系统称为游戏引擎。简单地说，引擎就是"用于控制所有游戏功能的主程序，从计算碰撞、物理系统和物体的相对位置，到接受玩家的输入，以及按照正确的音量输出声音等"。

由此可见，引擎并不是什么玄乎的东西，无论是二维游戏还是三维游戏，无论是角色扮演游戏、即时策略游戏、冒险解谜游戏或是动作射击游戏，哪怕是一个只有1MB的小游戏，都有这样一段起控制作用的代码。经过不断的进化，如今的游戏引擎已经发展为一套由多个子系统共同构成的复杂系统，从建模、动画到光影、粒子特效，从物理系统、碰撞检测到文件管理、网络特性，还有专业的编辑工具和插件，几乎涵盖了开发过程中的所有重要环节，以下就对引擎的一些关键部件做一个简单的介绍。

首先是光影效果，即场景中的光源对处于其中的人和物的影响方式。游戏的光影效果完全是由引擎控制的，折射、反射等基本的光学原理以及动态光源、彩色光源等高级效果都是通过引擎的不同编程技术实现的。

其次是动画，目前游戏所采用的动画系统可以分为两种：一是骨骼动画系统，一是模型动画系统。前者用内置的骨骼带动物体产生运动，比较常见，后者则是在模型的基础上直接进行变形。引擎把这两种动画系统预先植入游戏，方便动画师为角色设计丰富的动作造型。引擎的另一重要功能是提供物理系统，这可以使物体的运动遵循固定的规律，例如，当角色跳起的时候，系统内定的重力值将决定他能跳多高，以及他下落的速度有多快，子弹的飞行轨迹、车辆的颠簸方式也都是由物理系统决定的。

碰撞探测是引擎物理系统的核心部分，它可以探测游戏中各物体的物理边缘。当两个三维物体撞在一起的时候，这种技术可以防止它们相互穿过，这就确保了当人撞在墙上的时候，不会穿墙而过，也不会把墙撞倒，因为碰撞探测会根据人和墙之间的特性确定两者的位置和相互的作用关系。

渲染是引擎最重要的功能之一，当三维模型制作完毕之后，美工会按照不同的画面把材质贴图赋予模型，这相当于为骨骼蒙上皮肤，最后再通过渲染引擎把模型、动画、光影、特效等所有效果实时计算出来并展示在屏幕上。渲染引擎在引擎的所有部件当中是最复杂的，它的强大与否直接决定着最终的输出质量。

引擎还有一个重要的职责就是负责玩家与计算机之间的沟通，处理来自键盘、鼠标、摇杆和其他外设的信号。如果游戏支持联网特性的话，网络代码也会被集成在引擎中，用于管理客户端与服务器之间的通信。

其后引擎技术进入到了一个不断改进、发展与完善的过程，许多引擎技术不仅限于游戏的应用，而是更多地进入到了教育、建筑、军事等领域。到了20世纪末，游戏中的图像技术方面发展到了一个近乎完美的高度，接下去的发展方向因此很难再朝着视觉方面进行下去。开发者们不得不从其他方面寻求突破。随着计算机硬件的不断前进，人们寄希望于更加的场景宏大、画面绚丽。在新的游戏世界中，如地面、建筑物等场景不再像以往的游戏那样仅作为游戏场景的装饰存在，而是像真实世界一样可与角色产生互动，具有真实世界一样的物理属性，于是就有了物理引擎的概念。

物理引擎通过为刚性物体赋予真实的物理属性的方式来计算它们的运动、旋转和碰

撞反映。为每个游戏使用物理引擎并不是完全必要的。因为简单的"牛顿"物理(比如加速和减速)也可以在一定程度上通过编程或编写脚本来实现。然而,当游戏需要比较复杂的物体碰撞、滚动、滑动或者弹跳的时候(比如赛车类游戏或者保龄球游戏),通过编程的方法就显得比较困难了。物理引擎使用对象属性(动量、扭矩或者弹性)来模拟刚体行为,这不仅可以得到更加真实的结果,对于开发人员来说也远比编写行为脚本要更加容易掌握。

一款好的物理引擎允许有复杂的机械装置,像球形关节、轮子、气缸或者铰链支持。除此之外,也有些支持非刚性体的物理属性,比如流体、软体等。

目前物理引擎无论在工业仿真、游戏开发、动画制作等各方面都起着关键的作用,在虚拟现实的世界中更是具有举足轻重的地位。然而在过去的虚拟现实发展过程中,物理引擎由于受硬件限制,相对于图形引擎来说还处于一种初级阶段。随着计算机硬件的发展,CPU 与 GPU 计算速度大幅度提高,物理计算的比重也将会逐步加大,更是由于 PPU 的出现,物理计算将会具有统一的行业标准。目前,Intel、AMD、NVIDIA、Ageia、Havok 等众多的世界知名大公司都在竞争成为该标准的制定者,Microsoft 也计划在未来的 DirectX 版本中添加物理 API,激烈的竞争将会带来的是物理引擎技术的迅猛发展。目前最新的三维游戏大作、动画大片、虚拟现实引擎无一不展现着物理引擎的身影,并且物理引擎所带来的震撼效果也让观众更加重视,大家不仅想要一个可以观看的虚拟世界,还需要一个活生生的能互动的虚拟世界,而物理引擎正是这个虚拟世界生命的核心。

8.8　VRP 的扩展平台

VRP 虚拟现实仿真平台,经历了多年的研发与探索,在其 VRP 核心技术支撑下,又成功地扩展出来了九个不同功能的应用平台,这些平台个个身怀绝技,不同凡响,性能强大,操作简便,是不同领域应用的极优秀平台,下面略做介绍。

8.8.1　VRPIE 三维网络平台

如今年轻一点儿的人每天似乎都离不开上网,也离不开使用浏览器,人们熟悉浏览器就像认识自己家里的家电一样。从某种意义上讲,Web 浏览器是对 Web 服务器或其他网络资源进行访问的最主要的客户端软件。目前,用于浏览网页信息的浏览器国内国外的都不少,耳熟能详的如腾讯的 QQ 浏览器、搜狗浏览器;国外的谷歌 Chrome 浏览器、微软的 Internet Explorer 浏览器(简称 IE)等。这些通用的浏览器的共同点是都能够浏览网页,但在性能上它们还是有着千差万别的。

实际上,浏览器的功能差异的关键是浏览器的内核有所不同,浏览器的内核才是其 Rendering Engine,即"渲染引擎"。之所以称为浏览器内核,在于不同的浏览器内核各自都有一套自己的解释网页和解释页面代码的机制,因而这就决定了它们之间会有一些差异存在。

随着 VR 技术时代的来临,Web3D 开始走向网络前端,传统的通用浏览器难以满足

时代的需求,它们在解释逼真的三维可交互模型时,有心无力,必须借助多种插件来辅助解释与渲染,这给 VR 技术的发展添加了阻力,也不符合现代社会进步的需求。

在时代的召唤下,中视典数字科技公司以 VRP 引擎为核心,开天辟地地推出了具有自主知识产权的 VRPIE-3D 互联网平台,或者简称 VRPIE。该平台支持将 VRP-BUILDER 的编辑成果直接发布到互联网,并可让客户通过互联网对三维场景进行浏览与互动。该平台具备高度真实感画质,支持大场景动态调度,具有良好的低端硬件兼容性等。其性能特点简介如下。

（1）无需编程,可快速构筑三维互联网世界。

VRPIE 平台产品成功入围"中国软件一百强",具有易学易用、快速构筑三维互联网世界的强大性能。VRP 平台技术使用户不再纠缠于各种技术细节,而将精力完全投入到最终的效果制作上来,最大程度地减少重复劳动,且具有国内 Web3D 方面的最高画质。

（2）支持嵌入 Flash、音视频、IE 窗口。

可在 VRP 窗口中嵌入 Flash、视频、图片、网页。三维互联网平台可完美结合各种多媒体展示手段,使不同属性的动、静态媒体各展所长,使三维交互更加精彩。VRPIE 还支持各种逼真的生态环境和特效,特别是海水模拟。其中的特效包括:动画贴图(可模拟火焰、爆炸、水流、喷泉、烟火、霓虹灯、电视等)、天空盒、雾效、太阳光晕、体积光、实时环境反射、实时镜面反射、花草树木随风摆动、群鸟飞行动画、下雨下雪、实时水波等。这些元素都使 VRPIE-3D 互联网平台的展示效果熠熠生辉。

（3）支持 Access、MS SQL 以及 Oracle 等多种数据库。

支持数据库连接和属性查询,可将属性信息存放到外部数据库中,利用 VRP 脚本的功能将其读取进来,然后显示到屏幕上,实现属性查询功能。

（4）高压缩比、多线程分步式下载。

VRPIE-3D 互联网平台所发布的数据文件,将模型数据和贴图数据都用目前最先进的压缩算法(ZIP 和 JPG)进行了压缩。在下载过程中,系统使用了 10 线程的优化运行,使得数据的下载速度是单线程的 10 倍。

（5）支持物理引擎,动画效果更为逼真。

VRPIE-3D 互联网平台可展示物理引擎特效,可逼真地模拟各种物理学运动,实现如碰撞、重力、摩擦、阻尼、陀螺、粒子等自然现象,在算法过程中严格符合牛顿定律、动量守恒、动能守恒等物理原理,这将极大地丰富 VRPIE-3D 互联网平台软件的交互特性。

（6）支持软件抗锯齿,画面更柔美细腻。

VRPIE-3D 互联网平台具有独特的软件抗锯齿功能,可以实现在没有开启显卡硬件抗锯齿的情况下,也能获得非常细腻的画质,让锯齿消失无踪。

（7）支持动态缓存技术。

可实现零等待,线程自动更新缓存。

（8）内嵌强大的 VRP 脚本引擎。

支持脚本编程,使 VRPIE-3D 互联网平台具有自我思考的能力。对于脚本,可以理解为一种简单的程序语言。VRP 内嵌的脚本语言,可以设定函数和变量,支持逻辑判断和四则运算,可以设定触发事件和键盘映射,因为有了它,可以更灵活地增加三维场景的互动性。

（9）可全自动无缝升级。

VRPIE-3D互联网平台采用了特有的技术原理，使得VRPIE浏览器在升级后，可以完全兼容以前生成的数据文件。

（10）支持高并发访问，支持基于视点优化的流式浏览。

VRPIE-3D互联网平台数据是通过HTTP进行下载的，每分钟能够承受100 000个HTTP的访问数量。同时VRP支持流式浏览，即可以做到边下载边浏览，无须等待下载完所有数据再进行浏览。而且支持视点优化，即优先下载距离当前三维视锥范围内最近的场景。这样可以极大地缓解由于带宽限制所带来的下载延迟。

8.8.2　VRP-MMO平台

随着互联网技术的发展，人们已经越来越不满足于单纯地与计算机进行互动，人们更渴望参与到人与人之间的直接互动中来。在这样的需求背景下，2009年，中视典数字科技有限公司在原有的VRPIE网络三维互动产品的基础上，又进一步拓展，成功研发出了新一代的多人在线互动网络软件VRP-MMO。应用该软件，用户可以在任意一台互联网的计算机终端上，通过网页实现全三维的、人与人之间的交流沟通。将多人在线模式引入Web3D领域，是发展Web3D革命性的一步。

VRP-MMO多人在线产品，是一款基于互联网技术的、提供多人互动功能的新一代产品。作为VRP产品线的一部分，在VRP产品体系的功能基础上，又扩展了一系列的功能，对于VRP-MMO多人在线产品而言，该平台更像是一个网上三维虚拟社区。用户在这个三维社区中可以和来自不同地域的人交流，分享生活感悟并借助三维的方式展现出来。在这里可以为不同行业的人提供一个展示自我的平台，也可以创建自己的场景并上传到服务器上，让其他虚拟社区的人来认识你。来自中国大江南北的人都可以登录到VRP-MMO多人在线服务器上，进入虚拟社区世界，在这里探索世界，结识朋友，互动娱乐，创造一切想象中的东西；也可以拥有一块自己的虚拟空间，实践和展现自己的创意，构建家园和商业，使每一个怀有崭新梦想的人踏上自己的实践之旅。

VRP-MMO多人在线产品具有以下特性。

1. 角色扮演

VRP-MMO多人在线提供的虚拟形象自定义工具能够满足用户个性化的要求。利用这套简单易用的工具，用户可以随心所欲地调节自己的身高、体型、肤色以及五官形态，还可以更换妆容、发型和衣着，随时随地变成想要的样子。同时，VRP-MMO多人在线还可赋予用户不同的职业特性，可以根据自己的喜好参与到某项三维虚拟工作里。

2. 多人在线

VRP-MMO多人在线最基本的功能就是可以让多人同时登录到一个服务器上，让来自不同地域、不同职业、不同年龄性别和不同文化的人在这里交流互动。让你认识到更多的朋友，也能找到和自己兴趣爱好相同的人。你很容易在自己感兴趣的地点或活动中结识那些和自己兴趣相投的朋友，将他们加入自己的好友名单，随时查看彼此的在线情况，从此方便地保持联系。

3. 互动娱乐

用户可以做娱乐的体验者,更能做娱乐的发起者。通过热门地点、人气活动与事件的搜索查找,用户可以很方便地参与到各式的娱乐项目中去。当然,每个用户也都可以通过自己的创意建造主题地区、组织活动与事件,并向其他用户发布信息。

用户可以坐在咖啡厅里与朋友富有表情与动作地交谈聊天;聆听光影与旋律相合、热烈而奔放的现场音乐会;参与各类游戏,体验变幻的乐趣;观看紧张刺激、扣人心弦的体育竞技比赛;在大型的商场中试穿并购买适合自己的服饰。

4. 创造性

VRP-MMO多人在线同时也向用户开发自己的个人空间,用户可以使用VRP编辑器编辑好自己的场景(例如一个房间),并打包上传到服务器上,VRP-MMO多人在线社区内就会将用户的场景加载进来,让用户拥有自己的空间,并发挥自己的创造力。

5. 社区性

VRP-MMO多人在线内置大量的三维社区,可以是一整座城市,城市中又可以有商业区、学校、公园、酒吧以及广场等集会场所。也可以是一片农业区,或者山水风光。

6. 商业经济

VRP-MMO多人在线内置商业规则,在这里用户可以进行虚拟商品的交换,还可以使用虚拟货币。用户可以将商品摆在柜台上进行售卖,还可以实现真正现实中的商业买卖,就像"淘宝网"一样。用户可将自己的商品以二维图片或者三维模型的方式展现在贩卖列表里,放到特定的商品区内进行交易。

7. BS模式

VRP-MMO多人在线,只需要IE浏览器就可以登录进去,无须下载安装庞大的客户端。

8.8.3　VRP-DigiCity平台

城市规划事关一个城市的发展未来,而现代社会的城市规划有三个基本特征:一是体现了国家对城市建设进行宏观指导的政策意图;二是确定了未来城市发展的空间架构;三是全国信息一盘棋。对于第三点就要求全国采用统一的信息工具规划城市建设。而VRP-DigiCity正是一个面向建筑设计、城市规划的优秀平台,它不仅可实现建筑设计和城市规划方面的专业功能,如数据库查询、实时测量、通视分析、高度调整、分层显示、动态导航、日照分析等,还可以仿真模拟城市的建设情况和楼宇架构。

1. 该平台的主要应用领域

(1) 虚拟城市规划,仿真城市风貌。

利用虚拟现实技术、地理信息技术、数据压缩技术、网络技术等各种高科技手段,模拟出一个全三维、逼真的城市环境,建立城市规划、建设和运营管理的三维空间信息系统,提高城市规划管理水平,保障建设项目与城市环境的协调发展。

(2) 辅助规划审批,规避投资风险。

为建设工程审批提供决策依据,保障城市规划管理工作的科学性。通过对建立的虚拟城市环境中地物的编辑,直观反映报审建设项目与其周边城市现状环境之间的空间关

系,辅助规划审批,提高建设工程报审效率,规避建设投资风险。突破传统建设项目报审制作平面效果图及三维动画的技术模式,节约传统技术模式下修改方案及表现手段需要的大量时间,缩短城市建设项目审批周期,在一定程度上规避城市建设的投资风险。

（3）辅助城市土地与房产管理。

利用强大的数据库支持,系统可以很方便地实现信息的查询、检索。可以快速显示并且按比例缩放建模区域的数字图形、建筑物实际影像,并可根据单位名称、公安门牌在场景中进行快速定位。也能通过与房产管理局产权属与交易办公自动化系统连接,根据图纸内容快速定位于相对应的房产权属属性记录、房产平面图或分层分户图,或者根据产权登记记录快速定位到三维场景中的建筑。

（4）宏观调控城市区域经济结构。

DigiCity数字城市仿真平台可以对城市建筑、园林绿化、道路桥梁、电缆管线、排污管道、商业区、高新区、居民区、高校区等各种区块进行实时分层显示和管理,从不同角度观察城市规划的布局和结构,动态研究城市规划中的空间体系、轮廓线以及位置关系。而且这些数据资料还可以和建筑容积率等指标建立动态连接,从而实现城市设计数据和三维空间形象的一致性。

（5）建立信息平台,服务城市建设。

建立城市空间信息平台,为三维数字地图奠定基础,为城市发展提供信息服务,可通过互联网发布三维数字地图,为社会各界提供城市控件信息服务。城市规划不仅是规划单位的事情,决策者、相关部门以及公众都在城市设计和实际建设中扮演不同的角色,有效地展示规划信息可以提供更加准确的决策和公平的参与。充分的沟通是保证城市设计最终成功的前提,而DigiCity为这种沟通提供了一个理想的平台。

（6）展示规划成果,加强公共参与。

DigiCity数字城市演示系统可以让观看者无需复杂的学习,即可实现各种方式的交互浏览,让观看者生动感受城市规划的成果。用户可以任意设定观察角度、运动速度和运动路径,实现游戏般的漫游,非常直观和生动,是展示和汇报城市规划成果的最佳方式。

2. 平台的关键特性

（1）系统建立在高精度的三维场景上。

本系统采用城市数字高程模型和正射影像数据,基于这种精确的三维地理环境,使三维建筑模型置于目标区域能够看见其精确的空间分布,使规划审批更加准确科学,如图8.66所示。

图8.66　数字高程模型

（2）系统承载海量数据，运行效率高。

由于系统建设采用数字高程模型和正射影像数据，原始地理数据量非常大。再加上整个城市上万栋三维建筑，本三维系统的数据量是非常庞大的。对于这样的数据量，系统采用创新的数据管理方式，即统一的三维地形场景，分块的三维建筑数据，实现三维建筑模型分层调入，使系统既是一个有机的整体，又能快速运行，解决海量数据和运行效率的问题。

（3）可以实现大场景的无缝浏览。

系统操作灵活，互操作能力很强。可以提供鼠标、键盘或游戏杆控制，可以在三维场景中前进、后退，改变行走方向，升高、降低视点。可设定游览路径，提供多条游览路径进行交互式浏览飞行。

（4）系统设计理念超前。

系统集城市建筑单体设计与总体规划思想于一体，模拟整个真实城市地理环境，提高管理效率。既可以从整体上查看浏览城市规划布局，也可以从微观处了解单个规划项目的优劣情况，在方案评审中更是直观地了解与周围现状的协调程度，是集成城市建筑单体设计与总体规划思想于一体的一个新的系统，提供用户动态地模拟城市规划与设计的未来现实景观效果，集城市三维现状和未来规划为一体，改变规划部门现有作业模式，提高规划管理效率。

（5）强大的辅助决策功能

作为一个基于影像和 GIS 地形数据的三维城市规划信息系统，系统不仅体现在三维建筑的美观上，相对而言更体现在基于真实影像的决策分析上，因此系统提供灵活方便的操作工具，包括查询、量测，以及规划分析等。这些工具可以快速地将规划方案置入系统中进行辅助决策，如图 8.67 所示。

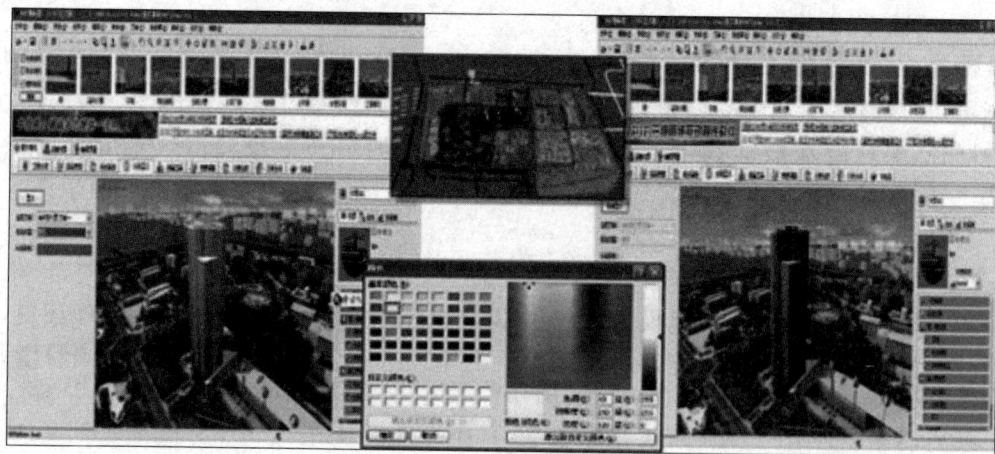

图 8.67 查询、量测、规划图

（6）系统扩展性强。

系统建立在一个开放的技术体系上，可以根据用户需求来灵活配置系统模块，并支持标准语言开发，方便地扩展系统现有功能，实现 C/S、B/S 应用。

（7）系统网络发布功能强大。

系统成熟的网络发布技术，可以使海量的数据能够在网络上快速运行，实现三维系

统建立在一个 C/S 和 B/S结构的系统体系上，如图 8.68 所示。

图 8.68　网络发布

习题

1. 简述烘焙的作用。
2. 简述 Complete Map 与 Lighting Map 的区别。
3. 试述相机的种类和相机的作用。
4. 试述角色与锚点的关系。
5. 物理引擎的作用有哪些?

图书资源支持

感谢您一直以来对清华版图书的支持和爱护。为了配合本书的使用,本书提供配套的资源,有需求的读者请扫描下方的"书圈"微信公众号二维码,在图书专区下载,也可以拨打电话或发送电子邮件咨询。

如果您在使用本书的过程中遇到了什么问题,或者有相关图书出版计划,也请您发邮件告诉我们,以便我们更好地为您服务。

我们的联系方式:

地　　址:北京市海淀区双清路学研大厦 A 座 714

邮　　编:100084

电　　话:010-83470236　010-83470237

客服邮箱:2301891038@qq.com

QQ:2301891038(请写明您的单位和姓名)

- -

资源下载: 关注公众号"书圈"下载配套资源。

资源下载、样书申请

书圈

获取最新书目

观看课程直播